普通高等教育新形态精品教材

物理化学实验

丁治英　李洁　编著

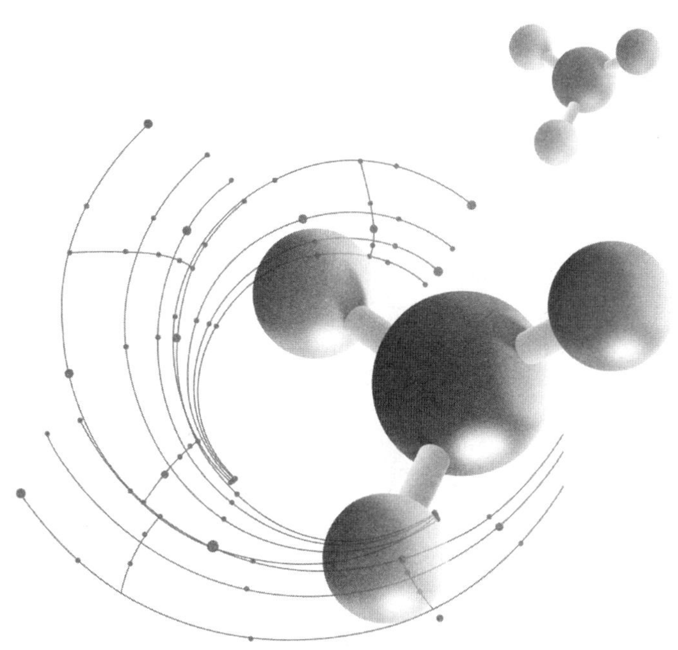

中南大學出版社·长沙
www.csupress.com.cn

内容简要

物理化学实验是应用化学、化学工程与工艺、制药工程、环境工程、粉体工程、冶金工程、矿物工程、材料化学、材料工程等化学与近化学类专业本科生的一门重要的必修实验基础课。

本书内容包括：物理化学实验的基本要求与数据处理、物理化学实验基本技术知识、物理性质测量方法与实验、量热实验研究方法与实验、平衡实验研究方法与实验、化学反应动力学实验研究方法与实验、电化学实验研究方法与实验、表面化学及胶体化学实验研究方法与实验、结构化学实验研究方法与实验等9章共25个实验项目。每章在介绍具体的实验项目之前，先介绍实验的意义和基本研究方法，再提供相关的可供选择的数个实验项目。每个实验项目包括实验目的、实验原理、实验仪器与试剂、实验步骤、实验数据处理、实验结果讨论等六个方面。

本书可作为综合性大学理工科各专业的物理化学实验教材，也可供高校教师、实验室技术人员、研究生以及有关科技人员参考。

前言

实验教学在化学与近化学类专业人才培养中占有非常重要的地位。相对于其他实验，物理化学实验原理复杂综合，使用仪器多样，数据处理和分析要求高，在培养学生实验思维和科学素养方面发挥着重要作用。本教材参照《普通高等学校本科专业类教学质量国家标准》和《化学类专业化学实验教学建议内容》，由丁治英和李洁同志负责编写整理，传承中南大学物理化学实验“选、冶、采、材”的工科特色。

科学技术发展日新月异，实验教学改革继续深入，实验方法、教学仪器、科研成果转化为实验内容等方面都有较大的发展和变化。本教材除保持《物理化学实验研究方法》(李元高主编)特色外，将基本实验方法与现代实验方法相结合、经典实验与学科前沿相结合，修改、删减了部分原有实验，增加了部分新实验，加强了实验讨论的议题引导，以扩大学生的知识面，激发学生自主实验的兴趣。

全书包含9章内容，第1章和第2章主要介绍了物理化学实验的基本要求、误差计算、作图方法以及物理化学实验中常用的两个物理量——温度和压强的测量与控制。第3~9章是按实验类型分别设章，包括化学热力学、化学动力学、电化学、表面化学和胶体化学、结构化学五个方面共25个实验项目。每章在介绍具体的实验项目之前，先介绍这类实验的基本原理和研究方法，再提供相关的可供选择的数个实验项目。每个实验项目包括实验目的、实验原理、仪器与试剂、实验步骤、数据处理要求、实验结果讨论等六个方面。附录部分介绍了实验室安全、法定计量及单位以及实验常用的参考数据等。

参加本书编写和实验更新工作的有李亚娟(第3章)、罗莎(第4章)、曾志刚(第5章)、刘洋(第6章)、邓文韬(第7章)、张玉敏(第8章)、彭志光和陈弘毅(第9章)、丁治英和李洁(其他章及统稿)。中南大学化学化工学院刘常青教授对实验教材建设和本书的编写提出了很好的建议并给予了大力的支持。本书在编写过程中还得到了物理化学实验教学老师们的许多帮助，此外，在出版过程中得到了中南大学出版社的大力支持和帮助，在此一并表示感谢。

鉴于编著者的学识水平有限，书中仍难免存在言词表达不妥及疏漏和错误之处，恳望读者不吝指正。

编著者

2023 年 10 月于中南大学

目录

第 1 章

物理化学实验的基本要求与数据处理

1.1 物理化学实验课程的特点与要求

1.1.1 物理化学实验课程的特点

物理化学实验是物理化学学科的重要组成部分。物理化学实验课程体系的建立与物理化学理论课程体系密切相关，但物理化学实验课程内容不是简单验证物理化学理论知识。因为，物理化学实验综合了化学领域中各分支所需要的基本实验工具和研究方法，主要应用物理学的原理与技术，使用某个仪器或若干个仪器组合成的测量体系，对研究对象的某一或某些物理性质进行测量，进而研究化学问题。

物理化学实验课程通常是在完成了化学实验基本操作实验训练和大学物理实验之后开设的，其综合性较强。从原理上说，涉及物理、化学、数学等学科；从技术上看，不仅有基本的化学实验操作，还由于实验涉及体系的温度、压力、电性质、磁性质等许多物理(化学)性质的测量，采用的仪器设备、方法手段具有多样性和综合性。所以，物理化学实验可以为培养学生综合的科研工作能力奠定重要的基础。

物理化学实验课程体系是要系统地体现化学研究中各类物理化学实验研究方法的基本原理，而课程内容是由单个的实验项目构成。因此，课程体系对实验方法、手段的体现不可能面面俱到，只能是“以点带面”。即以某个体系的物理化学性质测定为实验“点”，来说明针对该类体系实验方法的选择原理，以及该类物理化学性质测定的基本原理，等等。从某种意义上说，物理化学实验课程学习的难度不亚于理论课程，学习者应该重视实验课程，在实验过程中勤动手，多动脑，广查阅，深钻研。

1.1.2 物理化学实验课程的目的、基本要求与实验室安全

1. 目的

物理化学实验课程的主要目的是：

(1)使学生了解物理化学实验的研究方法及其多样性；

(2)使学生掌握物理化学实验的基本方法和技能，学会实验测定各种物理(化学)性质的常用方法与手段；

(3)培养学生正确记录实验数据及现象，正确处理实验数据和合理分析实验结果的能力，了解选择与确定物理化学实验研究条件的方法和依据；

(4)加深学生对物理化学基本理论和概念的理解，提高灵活运用物理化学原理的能力。

2. 基本要求

(1)实验预习

由于物理化学实验需要使用测量仪器，所以实验之前，实验者要阅读相关的实验教材、参考书和仪器说明书，预先了解实验的目的和原理，包括理论原理和实验技术原理；所使用仪器的类型、构造和使用方法；实验的主要过程和操作步骤，做到心中有数。在此基础上撰写实验预习报告。其内容包括：实验名称，实验目的和原理，主要实验仪器、试剂，实验(主要)操作步骤。在此基础上，初步设计一个合理的原始数据记录表。原始数据记录表一般采用"三线表"，其记录的内容仅限于实验时直接测量的物理量，而不包含由直接测量的物理量进行数据处理后得出的物理(化学)量。

(2)实验操作

进入实验室开始实验前，首先要检查仪器、试剂及其他实验用品是否符合实验要求；然后做好实验前的各项准备工作，按照实验要求安装、调试实验设备；之后才能开始实验。

实验过程中，按要求严格控制实验条件，仔细观察和分析实验现象，客观、正确地记录原始数据。

实验结束后，要整理和清洗实验所用的仪器、试剂和相关用品，实验原始数据记录要经指导教师审查、签字。

(3)实验记录

实验原始记录应包括"实验条件"，"实验数据"和"实验现象"等部分。

①实验条件

实验条件是分析实验中出现的问题和误差大小的重要依据，对培养敏锐的科学洞察力是大有益处的。包括环境条件：实验日期、室温、大气压和湿度等；仪器及药品条件：所用仪器的名称、型号和精度，试剂的名称和级别，溶液的浓度；等等。

②实验数据

记录实验所测定的目标物理量值(即实验数据)，记录实验数据必须真实、准确；不能只拣自认为"好"的数据记录，更不能随意涂改数据，要用钢笔等非铅笔类的笔记录原始数据。同时要注意记录的科学性，如测定平衡值时，某个数据点至少需要有 3 个间隔一定时间记录的原始数据。因为只有当这 3 个原始数据值两两之间的差值小于给定的精度要求时，才能证明体系达到了给定精度要求下的平衡。

③实验现象

对于化学实验现象，一般理解的就是颜色变化、沉淀物或气体的产生等。然而，许多物理化学实验体系是观察不到这些现象的，如：反应体系无这类变化(乙酸乙酯的皂化反应)，或反应体系处于密闭容器内(燃烧热测定)无法观察；等等。那么，什么是物理化学实验的实验现象呢？从物理化学实验的特点可知，物理化学实验现象是直接测量物理量随反应(过程)进行的变化规律。需要在良好的预习基础上观察物理化学实验现象，因为通过预习可以大致预测直接测定物理量的变化趋势，实验过程中的实验现象是否符合"预测"可以判断实验进行是否正常；在实验后也有助于实验者更深入地了解实验内容，发现实验中出现的问题，培养

敏锐的科学观察力。因此，物理化学实验现象的记录非常重要。

(4)实验报告

完成实验报告是物理化学实验课程一个重要的基本训练，目的是使学生在实验数据处理、作图、误差分析、实验结果讨论等方面得到训练和提高。撰写实验报告时要耐心计算，认真作图，开动脑筋，钻研问题。一份合格的实验报告应该是：目的明确扣题，原理清晰明了，数据处理方法正确，作图规范合理，讨论切题深入，字迹工整。实验报告的质量在很大程度上反映了学生的学习态度、实验能力和水平，必须独立完成。

实验报告的主要内容有：实验的目的，原理，仪器与试剂，实验装置简图，实验操作步骤与现象，实验数据处理，实验结果与讨论，等等；其中重点是数据处理和实验结果讨论。在数据处理部分，要写清楚所采用的计算公式、计算示例，要将实验数据计算结果列表(三线表)，绘制必要的图形，做出误差计算，等等。实验结果讨论包括：实验结果，结论，对实验现象的分析和解释，对实验结果产生误差原因的分析，文献查阅情况，实验后的心得体会，对实验的进一步研究或改进的建议，等等。

3. 实验室安全

要严格按照仪器操作规程使用仪器，遵守实验室的各项有关规定。在物理化学实验室主要关注以下几方面的实验室安全问题。

(1)安全用电

①防止触电

操作仪器时，手必须保持干燥；一切电源裸露部分都应该有绝缘装置；电气设备的金属外壳都应与地线相接。

②负荷与短路

物理化学实验室总电闸一般允许最大电流为 30~50 A，一般实验台上的分闸最大允许电流为 15 A；使用功率较大的仪器时，应该事先计算电流量；水路与电路之间要保证一定的距离，以免用水时水花溅到电闸处引起短路。

③仪器仪表使用的注意事项

※ 注意仪器所要求的电源是交流电还是直流电，是单相电还是三相电，电压的大小、功率是否合适，电极的正、负，等等。

※ 要根据待测量的大小选择仪表的量程，不清楚时应该先从仪器的最大量程开始，否则容易因过载而损坏仪表。

※ 正式开始实验之前，应该先使线路接通一瞬间，根据仪表指针摆动的速度及方向判断仪器线路安装是否正确。

※ 不进行测量时，应该及时断开线路或关闭电源。

(2)化学用品安全

①防毒

化学药品一般都具有不同程度的毒性，要尽量避免与化学药品直接接触。如取固体药品时要使用药匙；用移液管量取液态药品时必须使用洗耳球；处理气态物质时应在通风橱内进行。

②防爆

要严防可燃性气体泄漏，因为可燃性气体与助燃的空气混合比例达到其爆炸界限时，极易因微小的火源引发爆炸。在使用可燃性气体时，要注意保持室内有良好的通风条件，禁止同时使用可能产生火花的设备或器件。

③防火

有机溶剂多为易燃物，因此在实验室内不宜过多存放此类药品，使用后对可回收的要及时回收，对不可回收的要及时处理，倒入下水道排放是不可取的，因为易造成累积引发火灾；对一些易自燃的物质，如黄磷，以及粉末铁、锌、铝等，都须妥善保管。实验时万一发生火灾，切不可慌乱，应及时采取有效灭火措施。用于灭火的器材有水、砂石、抹布、灭火器等。常用的灭火器有干粉灭火器、泡沫灭火器、CCl_4 灭火器、CO_2 灭火器等。各种灭火器材的适用条件不同，应清楚其适用对象及条件。

※ 若密度小于水的易燃液体着火，则宜采用泡沫灭火器灭火；

※ 若是因灼烧金属或熔融物的高温导致的火灾，则宜采用干砂或干粉灭火器灭火；

※ 若是金属粉末(如钠、钾、镁、铝等)、电石、过氧化钠等着火，则宜采用干砂进行灭火。若是碱土金属着火，切不可用 CCl_4 灭火器灭火；

※ 若是电气设备或带电系统着火，则宜采用 CCl_4 灭火器或 CO_2 灭火器灭火。

以上 4 种情况都不可用水来灭火！另外，因 CCl_4 有毒，所以室内火灾一般尽量不采用 CCl_4 灭火器。

④防灼伤

取用化学试剂时要小心，避免溅到皮肤上、眼睛里，特别是强酸、强碱、强氧化剂等更要小心。对液氮、干冰等低温物质也要注意。

⑤防水

要养成随手关闭水龙头的习惯，以防因停水没关水龙头而造成事故。如有些试剂如金属钾、钠、锂等遇水会燃烧，甚至爆炸；有些试剂遇水会潮解而失效。因此，在实验结束或人离开实验室时，一定要检查水龙头是否关好。

(3)高压钢瓶使用注意事项

气体钢瓶使用时的主要危险就是气体钢瓶爆炸。可能引起爆炸的主要因素有：

①气体钢瓶受热使瓶内气体膨胀，导致瓶内气体压力超过其最大负荷；或瓶颈螺纹被损坏，在瓶内气体压力上升时，瓶帽冲脱瓶颈。

②气体钢瓶金属材质欠佳，或受腐蚀，若气瓶坠落或受硬物撞击，就极易发生爆炸。

③气体钢瓶发生漏气现象，泄漏气体特别是可燃性气体与氧气混合后，在一定浓度(见表 1-1)下，一旦燃烧条件成立就会发生爆炸。因此氧气瓶要尽量避免与可燃性气瓶放在一室。

表 1-1　不同浓度气体在空气中的爆炸极限

气体	爆炸极限(体积分数)/%	气体	爆炸极限(体积分数)/%	气体	爆炸极限(体积分数)/%
氢气	4.1~74	丙酮	2.5~13	甲烷	5.3~14
氨气	16~27	丙烯	2~11	乙烷	3.2~12.5
一氧化碳	12.5~74	苯	1.2~9.5	丙烷	2.4~9.5
煤气	5.3~32	乙醇	4.3~19	丁烷	1.9~8.4

气体钢瓶的使用必须注意以下几点：

①搬运前旋好瓶帽，放置时必须牢靠、固定好。

②存放地点应该阴凉，干燥，远离热源。

③使用时要用气压表，各种气压表一般不得混用。

④气体钢瓶上绝不可沾有油或其他易燃有机物，也不能用棉、麻等材料堵漏。

⑤开启气体钢瓶时应站在气压表气口的另一侧。

⑥不可把气体钢瓶中的气体用尽再灌装新气，以防灌气时发生危险。

⑦使用时要注意气瓶上漆的颜色及标字，以免混淆。

⑧使用期间的气体钢瓶，每隔三年至少要进行一次检验；盛腐蚀性气体的气体钢瓶每两年至少要进行一次检验。

⑨氢气瓶最好放在远离实验室的小屋内，用导管引入，并加装防止回火的装置，还特别要防止漏气。

1.2　物理化学实验数据的测量误差

1.2.1　科学测量与误差

1. 科学测量

在科学实验和生产过程中，为了掌握事物的发展规律，总要通过各种方法对某些物理量进行科学测量。物理化学实验就是以测量体系的某些物理量为基本内容，对所测出的数据加以处理，从而得到某些重要的规律。

测量一个物理量，通常是将这一物理量与规定的标准单位或标准量相比较。标准单位均有国际规定，由各个国家统一管理和执行。实验者用于进行科学测量的仪器，生产厂家制造时，都必须与标准单位作对比，并进行检验或校正。

物理量的测量可分为直接测量和间接测量两种。测量结果直接用测量的实验数据表示的称为直接测量。例如用天平称量物质的质量，用温度计测量物体的温度等，均属于直接测量。测量结果要由若干直接测量的数据，应用某种公式通过计算才能得到的称为间接测量。例如某物质的燃烧热，某化学反应的平衡常数等，均属于间接测量。无论是哪种测量，由于外界的随机干扰，所测得的数据实际上是带有随机误差的近似值。因此要对这些数据进行适当处理，经过处理的数据才是科学测量的结果。

适当处理包含两方面：一是要估计出测量数据的可靠程度，即进行误差计算，并给出合理解释，这将涉及一些误差理论的基础知识，如：高斯误差定律，误差传递，平均值计算法，误差的表示法，等等；二是要对测量数据加以整理归纳，通过一定的方法把干扰“过滤”掉，并用一定的方式表示出各数值之间的相互关系。测量数据的整理归纳方法有插值法、曲线拟合法、实验数据光滑法、滤波法等，处理数据的表达方式有列表法、数学方程法和图解法等。

2. 误差

在任何一种测量中，无论所用的测量仪器有多么精密，方法多么完善，实验者多么细致，所得结果常常不能完全一致。特别是随着测量次数的增加，这种现象一定会出现，总有一定的误差或偏差。严格地说，误差是描述测量值与真值之间差异大小的量；偏差是描述测量值与平均值之间差异大小的量。根据误差的性质和来源，可以将误差分为系统误差、偶然误差和过失(人为)误差，过失误差是一种不应该有的人为错误。

(1)系统误差。

系统误差是在测量过程中，由某种未发现或未确认的影响因素起作用而产生的误差。这些影响因素使测量结果永远朝一个方向偏移，其大小及符号在同一实验中完全相同。系统误差的来源如下。

①仪器误差。它是由仪器本身的缺陷，或校正与调节不适当引起的。这种误差可以通过一些方法进行校正。

②试剂误差。试剂中存在的杂质常会给测量结果带来极大的影响，使测量结果不准确。因此试剂的纯化是科学测量中一件十分重要的工作。

③环境误差。仪器使用环境不适当，或外界条件(温度、大气压、湿度及电磁场等)发生恒向变化，则会引起这种误差。

④方法误差。测量方法所依据的理论不完善就会产生这种误差，它可以通过不同测量方法的对比实验来进行检验。

⑤人身误差。它产生于测量者的感觉器官不完善，或个人不恰当的视读习惯及偏向。

若系统误差比偶然误差更显著，则可以根据“实验对比法”或“数据统计比较法”对其作出判断。实验对比法是采用某仪器测量了某物理量后，再采用高一级精度的仪器测量该物理量，将两个仪器测量的结果进行对比，就可以发现前一仪器的系统误差存在与否；数据统计比较法则是对同一物理量分别进行两组以上的测量，然后对各组数据进行独立处理，分别求出其平均值 $\bar{x}_k$ 和标准误差 σ_k，通过比较判断是否存在系统误差。如测得的第一、二组数据的平均值分别为 $\bar{x}_1$ 和 $\bar{x}_2$，标准误差为 σ_1 和 σ_2；当无系统误差时，将存在关系式 $|\bar{x}_1-\bar{x}_2|<2\sqrt{\sigma_1^2+\sigma_2^2}$。

(2)偶然误差。

偶然误差是在测量过程中，某些无法发觉、无法确认和无法控制的影响因素所引起的误差。偶然误差有时大、有时小、有时正、有时负，方向不一定。偶然误差完全服从统计规律，误差大小以及正、负误差的出现情况由概率决定。偶然误差的正态分布曲线如图 1-1 所示。它的解析式可写成：

$$y_i=\frac{1}{\sigma\sqrt{2\pi}}\cdot\exp\left(-\frac{\sigma_i^2}{2\sigma^2}\right),\ i=1,\ 2,\ 3,\ \cdots,\ n$$

式中：y_i 为 n 次测量偶然误差 δ_i 出现的概率。

$\sigma=\sqrt{\frac{1}{n}\sum_{i=1}^{n}\delta_i^2}$，称为均方根误差。$\sigma$ 愈小，误差分布曲线愈尖锐，即较小的偶然误差出现的概率大，表明测量的精密度愈高。σ 愈大，则情况相反。因此均方根误差反映测量精密度，故一般采用它作为评价测量精密度的标准，

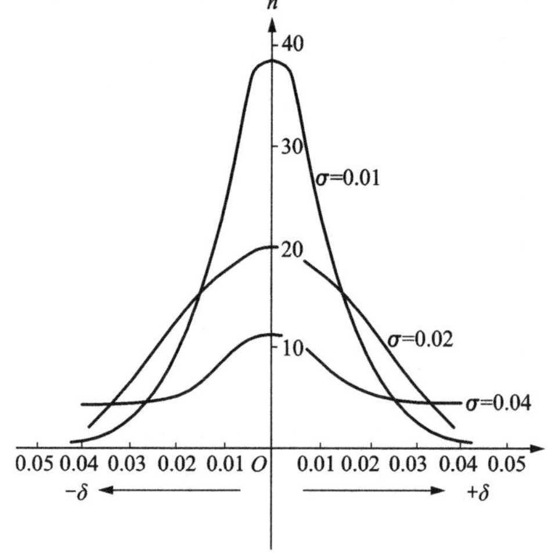

图 1-1　偶然误差正态分布示意图

又称它为标准误差。

对于偶然误差，其算术平均值 $\bar{\delta}$ 随测量次数 n 的无限增加而趋于零，即

$$\lim_{n\to\infty}\bar{\delta}=\lim_{n\to\infty}\frac{1}{n}\sum_{i=1}^{n}\delta_i=0$$

可见，增加测量次数可以减少偶然误差的影响，以提高测量的精密度和重现性。

系统误差与偶然误差虽然有本质的不同，但在一定条件下它们之间可以相互转化。如一批容量瓶中每个瓶子的系统误差不相同，它们之间的差异是随机的，属于偶然误差。当只使用其中一个容量瓶时，这种偶然误差就转化成了系统误差。

(3) 过失(人为)误差。

过失(人为)误差是由一种不应该有的人为错误所致，如标度看错、记录写错等。细心是可以避免产生过失误差的。

1.2.2　测量准确度与测量精密度的表示

1. 测量准确度(精密度)与误(偏)差的关系

前已介绍，测量误差与测量偏差是有区别的，但它们均可以用绝对误差(偏差)或相对误差(偏差)来表示，即

绝对误差 δ = 测量值 x_i − 真值 $x_{真}$；　　绝对偏差 d = 测量值 x_i − 平均值 $\bar{x}$

相对误差 $\eta=(\delta/x_{真})\times100\%$；　　相对偏差 $f=(d/\bar{x})\times100\%$

由于真值无法获得，且在消除系统误差和过失误差的条件下，测量值的(算术)平均值 $\bar{x}$ 趋近于其真值 $x_{真}$，即 $\lim\limits_{n\to\infty}\bar{x}=x_{真}$。所以，在实际运算中，常常以 d 代替 δ。

在教学实验中，由于教学时数的限制难以重复多次进行实验测定，这就是说测量值的(算术)平均值也无法获得。此时，可以采用可靠的文献值作为真值用于实验误差计算。可靠的文献值是指在得到公认的出版物(如正式出版的相关手册、专著)上查到的数据值。

在实际应用中经常采用的误差(偏差)表示是：

(1) 平均误(偏)差：$$\varepsilon=\frac{\sum_{i=1}^{n}|d_i|}{n}$$

(2) 标准误(偏)差：$$\sigma=\sqrt{\frac{\sum_{i=1}^{n}d_i^2}{n}}$$ (观测次数 n 无限时)

或 $$\sigma=\sqrt{\frac{\sum_{i=1}^{n}d_i^2}{n-1}}$$ (观测次数 n 有限时)

(3) 平均相对误差：$$\varepsilon_{相对}=\frac{\varepsilon}{\bar{x}}\times100\%$$

(4) 标准相对误差：$$\sigma_{相对}=\frac{\sigma}{\bar{x}}\times100\%$$

(5) 或然误差：$$p=0.6745\sigma$$

或然误差 p 的意义是：对一组测量数据，在不考虑其正负号时，误差大于 p 的测量值个数与误差小于 p 的测量值个数是相等的。即误差落在 $+p$ 和 $-p$ 之间的测量次数各占总测量次数的一半，其值可以用于判断可疑数据能否舍弃。

ε 和 σ 的大小反映了实验测量结果的精度，ε、σ 越小，实验测量的精度越高。实验测量结果的准确表达为：$x=\bar{x}\pm\varepsilon$ 或 $x=\bar{x}\pm\sigma$；也可以用相对误差表示：$x=\bar{x}\pm\varepsilon_{相对}$ 或 $x=\bar{x}\pm\sigma_{相对}$。

在定义上，测量的准确度与测量的精密度也有区别。准确度是指测量值偏离真值的程度，表示测量结果的准确性大小；而精密度是测量值偏离平均值的程度，表示测量结果的重现性大小。对准确度和精密度的理解，可以用打靶(图 1-2)来说明。

图 1-2 表示三个射手的成绩，斜纹圈处表示靶眼，是射击的目标。图 1-2(a)表示准确度和精密度都很好；图 1-2(b)则因能密集射中一个区域，就精密度而言是很好的，但准确度不够高；至于图 1-2(c)则准确度和精密度都很不好。在实际的测量中，尽管其精密度很高，但它的准确度不一定很好。高精密度不能保证有高准确度，但精密度低，准确度一定不好。因此，高精密度是高准确度的一个前提，应该关注仪器的精密度。在没有系统误差时，准确度和精密度才会是一致的。

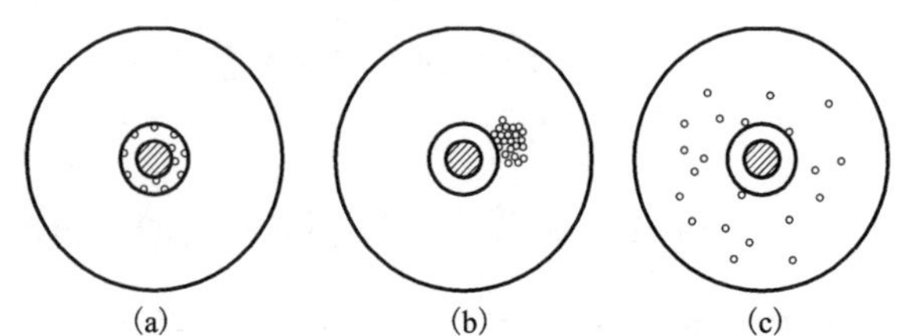

图 1-2　准确度与精密度的示意图

用标准误差表示测量的精密度比用平均误差要好一些。因为平均误差容易掩盖一些测量质量不高的测量值，而标准误差的计算过程将测量绝对误差取了平方，使之对测量误差的反应更为灵敏。

倘若不存在系统误差，测量仪器又经过校正，则测量的相对偏差就是相对误差，标准偏差就是标准误差，测量精密度就是测量准确度。

2. 仪器的测量精度与可靠程度估计

一般仪器仪表都会给出一个测量精度，称为最小读数精密度(或最小分度)，相当于绝对误差。如一个温度计(℃)的测量精度为 0.01 ℃，当测量的温度读数为 25.26 ℃时，对该温度测量值的正确表述应该是(25.26±0.01) ℃；而该读数的相对精密度为(0.01/25.26)×100%=0.04%。可见，读数的相对精密度与测量值大小有关。在一定测量精(密)度条件下，仪器测量值的可靠程度(准确度)与测量次数有关。一般要求测量次数大于 5，但许多物理化学实验的测量次数只有 1~2 次(如在线测量)。这就需要根据仪器的测量精度对测量值的可靠程度进行评价。

此外，许多仪器的精密度以“级”表示。如一个满挡为 3 V 的一级电表，其最小读数精密度为 3 V×0.01=0.03 V；若该电表为 0.2 级，则最小读数精密度为 3 V×0.002=0.006 V；若为多挡电表，则不同挡位所对应的最小读数精密度是不一样的。因此在进行测量时最好不要换挡，同时要考虑选择最小读数精密度值为最小的挡，这样才能充分利用该电表所能达到的最佳准确度的效果。

只有对仪器的精度进行了有效估计，才可能采取有效的措施应对由仪器带来的系统误差。如进行动力学实验测定某反应在 298 K 下的速率常数 k 时，若温度测量有 1 K 的误差，

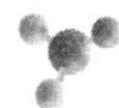

反应的活化能为 $E_a=47$ kJ/mol，则由温度测量引起的系统误差为：

$$\frac{\Delta k}{k}=\frac{A\exp(-E_a/RT_2)-A\exp(-E_a/RT_1)}{A\exp(-E_a/RT_1)}\times 100\%$$

$$=\left\{\exp\left[-\frac{E_a}{R}\left(\frac{1}{T_2}-\frac{1}{T_1}\right)\right]-1\right\}\times 100\%=\left\{\exp\left[-\frac{47000}{8.314}\times\left(\frac{1}{299}-\frac{1}{298}\right)\right]-1\right\}\times 100\%$$

$$=6.55\%$$

可见，温度的恒定和测量准确度对动力学结果的影响较大。

1.2.3　间接测量中的误差传递

在许多物理化学实验研究中，所需要的目标结果常常不是用仪器直接测量得到的。在大多数情况下是要对几个物理量进行直接测定，然后通过函数关系加以运算才能获得目标结果，称为间接测量。直接测量值总有一定的误差，因此必然引起间接测量值也有一定的误差。即直接测量值误差不可避免地会传递到间接测量值中，并产生间接测量误差。以下就讨论由直接测量值误差来计算间接测量值误差的方法。

1. 误差传递公式

从数学中知道，当间接测量值(N)与直接测量值(x, y, z, …)的函数关系为 $N=f(x, y, z, \cdots)$时，目标结果的绝对误差为：

$$\mathrm{d}N=\frac{\partial N}{\partial x}\mathrm{d}x+\frac{\partial N}{\partial y}\mathrm{d}y+\frac{\partial N}{\partial z}\mathrm{d}z+\cdots$$

目标结果的相对误差为

$$\frac{\mathrm{d}N}{N}=\frac{1}{f(x, y, z, \cdots)}\left[\frac{\partial N}{\partial x}\mathrm{d}x+\frac{\partial N}{\partial y}\mathrm{d}y+\frac{\partial N}{\partial z}\mathrm{d}z+\cdots\right]$$

可见各直接测量值的误差(dx, dy, dz, …)都会影响间接测量值 N 的结果，产生 dN(或 dN/N)的误差。为考察可能出现的最大误差值，计算误差传递时，对各直接测量值的误差要取绝对值。在实际计算时，一般将 dN, dx, dy, dz, …视为线性变化，则 dN, dx, dy, dz, …可以用 ΔN, Δx, Δy, Δz, …代替。表 1-2 列出了部分函数关系的平均误差计算式。

表 1-2　部分函数关系的平均误差计算式

函数关系式	绝对误差	相对误差
$N=x+y$	$\pm(\lvert\Delta x\rvert+\lvert\Delta y\rvert)$	$\pm\left(\frac{\lvert\Delta x\rvert+\lvert\Delta y\rvert}{x+y}\right)$
$N=x-y$	$\pm(\lvert\Delta x\rvert+\lvert\Delta y\rvert)$	$\pm\left(\frac{\lvert\Delta x\rvert+\lvert\Delta y\rvert}{x-y}\right)$
$N=x\cdot y$	$\pm(y\lvert\Delta x\rvert+x\lvert\Delta y\rvert)$	$\pm\left(\frac{\lvert\Delta x\rvert}{x}+\frac{\lvert\Delta y\rvert}{y}\right)$
$N=x/y$	$\pm\left(\frac{y\lvert\Delta x\rvert+x\lvert\Delta y\rvert}{y^2}\right)$	$\pm\left(\frac{\lvert\Delta x\rvert}{x}+\frac{\lvert\Delta y\rvert}{y}\right)$
$N=x^n$	$\pm(nx^{n-1}\lvert\Delta x\rvert)$	$\pm\left(n\frac{\lvert\Delta x\rvert}{x}\right)$
$N=\ln x$	$\pm\left(\frac{\lvert\Delta x\rvert}{x}\right)$	$\pm\left(\frac{\lvert\Delta x\rvert}{x\ln x}\right)$

对于标准误差的传递则有：$\sigma_N = \sqrt{\left(\frac{\partial N}{\partial x}\right)^2 \sigma_x^2 + \left(\frac{\partial N}{\partial y}\right)^2 \sigma_y^2 + \left(\frac{\partial N}{\partial z}\right)^2 \sigma_z^2 + \cdots}$

式中：σ_x、σ_y、σ_z 等分别为直接测量值的标准误差，σ_N 为间接测量值的标准误差。表 1-3 列出了部分函数关系的标准误差计算式。

表 1-3　部分函数关系的标准误差计算式

函数关系式	绝对误差	相对误差
$N = x \pm y$	$\pm\sqrt{\sigma_x^2+\sigma_y^2}$	$\pm\frac{1}{\lvert x \pm y\rvert}\sqrt{\sigma_x^2+\sigma_y^2}$
$N = x \cdot y$	$\pm\sqrt{y^2\sigma_x^2+x^2\sigma_y^2}$	$\pm\sqrt{\frac{\sigma_x^2}{x^2}+\frac{\sigma_y^2}{y^2}}$
$N = x/y$	$\pm\frac{1}{y}\sqrt{\sigma_x^2+\frac{x^2}{y^2}\sigma_y^2}$	$\pm\sqrt{\frac{\sigma_x^2}{x^2}+\frac{\sigma_y^2}{y^2}}$
$N=x^n$	$\pm(nx^{n-1}\sigma_x)$	$\pm\frac{n\sigma_x}{x}$
$N = \ln x$	$\pm\frac{\sigma_x}{x}$	$\pm\frac{\sigma_x}{x\ln x}$

2. 误差传递计算实例

例如，采用电加热法测量 KNO_3 的溶解热时，所求溶解热 $\Delta_{sol}H_m$ 的简化公式为：

$$\Delta_{sol}H_m = \frac{0.239UIt}{T_{电} - T_0} \times (T_{电} - T_{样}) \times \frac{M_{样}}{W_{样}}$$

其中，U 为电加热时所用的电压，调定为 $U=3.500$ V，所用的直流电压表为 0.5 级，量程为 5 V，则单就电压表可能引起的直接测量误差为 $\Delta U=\pm5\times(0.5/100)=\pm0.025$ V。I 为加热电流，调定为 $I=2.098$ A，所用的直流表为 0.5 级，量程为 2.5 A，同理可得 $\Delta I=\pm0.0125$ A。$(T_{电}-T_0)$ 为电加热后量热计温度升高值，它经雷诺(Reynolds)图解法校正处理后为 1.985 ℃。所使用的贝克曼(Beckmann)温度计可读准至 0.002 ℃。图解时用 25 cm^2 的计算图纸，每小格相当于 0.01 ℃，可读准至 0.5 格。因此，$\Delta(T_{电}-T_0)$ 应取图解时可能引起的最大误差，即 $\Delta(T_{电}-T_0)=\pm0.01\times0.5=\pm0.005$ ℃。$(T_{电}-T_{样})$ 为 KNO_3 溶解完全后量热计的温度下降值，其值等于 1.885 ℃。同理可得 $\Delta(T_{电}-T_{样})=\pm0.005$ ℃。t 为电加热所用的时间，设 $t=714.4$ s，时间的直接测量误差除与停表的准确度有关外，还与停表的开或停，以及电源的接通或切断操作所引起的时间误差有关，一般开或停等操作带来的时间误差估计为 ±0.2 s。在此取 $\Delta t=\pm0.2\times2=\pm0.4$ s。$M_{样}$ 为 KNO_3 的摩尔质量，应视为常数。$W_{样}$ 为样品的质量，其值为 14.2258 g，称重所用的分析天平的精度为±0.0003 g。由于采用减量法称重，前后称重两次，因此取 $\Delta W_{样}=\pm0.0003\times2=\pm0.0006$ g。根据表 1-3 所列的计算关系式可知，实验测量 $\Delta_{sol}H_m$ 的平均相对误差是以上各项测量值的平均相对误差之和，即

$$\frac{\Delta(\Delta_{sol}H_m)}{\Delta_{sol}H_m} = \pm\left[\frac{|\Delta U|}{U} + \frac{|\Delta I|}{I} + \frac{|\Delta t|}{t} + \left|\frac{\Delta(T_{电} - T_0)}{(T_{电} - T_0)}\right| + \left|\frac{\Delta(T_{电} - T_{样})}{(T_{电} - T_{样})}\right| + \frac{|\Delta W|}{W}\right]$$

$$= \pm\left(\frac{0.025}{3.500}+\frac{0.0125}{2.098}+\frac{0.4}{714.4}+\frac{0.005}{1.985}+\frac{0.005}{1.885}+\frac{0.0006}{14.2258}\right)$$

$$= \pm(0.714\% + 0.596\% + 0.056\% + 0.252\% + 0.265\% + 0.004\%)$$

$$= \pm 1.887\%$$

上面算出 $\Delta_{sol}H_m$ 的平均相对误差是可能产生的最大误差，而不是实际误差，实际情况往往会好一些。从本例的计算可以知道，提高实验测量准确度的最大障碍是电压和电流数值的测量准确度，其次是温度变化的测量准确度(包括温度计的精度和图解处理)。

又如，以苯为溶剂，采用沸点升高法测定溶质萘的摩尔质量。用贝克曼温度计测得纯苯的沸点为(2.975±0.003) ℃，而溶液中含苯(87.0±0.1)g(W_A)，含萘(1.054±0.001)g(W_B)，溶液的沸点为(3.210±0.003) ℃，用公式 $M_B = 2.53\times\frac{1000W_B}{W_A\Delta T_b}$计算萘的摩尔质量为 130 g。由函数标准误差传递计算的公式可得：

$$\sigma_{M_B} = \pm\sqrt{\left(\frac{\partial M_B}{\partial W_B}\right)^2\sigma_{W_B}^2+\left(\frac{\partial M_B}{\partial W_A}\right)^2\sigma_{W_A}^2+\left(\frac{\partial M_B}{\partial \Delta T_b}\right)^2\sigma_{\Delta T_b}^2}$$

其中

$$\frac{\partial M_B}{\partial W_B} = \frac{2.53\times1000}{W_A\Delta T_b} = \frac{2.53\times1000}{87.0\times(3.21-2.975)} = 124$$

$$\frac{\partial M_B}{\partial W_A} = -\frac{2.53\times1000W_B}{W_A^2\Delta T_b} = -\frac{2.53\times1000\times1.054}{(87.0)^2\times(3.21-2.975)} = -1.50$$

$$\frac{\partial M_B}{\partial \Delta T_b} = -\frac{2.53\times1000W_B}{W_A\Delta T_b^2} = -\frac{2.53\times1000\times1.054}{87.0\times(3.21-2.975)^2} = -555$$

$$\sigma_{W_B} = \pm0.001,\ \sigma_{W_A} = \pm0.1,\ \sigma_{\Delta T_b} = \pm(0.003+0.003) = \pm0.006$$

所以本实验的标准绝对误差为：

$$\sigma_{M_B} = \pm\sqrt{(124\times0.001)^2+(-1.50\times0.1)^2+(-555\times0.006)^2} = 3.3$$

故实验测得萘的摩尔质量为：$M_B = 130\pm3$ g。

1.3　物理化学实验数据的处理原则

1.3.1　原始数据

物理化学中的很多数据，如热力学数据 $\Delta_fH_m^\ominus$(标准摩尔生成焓)、$\Delta_{trs}H_m^\ominus$(相变焓)、$S_m^\ominus$(标准摩尔熵)、C_p(恒压热容)，动力学数据 k(化学反应速率常数)、E_a(活化能)，以及电化学数据 i^0(交换电流密度)等，都不是物理化学实验中测量仪器直接显示出的数值，而是将实验中直接测量得到的数据，根据一定的理论(公式)通过数学处理而求得的。尽管现在有些物理化学数据已经能够在配套有软件的物理化学实验中直接显示出来，但原始数据仍然不失其作用。

物理化学实验的原始数据就是指实验中直接测量出的未经任何加工的数据。如进行某一过程时，体系的温度、压强、质量、浓度、体积、长度、电流、电压、电阻、时间等实测数据。

在实验前，要设计好实验原始数据记录表(三线表)，进行规范记录，以免因记录混乱而造成实验后的数据处理困难。

1. 原始数据测量的要求

任何物理化学数据，如果在实验研究中不存在系统误差，数据处理方法又正确，那么它的精密度和准确度就主要决定于原始数据的测量精密度和准确度。因此，任何实验研究都必须对原始数据的测量提出应有的要求。

对原始数据测量的要求，人们往往只注重于单个测量仪器的灵敏度、最小分度和级别等；如果所使用的测量仪器有足够高的灵敏性和准确度，那么对于原始数据测量的要求应主要着眼于其重现性。在这种情况下，重现性本身也体现了测量的精密性和准确性。原始数据测量的重现性只能通过多次测量来检核。所以一般的物理化学实验与研究都应该做重复的或平行的实验。如能进行三次以上的重复的或平行的测量，除可以避免或减少偶然误差外，还可以知道或求得测量精密度。例如，用一最小分度和准确度都足够好的电位差计在不同情况下测量某一给定原电池的电动势，分别得到两组原始数据，列于表 1-4。从表中数据可见，A 组数据的重现性较好，即测量精密度较高。

表 1-4　两组原电池电动势原始测定数据的比较

实验序号	1	2	3	4	5	$\overline{E}$	标准误差 σ
E/V(A 组)	1.2553	1.2555	1.2552	1.2554	1.2555	1.2554	0.00013
E/V(B 组)	1.2553	1.2632	1.2543	1.2653	1.2534	1.258	0.0056

简言之，对于原始数据测量的要求就是应有一定的重现性，或者说应有一定的测量精密度和准确度。具体要求则视测量内容、测量仪器、测量方法、测量环境等因素而有所不同。一般而言，原始数据的测量精密度和准确度要求同测量仪器具有的灵敏度、最小分度和级别相适应。而要求测量精密度和准确度超过测量仪器所能达到的最高限度是没有意义的。反之，原始数据的实际测量精密度和准确度低于测量仪器所能达到的限度是常有的情况。对于教学实验，这是可以允许和比较正常的；而对于科学研究，其未充分利用测量仪器的性能是一种浪费。

2. 影响原始数据测量精密度的因素

提高原始数据的测量精密度不是一件很容易办到的事，因为它受多方面因素的影响。考虑影响因素时应该排除测量操作者的主观因素方面，主要考虑测量环境、测量方法和测量对象的特点——稳定性和均匀性等对测量精密度的影响。一般而言，测量环境如能具有恒温、恒湿等条件，可使测量仪器及测量对象的稳定性获得一定的保障；而较高级的测量仪器常常要求较苛刻的测量环境，以保证仪器的稳定性和应有的准确度。

测量对象的稳定性除受测量环境的影响外，也决定于测量对象内部的情况，如是否平衡、有无波动和滞后等。而测量对象内部的情况又常与测量方法有关。如沸点法测量液体的饱和蒸气压时，进行测量的具体方法会影响一定压强下液体的沸腾温度的测量精密度；又如补偿法测量原电池的电动势时，进行测量的具体方法会影响原电池电动势的测量精密度。

测量对象的均匀性对原始数据的测量精密度的影响也是很大的。尤其是多相反应体系，

无论是进行平衡实验，或是进行动力学实验，平行地或重复地由给定的某种原材料制备几个测量对象进行测量，由于原材料的组成、结构和形状等方面的不均匀性和制备上的不均匀性，一定会使原始数据出现差异，影响原始数据的测量精密度。因此，这种体系进行实验研究时，首先要注意原材料的选用，其次要注意测量对象制备时的操作。在教学实验中，一般只是对给定的某一测量对象进行多次测量。但对科学研究而言，应平行或重复制备一定数目的某种测量对象，并进行多次测量，这样才能真正知道和确定原始数据的测量精密度。

3. 自动化仪器测量和人工测量

在物理化学实验与研究中应用自动化测量仪器进行测量时，如果测量仪器有较高的灵敏度和最小分度，又有一定的稳定性和准确度(级别)，则具有节省人力和快速测量的优势。由测量所得的原始数据也可以知道和确定其测量精密度。此时原始数据的测量精密度受仪器方面的影响很大，甚至很难人为控制，除非有机会可任意挑选测量仪器。此外还要注意，大多数的有放大装置的非数字化自动测量仪器虽然灵敏度高，但准确度不会很高。即便是数字化自动测量仪器能够显示出多位有效数字(大于四位)，但其内部用作标准的器件(如标准电源)常不能有很高的级别，使得它的准确度不会很高。

如果自动化测量仪器的稳定性和准确度都较差，则不要盲目追求自动化测量，以图带来节省人力和快速测量的优势。宁可用一些灵敏度、最小分度、准确度和稳定性都好，价钱又便宜的非自动化测量仪器，进行人工测量以得到原始数据。人工测量虽然费人力和时间，但容易建立实验研究装置，而且也较方便确定和人为地控制原始数据的测量精密度，受仪器方面的影响较小。

关于选用自动化仪器测量和人工测量方面的问题，物理化学实验研究者，首先应以满足原始数据测量的要求为前提，均衡地考虑二者的优缺点，从整体的实验研究工作的计划实施为最优的角度来选择自动化仪器测量或人工测量。

4. 原始数据的正确记录和有效数字

由于测得的物理量或多或少都有误差，那么一个物理量的数值与数学上的数值就有着不同的意义。物理量的数值反映了量的大小、数据的可靠程度、仪器的精密度，甚至是实验方法的优劣。如：数学上有 1.38 = 1.380000 …… 而物理上的(1.35±0.01)m ≠(1.3500±0.0001)m；因为(1.35±0.01)m 表明该长度是采用普通米尺测量的，而(1.3500±0.0001)m 则必须采用精密仪器。有效数字的位数指明了测量精密度，它包括了可靠位数和估计的一位数。

对于有效数字有如下一些规则和概念。

①误差值一般只有一位有效数值，最多不能超过两位。

②物理量数据有效数字的最后一位在位数上应该与误差的最后一位画齐，如：(1.38±0.01)m，正确；(1.381±0.01)m，减小了结果的精密度；(1.3±0.01)m，夸大了结果的精密度。

③有效数字的位数越多，数值的精确程度越高，相对误差越小，如：(1.38±0.01)m，三位有效数字，相对误差 0.7%；(1.3800±0.0001)m，五位有效数字，相对误差 0.007%。

④有效数字的位数与十进制单位的变换无关，与小数点的位数无关，如：(1.35±0.01)m 与(135±1)cm 等效。

此外，通常采用指数表示法，以避免影响对数值如 138000 的有效数字位数的判断。若

138000 表示的是三位有效数字，则写成 1.38×10^5；若表示四位有效数字，则写成 1.380×10^5。注意，紧跟在小数点后面的“0”是不代表有效位数的，如 0.00000138 只有三位有效数，则可写成 1.38×10^{-6}。

⑤若数值的第一位数等于或大于 8，则有效数字的总位数可以多计一位，如 8.35，在运算时可视为 4 位有效数字。

⑥计算平均值时，若用于计算时的数据个数 $n\geqslant4$，则平均值的有效位数可增加 1 位。

⑦直接量度值都要记到仪器刻度的最小估计读数。

⑧运算时对要舍弃的数可先作四舍五入处理，然后进行加减运算、乘除运算，所获得的值按各值中有效数字位数最少的计。

1.3.2 实验数据处理

一项完整的物理化学实验研究工作应包括下列内容。

(1)实验测量方法设计，即根据题目制订出整个实验研究工作进行的方案。

(2)建立和校正实验测量装置。

(3)进行实验观察和测量原始数据。

(4)进行数据处理。

(5)进行数值结果的理论分析和得出有益的科学结论。

将上述全部工作内容撰写成实验报告即为科学研究论文。由此可见，实验数据处理也是物理化学实验研究工作中的一个重要环节。

数据处理就是将实验中直接测量得到的原始数据，根据一定的理论公式或经验关系式，通过数学处理而求得最终的结果。数据处理所应用的理论公式或经验关系式，可以是前人提出的，也可以是根据实验研究中直接测量得到的原始数据，进行初步的数据处理和数值结果的理论分析后新提出来的。对于一项新的理论成果的产生过程，数据处理与数值结果的理论分析，同得出有益的科学结论是紧密结合在一起的。

数学处理是指按照有效数字运算法则进行数据之间的运算，以及利用数学解析法和图解法确定物理化学性质之间的具体函数表达式，或利用已知的函数关系式求出某些物理化学常数或数据。

1. 数据处理的方法和基本原则

为了使实验得到所期望的明晰结果，以阐明客观规律，数据处理一般采用下列几种方法，即列表法、图解法和数学方程法。

(1)列表法。列表法是数据表达最简单的一种方式，也是最为普遍和首先采用的形式。其他两种方法常用它作过渡，但列表要清楚和简练。

(2)图解法。图解法应用较广，因为它可将实验直接测量得到的原始数据之间的相互函数关系表现得更为直观，便于显示出函数的极大、极小、转折点、周期性或线性关系等变化规律。图解的方法有多种，如内插、外推、求直线的斜率和截距、图解微分、图解积分以及曲线的直线化等。

(3)数学方程法。数学方程法是比较高级的数据处理方法。它能将实验测量得到的原始数据之间的函数关系直接用数学方程式表达出来。求数学方程式比较麻烦，但数学方程式求出来后能比较方便地进行内插、外推以及其他数学分析。

(4)数据处理的基本原则

①数据处理要保障数学处理过程中不降低原始数据的测量精密度，否则所得到最后结果的精密度就与数据处理过程有关了。

②数据处理要保障原始数据与它的具体数学解析式——理论公式或经验公式最佳拟合，即所得到的图形或数学方程式的确是原始数据之间的规律的反映。

③数据处理应按照有效数字运算法则进行。这样既可以保障不降低原始数据的测量精密度，而且可以避免凑整误差，也不会造成人力浪费。

在进行数据处理时，要注意有效数字的运算，主要有以下两点：

一是使用运算工具时要注意它能否满足原始数据的测量精密度的要求。使用的函数计算器、可编程序计算器及电脑可能提供更多位数的数据运算，但要注意避免出现凑整误差。

二是要尽量避免有效数字位数不同的原始数据相互运算，如相互进行加、减、乘与除等。这就要求在选配测量仪器时应特别注意它们的灵敏度、最小分度和级别等，应保障它们彼此相适应。

2. 列表法应注意的事项

列表法可以把大量数据尽可能整齐地、有规律地表达出来，使得全部数据一目了然，便于处理、运算，易于检查以减少差错。

表格形式有多种，如三线表、田字表等。现在自然科学期刊一般要求采用“三线表”，掌握三线表的列表原则也是一种科学方法训练。顾名思义，“三线表”是由三根线构成，这三根线是水平横线，即在表中不能出现垂线！列表时要注意：

(1)每一个表都应该有简明而又完备的名称(即表名)，表名置于“三线表”顶线的上方，若一次实验有多个数据表格，则必须在表名前添加表序号；

(2)顶线与栏目线之间的空间称为表头，表头中要详细写出所列物理量的名称与单位；

(3)栏目线与底线之间的空间称为表身，填写与表头中物理量对应的具体数据。需要注意的是：

①数据应该化为最简单的形式表示，公共的乘方因子应列于表头中的物理量名称下；

②各行、各列的数字应该排列整齐，如位数和小数点都应对齐；

③把处理方法和运算公式写在表前或表后，以说明原始数据与表中数据的对应关系。

此外，在物理化学实验课程中，对原始数据的记录和数据处理结果都应采用列表法。一般两者不要列于同一表中，即应该分别列表，但两表中的数据要通过编号体现其对应关系。

3. 图解法应注意的事项

图解法包括两方面工作：一是作图，即将原始数据通过正确的作图方法画出合适的图线，形象且准确地表示原始数据之间的关系；二是图解，即根据所画出的图线，通过进一步处理和计算，以求得所期望的结果(数据或数学方程式)。作图是图解的前提，而图解是作图的结局，二者相依而存。现在作图手段有手工绘图和电脑绘图两种，但作图的一般步骤和规则(要求)大同小异。

(1)坐标纸和比例尺的选择。直角坐标纸是最常用的，还有半对数坐标纸和全对数坐标纸(可将曲线线性化)。三角坐标纸通常是作三元相图时专用。

采用的直角坐标纸横坐标代表自变量，纵坐标代表因变量；坐标刻度不一定从“0”开始，但在图解求截距时要注意变换。由于比例尺不同，曲线形状也会不同，甚至影响图解结果。

为了保证不降低原始数据的测量精密度，采用图解法处理数据时，要恰当选择各坐标的比例和分度。比例尺的选择应该遵守以下原则。

①要能够表示出全部有效数字(一般能准确地读出三位有效数字就可以满足作图要求)，应使作图精密度与原始数据的测量精密度相配合，不要过分夸大或缩小各坐标的作图精密度。

②图纸的每一小格所对应的数字应便于迅速、简便地读出，便于计算，即坐标的分度要合理。

③在上述条件下要考虑充分利用图纸的全部面积使全图布局匀称、合理。图面最好为正方形(一般选择 10 cm×10 cm 的坐标纸绘图)，函数关系曲线(或直线)刚好展现于整个图面，如图 1-3 所示。

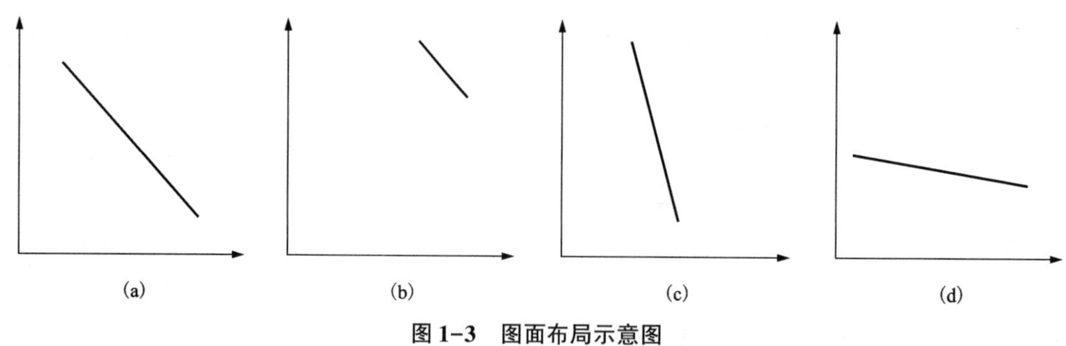

图 1-3　图面布局示意图

图 1-3(a)为正确的，图 1-3(b)~图 1-3(d)则不符合作图原则。

④若所作图形为直线，则比例尺的选择应尽量使直线表观斜率的绝对值接近于 1，如图 1-3(a)所示。

⑤电脑作图时，坐标单位的大小影响分度值，如果选择不当会对曲线的拟合结果产生很大的影响，甚至可能是"颠覆性"的。

(2)画坐标轴。选定比例尺后要画好坐标轴，并在坐标轴旁注明该轴所代表变量的名称、单位、刻度和数值。

(3)作数据点。手工作图时，将实验测出的或经过转换的数据值标绘于图上，可以是圆点、圆圈、方块、三角或其他形状符号，但这些符号的面积大小应该代表测量的精度。精度高，则符号面积小一些，反之就大一些。计算直线的斜率，原则上不宜选择用于作图的原始数据点的值，而应该在拟合的直线上选点用于计算。对选定的计算直线斜率的点，应过点画出与坐标轴平行的虚线。

若采用电脑作图，则选择在图上只显示数据点的作图模式(散点图)，以便老师批阅实验报告时核对数据点。直线斜率的计算可通过电脑显示的直线方程直接读取。电脑绘图软件有多种，如 Excel 绘图、Origin Lab 绘图、Sigma Plot 绘图，甚至 Word 中的图表功能也可以做简单的绘图。

此外，无论采用手工还是电脑作图，在同一张图上若要标绘组数不同的数据值时，各组数据值的代表符号应该是不同的，以便区别。同时在图中标出图例说明，但数据值不要写在图上。

(4)连(曲)线。在图面上标出各数据点之后，用光滑、均匀的曲(直)线连接诸数据点，线条应该细而清晰。所作曲(直)线要反映原始数据的变动趋势，而实验数据不可避免地存在误差。因此曲(直)线不一定完全通过每一个数据点，但应该使诸数据点均匀分布在曲(直)线两侧，即在数量和距离上保持基本相等，这样才能保障原始数据与它的函数关系曲(直)线最佳拟合。数据点与曲(直)线间的距离表示了测量的误差大小。作图也存在作图误差，因此作图技术也将影响实验最终结果的准确性。如果是电脑绘图，则对已标在图上的数据点选择添加趋势线，电脑会按照上述原理绘制出相应的数据点连(曲)线。

离开曲(直)线太远的原始数据点也不要随便舍弃。遇到这种情况，最好重复进行测量，判明情况后再适当处理。

(5)写图名。每个图都必须有清楚、完整的图名，图名置于图的下方，并在图名前标注图序号。

(6)作切线。过曲线上点作切线求其斜率是物理化学实验数据处理时经常遇到的，以下介绍手工作切线的镜像法。

方法一：如图 1-4(a)所示，将一面矩形小镜子垂直立于图面，使其边缘 AB 靠近曲线，然后以欲作切线的点 M 为轴旋转镜面，直至在镜中看到的曲线影像是完整而光滑的，且与实际曲线相切于 M 点，此时沿小镜子的边缘 AB 画直线，该直线就是过曲线上 M 点的切线。

方法二：如图 1-4(b)所示，将一面矩形小镜子垂直立于图面，使其边缘 AB 压在欲作切线的 M 点上；然后旋转镜面，直至在镜中看到的曲线影像与实际曲线通过 M 点形成一条完整而光滑的曲线；此时沿小镜子的边缘 AB 画直线，该直线就是过曲线上 M 点的法线，再过 M 点作该法线的垂线即为 M 点的切线。

若将镜子换为一细小透明而均匀的玻璃棒也可以。如图 1-5 所示，将玻璃棒 AB 压在 M 点上；然后以 M 点为轴旋转玻璃棒，直至看到曲线是完整而光滑地通过玻璃棒；此时沿玻璃棒 AB 画直线，该直线就是过曲线上 M 点的法线。

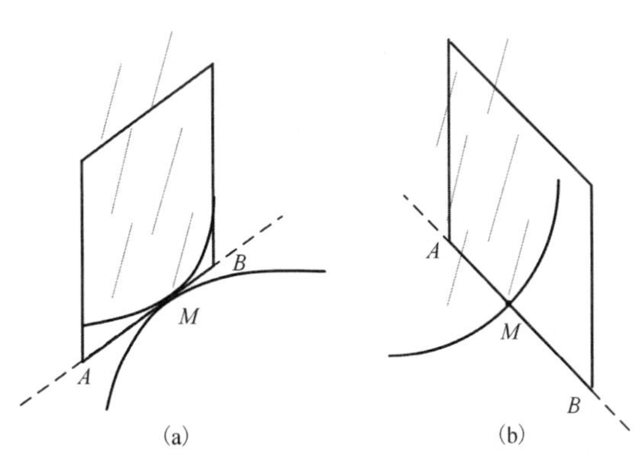

图 1-4　镜像法作切线示意图

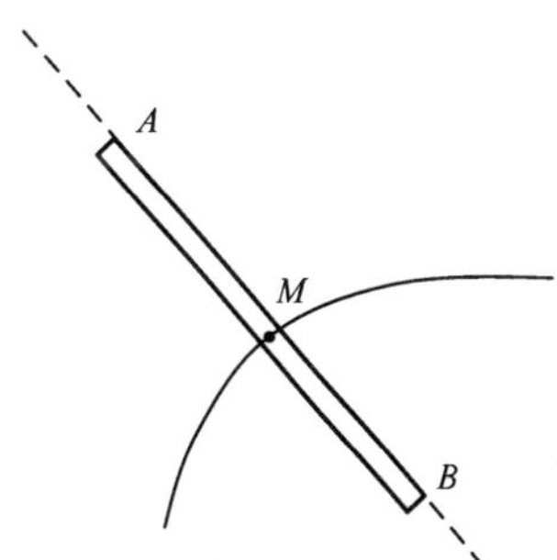

图 1-5　玻棒法作切线示意图

对电脑作图得到的曲线作切线，可以先采用解析法求出过曲线某点(x_1, y_1)的切线方程，然后根据切线方程确定该切线在图上的两点画出切线。如曲线的拟合方程为 $y=F(x)$，则设切线方程为 $y=a+bx$。对曲线方程求导得 $y'=F'(x)$，因为切线过点(x_1, y_1)，则该切线的斜率 $b=F'(x)|_{x=x_1}$。再根据 $y_1=a+bx_1$ 解得切线的截距 a 值，从而确定过曲线某点(x_1, y_1)的切

线方程。

4. 图解法的应用

图解法的应用很广，主要有以下几个方面。

(1)求内插值。根据实验数据做出相关函数曲线，然后在曲线上直接读出函数相应的物理量值。如二元溶液折光率工作曲线就是利用阿贝折射仪测定标准浓度下溶液的折光率，作出全浓度范围内的折光率-浓度曲线(称为工作曲线)，通过实验测定出未知浓度溶液的折光率，并根据工作曲线查找对应折光率下溶液的浓度。

(2)求外推值。根据实验数据做出相关函数曲线，在一定条件下，若存在线性趋势段，就可以将函数曲线外推到测量范围之外，求出函数的极限值。如在偏摩尔体积的测定实验中，为确定溶液中物质 B 的表观摩尔体积与浓度的函数关系 $\varphi=a+bm^n$ 中的常数 a，首先测定不同浓度溶液物质 B 的表观摩尔体积 φ。然后作出表观摩尔体积-溶液浓度曲线，将该曲线外推至 $m=0$ 就可得到 a 值。

(3)作切线求函数的微商值。根据实验数据做出相关函数曲线，然后做出曲线上某些点的切线，从而求出相关的函数微商值。如最大泡压法测溶液表面张力的实验，求 $\mathrm{d}\sigma/\mathrm{d}c$。

(4)求经验方程。如函数与自变量存在 $y=ax+b$ 的线性关系，则通过实验测出一系列对应条件下的(x_i，y_i)。然后作图可求出该函数关系中的 a 和 b 值，从而确定该经验方程，如 $CaCO_3$ 分解压测定等诸多实验。

(5)求面积计算相应的物理量。如通过差热分析实验所获得的差热谱图的峰面积求算相变热。

(6)求转折点和极值。如相变点的确定、最低恒沸点的确定等。

(7)曲线化直。使用图解法求数学方程的参数时，如果数学方程式为非线性方程，则首先要进行函数变换，将非线性函数变换成线性函数。如非线性函数 $y=a\mathrm{e}^{bx}$，该式两边取对数，若令 $Y=\ln y$，则原来的非线性函数就变成 Y 与 x 的线性函数，即 $Y=\ln y=\ln a+bx$。这样就方便用图解法根据 x 和 y 的原始数据确定出 a 和 b 的数值，求得 x 与 y 的非线性函数的具体表达式。

5. 可疑原始数据的舍弃

对某一物理量进行重复测量得到一组原始数据时，可能发觉一些测量值的偏差特别大，因而对它产生怀疑甚至舍弃。有这种想法是自然的，但应该慎重和有根据。

从概率论知道，对于标准误差为 σ 的实验数据，大于 3σ 误差的出现概率只有 0.3%。故通常把这一数值称作极限误差，即 $\delta_{极限}=3\sigma$。如果个别测量值的误差(即偏差)超过 3σ，则有 99%的把握认为这个测量值是不合理的，是属于过失性质的误差，可将其舍弃。应特别注意，除原始数据外，其他情况不能采用这种方法处理。

当测量次数少，概率统计已不适用时，可以用一个简单的古德温(H. M. Goodwin)判断法从少数几个测量值中舍弃可疑值。即略去可疑测量值后，计算其余各测量值的平均值及平均误差 ε，然后算出可疑测量值与平均值的偏差 d。如果 $d\geqslant4\varepsilon$，则此可疑测量值可以舍弃。因为这种测量值存在的概率大约只有千分之一。

另一舍弃严重偏离平均值的可疑测量值的近似方法是乔文涅(Chauvenet)原理。此原理中可疑待舍弃数据与包括它本身在内的平均值的偏差，同这组数据的或然误差的比值应大于规定的 k 值。k 值与数据的数量 m 有关，见表 1-5。应注意，此原理只有当包括可疑值在内，

至少有 4 个数据时才能使用。下面举例说明其应用。

表 1-5　*k* 值与数据数量 *m* 的关系

数据数量 m	5	6	7	8	9	10	20	30	40	50	100
k 值	2.44	2.57	2.68	2.76	2.84	2.91	3.32	3.55	3.70	3.82	4.16

某铁矿中 Fe_2O_3 的质量分数见表 1-6。表中最后一个数据明显与平均值偏离较大，按表 1-6 所给数据可求得其或然误差：

$$p = \pm 0.6745 \times \sqrt{\frac{0.04^2 + 0.09^2 + 0.07^2 + 0.01^2 + 0.21^2}{6 - 1}} = \pm 0.073$$

可疑数据与平均值的偏差与或然误差的比值为 0.21∶0.073=2.88。从表 1-5 可知，对于数据数量为 5 时，其 k 值为 2.44。显然这个数值小于 2.88，因此可疑数据可以舍弃。

表 1-6　Fe_2O_3 的质量分数平均值偏差

样品号	1	2	3	4	5	6
Fe_2O_3 的质量分数/%	50.30	50.25	50.27	50.33	50.34	50.55
平均值的偏差	-0.04	-0.09	-0.07	-0.01	0.00	+0.21

6. 最小二乘法及其应用

最小二乘法是数学方程法处理数据中最常用的方法。它能使原始数据与它的数学方程式作最佳拟合，数值计算的精密度也较高。

(1) 最小二乘法原理

关于最小二乘法，下面以直线方程为例简单介绍其原理。根据直接测量得到的原始数据应用最小二乘法求方程的常数时，须有以下两点假定：

①相应于自变量的各个给定值(原始数据)的误差均很小，而相应于因变量的各个给定值(原始数据)则带有较大的测量误差。

②能保障原始数据与它的数学方程式最佳拟合的曲线(或直线)，可使原始数据点同曲线(或直线)的偏差的平方和为最小。由于各偏差的平方和为正数，因此若平方和为最小，即这些偏差均很小，则为最佳拟合。

设有 n 组(x_1, y_1, x_2, y_2, …, x_n, y_n)相应于 x(自变量)、y(因变量)的原始数据，它们适合直线方程 $y=ax+b$。根据假定①，各组原始数据点与直线的偏差(d_1, d_2, …, d_n)，可以用因变量的原始数据 y_i 与由相应的自变量的原始数据求得的函数值(ax_i+b)的差值来表示，即

$$d_1 = y_1 - (ax_1 + b)$$
$$d_2 = y_2 - (ax_2 + b)$$
$$\cdots$$
$$d_i = y_i - (ax_i + b)$$
$$\cdots$$

$$d_n = y_n - (ax_n + b)$$

令$\sum_{i=1}^{n} d_i^2 = Q$，则

$$Q = (y_1 - ax_1 - b)^2 + (y_2 - ax_2 - b)^2 + \cdots + (y_i - ax_i - b)^2 + \cdots + (y_n - ax_n - b)^2$$

式中：y_i，x_i 均为已知值，只有 a 和 b 为未知，即为待定的常数。

由假定②可知，偏差的平方和为最小时，根据数学上求极值的条件，有：

$$\frac{\partial Q}{\partial a} = 0,\ \frac{\partial Q}{\partial b} = 0$$

由此可得

$$\frac{\partial Q}{\partial a} = -2x_1(y_1 - ax_1 - b) - 2x_2(y_2 - ax_2 - b) - \cdots - 2x_n(y_n - ax_n - b) = 0$$

$$\frac{\partial Q}{\partial b} = -2(y_1 - ax_1 - b) - 2(y_2 - ax_2 - b) - \cdots - 2(y_n - ax_n - b) = 0$$

即有

$$\sum x_i y_i - a\sum x_i^2 - b\sum x_i = 0,\ \sum y_i - a\sum x_i - nb = 0$$

解联立方程式可得：$a = \dfrac{n\sum x_i y_i - \sum x_i \sum y_i}{D}$，$b = \dfrac{n\sum x_i^2 y_i - \sum x_i y_i \sum x_i}{D}$。

其中，$D = n\sum x_i^2 - (\sum x_i)^2$。$a$ 和 b 的标准误差为：

$$\sigma_a = \sqrt{\frac{n\sum d_i^2}{(n-2)D}},\ \sigma_b = \sqrt{\frac{\sum x_i^2 - \sum d_i^2}{(n-2)D}}$$

上面各式是根据原始数据用最小二乘法求直线方程中的常数 a 和 b 的一般公式。此外还可得出 x 与 y 的一元线性相关系数：

$$r_{xy} = \frac{\sum (x_i - \bar{x})(y_i - \bar{y})}{\sqrt{\sum (x_i - \bar{x})^2 \sum (y_i - \bar{y})^2}} = \frac{\sum x_i y_i - \bar{y}\sum x_i}{\sqrt{(\sum x_i^2 - \bar{x}\sum x_i)(\sum y_i^2 - \bar{y}\sum y_i)}}$$

(2)最小二乘法的应用

应用最小二乘法时，首先必须选定能圆满地表示原始数据之间关系的数学方程式，即理论公式或经验公式。然后再按最小二乘法的原理处理原始数据，得出可表示原始数据之间关系的具体数学方程式。

前已指出，理论公式或经验关系式既可以是前人所提出的，也可以是由实验直接测量得到的原始数据，为寻找其规律，进行理论解释而提出来的数学方程式。数学方程式选择是否恰当，将影响数据处理。如液体的饱和蒸气压与温度之间的一般关系是：$\lg(p/p^{\ominus})$ 与 T^{-1} 呈线性关系。因此选择 $\lg \dfrac{p}{p^{\ominus}} = \dfrac{A}{T} + B$ 来处理液体的饱和蒸气压测量实验所得到的原始数据一定会得到较好的结果。这样不仅从数学处理方法上，而且从事物间的内在规律性上也保障了原始数据与它的数学方程式能最佳拟合。所以数学方程式的选择是非常重要的。

选择数学方程式时，应对所研究的问题进行理性认识，即对原始数据之间的关系找出已有的理论依据。在化学平衡、电化学、表面化学和化学动力学中都有不少可用于处理原始数

据的理论公式。

7. 回归分析法

回归分析法又称为相关分析，是处理变量(即原始数据)之间的关系的一种数理统计方法。变量之间的关系可分为两种类型：一种是它们之间存在理论上已完全确定的关系，如理想气体公式 $pV=nRT$ 中的 p 和 T 的关系，常称函数关系；另一种是许多变量之间的关系并不确定，常称相关关系。回归分析法就是用于处理这类相关关系的，它根据大量的原始数据进行处理和分析，寻找各种变量之间的关系，即事物内部的规律。

(1) 回归分析法的目的

回归分析法主要解决以下问题。

①确定变量之间是否存在相关关系，如果存在，则找出其合适的数学表达式。

②根据一个或几个变量的值对另一变量的值进行预测或控制，并确定这种预测或控制能够达到什么样的精密度。

③对各种影响因素进行分析，找出哪些因素是主要的，哪些因素是次要的，这些因素之间的关系。

(2) 回归分析法的手段

用最小二乘法可以进行一元线性回归分析和非线性回归分析(如抛物线回归和其他的曲线回归)，也可以进行二元或多元的线性回归分析和非线性回归分析。在物理化学实验研究中最常遇到的是一元线性回归分析。许多非线性回归问题，做适当的变量替换，可使新变量之间构成线性相关关系。

(3) 线性相关系数

相关系数对于回归分析具有很重要的检验作用，它可以表示原始数据按某种关系相互关联的密切程度。前面已经给过一元线性回归分析的相关系数 r 的计算式。r 的取值范围是 $0\leqslant|r|\leqslant1$，r 的绝对值愈接近 1，则变量之间的线性关系愈好；倘若 r 接近 0，则可认为变量之间不存在线性关系。

相关系数 r 的值与测量次数 n 及所给的信度 a 有关，"$1-a$"称为置信水平。表 1-7 给出了相关系数的起码值。当 $|r|$ 大于表中相应的值时，所回归的直线才有意义。但要注意，讨论信度时测量次数至少为 3 次。测量次数愈少，则须更大的相关系数才能有较高的置信水平。例如要求信度 $a=1\%$，即置信水平为 99%。当测量次数为 7 次时，只有相关系数为 0.874 以上，回归直线才有意义。当测量次数只有 5 次时，要求信度为 1%，则相关系数即使达到 0.95，也仍不足；若降低信度要求，取 $a=5\%$，则相关系数为 0.95 时，回归直线才有意义。

表 1-7　相关系数中测量次数和信度要求的关系表

$n-2$	$a=5\%$	$a=1\%$	$n-2$	$a=5\%$	$a=1\%$	$n-2$	$a=5\%$	$a=1\%$
1	0.99	1.00	5	0.754	0.874	9	0.602	0.735
2	0.950	0.990	6	0.707	0.834	10	0.576	0.708
3	0.878	0.959	7	0.666	0.798	11	0.553	0.684
4	0.811	0.917	8	0.632	0.765	12	0.532	0.661

续表1-7

$n-2$	$a=5\%$	$a=1\%$	$n-2$	$a=5\%$	$a=1\%$	$n-2$	$a=5\%$	$a=1\%$
13	0.514	0.641	24	0.388	0.496	60	0.250	0.325
14	0.497	0.623	25	0.381	0.487	70	0.232	0.302
15	0.482	0.606	26	0.374	0.478	80	0.217	0.283
16	0.468	0.590	27	0.367	0.470	90	0.205	0.267
17	0.456	0.575	28	0.361	0.463	100	0.195	0.254
18	0.444	0.561	29	0.355	0.456	125	0.174	0.228
19	0.433	0.549	30	0.349	0.449	150	0.159	0.208
20	0.423	0.537	35	0.325	0.418	200	0.138	0.181
21	0.413	0.526	40	0.304	0.393	300	0.113	0.148
22	0.404	0.515	45	0.288	0.372	400	0.098	0.128
23	0.396	0.505	50	0.273	0.354	1000	0.062	0.081

8. 最终结果的评价

任何物理化学实验研究，都必须对原始数据处理后所得到的结果进行评价。评价就是对结果的精密度和准确度作出估计。

(1)最终结果评价的意义

对数据处理的最终结果进行评价有两方面的意义。一方面是对使用研究结果的人来说，需要知道结果本身所具有的精密度和准确度。借助这种结果去研究另外的问题时，对所产生的误差要作出估计。另一方面是对研究者而言，经过评价就知道影响最终结果的精密度和准确度的主要因素是什么，以及如果要进一步提高最终结果的质量应从何处着手。

(2)评价的具体内容

评价的方法就是误差分析的方法，评价工作一般有下面两类。

①对直接测量或间接测量的结果进行误差计算，计算出最终结果的标准误差值等。这种工作在报告研究工作的最终结果时是必须做的。例如在测量某物质的燃烧热时，得到一批数据，根据这一批数据得到测量的最终结果时，除要计算出其平均值外，还要计算出标准误差或平均误差，以作为对最终结果的评价。

②根据原始数据的测量精密度或准确度，应用误差传递原理对间接测量的结果进行误差分析。这种工作对于估计间接测量的最佳精密度非常有用。

对于间接测量，根据误差传递原理评价最终结果或估计它的精密度和准确度，关键是要确定原始数据的测量精密度。虽然前面介绍过，对原始数据应有一定的要求，但原始数据的测量精密度实际情况如何，还应根据具体情况作具体分析。

(3)重复实验对确定测量精密度的意义

一般而言，确定原始数据的精密度，除要考虑测量仪器的灵敏度、最小分度值和级别外，还要考虑重复实验和重复测量的精密度。重复实验和重复测量一般有下列几种情况，例如：

对一个 Zn-Cu 原电池测量其电动势一次，属单次实验的单次测量；

对一个 Zn-Cu 原电池测量其电动势多次，属单次实验的多次测量；

对多个 Zn-Cu 原电池各测量其电动势一次，属多次实验的单次测量；

对多个 Zn-Cu 原电池各测量其电动势多次，属多次实验的多次测量。

因此，原始数据的测量精密度要从重复实验的精密度、重复测量的精密度及测量仪器的灵敏度等中取最劣者。如果重复实验的重现性好，重复测量的重现性也好，则原始数据的测量精密度取测量仪器的灵敏度或最小分度值。在设计测量方法、选配测量仪器和估计间接测量的最佳精密度时常采取这种处理方法。

(4) 教学实验评价举例

以 $CaCO_3$ 分解压测量实验为例，视 CO_2 的压强 p_{CO_2} 为温度 T 的间接测量值。估计一下当温度测量精密度为某值时，分解压测量的最佳精密度为多少？

对 $CaCO_3$ 分解反应，由于分解压 p_{CO_2} 与温度 T 有如下关系：

$$\ln\frac{p_{CO_2}}{p^\ominus}=-\frac{\Delta_r H_m^\ominus}{RT}+\frac{\Delta_r S_m^\ominus}{R}$$

取
$$N=\ln\frac{p_{CO_2}}{p^\ominus},\ f(T)=-\frac{\Delta_r H_m^\ominus}{RT}+\frac{\Delta_r S_m^\ominus}{R}$$

则有
$$\mathrm{d}N=\mathrm{d}\left(\ln\frac{p_{CO_2}}{p^\ominus}\right)=f'(T)\,\mathrm{d}T$$

即
$$\frac{\mathrm{d}p_{CO_2}}{p_{CO_2}}=\frac{\Delta_r H_m^\ominus}{R}\times\frac{\mathrm{d}T}{T^2}\text{或}\frac{\Delta p_{CO_2}}{p_{CO_2}}=\frac{\Delta_r H_m^\ominus}{R}\times\frac{\Delta T}{T^2}$$

因此，若 $CaCO_3$ 分解反应的热效应 $\Delta_r H_m^\ominus=179.28$ kJ/mol，实验温度的平均值 $T=1000$ K。如果温度测量的绝对误差为 $\Delta T=5$ K，即温度测量的精密度为 5/1000，则分解压测量的最佳精密度约为 10%。

根据上面的误差分析可知，在 $CaCO_3$ 分解压测量中，要使某温度下 p_{CO_2} 很稳定，也就是测量精密度很高，则控制温度的精密度必须非常高，但实际上不易达到。

第 2 章

物理化学实验基本技术知识

2.1 温度的测量与控制

2.1.1 温度与温标

温度是用于表征物体的冷热程度，比较物体间冷热差别的物理量，是物理量的七个国际基本单位之一。温度概念的引出有赖于热平衡定律——热力学第零定律。该定律由福勒(R. H. Fowler)于 1930 年正式提出，给出了温度的定义和温度的测量方法。热力学第零定律指出：处在同一热平衡状态的所有的热力学体系都具有一个共同的宏观特征，这一特征是由这些互为热平衡系统的状态所决定的一个数值相等的状态函数，这个状态函数被定义为温度，而温度相等是热平衡的必要条件。可见，温度是一平衡性质，是宏观体系的内在属性。温度是描述平衡体系的最基本参数之一，因而为了定量地确定物质世界的规律，以及满足生产和科学研究的需要，必须对温度进行准确测量。温度是体系的强度性质，它不能像体系的广度(容量)性质那样进行精确的叠加。温度的测量只能借助于冷热不同物体间热平衡的建立，以及随物体冷热程度不同而变化的物理特性值来完成。因此，温度测量必须解决温标、测温方法及其测温仪器(温度计)等问题。长久以来，温标的概念和确定原则在理论上已基本解决，但实际上仍存在一些问题，主要表现在实用温度计的精密度还需不断改进等方面。

温标就是物体温度的数值表示方法，或者说是量度物体温度高低的"尺"。它规定了温度读数的起点和"尺"的刻度——测量温度的基本单位。温标有热力学温标(Ⅰ级标准温标)、摄氏温标、国际实用温标(Ⅱ级标准温标)等。存在多种温标是因为温标的基准点和分度值总是以某种物质的某个特性(如体积、压力、电阻、热电势以及辐射性等)来确定的，而用于确定温标分度值的物质的特性选择前提是该特性与温度呈线性关系。如摄氏温标的确定是以水的冰点(0 ℃)和沸点(100 ℃)为两个定点，在两定点间作 100 等分，每一等分代表 1 ℃。实际上，一般物质的性质与温度的关系并不严格呈线性关系，因此利用不同物质制作的温度计在测量同一体系的温度时，测量值难以严格地重现；加之每一种能应用的物质性质对温度的关系大都只能适用于一段温度范围内，因此必须建立一套理论上与测温物质的性质无关的统一温度测量的温标。这就是热力学温标(符号为 T)，但这一理想温标在自然界不能完全地实现。不过，实验发现在低压下的一些气体，如氮、氢、氦等，具有理想气体的特性。因此理想

温标可用这些气体体系来逼近实现。利用理想气体公式和精密的实验，得到了这些气体相应于瑞典的 Celsius 在 1742 年所提出的经验温标的膨胀系数 $\alpha_0 = 3.661\times10^{-3}$，也得到了 0 ℃的热力学温标温度为 273.15 K，或者说得到了绝对零度即 0 K 的摄氏温标温度为-273.15 ℃。热力学温标又称绝对温标，热力学温标的“度”（或者说单位）用“K”表示，称为开尔文。

历史上的经验温标有多种，以℉表示的华氏温标至今在北美洲和欧洲广泛使用；以℃表示的摄氏温标则全世界都在应用。由于规定绝对温标与摄氏温标的分度值完全相等，即 1 K=1 ℃，故在表示温差时，开尔文与摄氏度可以相互代替。

热力学温标（绝对温标）是借助接近理想气体的实际气体体系来实现的。从理想气体公式 $pV=nRT$ 可知，通过恒压或恒容的途径可以制造这种热力学温标。但精密的恒压并不容易，恒容时测量压力的精密度也不高。因而建立一套精密的气体温度计装置十分麻烦。除国家计量标准检定单位外，一般都不会建立这种装置。

国际实用温标以热力学温标为基础，采用为接近热力学温标的数值而设计的温度测量仪器，并进行测量标定所建立的一种国际协议性温标。虽然它不能取代热力学温标，但可尽量地与热力学温标相一致，且重现精密度高，并要求与它相应规定的标准温度计使用方便。它是 1927 年第七届国际计量大会决定采用的，后又经过几次会议修订。目前执行的是经 1975 年修订的“1968 年国际实用温标——1975 年修订版”，简称 IPTS-68/75 温标。由于该温标存在一定不足，国际计量委员会在第十八届国际计量大会上授权 1989 年年会通过了 1990 年国际温标 ITS-90，并以 ITS-90 温标替代了 IPTS-68/75 温标。我国从 1994 年开始全面执行 ITS-90 温标。

国际实用温标的建立首先是确定所用的符号和定义点（基准点）。规定以热力学温标温度单位为其基本温度单位，符号为“T”，单位为“K”；并确定以水的三相点为定义点（273.16 K 热力学温度），每 1 K 为热力学温标温度的“1/273.16 K”。因为水的三相点比水的冰点易于准确测量，且利于同热力学温标完全统一；以水的三相点作为国际实用温标定义点的精密度（公认）为±0.0001 ℃，超过了摄氏温标精密度一个数量级。我国著名物理化学家黄子卿（1900—1982）在 20 世纪 30 年代初，测得水的三相点的最精确数值为（0.00981±0.00005）℃；此值与根据热力学理论计算出的数值（0.0099±0.0001）℃相符程度很高。这一杰出的结果至今被认为是国际上最通用的数据。ITS-90 温标定义国际开尔文温度（符号为 T_{90}）与国际摄氏温度（符号为 t_{90}）之间的关系为：

$$t_{90}/℃ = T_{90}/\mathrm{K} - 273.15$$

上式为绝对温度单位的导出单位。它克服了原摄氏温标作为经验温标依赖于水银温度计的工作物质性质的缺点。因为，ITS-90 温标定义的℃已不是原始摄氏温标下所定义的摄氏度（以水的冰点和沸点为固定点进行分度）。此时的摄氏温标只是热力学温标零点移动的结果，反映的是以 273.15 K 为基点的热力学温度间隔。

国际实用温标是一种国际约定的温标，它的实现只有一个水的三相点作为定义点是不够的。为了使温度测量能够具有很高的精密度和重现性，并尽量与热力学温标相接近，参与的国家共同研究，规定了一些能达到该要求的固定点。表 2-1 列出了 ITS-90 温标规定的固定点（包括水的三相点在内）；表 2-2 列出了压力对 ITS-90 温标所规定的部分固定点温度值的影响。

表 2-1　ITS-90 温标规定的固定点

序号	物质*	状态**	温度		$W_r(T_{90})$
			T_{90}/K	t_{90}/℃	
1	He	V	3~5	(-270.15)~(-268.15)	
2	e-H_2	T	13.8033	-259.3467	0.00119007
3	e-H_2(或 He)	V(或 G)	≈17	≈-256.15	
4	e-H_2(或 He)	V(或 G)	≈20.3	≈-252.85	
5	Ne	T	24.5561	-248.5939	0.00844924
6	O_2	T	54.3584	-218.7961	0.09171804
7	Ar	T	83.8058	-189.3442	0.21585975
8	Hg	T	234.3156	-38.8344	0.84414211
9	H_2O	T	273.16	0.01	1.00000000
10	Ga	M	302.9146	29.7646	1.11813889
11	In	F	429.7485	156.5985	1.60980185
12	Sn	F	505.078	231.928	1.89279768
13	Zn	F	692.677	419.527	2.56891730
14	Al	F	933.473	660.323	3.37600860
15	Ag	F	1234.93	961.78	4.28642053
16	Au	F	1337.33	1064.18	
17	Cu	F	1357.77	1084.62	

注：* 除 He 外，其他物质均为自然同位素。e-H_2 为正、仲分子态处于平衡浓度时的氢。

** 对于这些不同状态的定义及有关重现这些不同状态的建议，可参看 ITS-90 补充资料；表中各符号含义为：V——蒸气压点；T——三相点，在此温度下固、液和蒸气相平衡；G——气体温度计；M，F——在 101325 Pa 下固、液相的平衡温度点，即熔点和凝固点。

除水的三相点外，其余的固定点是根据有关国家用标准气体温度计，以水的三相点为基准测量得到的，这些固定点的数值出现的概率最高。如金的凝固点 1064.43±0.2 ℃是取联邦德国、苏联和日本在 1956—1961 年各次测量的平均值。这些固定点的数值在每次新的国际计量大会上将根据当时更为精密和准确的测量结果进行修正。

摄氏温标(℃)、华氏温标(℉)和绝对温标(K)的关系可用下式表示：

$$t/℃ = \frac{9}{5}(t + 32)/℉ = (t + 273.15)/K$$

表 2-2　压力对一些定义固定点温度值的影响

物质	平衡温度的给定值	温度对压力的变化率(dT/dp)	
	T_{90}/K	(10^{-8} K/Pa)*	(10^{-3} K/m)**
平衡氢三相点	13.8033	34	0.25
氖三相点	24.5561	16	1.9
氧三相点	54.3584	12	1.5
氩三相点	83.8058	25	3.3
汞三相点	234.3156	5.4	7.1
水三相点	273.16	-7.5	-0.73
镓熔点	302.9146	-2.0	-1.2
铟凝固点	429.7485	4.9	3.3
锡凝固点	505.078	3.3	2.2
锌凝固点	692.677	4.3	2.7
铝凝固点	933.473	7.0	1.6
银凝固点	1234.93	6.0	5.4
金凝固点	1337.33	6.1	10
铜凝固点	1357.77	3.3	2.6

注：对于熔点和凝固点，参考压力为 101325 Pa(标准大气压)；

* 相当于每标准大气压毫开(mK)数；

* * 相当于每米液柱毫开(mK)数。

2.1.2　实用温度计

在实际工作中所采用的测温仪器称为实用温度计，这类测温仪器是利用一些物质对温度敏感、且重现性高的物理性质制作的，因此种类繁多。按测温原理进行分类，实用温度计可分为膨胀式及压力式温度计、热电偶温度计、电阻温度计、辐射式温度计与磁温度计等；较为现代的测温技术则包括激光测温、电涡流测温、射流测温、远红外非接触测温和基于彩色 CCD 三基色测温等。按不同的应用目的，除一般通用的温度计外，还有表面温度计、双金属温度计、导电温度计(如恒温控制用的导电表)以及温差温度计(如贝克曼温度计)等。如果按测温方式，测温仪器通常分为接触式和非接触式两大类。

测温仪器分为基准温度计、标准温度计和一般温度计三个等级。各等级对应的测温精度不同，由此形成一套温标传递体系。它是用高一等级的温度计对下一等级的温度计进行标定与检验，以保证温度测量的统一。以水银温度计为例的温标传递体系如图 2-1 所示。

1. 液体玻璃温度计

液体玻璃温度计是膨胀式温度计，属于接触式测温仪器。膨胀式及压力式温度计是利用气体或液体的膨胀性质进行温度测量。一般以液体为工作物质的温度计都是膨胀式的，以气体为工作物质的则两者都有。除某些粗略的低温测量用到氧蒸气温度计外，气体温度计用于

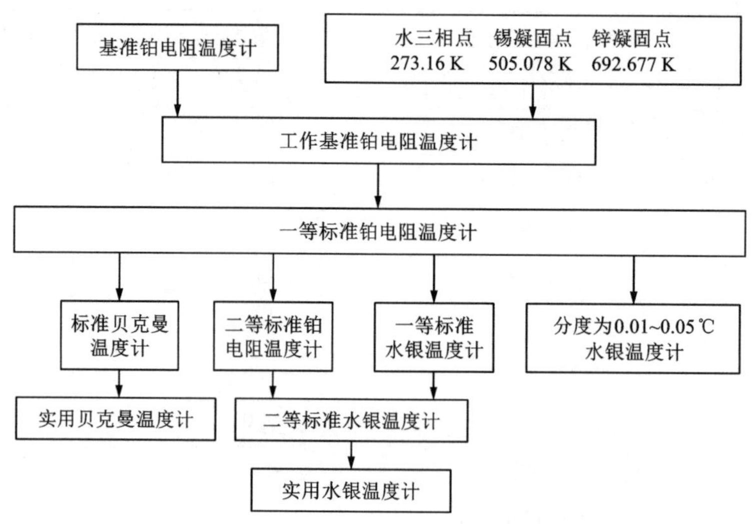

图 2-1 水银温度计的温标传递体系

常规测量并不多。液体玻璃温度计虽未能当作国际指定的标准温度计使用，但因为它有价廉、体积小，无须辅助设备，以及可直接读数和使用方便等优点，仍在广泛使用。这种温度计用不同的液体作为工作物质时，其使用上限可超过 750 ℃，下限可达−200 ℃。

(1)玻璃−水银温度计

玻璃−水银温度计是实验室中最常用的液体玻璃温度计。受水银的熔、沸点的限制，一般水银温度计的测温范围是−35～360 ℃。采用特质玻璃后，在水银液柱面上充以惰性气体(N_2 或 Ar)，就可使水银温度计的测温上限提高到 600～750 ℃；若在水银中添加 8.5%的 Tl，则可使水银温度计的测温下限降低到−60 ℃。玻璃−水银温度计的种类和应用范围见表 2-3。

表 2-3 玻璃−水银温度计的种类和应用范围

种类	测温范围/℃	每格分度值/℃	备注
一般温度计	−5～105/150/250/360	1 或 0.5	
量热温度计	9～15，15～21，12～18，18～24，20～30	0.01	
贝克曼温度计	−6～120	0.01	有升高和降低两种
分段温度计	−10～200，分为 24 支	0.1	每支温度范围 10 ℃
	−40～400，分为 10 支	0.01	每支温度范围 50 ℃
测冰点降用温度计	−0.50～0.50	0.01	

玻璃−水银温度计在测量中所显示出来的温度与实际的温度不符有很多原因，其中之一是人为的读数误差。当测量者眼睛的观察方位不恒定或不正确时，可产生十分之几的分度值的视差。避免视差的一个好办法是采用瞄准望远镜如测高仪等仪器来读取温度数据。

玻璃−水银温度计产生误差的另一个重要原因是其滞后性。一方面的滞后影响与玻璃的

物性和温度计的使用历史有关。玻璃-水银温度计的玻璃泡(储汞球)内一般储有相当于 6000 刻度量的水银，当温度计在室温下保存了一段时间后用于测量稍高温度 t_1 时，温度计的玻璃泡体积很快(最多几分钟)就达到这个温度所相应的玻璃泡容积。此时如果紧接着用它测量水的冰点，则冰点读数会比以往的低。因为水银的流动性很差，要回缩到所测较低温度所对应的正常体积需要若干天的时间。在此时期凡测量小于 t_1 的温度，读数都会受影响，且误差将与 t_1-t 成正比。温度每上升 100 ℃，零位读数的变化就可达 0.1 ℃。为消除这种影响，需要对温度计进行零位校正。温度计的玻璃泡过大，引起传热滞后也可能导致瞬时读数误差。此外由于玻璃对水银的吸附(根本原因是水银和玻璃不干净)也会导致水银柱上升或下降滞后，但这一问题可以利用振动器对温度计不断进行振动来解决。

另一方面的滞后影响是温度计对待测体系温度的响应时间，即达到热平衡所需时间的长短的影响。若温度计的初始温度为 t_0，将其浸入温度为 t_m 的待测体系中，温度计的读数值 t 与浸入时间 x 的关系为：$t-t_m=(t_0-t_m)\times e^{-kx}$。$k$ 为一常数，其值与温度计温泡的大小、待测体系物质的性质，以及待测体系的搅拌速度等因素有关。对普通温度计而言，在搅拌良好的水中，$k^{-1}\approx 2$ s；在无搅拌的水中，$k^{-1}\approx 10$ s；在无搅拌的空气中，$k^{-1}\approx 200$ s。对贝克曼温度计而言，在搅拌良好的水中，$k^{-1}\approx 9$ s。所以，一般情况下在温度计浸入待测体系中 1~6 min 之后读数，就可以忽略这种延迟作用的影响。

温度计的水银柱露出待测体系的高度也会对测量结果产生影响。水银温度计在制作时，有全浸式和半浸式两种方式来确定其温度刻度。使用温度计进行测量时，如果室温和温度计浸入待测体系的方式与制作时一致，则温度计的示值无须校正。但不论哪一种类型的温度计，在实际测量时都难以满足要求，因此需要对温度计进行露茎校正，校正方法如图 2-2 所示。校正公式为：

$$\Delta t = t_{校} - t_0 = \frac{nK}{1-nK}(t_0 - t_s)$$

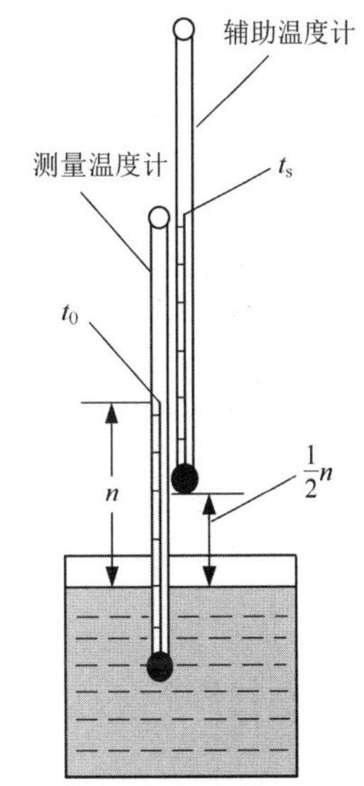

图 2-2　温度计露茎校正示意图

式中：$t_{校}$为校正后的实际温度值；t_0 为测量温度计示值；t_s 为辅助温度计示值；n 为测量温度计露出待测体系的水银柱的度数值；K 为水银对玻璃的相对膨胀系数，用摄氏温标时，$K=0.00016$。一般会有 $nK\ll 1$ 的结果，所以露茎校正公式可以简化为：

$$\Delta t = nK(t_0 - t_s)$$

此外，待测体系周围的热辐射体、温度计的制作质量(如刻度、毛细管不均匀等)都会给温度计的读数带来误差。

(2)低温温度计(内装甲苯、正戊烷等液体)

当待测体系的温度低于-38 ℃时，不能使用水银温度计。因为低于-38.89 ℃时水银就会凝固。对于较低的温度，常使用装有机液体(如甲苯，凝固点可达-90 ℃；正戊烷，凝固点可达-130 ℃)的低温温度计。为了便于读数，往往向这些有机液体中加入少许颜料。

有机液体黏度大，传热性能也比水银差，所以使用低温温度计时，要稳定较长时间后才可进行温度读数。

(3)贝克曼温度计。

温差测量技术的发展主要为适应量热学发展的需要。温差的测量与温度的测量原则上没有本质的区别，所不同的是它对温度绝对值的测量精密度要求不高。温差测量有各种型号的温差温度计或测量元件，贝克曼(Beckmann)温度计就是一种沿用至今的专门用来测量温差的温度计。

温度计的测量范围与它的最小分度有矛盾，很难两全其美。贝克曼温度计就只顾及最小分度方面，因此其测量范围通常为5~6 ℃，最小的只有1 ℃。它主要用在量热、冰点下降和沸点上升等实验。贝克曼温度计的构造如图2-3所示。其结构特点是在毛细管上部接有一个U形储汞管，随着实验温度的需要可以任意增、减温泡中的水银。

严格地说，贝克曼温度计的读数也须进行校正。除了利用厂家随温度计所附的示值校正表做示值校正外，一般还应进行以下两种校正。

①针对温度计读数起点调整时的温度差异的校正。一般情况下，贝克曼温度计读数起点调整时的温度为20 ℃，即贝克曼温度计的0 ℃相当于20 ℃的实际温度。若实际使用时读数起点调整的温度不为20 ℃，则需要对贝克曼温度计读数示值进行校正。表2-4所列数据为按耶拿16Ⅲ玻璃(Jena glass 16Ⅲ)制作的贝克曼温度计的校正值。也可以用表中数据绘制成读数校正曲线使用。例如，调整温度为5 ℃时，若测量体系温差的上限读数为4.127°，下限读数为1.058°，即读数示值温度差为3.069°。从表2-4中查得调整温度为5 ℃时，读数示值1°相当于的摄氏度数0.9953°，则经此项校正后的实际温度差为3.069°×0.9953≈3.0546°。

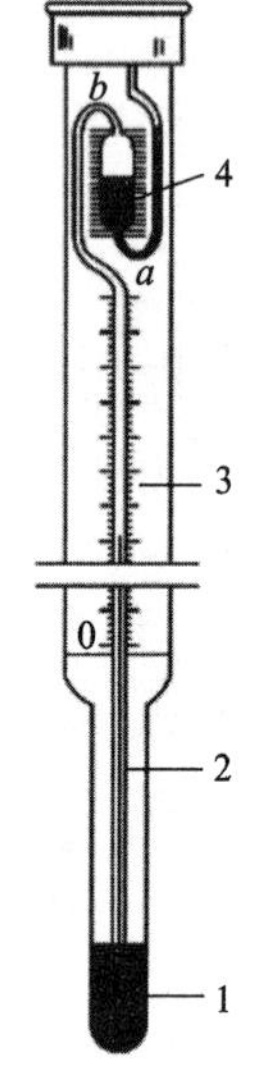

1—水银球；2—毛细管；
3—刻度尺；4—储汞槽。

图2-3 贝克曼温度计示意图

表2-4 贝克曼温度计读数示值校正表

调定温度/℃	读数1°相当于的摄氏度数/℃	调定温度/℃	读数1°相当于的摄氏度数/℃
0	0.9936	55	1.0093
5	0.9953	60	1.0104
10	0.9969	65	1.0115
15	0.9985	70	1.0125
20	1.0000	75	1.0135
25	1.0015	80	1.0144
30	1.0029	85	1.0153
35	1.0043	90	1.0161
40	1.0056	95	1.0169
45	1.0069	100	1.0176
50	1.0081		

②针对温度计水银柱露出体系部分的校正。因为露在室温t的水银柱与插入待测体系中的水银柱所处的温度不相同，由此产生的误差为：

$$\Delta = K(t_2 - t_1)(t_0 + t_1 + t_2 - t)$$

式中：K 为水银对玻璃的相对膨胀系数；t_1 和 t_2 分别为测量体系温差时的下限和上限读数；t_0 为贝克曼温度计读数起点的调整温度。

(4)蒸气压温度计

蒸气压温度计常用于室温下的低温测量，如氧蒸气压温度计用于测量液氮的温度就比较方便，它的构造如图 2-4 所示。测量时将温度计温泡浸于待测温度的介质中，此时泡内氧气凝成液态氧，泡内空间被饱和的氧蒸气所充满。氧蒸气的压力可由与温度计温泡连通的压力计测量。根据氧的饱和蒸气压即可求得介质(如液氮)的温度。氧和氮的饱和蒸气压与温度的关系可以通过查相关数据手册获得。

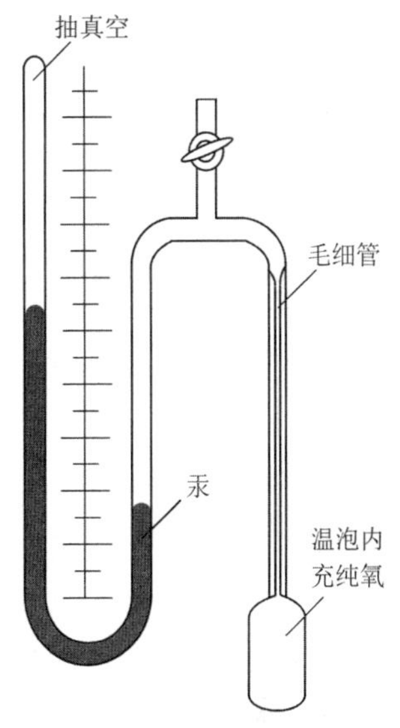

图 2-4　氧蒸气压温度计示意图

2. 热电偶温度计

以两种金属接触产生热电现象为基础的测温方法从 19 世纪起就已使用。热电偶因其感温元件质量、热容量和时间常数都很小，而能满足理想温度计的许多要求。如果以适当的热电极材料制成热电偶系列测温仪器，其测量温度范围为 4~3000 K，精密度近±0. 01 ℃。热电偶在测量很小的温差时也很灵敏(金属热电材料为 $10 \sim 20^2$ μV/℃量级，半导体热电材料为数百 mV/℃量级)，因而热电偶也被用于理想温差测量仪器的制作。当所选择的热电极材料能保证纯度及加工均匀性时，在可耐受的物理化学条件下，热电偶的“温度-电动势”特性也具有良好的重现性。因此，铂铑$_{10}$/铂热电偶可在 630. 755 ℃到 1064. 43 ℃温度区间作为标准温度计使用。此外，热电偶能适应于近代自动化的读出装置和温度控制，这些优点是液体玻璃温度计难以比拟的。

一支典型的热电偶由两根经过适当退火的不同金属丝组成。两根金属丝的一端焊在一起(称为热端或测量端，T)，另一端与导线相连接(称为冷端或参考端，T_0)，冷端通过导线(如铜线)与电压测量仪器(如电位差计)相连接后则可进行热电势测量。由于两种金属的电子逸出功不同，在两金属的接点处(热端)会产生接触电势；同一金属的两端(热端和冷端)因温度不同也会产生电势差，构成回路中的总热电势，形成回路电流。图 2-5 为塞贝克温差电现象。回路中的总热电势 $E_{AB}(T,\ T_0)$ 为两接点(热端和冷端)的热电势差：

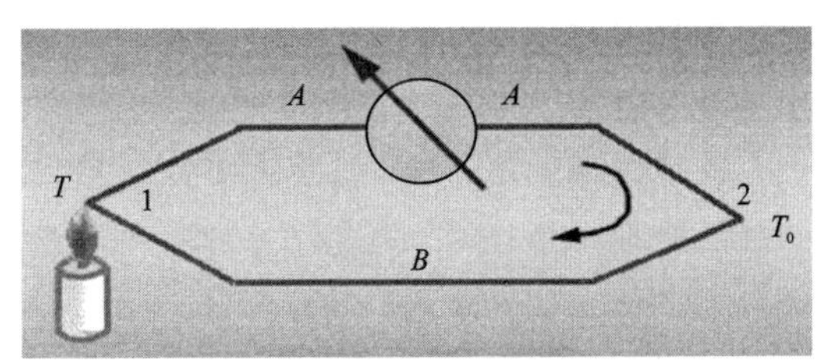

图 2-5　塞贝克温差电现象示意图

$$E_{AB}(T,\ T_0) = E_{AB}(T) - E_{AB}(T_0)$$

按照国际实用温标规定，使用热电偶测温时冷端应处于 $p^{\ominus}$下的冰-水混合物(0 ℃)体系中。当构成热电偶的两金属材料确定之后，$E_{AB}(T_0)$= 常数，则回路中的总热电势 $E_{AB}(T,\ T_0)$ 仅为热端温度的函数：$E_{AB}(T,\ T_0) = E_{AB}(T) -$ 常数 $= F(T)$。实验确定各热电偶的塞贝克电动势与温度的关系，可以通过测定热电势，依据这些关系确定体系温度。许多热电偶在很宽的温度范围内的塞贝克电动势与温度服从如下关系式：

$$E_{AB} = a + bT + cT^2$$

此时只需要三个温度下的电动势数据就可得到完整的分度。在 630.74～1064.43 ℃时，用铂铑$_{10}$/铂热电偶来定义 1968 年国际实用温标，用三种高纯金属的凝固点温度即可进行分度。一般采用锑、银和金，或锌、锑和铜等金属。前者用于确定基准等级的热电偶的分度；后者用于一般热电偶的分度。

组成热电偶的材料称为热电极材料。一些常用的热电极材料与铂丝组成的热电偶，在热端温度为 100 ℃、冷端温度为 0 ℃时的热电势(mV)见表 2-5。

表 2-5　一些热电极材料与铂丝组成热电偶的热电势(热端温度为 100 ℃、冷端温度为 0 ℃)

材料名称	化学元素与组成	热电势/mV	适用最高温度/℃		熔点/℃
			长期	短期	
镍铬合金	Ni 90%，Cr 10%	+2.95	1000	1250	1450
纯铁	Fe	+1.8	600	800	1541
铜	Cu	+0.75	3500	500	1085
铂铑合金	Pt 90%，Rh 10%	+0.64	1300	1600	(1772)
铂	Pt	0	1300	1600	1769
镍铝(硅)合金	Ni 95%，Al 2%，Si 1%，Mn 2%	−1.2	1000	1250	1452
康铜	Cu 60%，Ni 40%	−3.5	600	800	1222～1228
考铜	Cu 56%，Ni 44%	−4.0	600	800	1252

热电偶分度的准确度取决于所用的分度方法、分度的温度范围和热电偶材料，分度误差只占热电偶测温误差中的很小一部分。实际上，热电偶的安装形式及其热电势的不稳定性所产生的误差往往超过分度误差。热电偶不稳定性导致的误差从低温到 200 ℃约达 0.1 ℃；高温时，从 1000 ℃至 1800 ℃的范围内可达几摄氏度。热电偶的稳定性与许多因素有关，如材料杂质、合金成分及不均匀性、各向异性、结晶变化、退火好坏、玷污、挥发、扩散掺杂、氧化和老化等都可造成热电偶不稳定。此外测温误差也与测量时热传导和辐射情况以及测量仪器的准确度等有关。

通常从热电偶的热电势-温度表中查到的热电势所对应的温度是相对于其冷端为 0 ℃时的值。如果冷端不是 0 ℃，而是 T_n，则一般粗略地考虑时，要在测量出的温度读数上加上 T_n 作为实际温度值。如果要进行冷端校正，则可以采用以下方法进行校正：

$$E(T,\ 0)=E(T,\ T_n)+E(T_n,\ 0)$$

式中：$E(T,\ 0)$为经冷端校正后的热电势值(冷端为 0 ℃)；$E(T,\ T_n)$为实验测出的热电势值(冷端为 T_n)；$E(T_n,\ 0)$为冷端温度 T_n 相对于 0 ℃的热电势值。

还可以采用温度补偿线路，这在一些自动化温度测量仪器中常见到。这种仪器如果使用正常的话，可直接从仪器上读取温度值，而不必进行校正。

热电偶种类很多，在常用的热电偶中，镍铬/镍硅热电偶适应范围较广，且价廉易得。铜和康铜的熔点较低，可用松香或其他非腐蚀性焊药在煤气焰中熔接铜和康铜(其他热电偶则需要在氧焰或电弧中完成熔接)，自制铜/康铜(CK)热电偶。铜/康铜热电偶可在−203 ℃到

350 ℃的温度范围使用，且在 0~200 ℃最为准确。

铂铑贵金属热电偶系列，由于增加铂含量可提高测温上限和增强高温稳定性（如铂$_{30}$铑/铂$_6$铑可用至 1700 ℃，铂$_{40}$铑/铂$_{20}$铑可用至 1850 ℃），但热电势率降低较多。这种热电偶在较低温度（1500 ℃以下）时，准确度较低（误差达 3~4 ℃）；但在较高温度（1500 ℃以上）时准确度反而较高（误差为 1~2 ℃），且冷端修正值可以忽略。

铱铑/铱热电偶的特点是在 1850 ℃以上仍可在氧化气氛中使用。使用温度为 1800~2200 ℃，但稳定性、均匀性以及准确度均较差。

钨/铼系热电偶多用于超高温（可达 3000 ℃）测温，如钨$_3$铼/钨$_{25}$铼或钨$_5$铼/钨$_{26}$铼等。其稳定性尚佳，但重现性差，且不能用于氧化性气氛。每支热电偶都要单独分度，且在 2000 ℃以上，其准确度只有 20~40 ℃。

热电势测量的最简单方法是用毫伏表。即在加入某一外串定额电阻值后，在标刻有 mV 值的表头上也同时标出相应于某一型号的热电偶的温度值。这种毫伏表一般为一级电表，在测量近千度时的最大误差可达 10 ℃。较为精密地测量热电势则常用测温电位差计，此外还可用数字毫伏表来测热电势，或直接用数字显示出温度值。

用热电势测量温差，主要以热电堆为测量元件。由于单个热电偶每度产生的温差电势只有几微伏到数十微伏，即使配用精密测温电位差计也难测准到 0.01 ℃以下。因此将多个热电偶串联可增大热电势，以提高测量温度的精密度。随着热电偶数量的增加，热电堆的体积也增大，所以用在有限容器中会受到限制。目前几十支成捆、体积又较小的热电堆已应用于很多实验研究，用一般的电位差计检测 10^{-3}~10^{-4} ℃温差已毫无困难。由于量热计技术和某些测量的需要，在直径为几厘米、高为十几厘米的圆柱体壁面上可安装几十对到近千对热电偶的电堆。它可以检测出筒体内由于微小热量所产生的百万分之一摄氏度（10^{-6} ℃）以下的温度变化。

3. 电阻温度计

目前虽已有各种非金属电阻温度计，但金属电阻温度计仍是最普遍使用的。所有的电阻温度计实际使用时很少超过 1000 ℃，但在较低温度下，它却是最准确、最灵敏和最稳定的温度计。在 800 ℃以下，铂电阻温度计比热电偶温度计灵敏度高一个数量级，但电阻温度计的制作工艺较复杂。

铂电阻温度计在低温（13.81 K 氢三相点）到 630.75 ℃（锑凝固点）之间是作为基准或标准温度计来使用的。铂易于提纯，在氧化介质中具有很高的化学稳定性和良好的重现性。它与专用精密电桥或电位差计组成的铂电阻测温系统有极高的精密度。铂电阻温度计的构造比热电偶温度计要复杂。为了配合精密测温电桥，有等级标准的市售的精密铂电阻温度计，常有四根引线用作连接线。为防止铂线被玷污及产生帕耳帖热效应等，线圈绕制非常讲究，使用时应十分小心。一般标准铂电阻温度计其铂丝纯度为 $R_{100}/R_0 \geqslant 1.392$，采用的电阻在 0 ℃时为 25.5 Ω 左右。铂电阻温度计的电阻 R/Ω 与温度 $t/℃$ 关系的经验公式为：

$$t = \frac{100(R_t - R_0)}{R_{100} - R_0} + \delta\left(\frac{t}{100} - 1\right)\frac{1}{100}$$

其中常数 R_0、R_{100} 及 δ 可用测量铂在冰点、水的沸点及硫的沸点（或锌凝固点）的电阻来确定。由于铂电阻温度系数在常温附近约为 3.92×10^{-3} Ω/℃，因此一般商品化的铂电阻温度计的总阻值约为 25 Ω 时，每升高 1 ℃将增加 0.1 Ω。如要求测温精密度达到±0.001 ℃，则所应用的测量电阻(R_t)的仪器必须能精密测量到±10^{-4} Ω。这意味着温度计的阻值要测准到接近六位有效数字，最末一位在100 μΩ数量级。这个精密度已接近一般电阻测量的极限。因此，要达到更高的精密度，对测量工作的要求更高。国产一等标准铂电阻温度计(WZPE-1型)最大误差小于0.0005 K，二等的小于0.01 ℃。

可用于制作电阻温度计的其他金属还有铜、镍、钨及铁-镍合金等。半导体电阻温度计有热敏电阻温度计和锗温度计等。锗温度计一般用在接近0 K(0.5~12 K)的低温测量。热敏电阻温度计用于室温附近的温度测量，很少用于较大温度范围的温度测量。它在温差测量和温度控制等方面的应用愈来愈广泛。

热敏电阻是金属氧化物型半导体，如NiO、Mn_2O_3、Co_2O_3等烧结氧化物的混合物或固溶体。这类热敏电阻的温度系数常高到0.04/℃，其电阻值的简化式为：

$$\lg R = A + \frac{B}{T + \theta} \qquad (100 \sim 300\ ℃)$$

式中：常数A、B、θ可根据三点分度确定。

在30~40 ℃可用公式$\lg R=A+\frac{B}{T}$表示热敏电阻与温度的关系。热敏电阻温度计的主要缺点是其温度应用范围有限和稳定性不够好，在室温附近阻值漂移较小。但在几百摄氏度时，其阻值漂移较大。

半导体电阻温度计也可用作温差测量，它在常温下有阻值大、灵敏度高、时间常数小、体积小和价格便宜等许多优点，且实验证明其测量温差的精度可以与贝克曼温度计媲美。以半导体电阻温度计作为一臂，配以相应的电阻与灵敏检流计，可组成电桥线路测量其阻值变化；或配以记录仪自动记录相应阻值变化的信号，可以很好地满足许多温差测量的要求。近年来，不少学校和研究单位已用它取代水银贝克曼温度计。

4. 辐射高温计

辐射高温计测温的原理是当辐射物体接近热力学平衡时，通过分析物体的辐射能量确定物体的温度。此法的优点是测温器可远离热源，并能测至4000 K的温度，对4000 K以上的温度也可作出估计。一般的辐射法测温仪器测量精密度不及热电偶测温仪器的精密度，因此在热电偶不能用的高温区才会用到它。

构成温度测量的依据有好几种辐射现象，但概括而言可分为光谱测温和辐射测温两大类，一般使用的是辐射测温。辐射测温有光学测温和全辐射测温等，其中光学测温最准确、最重要。辐射测温涉及的知识较多，在此不讨论。

尽管贵金属热电偶在1000 ℃以上，直至1500 ℃的重现性和精密度比辐射测温高很多倍，但在温度高于1064 ℃的温区内，却是采用光学测温法定义国际实用温标。

5. 数字温度计

数字温度计是将感温元件因受热产生的电信号(如热电偶的热电势)通过数模转换器转换成数字信号，再由显示器显现出来。因此，数字温度计的测量精度一方面取决于感温元件的品质，另一方面数模转换器及显示仪表与感温元件的匹配度也影响数字温度计的测量精度。

2.1.3 温度控制

温度控制在物理化学实验与研究中有重要的作用，也是一些生产过程的重要关键因素。

许多测量，如物性测量、化学平衡及动力学实验等都要求在恒定温度的条件下进行。虽然在体系内部产生热效应时温度会发生变化，但总要想方设法使其恒温。

要使体系达到某一指定温度并恒定下来，就要控制对体系输入(或输出)热量。通常是用恒温槽或控温仪等来实现恒温。恒温槽虽然不是一个无限大的理想化环境，但它采用了大热容的物质作为工作介质和可控的加热(或制冷)方式。因此它的恒温精度在室温附近可能优于±0.001 ℃。如同温度测量一样，并不是在任何温度区间都可能实现这种高精度的恒温控制。在不采用多重保温套的情况下，在 1000 ℃以上恒温精度优于 0.5 ℃是很困难的。

利用物质相变平衡时的温度恒定特性来实现恒温是一种重要的恒温方法，这种方法可以得到很好的恒温精度，但对恒温温度的选择是有限的。

从室温到 200~300 ℃的温度控制为常温控制。采用的控温设备有恒温箱、真空干燥箱、水浴箱、恒温槽等。其中低精度的控温仪器大多采用双金属温度计作为指令元件(或信号发送元件)，控温精度只有 2~3 ℃。

1. 恒温槽控温

液浴恒温槽是用得最多的控温设备，控温所用的液态工作介质可根据不同的温度要求来选择。如在-60~30 ℃，采用乙醇或乙醇水溶液；在 0~95 ℃，一般采用水；在 80~160 ℃，用甘油或甘油水溶液；更高的温度范围内，可以采用熔盐(如 47% KNO_3+53%$NaNO_3$，熔点 219 ℃以上至数百度)，或油脂(熔点约 200 ℃，如液体石蜡、汽缸润滑油、硅油等，70~200 ℃)。以油脂作介质时，植物油和矿物油等在高温下使用时间过长会变质，只有硅油系列性质稳定、蒸气压低，比较理想，但价格昂贵。

恒温槽的一般结构如图 2-6(a)所示，图 2-6(b)称为超级恒温槽。两者的基本结构和工作原理相同，只是超级恒温槽内装有水泵，可将浴槽内的液体工作介质对外输出，并进行循环；同时浴槽外带有保温层，内附恒温筒。

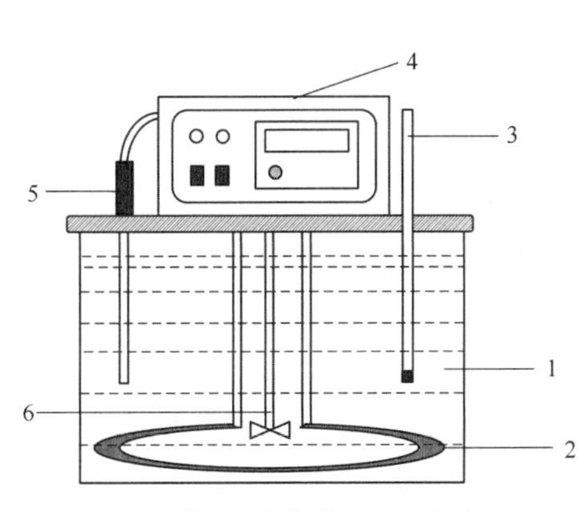

1—浴槽；2—加热器；3—温度计；
4—温度控制及温度数显器；
5—测温控温探头；6—搅拌器。

(a)恒温槽结构

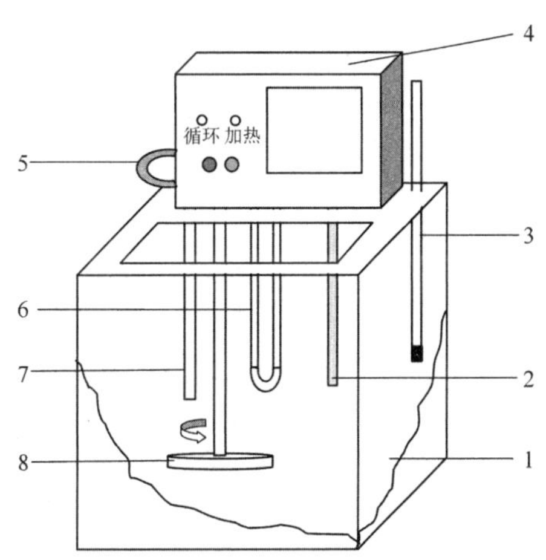

1—浴槽；2—测温控温探头；3—温度计；4—温度控制及温度数显器；
5—循环水管；6—加热器；7—循环水口；8—搅拌器。

(b)超级恒温槽结构

图 2-6　恒温槽结构与超级恒温槽结构示意图

恒温槽由浴槽、搅拌器、加热器、控温器、继电器和测温温度计等部件组成，其控温原理如图 2-7 所示。打开恒温槽的电路开关后，若浴槽内温度低于需要恒定的目标温度时，加热回路为通路[恒温槽处于图 2-7(a)的状态]。加热器对浴槽内工作介质加热，浴槽温度上升至需要恒定的目标温度时，控温器开关闭合，控温回路接通；继电器开始工作，感应线圈产生磁场使加热回路断开[恒温槽处于图 2-7(b)的状态]，加热器停止加热。通过两个回路的交替工作，恒温槽的温度在所需要恒定的目标温度上下波动，波动幅度越小，恒温精度越高。

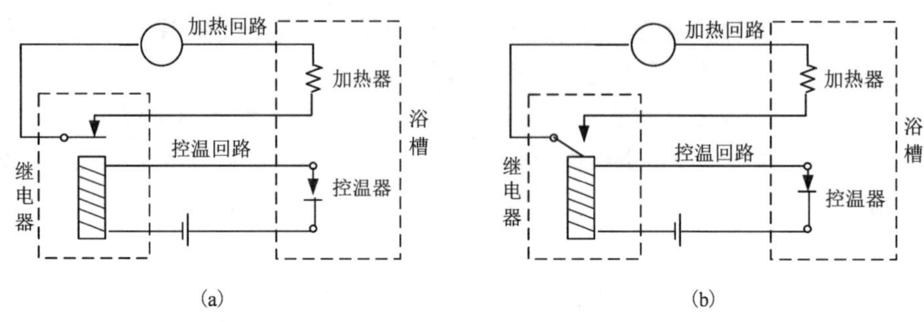

图 2-7　恒温槽控温原理示意图

这类恒温槽的控温为二位控制机制，所控制的温度在目标温度附近的一定温度区间波动，波动曲线(也称灵敏度曲线)的形状反映了恒温槽的控温效果。图 2-8 为常见的灵敏度曲线。通常以 $\Delta T=(T_{峰}-T_{谷})$ 表示灵敏度，其中 $T_{峰}$ 为波动曲线的温度最高值，$T_{谷}$ 为波动曲线的温度最低值；ΔT 越小灵敏度越高，且理想状态下，$\Delta T/2=T_{目标}$。图 2-8(a)表明恒温槽的灵敏度较高，图 2-8(b)则说明恒温槽的灵敏度较低；图 2-8(c)和图 2-8(d)中波动曲线并不以目标温度为中值对称，即 $\Delta T/2\neq T_{目标}$，这反映了恒温槽的加热功率与散热能力不匹配。图 2-8(c)的曲线表明加热功率偏大，对应的散热能力偏弱；图 2-8(d)的曲线表明加热功率偏小，或对应的散热速度过快。

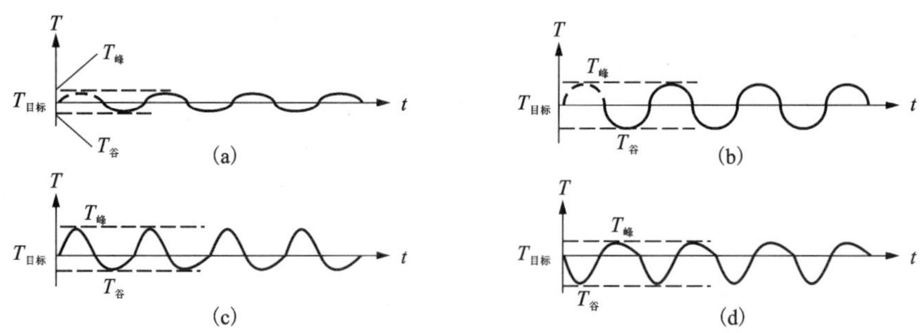

图 2-8　几种常见的恒温槽灵敏度曲线

在一个容量为十几升至几十升的液体介质恒温槽中，即使加热得宜，搅拌合适也会存在内部温差(水平温差和垂直温差)。这种情况也与恒温槽内部的各部件的质量、规格、形状及布置方式等有关。应该说恒温精度与恒温槽内各部分的工作状态及性能有关，甚至包括各器件在槽内的布局。

(1)浴槽。其为待研究体系提供一个恒温的场所，其中盛有液体工作介质，浴槽的散热快慢将会影响恒温精度。

(2)搅拌器。其作用是促使浴槽内的温度均匀一致，宜靠近加热器。

(3)加热器(或制冷器)。恒温的目标温度高于室温时，采用加热器；恒温的目标温度低于室温时，则采用制冷器。加热器常用电阻丝加热棒，其功率大小应与恒温槽的大小匹配。为提高控温精度，多采用电压调压器调节其加热功率。

(4)控温器。控温器是恒温槽的感觉中枢，其灵敏度是决定恒温精度的关键因素：首先是一个灵敏的测温系统，其次是达到目标温度时能迅速传递出控温电信号。控温器的种类很多，以前常用水银接(触)点温度计，现在常用的数显控温器多采用热敏电阻结合智能控制电路构成。

(5)继电器。继电器与控温器配合使用以达到控温的目的，常用的有晶体管和电子管两大类。此外还有利用光电耦合原理制成的无触点继电器，这种继电器适宜于长时间连续使用。

(6)测温温度计。测温温度计用于指示恒温槽实际温度，一般为 1/10 ℃的玻璃-水银温度计。如果要测定恒温的精度，则使用贝克曼温度计或 1/100 ℃的玻璃-水银温度计。

在使用水浴恒温槽时要注意：

①控温温度不能低于室温，最低控温温度一般以比室温高 3~5 ℃为宜；

②目前实验室使用的水浴恒温槽多为数显式的，但一般而言，恒温槽的实际温度应该通过测温温度计读取；

③设置控温温度时，初始应略低于目标温度 1~2 ℃。当系统显示达到设置温度时，若测温温度计显示的系统温度低于目标温度，则通过逐渐小幅调高设置温度来逼近目标温度，以达到较好的控温精度。

2. 温度的精密控制

当需要对研究体系的温度实现精密控制(如恒温、程序升温)时，通常采用调流式温度自动控制模式，又称 PID 温度控制。即按照设定温度与体系温度的差值(称为偏差)的大小，通过 PID 调节器对负载电流(加热电流)进行自动调节，以实现精密控温。

PID 调节器对加热电流的调节通过 P、I、D 三种模式协同完成。P 代表比例调节，加热电流与偏差成正比，偏差大时，采用大电流，反之采用小电流。这样可使体系温度逐渐逼近设定温度，避免加热过度。但比例调节无法及时补偿体系向环境散热的热量损耗，从而出现偏差。I 代表积分调节，因加热电流还与偏差存在的时间有关，可以根据偏差存在的时间调节输出电流的变化量，即在比例调节的基础上进行积分调节，减少或消除偏差。D 代表微分调节，这是根据加热电流还正比于偏差变化速率的特点实施的电流调节，微分调节的输出电流值只与偏差的变化速率有关，与偏差是否存在无关。

PID 温度控制是通过可控硅电路来实现电流自动调节的。可控硅相当于一个无触点开关，这一开关的通导和流经负载的电流，由 PID 调节器控制。目前常用的 PID 控温仪器有 CKW-1000 系列控温仪、DWT-702 型精密控温仪等。

高于数百摄氏度(℃)的温度控制被称为高温控制，如高温炉的温度控制。目前用于高温控制的控温仪器多为数字可控硅控温仪，一般国产系列控温仪器的铭牌控温精度可达 1250±0.5 ℃。当炉温接近指定的恒温温度时电流逐步自动减小，高于该温度时电流渐近于零，低于该温度时电流又自动逐步增大。故负荷起伏的功率较小，因而炉温波动小，控温精度比二位控温模式大大提高，可望达到或优于±0.5～1.5 ℃。由于控温仪器的质量、炉子的材料与结构、工作环境等的影响，高温恒温的精度一般为±1～2 ℃。而且炉内的恒温区也不会很长，在 1000 K 上下时，炉管直径 3 cm 左右的管状电炉，其内部的恒温区一般只有几厘米到十几厘米。

在进行高温控温时要注意：

①初始设置控温温度值应该是目标温度；

②系统的实际温度是以测温显示值为准；

③当系统达到控制温度时，虽然输入电流会降低(甚至到零)，但一般而言系统的温度并不会稳定，而是继续上升。因此，须等待一段时间，直至系统温度回落基本达到稳定，再读取系统温度。

3. 程序控温

除恒温控制外，对某些实验研究(如差热分析、热重分析以及变温动力学研究等)常要求对温度的升、降速度加以控制(如要求控制炉子每小时均匀地升 300 ℃或 500 ℃等)，这种温度控制模式就属于程序控温。程序控温的自动化程度比恒温控制复杂得多。例如：

①加热功率与加热电压不呈线性关系；

②升温速度与加热功率之间的关系复杂；

③电阻丝的电阻值与温度的关系与材料种类有关，即在升温过程中电阻值是变化的；

④升、降温速度与炉子的材料性能(导热性、热容量)、结构及环境状况(温度)等有关。

对一定的炉子和环境状况，要使它的加热时间与温度呈线性关系，可先摸索，得到控制电压变化的经验规律，即时间-电压关系；然后按此经验规律调节输出给炉子的电压，即可比较简单准确地实现某一速度的程序升温。

程序控温最有效的方法是设计特殊的炉子，使它的热容量小，导热好，冷却快，加热功率大。即用强制性的快热快冷措施控制温度，以实现程序控温。

2.2 压力测量、真空技术与反应气氛的控制

压力和温度类似，都是化学实验与研究的重要参数。因而压力的测量和控制对化学实验研究具有重要意义。

化学学科中，压力是指垂直作用于物体单位面积上的力，即压强。从托里拆利(Torricelli)的实验开始到现在，压力单位的规定经历过很多变化。曾经常用的单位有巴(bar，是气象学中常用的压力单位，1 bar = 10 N/cm^2)；还有托(Torr)、大气压(atm)、毫米汞柱(mmHg)和毫米水柱(mmH_2O)等。一个国际标准大气压规定为 760 mmHg，计算时汞的密度取 0 ℃时的密度(13.5951 g/cm^3)，重力加速度 g 为 9.80665 m/s^2。所以 1 Torr = 1 mmHg = 1.33×10^{-3} bar；1 atm = 760 Torr = 1.01325 bar = 1.03323 kg/cm^2。目前更多地使用国际单位(SI)制所规定的压力单位——帕斯卡(Pa，即牛顿每平方米 N/m^2)。因为汞有 7 种同位素，实际的汞的同位素比例不易确定，故用帕(Pa)来定义标准大气压(帕斯卡的简称)，并取(1/760)×101325 Pa 为 1 Torr，即 1 Torr 等于 1/1.00000014 mmHg。

此外，工业上常用的压力单位有压力和绝对压力两种，1 个压力为 1 kg/cm^2；1 个绝对压

力为大气压力加上压力表所示的压力。大气压力在不同地区虽有不同，但常不计及。对于压力的习惯表述如下。

①绝对压力：p，实际压力，总压力。

②相对压力：$p=p-p_0$，与大气压力 p_0 相比较的压力。

③正压力：$p>p_0$。

④负压力：$p<p_1$，又称真空，其绝对值称为真空度。

⑤差压力：p_1-p_2，任意压力 p_1 和 p_2 比较的差值。

2.2.1　压力的测量

1. 气压计(barometer)

用于测量工作环境大气压的压力计称为气压计，装挂在实验室恰当的地方。气压计不用于测量实验体系的内部压力。实验室中最常用的是福廷式(Fortin)和固定杯式两种，国产气压计多为福廷式，其构造如图 2-9 所示。福廷式气压计可读准到 0.1 mmHg 或 mBar(约 13.33 Pa)。其读数值一般需进行校正，主要包含以下三个方面。

(1)仪器误差校正(Δ)

这是针对因仪器本身构造不够精密(如玻璃管粗细不均匀)所导致的测量误差进行的校正。对于新仪器可按照仪器所附的检定书中的修正值来做校正；气压计长时间使用后，由于空气的溶解或其他原因会影响气压计中汞柱上部的真空度，此时可以通过与标准气压计的测量值对比来进行校正。

(2)温度校正(Δ_t)

黄铜管、标尺及汞都存在热胀冷缩现象，导致刻度及汞的密度(即汞柱高度)随温度变化，引起示值的误差，所以需要进行此项校正。设读数时温度为 t ℃，气压计的示值为 p_t，该示值校正成温度为 0 ℃时的值为 p_0，则 Δ_t 和 p_0 可按下式计算：

$$\Delta_t = p_t - p_0 = \frac{\alpha - \beta}{1 + \alpha t} \times t \times p_t$$

式中：α 为汞的平均体积膨胀系数，$\alpha=(181792+0.175t+0.035116t^2)\times10^{-9}$，℃$^{-1}$；$\beta$ 为黄铜的线膨胀系数，$\beta=1.84\times10^{-5}$，℃$^{-1}$。

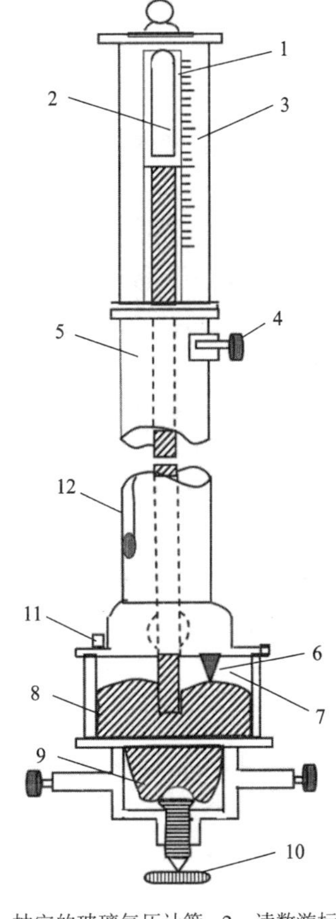

1—抽空的玻璃气压计管；2—读数游标尺；3—标尺；4—升降游标尺螺钮；5—黄铜管；6—象牙针尖；7—玻璃窗；8—羚羊皮袋；9—储汞槽；10—调节螺钉；11—通气孔；12—温度计。

图 2-9　Fortin 气压计构造示意图

(3)重力校正

在纬度为 θ，海拔高度为 H 地区的重力加速度 g 与标准重力加速度 g_0 的关系为：

$$g = (1 - 0.0026\cos 2\theta - 3.14 \times 10^{-7}H)g_0$$

因此，重力校正包含了纬度校正 Δ_θ 和海拔校正 Δ_H 两项。对经过温度校正得到的气压值 p_0

再作重力校正计算式为：

$$\Delta_\theta = (-0.0026) \times \cos 2\theta \times p_0,\ \Delta_H = (-3.14 \times 10^{-7}) \times H \times p_0$$

校正后的真实大气压为：$p = p_t + \Delta_t + \Delta_\theta + \Delta_H + \Delta$。对该加和式中各校正值的符号有如下规定：

①$t>0$ ℃时，$\Delta_t<0$；$t<0$ ℃时，$\Delta_t>0$；

②$\theta<45°$时，$\Delta_\theta<0$；$\theta>45°$时，$\Delta_\theta>0$；

③高于海平面时，$\Delta_H<0$；低于海平面时，$\Delta_H>0$。

Δ 的符号由制造厂所附的仪器误差卡上的校正值给定。

固定杯式气压计与 Fortin 气压计构造相似，只是水银被装在容积固定的杯中，读数时无须调节杯中的水银面。而其关于示值的误差校正则完全与 Fortin 气压计一样。

现在实验室中常用的气压计还有空盒气压计。它由多个空盒组成，在大气压力影响下，可产生轴向移动，从而带动指针运动。气盒受压，指针顺时针运动；反之，逆时针运动。其特点是：体积小，重量轻；不要固定，要水平放置；精度差。图 2-10 为常见空盒气压计实物照片。

一般空盒气压计的适用压力为 600~800 mmHg；温度为-10~40 ℃；最小分度为 0.5 mmHg，误差小于等于 1.5 mmHg。

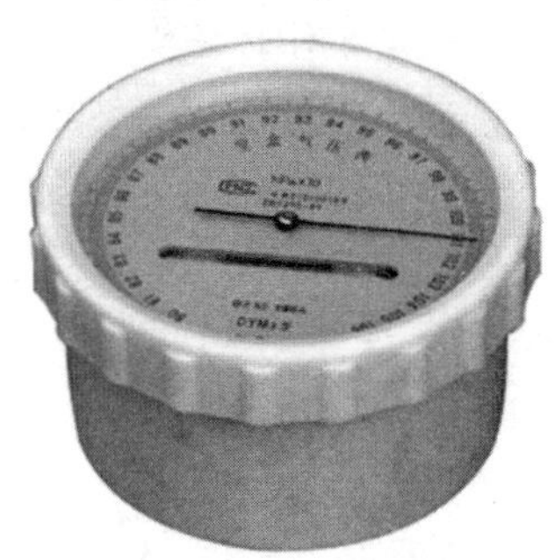
图 2-10　常见空盒气压计实物照片

2. 压力计(manometer)

压力计一般用来直接测量体系内外的压差，或用来测量体系内部的绝对压力与外界大气压力差。体系内部的压力必须将压力计测得的数值和气压计测得的数值相加(或减)才能得到。压力计可分为液柱压力计和弹簧压力计两类。液柱压力计使用机动灵活，但不能用于较大压力的测定，如压力在$(1.3\sim1.5)\times10^5$ Pa 以上时就极少使用了。弹簧压力计是金属制品，可用来测量几百个大气压以上的压力。由于材料和制造技术的进步，它已能用于较精密的测量。

(1)U 形(或双管)压力计

它为液柱压力计，一般可以按需要自行制造，其构造如图 2-11 所示。因为体系内外的气体密度总会小于压力计 U 形管内充液的密度，故可以根据压力计双管的液柱高差 Δh 及充液的密度 ρ 求得体系内、外部的压力差，即

$$\Delta p = \rho \cdot g \cdot \Delta h, \qquad p_{体} = p_{外} \pm \Delta p$$

以水银为充液时，其压力差单位即为毫米汞柱；充液为其他液体时，可根据它们的密度换算求出。垂直式 U 形压力计[图 2-11(a)]的读数较气压计粗糙，所得数据的精密度亦较低。如要求测量较小的压差和提高测量精密度，宜用密度较小的液体作为充液，或者使用倾斜式 U 形压力计[图 2-11(c)]。若压力计的管子与水平面成 α 角，则 $\Delta h' = \Delta h \times \sin\alpha$。当测量范围 $\Delta h'$一定时，α 角越小，Δh 的测量精密度越高。

此外，提高 U 形压力计的测量精密度也可采用单管(亦称杯型)压力计。即将 U 形压力计的一臂换成杯型容器，其构造如图 2-11(b)及图 2-11(d)所示。工作原理与 U 形压力计相同，但杯的直径远大于管的直径，杯中液面降低远小于管中液面的上升。因而可忽略杯中液面的降低值，只需读取单管的 Δh 值。

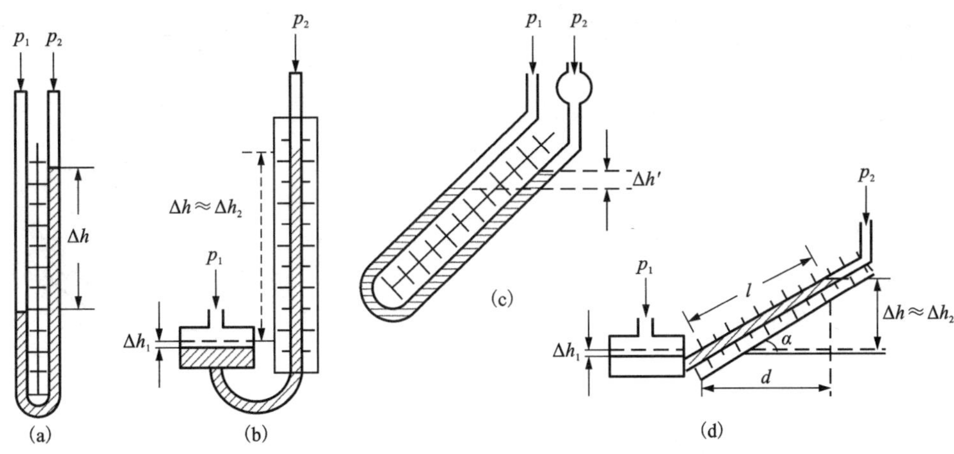

图 2-11　各类 U 形管压力计示意图(p_1，p_2 为任意压力)

液柱式压力计的充液选择应符合一定的要求，包括：不能与被测体系中的物质发生化学作用或互溶；饱和蒸气压应较低；表面张力不大，体积膨胀系数较小；等等。水银、水、较稀的石蜡油、相对分子质量较小的硅油，挥发性低的有机液体等均可。

U 形压力计所用的玻璃管，其内径不宜太小。充液对玻璃管壁的润湿作用会产生弯月面，从而影响读数，如图 2-12 所示。以汞作充液时，玻璃管内径宜为 7~8 mm 或更大一些；对其他充液，玻璃管可以用内径较小的，但也不宜低于 4~5 mm。U 形压力计测准至 0.1 mmH_2O 时就相当于 0.01 mmHg。

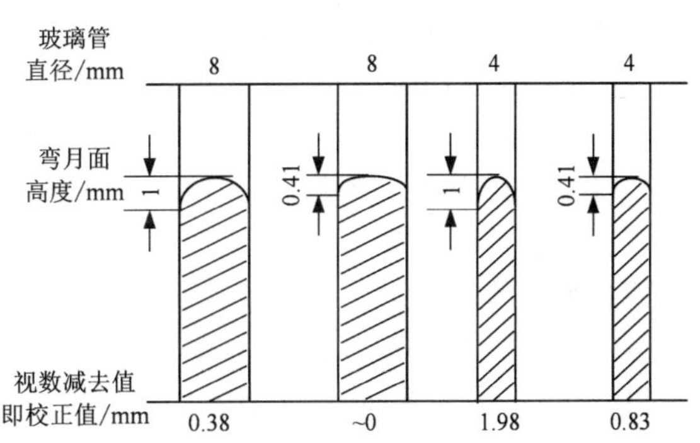

图 2-12　玻璃管液汞弯月面高度读数校正示意图

(2) 弹簧管压力计

弹簧管压力计为一种金属制成的弹性力学机械仪器。它是利用金属弹性元件弹簧管受压后产生弹性形变的原理，将弹簧管与合适的机械零件组合制成。它是指针式压力计，结构如图 2-13 所示。它可以用于测正压或负压(真空计)，或为两用。一般的弹簧管压力计(测正压)按大气压力分度，顺时针方向表示压力增加。如果零位读数刻在表面中间，则即可用来测正压，也可用来测真空度。真空计按毫米汞柱分度，以零为起点至 760 mmHg。

弹簧管压力计有很多型号规格，适宜于不同性质的介质(气体或液体)和不同的压力范围，使用时应特别注意。它的特点是结构简单而牢固，读数方便，测压的范围广，价格便宜，但测量的精密度较差。

(3) 电测压力计

电测压力计由压力传感器、测量电路和电性指示器三个主要部件组成。测量时通过压力传感器感受压力，并将相应的压力参数转换成电信号(电阻、电容、电流或电压)传输到测量电路；测量值通过电性指示器显示或记录。目前成熟的电测压力计有多种类型，但其分类一般是根据压力传感器的类型分的。

①霍尔压力变送器：由弹性元件受压变化时自由端的位移转换成电压信号输出。

②电位器压力变送器：与动圈式仪表配合使用。受压弹性元件的变化带动电位器触点改变，使电阻变化，由此电桥平衡打破，产生不平衡电压。

③压电式压力传感器：压电晶体把压力效应转换成电信号。

④压阻式压力传感器：外压变化，电阻变化（如 Si，Ge），电桥平衡破坏，产生相应电信号。

（4）数字式低真空压力计

数字式低真空压力计为采用压阻式传感器的电测压力计。可取代传统的 U 形水银压力计测量体系的粗真空，预热 10 min 即可正常工作。

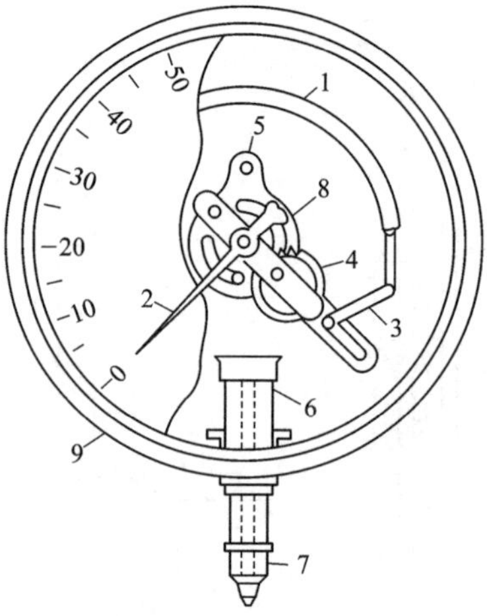

1—金属弹簧管；2—指针；3—连杆；4—扇形齿轮；5—弹簧；6—底座；7—测压接头；8—小齿轮；9—外壳。

图 2-13　弹簧管压力计结构

2.2.2　真空技术

真空是指一个系统的压力低于标准压力的气态空间。为了获得真空，就必须设法将气体分子从容器中抽出。凡是能从容器中抽出气体，使气体压力降低的装置均称为真空泵。

真空区的划分没有统一的规定，按真空的应用、各式真空泵与测量真空的真空规的使用范围可分为五个区域：粗真空（$10^5 \sim 10^3$ Pa），低真空（$10^3 \sim 10^{-1}$ Pa），高真空（$10^{-1} \sim 10^{-6}$ Pa），超高真空（$10^{-6} \sim 10^{-12}$ Pa）和极高真空（$<10^{-12}$ Pa）。

1. 真空的获得与测量

1）真空的获得

真空是依靠真空泵获得的，不同类型的真空泵可以使体系所达到的真空度不同。真空泵主要有以下几种：水流泵（101～2 kPa），油封机械泵（101～1 Pa），油扩散泵（$0.1 \sim 10^{-4}$ Pa），钛升华泵（$1 \sim 10^{-8}$ Pa），分子筛吸附泵（$101 \sim 10^{-3}$ kPa），以及冷凝泵（$0.1 \sim 10^{-8}$ Pa）。可见，欲获得粗真空采用水流泵即可；要获得低真空则采用机械真空泵；要获得高真空须机械泵与油扩散泵并用；获得超高真空用分子泵（涡轮分子泵/离子泵）；获得极高真空用冷凝泵。

（1）水流（水抽气）泵

水流泵可用玻璃或金属制成，其结构如图 2-14 所示。其工作原理是伯努利原理，即水经过收缩的喷口以高速喷出，由于周围区域的压力较低，系统中的气体分子被高速喷出的水流带走。水流泵所能达到的极限真空度受水本身的饱和蒸气压限制，如 15 ℃下，水的饱和蒸气压为 1.70 kPa。尽管其效率低，但由于简便，实验室在抽滤或其他粗真空度要求时经常使用，如捡拾散落在地上的水银微粒。

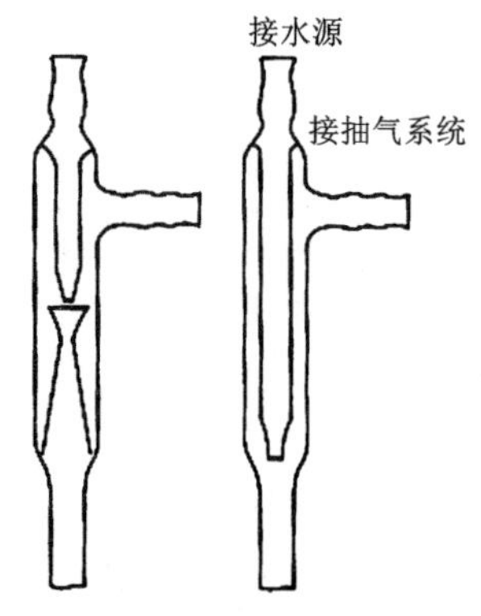

图 2-14　水流泵结构示意图

（2）油封机械泵

油封机械泵一般分为定片式、旋片式和滑阀式三种。定片式油封机械泵抽速较小，但结构简单易检修。旋片式

机械泵分为单级和双级两类，如 2X 型/2XQ 型。其中 X 代表旋片式，2 代表双级，Q 代表加了气镇装置；型号之后的数字代表泵的抽气速率(L/s)，如 2X-30 表示双级旋片式真空泵，抽气量为 30 L/s。此外，旋片式油泵不仅可以单独作为真空泵使用，还通常作为获得高真空的前级泵。滑阀式油泵(2H 系列)多用作前级泵。

无论哪种油封机械泵，抽气原理都是基于气体的压缩和膨胀。以旋片式油泵机械为例(如图 2-15 所示)，其有一个青铜或钢制的圆形定子 1，定子内有一个钢制的实心圆柱转子 3。转子偏心地装在定子腔壁上方，分隔了进气口和排气口，并起气密作用。旋片 2 横嵌在转子圆柱体的直径上，将定子和转子间的空间分成 *A*、*B* 和 *C* 三部分。

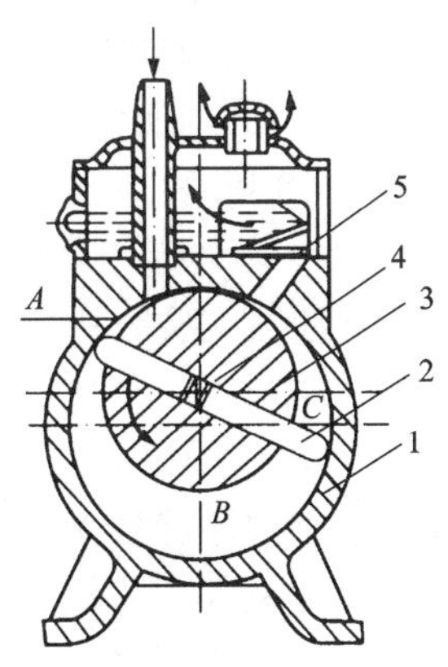

1—定子；2—旋片；3—转子；
4—弹簧；5—排气阀。

图 2-15　旋片式机械泵结构示意图

当转子按图 2-15 所示方向旋转时，与吸气口相通的空间 *A* 的容积不断增大，*A* 空间的压强不断减小。当 *A* 空间内的压强低于被抽容器内的压强时，根据气体压强平衡原理，被抽的气体不断地被抽进吸气腔 *A*，此时正处于吸气过程。*B* 腔的空间的容积正逐渐减小，压力不断增大，此时正处于压缩过程。与排气口相通的空间 *C* 的容积进一步减小，压力进一步升高。当气体的压力大于排气压力时，被压缩的气体推开排气阀，被抽的气体不断地穿过油箱内的油层排至大气中。在泵的连续运转过程中，不断地进行着吸气、压缩、排气过程，从而达到连续抽气的目的。

单级泵能达到的极限真空度一般为 1.33～0.133 Pa，双级泵的极限真空度为 0.0133 Pa 左右，如图 2-16 所示。当进气口压力较高时，后级泵体Ⅱ所排出的气体可顶开排气阀 1，也可进入通道 3。当进气口压力较低时，泵体Ⅱ所压缩的气体全部经通道 3 被泵体Ⅰ抽走，再由排气阀 2 排出。这就降低了单级泵前后的压差，避免了转子与定子间的漏气现象，提高了双级泵的极限真空度。

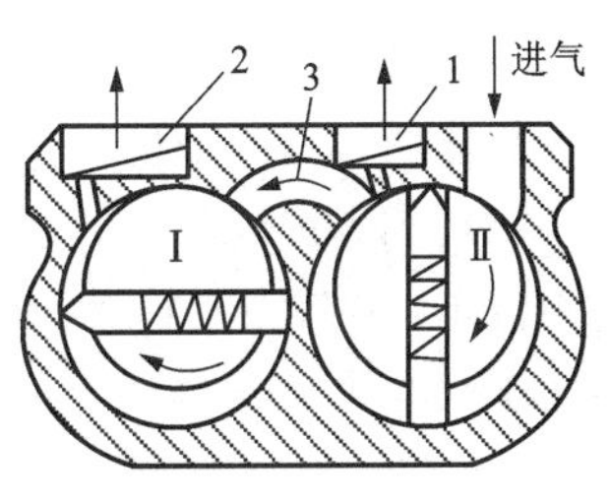

1，2—排气阀；3—内通道。

图 2-16　双级泵的抽气过程示意图

油封机械泵使用时要注意以下几点。

①不能直接用来抽出冷凝性气体(如水蒸气)及挥发性气体(如乙醚)或腐蚀性气体(如氯化氢)等。若要应用，则应在泵的进气口前端加接干燥瓶、吸收瓶或冷阱。常用的干燥剂有氯化钙或五氧化二磷等，吸收剂常用固体氢氧化钠等，冷阱常用的制冷剂为固体二氧化碳(-78.5 ℃)或液氮(-196 ℃)。

②用泵之前应该检查马达的额定电压和接线方法、运转方向和泵油量是否适量。运转时电机温度一般不可超过 65 ℃，不应有异常声音。

③开泵或停泵前，应使泵先与大气相通，以避免带负载启动或泵油冲入真空系统(即倒吸)。

(3)扩散泵

扩散泵按泵的工作介质可分为汞扩散泵和油扩散泵，常见的是硅油扩散泵。扩散泵必须以油封机械泵作为其前级泵，不能单独使用。扩散泵的类型很多，构成泵体的材料有金属和玻璃两种。按喷嘴个数有"级"之分，如三级泵、四级泵。较简单的扩散泵的抽气能力很少超过 10^{-4} Pa，多级扩散泵可达 10^{-7} Pa。

扩散泵是利用一种工作物质高速从喷口喷出，在喷口处形成低压，对周围气体产生抽吸作用从而将气体带走。这种工作物质在常压下为液体，并具有极低的蒸气压，用小功率电炉加热就能使其液体汽化，通过水冷却又能使其蒸气液化。

图 2-17 为三级玻璃扩散泵结构示意图。泵底部的蒸发器 2 内盛有一定量的扩散泵油；待系统被前级机械泵减压到 1.33 Pa 后，电炉 8 将扩散泵油加热至沸腾；油蒸气沿中央导管上升，从伞形喷嘴 3，4，5 中射出，形成高速射流，油蒸气喷射到泵壁上冷凝为液体回流到蒸发器内；同时体系中的气体分子被油蒸气挟裹进入射流，从上到下逐级富集于泵体下部，再被前级泵抽走。

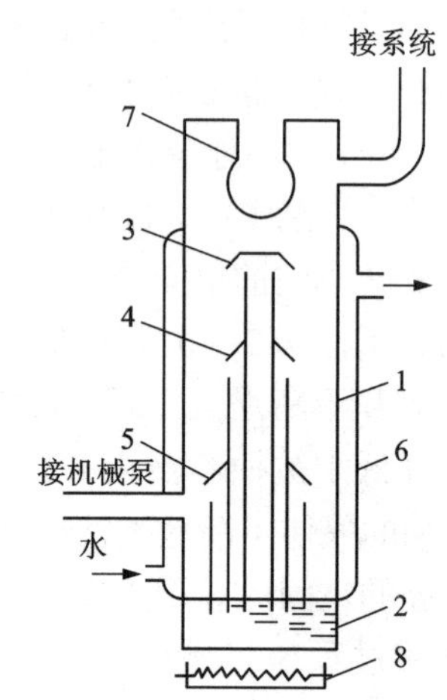

1—泵体；2—蒸发器和扩散泵油；
3，4，5——、二、三级伞形喷嘴；
6—冷却水夹套；7—冷阱；8—电炉。

图 2-17　三级玻璃扩散泵结构示意图

由于扩散泵不能独立工作，必须配置机械泵作为前置泵才能抽走气体。这样串联使用的两类泵，彼此的极限真空应有一定的要求，抽速也应合理配合。理论上，在泵内气体稳定流动时，机械泵的排气量至少应等于扩散泵的排气量，即 $p' \cdot s' = p \cdot s$。其中 p' 和 p 分别为机械泵和扩散泵的进口压力；s' 和 s 分别为它们的抽速。为了留有充分余地和缩短体系由大气压力降至扩散泵启动时的规定压力所需的时间，常使机械泵的抽气量大于理论上估计值的 5~6 倍。

一般化学实验与研究所用的真空系统不大，扩散泵的极限真空度为 10^{-4}~10^{-6} Pa，其抽气速率一般用 60~300 L/s，最大排气压力为 13~40 Pa，加热功率为 0.3~0.8 kW，装油量为 50~150 mL，进气口直径为 50~100 mm。扩散泵使用时要注意以下几点。

①工作液最好用硅油，硅油分子量大，蒸气压低，有利于提高真空度。汞有毒，最好不用。此外，微量油一旦将真空系统污染，要清除它也很费事。采用合适的硅油作为扩散泵油，可克服一般扩散泵油的这类缺点。但硅油易氧化，所以要用前级泵将体系抽至低真空时才能启动扩散泵加热硅油；另外，硅油在高温下易裂解，所以停泵前要先关闭泵前后的旋塞，使泵内处于高真空态，再停止加热；待泵体冷却到 50 ℃以下才可以关闭泵体冷却水。

②由于扩散泵的有效工作范围为 13.3~1.33×10^{-6} Pa，所以在使用扩散泵时，必须要用前级泵，将压力降到 13.3 Pa 以下，并且前级泵的抽气速度必须大于扩散泵。

③泵的冷却和加热器加热对泵的工作效率也很重要，要防止泵油返流现象。加热、冷却必须缓慢进行，防止扩散泵爆裂。

(4)分子泵

(略)

(5)分子筛吸附泵

这是利用分子筛在低温下可吸附大量气体的原理制成的。分子筛通常是人工合成的无水硅铝酸盐晶体，其内部存在着大量孔径均匀的孔穴，这些孔穴所占容积约为分子筛表观总体积的一半。分子筛吸附泵是将分子筛装在一个带夹套的筒内，该筒与待抽空的系统相连。向

夹套内灌入液氮时，分子筛被冷却，并大量吸附待抽空系统中的气体分子，达到抽真空的目的；吸附了气体的分子筛被加热时又可将吸附的气体放出，放空后的分子筛可以重新使用。吸附泵的优点是使用寿命长，无油，维护简单，只是工作时消耗液氮。虽然吸附泵可以单独使用，但吸附泵通常是在超高真空系统中作为钛泵的前级泵。

(6)钛泵

钛泵的种类很多，其本质上也是一种吸附泵，只是吸附以化学吸附为主。钛泵不能单独使用，要以机械泵或吸附泵作为前级泵。钛泵的优点是使用寿命长，无油，无振动，无噪声，操作简单等。钛泵的极限真空度可达到 10^{-6} Pa，在 10^{-2} Pa 时仍有较高的抽气速度。

2)真空测量

对于粗真空或低真空体系，可以用真空压力计或 U 形管压差计测量其真空度。除极高真空外，对于一般真空度较高的体系，可以用麦氏真空规、皮氏真空规、热偶真空规、电离真空规及复合真空计等测量其真空度。麦氏真空规为绝对真空规，其余为相对真空规。

(1)麦氏真空规(Mcleod gauge)

麦氏真空规也称压缩真空计，有本型和转动型两种。转动麦氏真空规克服了本型麦氏真空规的体积大、操作复杂和用汞多等缺点。通常麦氏真空规将真空度刻示在标尺上，可直接读出体系的真空度。

(2)皮氏真空规(Pirani gauge)

皮氏真空规亦称热传导式真空规。它的工作原理是基于压力低于某一定值时的气体的导热系数 K 与其压力 p 成正比，即 $K= b \cdot p$。其中 b 为比例常数，导热系数可借助安装在真空规管中的电阻丝来间接测量。因为导热系数不同时，通过恒定电流的电阻丝的温度不同，因而其电阻也不同。即电阻丝的电阻取决于导热系数，或者说取决于真空度。电阻丝的电阻可以用惠斯通电桥来测量；电阻与真空度的关系要用麦氏真空规来标定。皮氏真空规的测量范围为 $10 \sim 10^{-2}$ Pa，适合于低真空测量。

(3)热偶真空规

这种真空规的测量原理与皮氏真空规的原理相似，但它测量的是安装在真空规管中的热电偶的热电势，根据热电势的大小来确定真空度。通过恒定电流的电阻丝的温度与真空度有关，而电阻丝的温度用热电偶直接测量，所以其热电势的大小取决于真空度。二者之间关系用麦氏真空规标定，并直接以真空度单位标刻于毫伏计上。由于用毫伏计直接测量热电势比较方便，因此热偶真空规应用较多，它可以测量的真空度为 $10 \sim 10^{-2}$ Pa。

气体的导热性除与压力有关外，还与气体的种类有关。因此标定皮氏真空规或热偶真空规时应注意待测真空系统中的气体种类。定型仪器一般附有这方面的说明和修正系数。往往将干燥空气(或氮气)的修正系数定为 1，其他气体的修正系数随其分子量的大小而变化，如：He 为 0.18；H_2 为 0.40；CO 为 1.10；Ar 为 1.4；CO_2 为 1.60；Hg(蒸气)为 2.70；水蒸气比较复杂，为 0.85~1.16。

(4)电离真空规

电离真空规是一个特殊的三极管，其简单结构及测量线路如图 2-18 所示。当电子从阴极发射出来，受栅极正电场加速飞向阳极。电子在飞行过程中与规管内的气体分子相碰，并使其电离。栅-阴极间的正离子飞向阴极，而栅-阳极间的负离子飞向阳极，于是产生离子电流 I_+。离子电流与阴极发射的电子电流 I_e 之比 I_+/I_e 正比于待测真空系统中的气体压力 p，

即 $I_+/I_e=K\cdot p$。其中比例常数 K 代表了真空规管的灵敏度。对于一定的规管，采用比较完善的稳压稳流装置，使规管参数 K 和 I_e 保持恒定，则只要测量出 I_+ 就可求得待测真空系统的真空度。电离真空规也是用麦氏真空规进行标定，定型产品的示值一般都作了近似校正。

电离真空规的测量范围为 0.1～10^{-7} Pa。当待测真空系统的压力低于 0.1 Pa 时，才能使用电离真空规进行测量，否则会将规管灯丝烧毁。

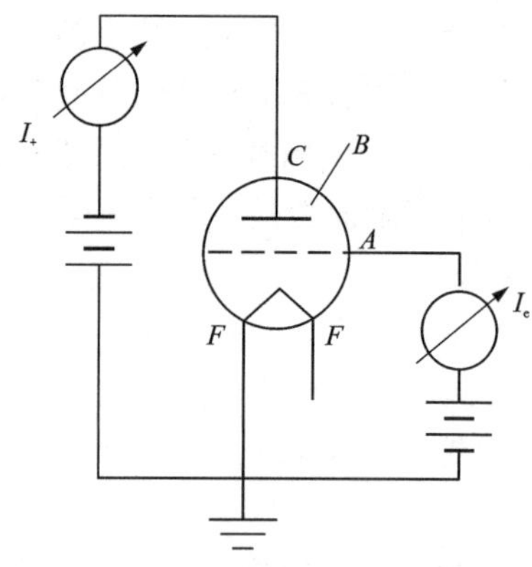

A—栅极；B—板极；C—规管；
I_+—正离子电流；I_e—电子电流；F—阴极。

图 2-18　热阴极电离真空规测量线路示意图

(5)复合真空计

鉴于皮氏真空规使用不方便，麦氏真空规又不能用于易凝聚气体体系的真空测量，因此在 100～10^{-5} Pa(或 100～10^{-7} Pa)的真空测量中，常将热偶真空规和电离真空规组合成复合真空计，以达到方便测量的目的。如 SG-3 型复合真空计就是一种直读式真空测量仪，其电离规部分的测量范围为 0.1～10^{-6} Pa，热偶规部分的测量范围为 10～0.1 Pa。因此，该复合真空计的测量范围为 10～10^{-6} Pa。

2. 真空系统的连接与检漏

真空系统的构成如图 2-19 所示。当真空度要求不同时，构成真空系统的设备、材料及密封技术都会不一样。建立用于化学实验与研究的小型真空系统时，除了选用能相互匹配的真空泵、扩散泵和真空规外，还要针对实验项目的具体要求，使用合适的部件，并根据运行的特点按次序连接进行总组装。为保障真空系统达到要求和使实验与研究顺利进行，下面所介绍的知识和技术是不可少的。

(1)真空系统的结构材料

用于真空系统的结构材料必须有很好的气密性。低真空的大系统可用一般的碳钢材料；真空度很高的系统须用镍铬不锈钢材料；一般化学实验与研究体系的真空度较高的小系统，多以耐热硬质玻璃(如 95 料或 GG-17 料的灯工料)制造。其结构强度和耐热性远逊于上述金属材料，但它具有良好的气密性和易于熔接加工，以及透明和便于观察等优点，广为采用。一切真空系统的结构材料在机械加工、焊接和熔接等加工过程中都不能有损伤以及产生裂纹和气孔。此外真空橡皮管、橡皮垫板和垫圈等也是真空系统的重要辅助材料。它们应有良好的弹性，能伸缩张合，宜用在怕受震动的部位和便于拆卸的法兰盘连接部位。这些部位的真空度一般都不会很高，在高真空度的真空系统区域都不宜使用橡胶制品。

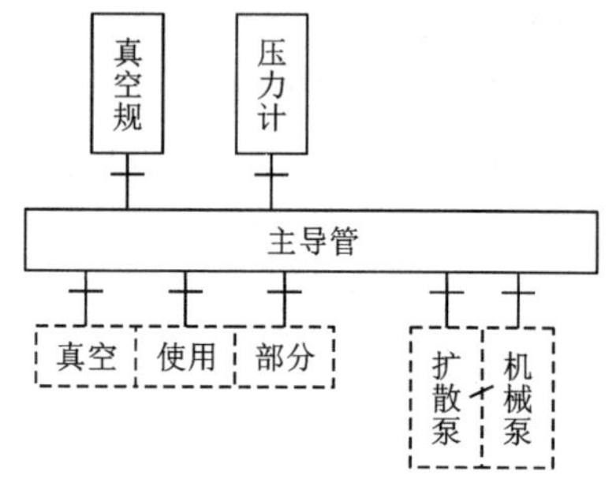

图 2-19　真空系统组成

(2)真空系统的常用部件

真空系统中除有各种泵、真空规等外，常用部件还有真空活塞(亦称活栓)、缓冲瓶(或罐)、量气管、除气室、干燥塔、安全阀等。其中真空活塞是控制真空系统工作和分割真空系统必不可少的重要部件。它与普通活塞的不同之处除玻璃质量外，还有通路较宽、磨口加工

精细等特点。真空活塞有两通、三通、四通等，通路的方向形式也较多。使用真空活塞时必须注意同它相连接的管道的尺寸，不可乱配用，否则效果不好；还必须注意选用真空脂涂抹活塞的磨口部分，以起到润滑和密封作用。

(3) 真空密封材料及其使用

真空密封材料(简称真空涂料)大都是由不同分子量的高分子化合物组成的物质，可分为真空脂(润滑用)、真空封蜡与封泥以及真空漆等几大类，每一类常有多种规格的产品。它们的共同特性是蒸气压低，吸气量很少，对金属和玻璃等材料都有很强的黏附力。

真空脂常用于活塞等磨口的密封，兼起润滑作用。使用时应涂抹薄层于磨口处，切勿让它向其他地方铺展进入真空系统内部，也不应堵住通道。

真空蜡则常用于密封那些不宜转动及不常拆卸的地方。它因具有较高的软化温度，所以使用时要微火加热软化，以使之能铺展到待密封部位的各个部分。冷却之后，能牢固地黏附在材料上，形成密封面；并经得起轻微的震动和温度变化，且不产生裂纹。

真空封泥用于真空度要求较低而又需要经常拆卸的地方。真空漆一般只用于真空系统的金属焊缝或砂孔的涂抹。它有较强的黏附力和密封性，经得起较高温度的扰动。由于真空技术发展的需要，真空密封材料也发展了若干系列的产品，如国际上有名的阿皮松等。

(4) 真空系统的连接

将用于组装真空系统的各仪器设备、部件连接起来，是组装真空系统的一项技术性较强的工作。原则上，对实验前后不需要经常装卸的部件接合处采用熔接或焊接的方法(玻璃适用熔接，金属则用焊接)。对于经常要拆卸的部件接合的部位则用磨口或用法兰盘连接，在较低真空的部位亦可用真空橡皮管连接。采用熔接或焊接方法时，为了保障接口的强度和良好的气密性，相接的材料的性质应该相同或者接近，特别是它们的膨胀系数应相当。虽然不同性质的材料(如金属与玻璃)亦可熔接，但技术要求很高，而且要采用过渡接头的方法。

(5) 真空系统的清洁

在真空技术中，无论仪器设备和部件的安装、连接以及密封，或是实验操作，真空系统的清洁是一个不容忽视的问题。真空系统的清洁包括仪器和部件的外部和内部清洁，外部不清洁会影响连接的密封可靠性。首次使用的设施，由于杂质来源广泛，认真清洁固不待言。使用多次后，其内部会因密封油脂顺壁面铺展，或是粉状试验料尘扩散而产生油垢，进而吸收和放出气体或蒸气，这些均会影响真空度和干扰实验的进行。

真空系统清洁的方法很多，须对不同材质的清洁对象采用不同的清洁方法。如对真空橡皮管等橡胶制品，可在水洗后浸泡于5%~20%的 NaOH 溶液中煮沸数小时，用纯水冲洗干净后干燥；玻璃制品则可用新鲜洗液浸洗，并适当加热至足够时间，以纯水洗净或酒精清洗，洗净后放于真空干燥箱内中低温(50~60 ℃)烘干即成；对金属制品，如不锈钢等的制件则主要用丙酮等有机溶剂充分洗净以除去油腻。凡上述已洗净和干燥好的部件、材料等，在保存待用过程中都应防止再与污染物接触，避免重新污染。

(6) 真空系统的检漏

新组装的真空系统在使用前应检查系统是否漏气。检漏的方法很多，如火花法、热偶规法、电离规法、荧光法、质谱仪法、磁谱仪法等。化学实验室中常采用火花检漏法、热偶规法和电离规法，但这些方法主要用于系统漏气后对漏气点的查找。因此，真空系统的检漏首先是判断系统是否漏气。如果真空泵的性能良好，在抽气过程中，较严重的漏气即可被发觉。

因为属于这种情况时，系统的真空度常常上不去。系统的微弱漏气则要在停止抽气后进行静态观察才能发现，如图 2-20 所示。判定系统是否漏气还是比较容易，但要检查出漏气发生在哪一个部位则比较困难。

在较低的真空条件下查找漏气处的方法如下。对玻璃系统可用真空枪，一般在机械泵启动后，系统已抽至 10~1 Pa 时用真空枪检漏。真空枪也称高频火花真空测量仪。它通过高频电发生器，在枪的尖端产生高频电压，引起气体放电产生火花。接通电源后，其放火簧则产生紫色火花，并有蝉鸣响声。当火花对着怀疑漏气的部位或整个系统普遍扫掠时，如遇漏孔，则会形成一束明亮的小火花钻入漏孔从而发现漏处。使用真空枪时不能让其火花长期停留在某一处，以免击穿玻璃管。在活塞等的磨口附近使用时也应注意，不要让高频火花烧坏真空封油影响密封。

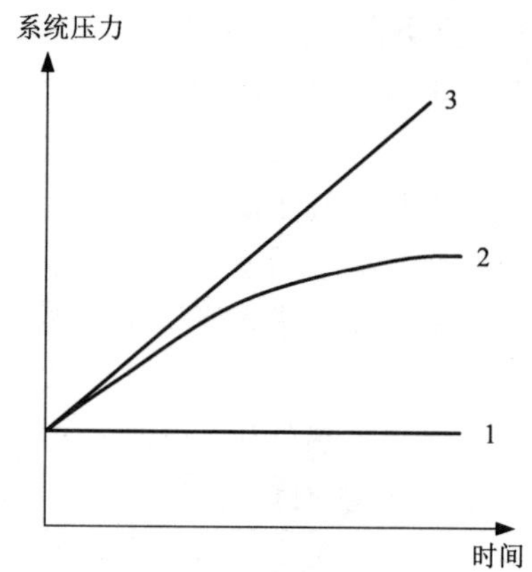

1—系统不漏气；2—系统内有蒸气源；3—系统漏气。

图 2-20　真空检漏时可能出现的压力-时间关系曲线

对于金属真空系统或是真空度比 0.1 Pa 更高的情况，不能使用真空枪检漏方法。这种情况可用表面涂抹法来寻找漏孔处。如用肥皂液（或丙酮、甲醇等）在怀疑有漏孔的地方逐步涂抹，当遇上漏孔，微量涂抹液渗入，系统的漏气速度会突然降低。

为了节省检漏时间，首先应检查那些易于产生漏气的部位。这些部位大都在仪器设备和部件的连接处，如熔接口与焊接口、连接磨口和真空活塞以及真空橡皮管的插接口等。漏气的地方找到之后便可采取措施，对管壁或器壁上的小砂眼一般可用真空涂料涂封；不易修补的部件要更换；不合要求的熔接口与焊接口则应重新加工处理。总而言之，通过检漏和堵漏，真空系统须达到符合实验与研究要求的真空度。

3. 真空系统组装及操作注意事项

（1）真空系统在设计时要尽量减少活塞和接头的数量。对必用的活塞，要事先标明活塞连接通路的位置。

（2）真空度越高，玻璃器壁所承受的外压力越大，因此真空系统的玻璃容器应尽量选择球形，在较大的玻璃容器外加防爆网罩。

（3）在进行转动活塞的操作时，应一手托握活塞套，另一手缓慢旋转内塞。因单手操作可能产生力矩，使与活塞连接的玻璃管路因受力不均匀而断裂。

（4）在需要对真空系统的真空度进行调节时，应通过活塞来进行，使抽气或充气过程得以缓慢进行。切忌不当操作使系统的压力发生剧烈变化，因为压力的突变可能导致一些严重后果，如造成系统某些部位破裂等。

2.2.3　反应气氛的控制方法

一般情况下，凝聚态物质之间的反应受压力影响较小；有气体参与的反应，气氛组成、压力等对反应的影响则很大。为使实验研究达到某一目的，气体来源的选用、气氛组成或流速的控制等往往是一个关键措施。体系增压与减压，从广义而言也是一种气氛控制。气氛控

制一般包括气源选用、气体的纯化、气氛配置以及有关压力、流量的测量和控制等。

1. 气源

常用的气氛，如惰性气氛、氧化性或还原性气氛等都由一定的气体组成。所用气体的来源，按所需的气体种类或要求各有不同。瓶装气和化学法制气是化学实验与研究中最常使用的气源。

(1) 化学法制气

虽然瓶装气有很多优点，但有些气体需要用化学法来制备。关于某些气体的化学制备方法可以查阅无机化学制备专著、手册或文献。所用装置一般实验室都容易组装，并有成套的气体发生器供使用。就氢气而言，近年因色谱技术的发展，已有市售电解式的氢气发生器。它的出口压力可达几个大气压，纯度也很高。

(2) 瓶装气

一些惰性气体（如氦、氖、氩等）及一些常用的气体（如乙炔、氮、氧、氢、二氧化碳、二氧化硫、氨及氯等）都有瓶装压缩气。瓶装气大多数取自空气和工业副产品，如氮、氧、氩等常由空气压缩与液化分离出来。CO_2 虽不难从实验室中制取，也可以来自一些工业生产过程；氯和氢是制碱工业的副产品；氢也大量来源于水煤气生产和水的电解。这些气体经过一定的处理后压入气瓶中，在瓶中呈气体状态的压力可高达 150 个大气压；易液化气体在瓶中常呈液态，其气体压力也较低。

高压气体钢瓶是由无缝碳素钢或合金钢制成，适用于盛装介质压力在 15.0 MPa（150 大气压）以下的气体。常见标准气瓶类型列于表 2-6。我国统一规定的气瓶颜色和标字列于表 2-7。

表 2-6　常见标准气瓶类型

气瓶类型	盛装气体种类	工作压力/MPa	试验压力/MPa	
			水压试验	气压试验
甲	O_2、H_2、N_2、CH_4、压缩空气和惰性气体	15.0	22.5	15.0
乙	纯净水煤气及 CO_2 等	12.5	19.0	12.5
丙	NH_3、氯、光气和异丁烯等	3.0	6.0	3.0
丁	SO_2 等	0.6	1.2	0.6

表 2-7　我国统一规定的气体钢瓶颜色和标字

气体	瓶身颜色	标字	标字颜色
氮气	黑	氮	黄（棕线）
氧气	浅蓝	氧	黑
氢气	深绿	氢	红（红线）
氨气	黄	氨	黑
氯气	黄绿（保护色）	氯	白（白线）

续表2-7

气体	瓶身颜色	标字	标字颜色
二氧化硫	黑	二氧化硫	白(黄线)
二氧化碳	黑	二氧化碳	黄
空气	黑	压缩空气	白
粗氩	黑	粗氩	白(白线)
纯氩	灰	纯氩	绿
乙炔	白	乙炔	红
石油气	灰	石油气	红
氦气	棕	氦	白

2. 气体的净化

压缩的瓶装气对小规模的实验研究具有压力范围广和较大的贮存量，以及使用方便等优点。但这些气体的来源不一，不同程度含有杂质。有害于实验研究的杂质，必须除去才能使用。

不同的实验对气体的净化要求各有不同。一般可包括气体中的微小悬浮物质的清除、气体的干燥和杂质气体的清除。

装有浓硫酸的洗气瓶一般可以将气体中的悬浮物和大部分的水分除去。要对水分进行深度清除，最有效的办法是用冷阱深度冷冻。自-80 ℃(干冰-丙酮混合物)至-190 ℃(液态空气)的深度冷冻，可以使气体中水的残存量降至 10^{-8}~10^{-10} mg/L(相当于水蒸气分压为 10^{-7}~10^{-14} Pa)。这种干燥比较彻底，但冷冻剂来源有限。通常用一些经典干燥剂和分子筛来清除气体中的水分，它们的效果见表 2-8。

表 2-8　常用干燥剂的性能

干燥剂	吸附剂上部的水蒸气平衡分压/Pa	气体中水的残余质量浓度 $\rho/(mg\cdot L^{-1})$	气体最大体积速度 气体体积/吸附剂体积(每小时计算)	气体可达到的露点	备注
五氧化二磷	2×10^{-2}	2.67×10^{-3}		<-50 ℃	吸水后能形成系列稠密状含水化合物
过氯酸镁(无水)		6.67×10^{-2}	43~53		脱水能反复使用
过氯酸镁($3H_2O$)	2	2.67×10^{-1}	65~160	<-50 ℃	
硅胶		8.0×10^{-1}	43~59		常用 $COCl_2$ 溶液处理* 后才使用

续表2-8

干燥剂	吸附剂上部的水蒸气平衡分压/Pa	气体中水的残余质量浓度 ρ/(mg·L^{-1})	气体最大体积速度 气体体积/吸附剂体积（每小时计算）	气体可达到的露点	备注
氢氧化钾（熔融）	2	2.67×10^{-1}	55~65		
硫酸(浓)	2.93	4.0×10^{-1}		<-50 ℃	能生成水合物，其脱水能力强
氢氧化钠（熔融）		8×10^{-1}	75~150		随着温度升高，其含水量增加显著下降
氯化钙（熔融）	200	26.66	75~240	-14 ℃	常用市售无水氯化钙
氧化钙	200	26.66	60~90		脱水原因为生成 $Ca(OH)_2$

注：* 用 $CoCl_2$ 溶液处理的硅胶，从无结晶水的浅蓝色变至粉红色时，就成为含 6 个结晶水的 $CoCl_2$。

从表 2-8 可见，五氧化二磷、过氯酸镁具有很好的脱水性能，宜较深度除去气体中的水分。但后者具有爆炸性，使用时须注意。常用的硅胶不能用于高程度干燥，并会被液体水损害。无水氯化钙和氧化钙等脱水剂虽比较便宜，但脱水性能较差，其脱水效果比浓硫酸还差两个数量级。

分子筛对低含水量(低于 666.6 Pa)的气体有很好的脱水能力，对很多气体物质能产生吸附和分离作用。因此一些具有特殊用途的分子筛，如 140P 型吸附剂能使氢中的氧含量降低到 0.25 μL/L 以下，可得到超纯氢气。分子筛需要再活化才能使用。

通常情况下常用经典的或新发展的气体净化方法进行气体净化。对不同的气体杂质，其吸收布置序列见表 2-9。相应的设施比较简单，用一般的仪器，如干燥塔、洗涤瓶、吸收塔、电热器、减压装置以及一定的吸收剂等即可组合构成。由于高纯物质制备的发展，需要较大量的高纯度气体，故近年来国内外已有专门的称为气体纯化器的设备出售，但价格相当昂贵。

表 2-9　气体杂质吸收的布置序列

气体	杂质	布置序列	备注
O_2	H_2O，N_2，CO_2，H_2，……	灼烧石棉、固体 KOH；$CaCl_2$、H_2SO_4、P_2O_5	唯 N_2 不能被吸收清除
H_2	O_2、N_2、H_2O 间有 AsH_3、PH_3	催化剂(Pt 或 Pd)，或少性铜塔；$KMnO_4$(饱和液)、$CaCl_2$、H_2SO_4、P_2O_5	Pt 等催化剂须在约 400 ℃ 工作(AsH_3、PH_3 在酸与金属作用时产生)
N_2	O_2、H_2O、CO_2 及其他惰性气体	灼烧铜屑(600 ℃，即活性铜塔)，KOH(固体)、$CaCl_2$、H_2SO_4、P_2O_5	唯惰性气体，如 Ar 等不被吸收

续表2-9

<table>
<tr><th>气体</th><th>杂质</th><th>布置序列</th><th>备注</th></tr>
<tr><td>CO_2</td><td>H_2O、CO、O_2、N_2</td><td>锌汞齐、硫酸钒溶液、活性铜塔、$CaCl_2$、P_2O_5</td><td>N_2 不被吸收</td></tr>
<tr><td>Cl_2</td><td>HCl、N_2、O_2、CO_2、H_2O 等</td><td>CaO、P_2O_5(只吸收 HCl 及 H_2O，其余用它法)</td><td rowspan="3">对较活泼或较强酸碱性物质的性相近的杂质的清除，应按具体情况及要求来解决</td></tr>
<tr><td>NH_3</td><td>H_2O、CO_2、N_2、H_2</td><td>CaO、固体 KOH(只吸收 H_2O 及 CO_2，其余用它法)</td></tr>
<tr><td>SO_2</td><td>H_2O、CO_2</td><td>H_2SO_4、P_2O_5(只吸收 H_2O、CO_2，不能用碱性物清除)</td></tr>
<tr><td>CO</td><td>CO_2、O_2、H_2O</td><td>KOH(50%溶液)、锌汞齐、硫酸钒、活性铜塔(200 ℃)、P_2O_5</td><td>N_2 不被吸收</td></tr>
</table>

一般气体多用相应的酸碱物质或溶液去吸收。氧气常用碱性焦性没食子酸溶液；一氧化碳用氯化亚铜的氨性溶液来吸收；氮气常用金属(如钙、镁等)于高温(500~600 ℃)下，与之生成固体氮化物以达到分离目的。此外还有一些方法，如用105催化剂可使氢气中微量的氧转化为水蒸气，易于清除等。

第 3 章

物理性质测量方法与实验

物理性质是物质构造的反映，是鉴定和分析物质的依据。物理性质测量范围一般指物质的宏观性质的测量。这些性质除了人们所熟知的密度、黏度和表面张力等外，还有热学、电磁学、光学和力学等方面的性质。准确测定物质从量变到质变的关键点数据尤为重要。

3.1 密度测量的常用方法

3.1.1 密度与比重

密度又称体积质量，是物质的一种属性。它与构成物质的粒子大小、聚集和排列方式以及粒子间的相互作用力等有密切关系，并以强度性质表现出来。按 SI 制它是用一定温度下每立方米若干千克来表示，即单位为 kg/m^3。由于长度单位(米)定义的演变和测量精密度的提高，严格地说，过去发表的公认标准数据按目前的计量标准计算会有少许差别。但一般情况下，过去的数据仍然可使用。例如在 3.98 ℃时 1 cm^3 水的质量仍为 0.999974 g，即在该温度下水的绝对密度为 0.999974 g/cm^3。密度常用符号 ρ_t 表示(很多公式则用 ρ 表示)，其中下标 t 表示温度，说明密度与温度有关。

比重也是一种常用的基本单位。它指物质在一定温度时的密度与水在 4 ℃时的密度之比，用符号 D_4^t 表示，上、下标分别表示物质的温度和与之相比的水的温度。目前的各种量具仍使用这些符号并和上述数值相联系。

密度测量具有非常广泛的用途，对有机液体，鉴别、区分两种类似化合物和确定不纯物等都是一种重要手段。在溶液配制或一些研究测试中，如 X 射线结构分析、摩尔折射度、偶极矩和等张比容的测算中，物质的密度也是不可缺少的数据。又如溶液的偏摩尔体积的测量也可以利用密度的测量来进行。此外，密度也可用于估计物质的其他物理性质，如沸点、黏度、表面张力以及自由能等随压力变化的情况。

3.1.2 密度的测量方法

密度的测量方法很多，密度的直接测量是通过直接测量物质的质量和所占的体积来进行的，而较方便和常用的是利用阿基米德原理设计的仪器去测量液体物质的密度。由于存在容器容积或固态物质的真实体积难以准确测量的困难，特别是当温度变化时容器因膨胀或收缩也会引起容积发生变化，因此直接测量法往往变得更麻烦。虽有用于测量密度的仪器(如比重瓶等)，但也要应用已知密度的参考液体(如水)校正它的容积后才能用于被测液体密度的测量。此外还有利用其他较为复杂的关系式来设计仪器用于测量密度，如落滴法等。对于高温熔体，除测量仪器的材料外，还有很多其他技术困难，因而测量方法更要多辟蹊径。

1. 利用阿基米德(Archimedes)原理的方法

(1)比重计法

本法是工业上常用的测量液体密度的方法。比重计有不同的精密度和测量范围，单支型的常分为轻表(测量比重在 1 以下)及重表(测量比重在 1 至 2)；精密的常为若干支一套，每支的测量范围较窄，可根据被测液体比重大小选择其中的一支使用。测量时将比重计直接插入液体中，可直接从比重计上读出被测液体的比重。

(2)比重天平法

最常用的比重天平是韦氏天平(Westphal balance)。在仪器正常、安装调整正确的条件下，比重天平的测量精度是比较高的和可靠的。但测量时待测液体的用量较大(达数百毫升)，且不能用于测量比重大于 2 的液体的比重。对于挥发性较大的液体亦可得到较准确的结果，这是比重天平的优点。

(3)高温熔体密度的测量

这种测量可借助类似热天平的装置进行，如图 3-1 所示。测量时将细吊丝悬挂着的、测量温度下体积为 V_t 的悬锤沉入熔体中，测量出悬锤所受的浮力 F，此浮力即为与悬锤同体积的熔体的重量。由此可求得熔体的密度为：

$$d^t = F/V_t$$

悬锤在熔体中所受的浮力可根据悬锤在熔体中的重量及其在真空中的重量(近似为在空气中的重量)求得。悬锤在测量温度下的体积 V_t，可由悬锤在室温下的体积 V_0 及其制成材料的线膨胀系数求得。室温下精密测量悬锤的体积是比较麻烦的，如果粗略一点，则可根据悬锤在已知密度的液体(如水)中所受的浮力求出。悬锤和细吊丝一般用能耐熔体侵蚀和密度较大的材料(如铂等)制成。如果熔体表面张力影响较大，则可用两个材质相同且在测量温度下体积分别为 V_1 和 V_2 的悬锤，使其在相同的条件下测量出它们各自在熔体中所受的浮力(F_1 和 F_2)，以下面公式来计算熔体密度：

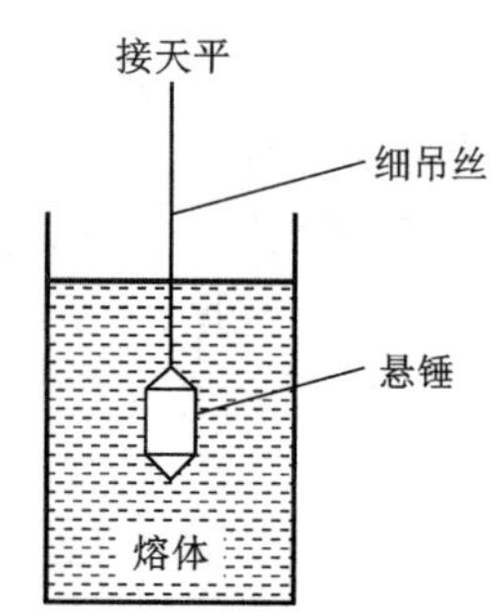

图 3-1　直接阿基米德法测熔体密度原理

$$d^t = (F_2 - F_1)/(V_2 - V_1)$$

(4)致密固体密度的测量

将整块致密的固体加工成一定形状和体积的柱体，借助一般天平分别测量它在已知密度的液体中及空气中的重量。通过计算，可求出其密度。

2. 比重容器法

这类方法可测量液体、固体以及气体物质的密度。如普通物理实验所介绍的杜马斯(Dumas)球，便是测量气体密度和计算气体相对分子质量的仪器。该类方法测量的仪器还有比重管和比重瓶等，其测量原理基本相同。图 3-2 是几种比重瓶的构造示意图。

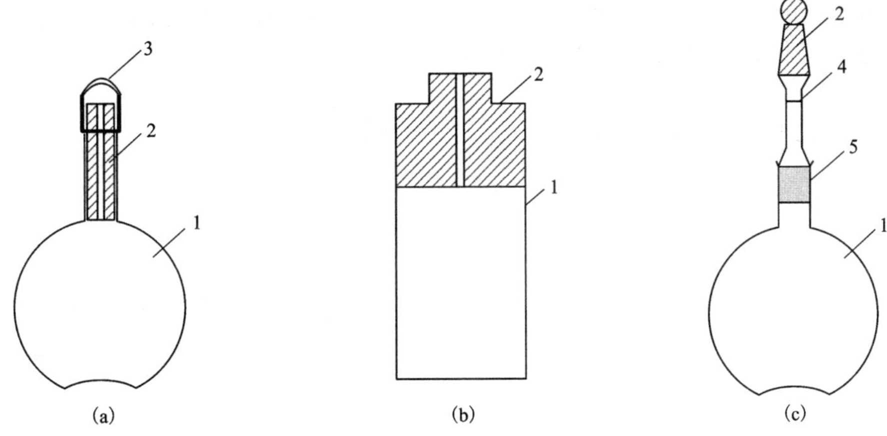

1—比重瓶主体；2—磨口瓶塞：(a)和(b)附有毛细孔；3—防蒸发罩；4—定容刻度线；5—磨口。

图 3-2　几种比重瓶构造示意图

图 3-2(a)和图 3-2(b)所示的比重瓶可测量液体和固体的密度。图 3-2(c)所示的比重瓶主要用来测定黏度大的液体和较大块固体的密度。

测量液体密度时，将带毛细管的磨口瓶塞取出，装入液体后小心加盖磨口瓶塞，使待测液充入磨口瓶塞附带的毛细管中。随后将比重瓶放入已调好温度的恒温槽内恒温(恒温时不必加盖防蒸发罩)。恒温过程中，液体会沿毛细管溢出。待温度恒定，液体不再溢出时，即可用滤纸小心吸干毛细管端面上的液体(但要注意不应使滤纸接触毛细管内的液体)。然后罩上防蒸发罩，再从恒温槽中取出，揩干瓶子外部的水并称量。其所得质量将是待测液体与比重瓶的总质量 W_S。依此法可用参考液体代替待测液体测定总质量 W_R，如空比重瓶的质量为 W_0、参考液密度为 ρ_R^t，则待测量液体的密度 $\rho_S^t = \dfrac{W_S - W_0}{W_R - W_0}\rho_R^t$。

测量粉末固体密度时，可首先称量出空比重瓶的质量 W_0，注入密度为 ρ_R^t 的参考液体(该液体不能溶解待测的固体，但应能润湿该固体)。依上述操作，可得到总质量 W_R。倒去参考液，将比重瓶干燥，装入经过表面处理的待测固体试样，并称出比重瓶与固体试样的总质量 W_S。再将此装有固体试样的比重瓶注入参考液至浸没全部固体，在比恒温温度稍高的温度下进行减压操作，目的在于驱除可能在固液界面上所存在的气体。然后冷却至恒温温度下继续注满参考液体，再依上述恒温等步骤，称得比重瓶、固体试样及参考液三者的总质量 W_T。由上述数据 W_0、W_R、W_S 及 W_T，可按下式计算出待测固体的密度：

$$\rho_S^t = \frac{W_S - W_0}{(W_R - W_0) - (W_T - W_S)}\rho_R^t$$

利用本法进行固体密度的测量，最好先做一些条件实验，选择出既不溶解固体试样又能润湿固体试样的液体作为参考液体。如图 3-2(c)所示的比重瓶，是工业上常用的测定固体密度的仪器。打开磨口 5，可以放入较大粒度的固体样品。这种瓶比较大，有多种规格，恒温后液面应在刻度线 4 上。因而恒温后亦应使液面与刻度相平时才取出装有试样的密度瓶拿去称量。

物质的密度测量还有其他方法。从较简单和准确的物性间的关系式出发，同一仪器既可测量一种物性，也可测量另一种物性。因此，在某些情况下，如最大气泡压力法、膨胀计法、压力计法与静滴法等也可以用作测量密度的方法。

3.2 黏度测量的常用方法

3.2.1 黏度

黏度(η)为黏滞系数(或内摩擦系数)的习用名称。它由流体内部的黏滞力产生，是流体内部阻碍其相对流动的一种特性，它与流体的组成及温度有关。过去以“泊”(Poise)为单位的黏度称为动力黏度。目前SI制采用的黏度单位为Pa·s(帕·秒)，即1泊$=10^{-1}$ Pa·s；数据表中常用的厘泊(cP)，1 cP=1 mPa·s(毫帕·秒)。

气体的黏滞性比较简单，它是由分子间相互碰撞后交换动量所引起的，与分子的平均自由程和截面积等密切相关。

液体的黏度，包括胶体分散系的黏度。除反映体系内存在粒子的形态与行为之外，还有不少体系在测量黏度时，对其所施加的剪切力(在某些范围内时)也会对粒子的形态与行为产生影响。即黏度会发生变化，不再简单地服从牛顿黏度方程式($F=\eta A\dfrac{\mathrm{d}v}{\mathrm{d}x}$，$A$为所研究体系的液层的面积，$\dfrac{\mathrm{d}v}{\mathrm{d}x}$为速度梯度，$F$为施于液体上的力)。对这方面的研究已发展成为一门流变学，在生产实践中具有重要的指导意义。

在物理化学实验中，黏度测量的重要意义在于黏度作为宏观的物性数据，常与其他物性相联系。这对理论研究，如溶液的微观结构研究，以至相对分子质量及胶团大小等的测量有重要的作用。黏度作为生产过程的参数，对输运液体、生产条件控制及产品鉴定等也很重要。黏度对矿物开采，地层性质了解，化工、冶金、轻工、硅酸盐及陶瓷等工业生产，以至农业土壤的应用与研究也都有很重要的实际意义。

3.2.2 黏度的测量方法

黏度计是测试液体黏度值的检测仪器，目前商业化的黏度计在各行各业中都应用广泛，但是不同的行业和样品，需要使用的黏度测试仪器是不同的，不同类型黏度计的设计原理不同。常用的有毛细管黏度计、落球黏度计、旋转黏度计、振动黏度计、流杯黏度计、落棒黏度计等。常用的黏度测量方法有：

1. 毛细管法

该法既可用于液体绝对黏度的测量，也可用于液体相对黏度的测量，但常用的是相对黏度测量。

(1)液体的绝对黏度测量

根据泊松(Poiseuille)定律设计的装置如图3-3所示。根据泊松定律有：

$$\eta=\frac{p\pi r^4}{8Vl}t$$

式中：η 为黏度，Pa·s；p 为毛细管两端的压力差，Pa；r 为毛细管半径，m；t 为一定体积 V 的液体流经毛细管的时间，s；V 为 t 时间内流过毛细管的液体的体积，m^3；l 为毛细管的长度，m。

测量前将毛细管前后容器之间的液体压差调至 15～18 cm 水柱。测量开始后，测量出在一定的时间内流经毛细管的液体体积及毛细管两端的压力差。根据毛细管的 r 和 l，以及测量得到的数据即可求得待测液体的黏度 η。

如果考虑液体在毛细管中流动的动能等因素的影响，就要对 l 和 p 两项进行修正，则可得公式：

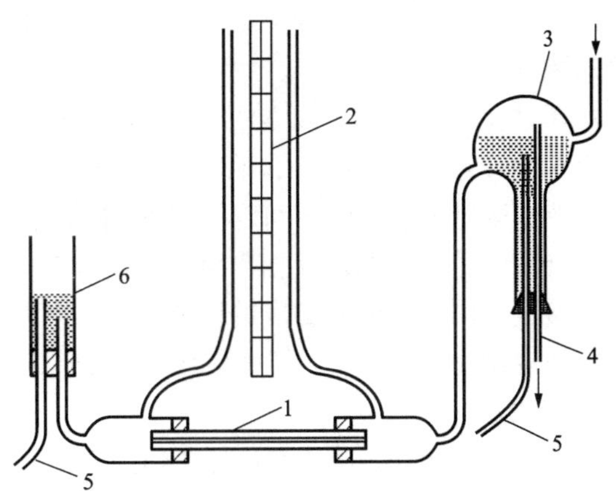

1—保持水平的毛细管；2—压差显示及读数；3—稳压瓶；4—空气出口；5—出水口；6—低压出口稳压管。

图 3-3　液体绝对黏度测量装置示意图

$$\eta = \frac{\pi r^4 t\rho}{8(l+\lambda)}(gh - mv^2)$$

式中：ρ 为液体密度；g 为重力加速度；h 为毛细管两端的高度差(决定静压差的大小)；v 为液体在毛细管中的平均流动速度；λ 为毛细管长度的校正项；m 为动能校正系数(通常为 1.12 左右)。在测量中 h 数值小，则测量 h 的相对误差较大；h 数值大，实验较易进行，周期较短，但 mv^2 项校正不能忽略。因此测量时各项测量精密度都应予以考虑。

(2)液体相对黏度的测量

绝对黏度的测量比较复杂，故一般都是进行相对黏度的测量。最常用的相对黏度计是奥氏(Ostwald)黏度计，如图 3-4(a)所示。这类黏度计有好几种改型结构，其中一种称为乌氏(Ubbelohde)黏度计，如图 3-4(b)所示。

根据泊松定律，对于同一支毛细管(r、l、V 一定)，若两种液体在毛细管中的流动单纯受重力的影响，即 $p=hg\rho$(hg 为定值)时，它们的黏度与流经毛细管的时间 t 及密度 ρ 有如下关系：

$$\frac{\eta}{\eta_0} = \frac{\rho t}{\rho_0 t_0}$$

式中：η_0、ρ_0、t_0 分别为已知参考液体的黏度、密度及流经毛细管的时间；η、ρ、t 则分别为待测液体的黏度、密度及流经毛细管的时间。因此待测液体的黏度可以根据在相同条件下测量待测液体和参考液体流经毛细管的时间来求得，即 $\eta=\rho t\eta_0/(\rho_0 t_0)$，常用 25 ℃的水作为参考液体。如果设 η_0 为 1，则得

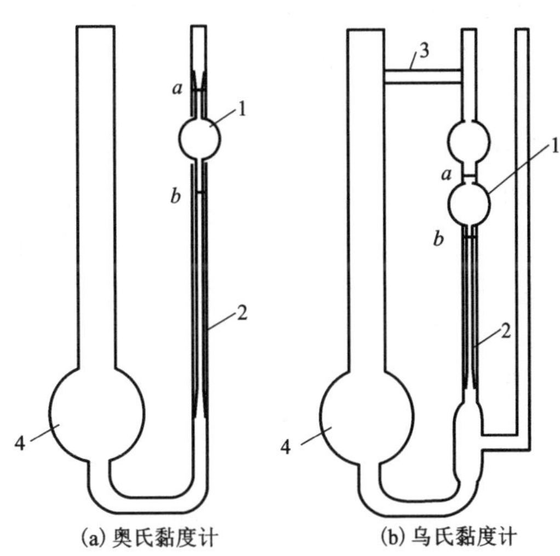

1—由刻度 a、b 确定的定容泡(约 2 mL)；2—毛细管(0.5～1 mm)；3—加固玻棒；4—储液球。

图 3-4　毛细管黏度计示意图

到相对黏度。一旦知道了相对黏度，则用物质的相对黏度乘以 25 ℃水的黏度便可求得物质的绝对黏度。

奥氏黏度计比较简单和方便，但不适合测量高黏滞性和中黏滞性液体的黏度。此种黏度计的毛细管一般长约 10 cm，毛细管直径 $\phi>0.5$ mm 为好，流经毛细管的液体体积为 2~3 mL，液体流过毛细管的时间以 1~3 分钟为宜。流经时间可用毛细管粗细来做适当调整，因此黏度计毛细管直径的选择相当重要。此外选择参考液体时要尽量使参考液体和待测液体的黏度相接近。因为温度对黏度的影响很大，用奥氏黏度计测量黏度时，装有试样的黏度计必须置于恒温槽中恒温，恒温精度应优于 0.05 ℃。

2. 落球法

根据 Stokes 定律，球体在液体中恒速降落，重力与阻力将相等，即

$$F=\frac{4}{3}\pi\cdot r^3(\rho_s-\rho_1)g=6\pi\cdot r\eta u$$

故可得到求算液体黏度的公式：

$$\eta=\frac{2gr^2(\rho_s-\rho_1)}{9u}$$

式中：r 为球体的半径；u 为球体的下降速度；g 为重力加速度；ρ_s 为球体密度；ρ_1 为液体密度。

若设 $u=h/t$（h 为球降落的高度，t 为降落 h 高度所需的时间），则上式变为：

$$\eta=\frac{2gr^2t(\rho_s-\rho_1)}{9h}$$

落球式黏度计很简单，如图 3-5 所示。根据上式可得落球法测量相对黏度的关系式为：

$$\frac{\eta}{\eta_0}=\frac{t(\rho_s-\rho_1)}{t_0(\rho_s-\rho_{1,0})}\text{ 或 }\eta=\frac{t(\rho_s-\rho_1)}{t_0(\rho_s-\rho_{1,0})}\eta_0$$

测量的方法是以同一小球依次落在如图 3-5 所示的测量管内的不同液体（待测和参比）中，并记下其降落相等距离 h 的时间。如所用的参比液体降落所需时间为 t_0，其黏度 η_0 及密度 $\rho_{1,0}$ 均为已知，则只需知道待测液体的密度 ρ_1，便可算出其黏度 η。

一般的落球黏度计适用于黏度范围在 $1\sim10^3$ Pa·s 的液体黏度测量，而直径为 2 mm 的小球则可用于 $4\sim10^4$ Pa·s 的液体黏度测量。落球的半径必须比盛装液体的容器的内径小很多，否则接近静止的壁层会对落球产生“牵制效应”。此外，测量黏度必须在严格的恒温条件下进行。

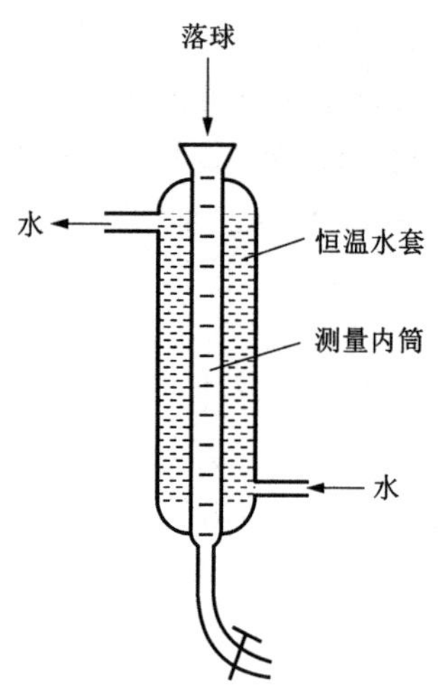

图 3-5　落球式黏度计示意图

与落球法相类似的另一种方法是拉球法。此法克服了落球法在测量技术上的困难。如在高温黏度测量中，由于高温炉、容器及熔体不透明，无法用直接目测法测量小球的下落速度。拉球法是一种使小球在液体中进行强制往上运动的方法，此法装置如图 3-6 所示。

在拉球法中，拉力与阻力的关系为：

$$F = 6\pi r\eta u = Au$$

式中：F 为拉力(可由加入天平的砝码质量求出)；r 为小球的半径；u 为小球往上移动的速度；A 为与 η 及 r 有关的比例系数。

通过实验测量出不同拉力作用下小球往上移动的速度，做出移动速度对拉力的曲线，所得曲线的斜率即为比例系数 A，从而求得黏度 η。在该法中，小球往上移动的速度 u 可通过测量小球吊丝上部的任何一个固定点的移动速度来求得。

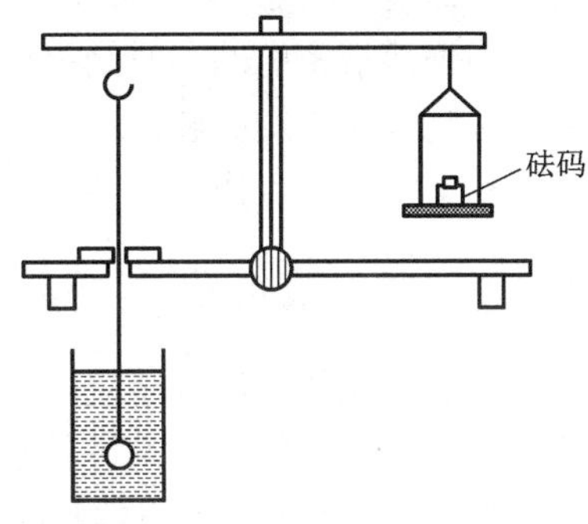

图 3-6　拉球法黏度测量装置示意图

3. 转筒法

转筒法也称旋转柱体法。该法测量黏度的范围很广，为 $10^{-2} \sim 10^{7}$ Pa · s。该法通过将旋转轴浸入待测流体中来测量黏度，转动主轴所需的功率(扭矩)表示流体的黏度。由于旋转黏度计不是重力起作用，因此它们的测量是基于流体的内部剪切应力。

4. 扭摆振动法

扭摆振动法适用于低黏度的测量，是通过动力振动棒测量黏度。不同的流体或多或少地抵抗振动，这取决于它们的黏性程度。因此，通过测量振动的衰减，或通过测量黏度计的振动降低的速度，可以确定黏度。振动黏度计非常受欢迎，因为它们具有高灵敏度，无移动部件。另外，室温下的低黏度测量用毛细管法比较好。但毛细管法对高温低黏度的测量不方便，因此液态金属及熔盐等在高温下的低黏度数据常用扭摆振动法测量。此法的测量黏度范围为 0.05~1 Pa · s。

5. 流杯法

流杯黏度计通常由带孔的杯子组成，流体通过该孔流动。黏度通过计时杯子清空所需的时间来确定，并以杯秒计量。流杯黏度计易于手动使用，在涂料行业中应用广泛。

6. 落棒法

据说是诺克罗斯发明了落下式活塞式黏度计，因此落棒黏度计也被称为诺克罗斯黏度计。该法通过在活塞升起时将被测量的流体吸入活塞缸来起作用；由于流体的阻力，活塞下降所花费的时间(下降时间，s)用于确定黏度。落下式活塞式黏度计易于使用和维护，并且使用寿命长。

3.3　溶液某些性质的测量

溶液有气态溶液、液态溶液和固态溶液。这里要介绍的是液态稀溶液的某些性质的测量。液态溶液包括电解质溶液、非电解质溶液、熔体和熔盐等，在结构和性质上远比一般的纯液体复杂，因为形成溶液的物质粒子间存在着不同的相互作用。溶液中离子的存在形式是多种多样的，除有分子形式外，还有以离子形式、缔合形式、溶剂化形式或配合物形式等存在。

溶液依数性质的测量用的是研究溶液的经典方法，有沸点上升法、凝固点降低法以及渗透压法等。根据这些方法所测得的数据可计算出溶质的相对分子质量、缔合度或离解度与活度等。

溶液的黏度、密度、表面张力等方面的测量数据也是了解溶液内部结构和相互作用的重要信息。根据溶液密度的测量结果可以求出偏摩尔体积这一重要的热力学数据。

溶液是物理化学实验和研究中常遇到的体系，可以用多种物理化学实验方法进行研究。在此只对稀溶液的某些依数性测量及应用和偏摩尔体积的测量进行简单介绍。

3.3.1 稀溶液依数性测量及其应用

非挥发性溶质的二组分溶液的依数性质有沸点升高、凝固点降低及渗透压等。沸点和凝固点测量属物质相变平衡点测量，渗透压则与质平衡有关。凝固点降低法可用来测量溶液的凝固点降低值，从而求得溶质的相对分子质量或它在溶液中的缔合度等。如测量苯和萘所形成的溶液的依数性，即苯的凝固点降低值。根据溶液的浓度，或溶剂和溶质的质量，以及凝固点降低等数据即可求出溶质的相对分子质量。其计算公式为：

$$M_B = K_f \frac{1000 W_B}{W_A \Delta T_f}$$

式中：M_B 为溶质的相对分子质量，g/mol；W_A 为溶剂的质量，g；ΔT_f 为凝固点降低值；K_f 为凝固点降低常数。一些溶剂的凝固点降低常数列于表 3-1。

表 3-1　几种溶剂的 K_f 值

溶剂	水	醋酸	苯	环己烷	萘	樟脑
纯溶剂的凝固点/℃	0.00	16.60	5.533	6.5	80.25	173
$K_f/(K \cdot kg \cdot mol^{-1})$	1.86	3.90	5.10	20	7.0	40

稀溶液其他的依数性质的测量，如沸点升高和渗透压的测量等，原则上可以采用平衡实验方法。

3.3.2 偏摩尔体积测量

溶液中某组分的偏摩尔体积测量有多种方法，都与测量溶液的体积或密度有关。

对于二组分体系，在定温定压下直接测量出质量摩尔浓度为 m 的溶液体积 V，则可求得 V 与 m 的关系：$V=f(m)$。然后用数学分析法、图解法或截距法求得溶液中某组分的偏摩尔体积。

溶液中某组分的偏摩尔体积也可以根据溶液密度的测量数据通过计算求得。例如在定温定压下，测量出 1000 g 溶剂中含有不同物质的量的溶质的溶液密度 ρ，则可求得该溶液的体积或溶液的平均摩尔体积，即

$$V = \frac{1000 + mM_2}{\rho} \quad \text{或} \quad V_m = \frac{(1000 + mM_2)/\rho}{1000/M_1 + m}$$

式中：M_2 为溶质的相对分子质量，其他符号与上述相同。溶液密度的测量可以按照本章第一节所介绍的方法进行。通过计算求得 V 或 V_m 后，再用上述数据处理方法进一步处理数据就可得到溶液中某组分的偏摩尔体积。

物理性质测量实验

实验一　表观摩尔体积和偏摩尔体积的测定

1. 数学分析法求二组元体系偏摩尔体积

(1) 实验目的

①掌握比重瓶法测量液体密度的方法和原理；

②理解通过测定二组元溶液表观摩尔体积来计算氯化钠溶液中组元偏摩尔体积的原理。

(2) 实验原理

按偏摩尔量集合公式，二元溶液的体积 V 与溶液中各组元 i 的物质的量 n_i 和偏摩尔体积 $\overline{V}_i$ 的关系为：

$$V = n_A\overline{V}_A + n_B\overline{V}_B \tag{E1-1}$$

若氯化钠水溶液的体积 V 与其密度 ρ 的关系可用下式表示，即

$$V = \frac{n_A M_A + n_B M_B}{\rho} \tag{E1-2}$$

式中：M_A 和 M_B 分别为水和氯化钠的摩尔质量；n_A 和 n_B 分别为溶液中所含水和氯化钠的物质的量。

按表观摩尔体积的定义，氯化钠水溶液中溶质氯化钠的表观摩尔体积 $V_{m,B}$ 为：

$$V_{m,B} = \frac{1}{n_B}(V - n_A V_{m,A}^*) \tag{E1-3}$$

因纯水的摩尔体积 $V_{m,A}^* = \dfrac{M_A}{\rho_A}$，其中 ρ_A 是同温下纯水的密度，所以式(E1-3)又可写成：

$$V_{m,B} = \frac{1}{n_B}\left(V - \frac{n_A M_A}{\rho_A}\right) \tag{E1-4}$$

将式(E1-2)代入式(E1-4)整理后得：

$$V_{m,B} = \frac{M_B}{\rho} + \frac{n_A M_A}{n_B \rho} - \frac{n_A M_A}{n_B \rho_A} \tag{E1-5}$$

对于质量摩尔浓度为 m 的溶液，若 $n_A M_A = 1$ kg，则必有 $n_B = m$，则式(E1-5)可以改写为：

$$V_{m,B} = \frac{M_B}{\rho} + \frac{1}{m\rho} - \frac{1}{m\rho_A} \tag{E1-6}$$

若测出质量摩尔浓度为 m 的溶液的密度 ρ，并查出同温度下纯水的密度 ρ_A，就可以利用式(E1-6)求出该溶液中溶质的表观摩尔体积 $V_{m,B}$。

溶液的密度采用比重瓶法测定。设 W_0 和 W 分别代表同温下以纯水和待测溶液充满比重瓶后所称量出的质量，W_e 代表比重瓶空瓶（有空气浮力存在）的质量，则比重瓶的容积为：

$$V_p = \frac{W_0 - W_e}{\rho - \rho_{空}} \tag{E1-7}$$

而待测溶液的密度为：

$$\rho = \frac{W - W_e}{V_p} + \rho_{空} = \frac{W - W_e}{W_0 - W_e} \cdot (\rho_A - \rho_{空}) + \rho_{空} \quad \text{(E1-8)}$$

其中空气的密度 $\rho_{空}$ 为：

$$\rho_{空} = \frac{1.293}{1 + 0.00376(T - 273.15)} \times \frac{p}{101325} (\mathrm{kg \cdot m^{-3}})$$

式中：T 和 p 分别是称量时的温度（室温，单位：K）和大气压（单位：Pa）。

对于质量摩尔浓度为 m 的溶液，式（E1-3）可改写为：

$$V = mV_{m,B} + n_A V^*_{m,A} \quad \text{(E1-9)}$$

因为取 $n_B = m$，所以由偏摩尔体积定义可得：

$$\overline{V}_B = \left(\frac{\partial V}{\partial n_B}\right)_{T,p,n_A} = \left(\frac{\partial V}{\partial m}\right)_{T,p,n_A} = V_{m,B} + m \cdot \frac{\mathrm{d}V_{m,B}}{\mathrm{d}m} \quad \text{(E1-10)}$$

取

$$\frac{\mathrm{d}V_{m,B}}{\mathrm{d}m} = \frac{\mathrm{d}V_{m,B}}{\mathrm{d}\sqrt{m}} \cdot \frac{\mathrm{d}\sqrt{m}}{\mathrm{d}m} = \frac{1}{2\sqrt{m}} \cdot \frac{\mathrm{d}V_{m,B}}{\mathrm{d}\sqrt{m}} \quad \text{(E1-11)}$$

则式（E1-10）变为：

$$\overline{V}_B = V_{m,B} + \frac{1}{2} \cdot \frac{\mathrm{d}V_{m,B}}{\mathrm{d}\sqrt{m}} \cdot \sqrt{m} \quad \text{(E1-12)}$$

前人的研究发现，电解质溶液组元 i 的表观摩尔体积 $V_{m,i}$ 也与 $\sqrt{m}$ 呈线性关系。这一规律不限于德拜·休克尔理论所预言的那样仅适用于稀溶液，在浓度较大的范围内也正确。用数学关系式表示为：

$$V_{m,B} = V^0_{m,B} + \frac{\mathrm{d}V_{m,B}}{\mathrm{d}\sqrt{m}} \cdot \sqrt{m} \quad \text{(E1-13)}$$

式中：$V^0_{m,B}$ 是外推至 $\sqrt{m} = 0$ 时的表观摩尔体积。将式（E1-13）代入式（E1-12），则溶质 B 的偏摩尔体积为：

$$\overline{V}_B = V^0_{m,B} + \frac{3}{2} \cdot \frac{\mathrm{d}V_{m,B}}{\mathrm{d}\sqrt{m}} \cdot \sqrt{m} \quad \text{(E1-14)}$$

联合式（E1-1）和（E1-4）解出 $\overline{V}_A$，以式（E1-13）和（E1-14）代入。注意：以上公式推导中取 $n_B = m$，即将溶剂水（A）的质量取 1 kg，因此有 $n_A = 55.51$ mol。依此经简化整理得溶液中溶剂的偏摩尔体积为：

$$\overline{V}_A = V^*_{m,A} - \frac{1}{2 \times 55.51} \cdot \frac{\mathrm{d}V_{m,B}}{\mathrm{d}\sqrt{m}} \cdot m^{\frac{3}{2}} \quad \text{(E1-15)}$$

（3）实验仪器与试剂

主要实验仪器：恒温槽 1 台；电子天平 1 台。

辅助实验用品：电吹风 1 个；100 mL 烧杯 6 个；50 mL 比重瓶 3 个；100 mL 量筒 1 个；玻璃棒 1 支；洗瓶 1 个；吸水毛巾 1 条；滤纸。

实验主要试剂：氯化钠（AR）；蒸馏水。

其他辅助试剂：丙酮或乙醇。

(4)实验步骤

①水浴温度调节。按操作规程启动恒温槽，控制实验温度比室温高 3~5 ℃。

②比重瓶容积的测定。取洁净干燥的比重瓶 3 个，编号。在室温下用精密电子天平分别准确称量 3 个空比重瓶的质量 W_e，相应数据列入表 3-2。

表 3-2　比重瓶容积测定称量记录表

比重瓶编号	W_e/g	W_0/g
1		
2		
3		

注：恒温温度______ ℃；纯水密度 ρ=______。

取下比重瓶的毛细管瓶塞，将蒸馏水注满比重瓶后再缓慢地盖上毛细管瓶塞(注意：要尽量使液体充满毛细管)；然后将该比重瓶放入恒温槽中恒温 20~25 min(注意：恒温槽中的水不可浸没比重瓶口)；恒温后从槽中取出比重瓶，用吸水毛巾将比重瓶外表面快速擦干，用滤纸快速擦干毛细管顶部和比重瓶口处多余的液体(注意：切勿将毛细管中的液体吸出)；称量，记录结果 W_0 列入表 3-2。

称量操作一般重复 2~3 次，须达到±0.2 mg 的精度。特别提醒：(a)移动比重瓶时，不可将比重瓶握在手中，而应用手指捏住瓶颈部位；(b)如果从恒温槽中取出比重瓶后发现毛细管瓶塞未被液体充满，可以从毛细管瓶塞上端滴加该液体。

③溶液配制。取 5 个洗净烘干的 100 mL 烧杯进行编号。先将 1 号烧杯放在电子天平上，待天平稳定后对电子天平作采零处理；再从干燥器中取出 NaCl(s)，称取约 1.1 g 的 NaCl(s)于 1 号烧杯中；该烧杯中 NaCl(s)的质量记为 W_B，相应数据列入表 3-3；对电子天平再次作采零处理，待天平稳定后用量筒量取约 60 mL 蒸馏水(约 60 g)加入 1 号烧杯中，并准确读取所加入水的质量 W_A，相应数据列入表 3-3；依同样的方法称量 2~5 号烧杯中加入的 NaCl(s)质量(依次约为 2.3 g、4.8 g、7.5 g、10.5 g)和所加入的蒸馏水(约 60 mL)的质量 W_A，并将数据列入表 3-3；称量完毕，从 1 号烧杯到 5 号烧杯依次用玻璃棒搅拌，至 NaCl(s)全部溶解，溶液待用。

表 3-3　溶液的配制及密度测定称量记录表

溶液编号	比重瓶编号	W_B/g	W_A/g	W/g
1	1			
2	2			
…	…			

④溶液密度的测定。依次以待测 NaCl 水溶液代替蒸馏水重复步骤②，称量结果为 W，列入表 3-3。

(5)实验数据处理

采用数学分析法求二元体系的偏摩尔体积。

①计算所配制溶液的 m、$\sqrt{m}$、V_p、ρ 和 $V_{m,B}$。

根据称量得到的 W_B 和 W_A 值分别计算出所配制的 1~5 号溶液的质量摩尔浓度 m，进而计算出 $\sqrt{m}$ 值；将实验数据代入式(E1-7)，计算出比重瓶的容积 V_p；由式(E1-8)分别计算 1~5 号溶液的密度 ρ，由式(E1-6)分别计算 1~5 号溶质的表观摩尔体积 $V_{m,B}$。

②求算该二元溶液组元偏摩尔体积 $\overline{V}_B$、$\overline{V}_A$ 与溶液浓度 m 的关系式。

根据以上计算结果绘制 $V_{m,B} \sim \sqrt{m}$ 图，并求出直线的斜率 $\dfrac{dV_{m,B}}{d\sqrt{m}}$ 和截距 $V^0_{m,B}$。将所得的 $\dfrac{dV_{m,B}}{d\sqrt{m}}$ 和 $V^0_{m,B}$ 值代入式(E1-13)得到溶质的表观摩尔体积 $V_{m,B}$ 与溶液质量摩尔浓度 m 的关系式；再将相关结果代入(E1-14)和(E1-15)，就可分别得出 $\overline{V}_B$、$\overline{V}_A$ 与 m 的关系式。最后将计算结果与文献值比较，进行讨论。

(6)实验结果讨论

对本实验而言，实验结果的讨论可以从以下几个方面进行。

①针对实验操作及实验现象进行定性讨论。如比重瓶的干燥程度、滤纸吸水程度、毛细管的粗细、温度控制等因素对实验结果是否产生影响。

②根据实验数据处理结果进行讨论。如对比水的摩尔体积与偏摩尔体积，进行误差定量计算，误差来源定性分析；该二元溶液组元的 $\overline{V}_B$ 和 $\overline{V}_A$ 随溶液的浓度 m 变化有何不同；定温定压下的规律如何，等等。

③针对实验方案的设计进行讨论。若用容量瓶代替比重瓶进行实验如何?

④采用本实验测量的数据，是否还有其他的数据处理方法来获得 $\overline{V}_B$ 和 $\overline{V}_A$? 与本实验介绍的数据处理方法所得结果又有何异同?

注意：在进行实验误差计算时可以利用表 3-4 提供的文献数据拟合出相应的组元偏摩尔体积 $\overline{V}_B$ 和 $\overline{V}_A$ 与溶液浓度 m 的函数关系式；然后将实验条件下的实际溶液浓度值代入该函数关系式，计算出该浓度下的组元偏摩尔体积的“文献值”；最后与实测的组元偏摩尔体积的“实验值”进行实验误差计算。当然，也可以将表 3-4 中的浓度值代入用实验值导出的组元偏摩尔体积 $\overline{V}_B$ 和 $\overline{V}_A$ 与溶液浓度 m 的函数关系式，所得到的组元偏摩尔体积为该浓度下的实验值；再用此值与表 3-4 中同浓度下的组元偏摩尔体积(文献值)值进行实验误差计算。

表 3-4　25 ℃时氯化钠水溶液的偏摩尔性质

m /(mol·kg^{-1})	$\sqrt{m}$ /(mol$^{1/2}$·kg$^{-1/2}$)	ρ /(10^3 kg·m^{-3})	$V_{m,B}$ /(10^{-6} m^3·mol^{-1})	$\overline{V}_{NaCl}$ /(10^{-6} m^3·mol^{-1})	$\overline{V}_{H_2O}$/(10^{-6} m^3·mol^{-1})
0.1728	0.4157	1.00409	17.507	17.773	18.068
0.3492	0.5909	1.01112	17.830	18.281	18.065

续表3-4

m /(mol·kg^{-1})	$\sqrt{m}$ /(mol$^{1/2}$·kg$^{-1/2}$)	ρ /(10^3 kg·m^{-3})	$V_{m,B}$ /(10^{-6} m^3·mol^{-1})	$\bar{V}_{NaCl}$ /(10^{-6} m^3·mol^{-1})	$\bar{V}_{H_2O}$/(10^{-6} m^3·mol^{-1})
0.7130	0.8445	1.02530	18.240	19.042	18.058
1.0922	1.0451	1.03963	18.602	19.667	18.048
1.4880	1.2198	1.05412	18.948	20.226	18.035
1.9013	1.3789	1.06879	19.271	20.748	18.019
2.3334	1.5275	1.08365	19.579	21.247	18.000
2.7856	1.6690	1.09872	19.872	21.731	17.978
3.2593	1.8054	1.11401	20.151	22.207	17.952
3.7562	1.9381	1.12954	20.418	22.679	17.922
纯水		0.99705	$V^*_{m,A}=18.069\times10^{-6}$ m^3/mol		

2.截距法求二元体系的偏摩尔体积

(1)实验目的

①掌握用比重瓶法测定溶液密度的方法和原理。

②测定指定组成的乙醇-水溶液中各组元的偏摩尔体积。

(2)实验原理

偏摩尔量是溶液的一个重要热力学参数，有许多热力学性质都与偏摩尔量有关。在 T、p 不变的多组分体系中，某组元 i 的偏摩尔体积定义为：

$$\bar{V}_i=\left(\frac{\partial V}{\partial n_i}\right)_{T,\,p,\,n_j(i\neq j)} \tag{E1-16}$$

若为二组元体系，则体系中 A 和 B 组元的偏摩尔体积为：

$$\bar{V}_A=\left(\frac{\partial V}{\partial n_A}\right)_{T,\,p,\,n_B} \tag{E1-17}$$

$$\bar{V}_B=\left(\frac{\partial V}{\partial n_B}\right)_{T,\,p,\,n_A} \tag{E1-18}$$

体系总体积：

$$V=n_A\bar{V}_A+n_B\bar{V}_B \tag{E1-19}$$

对于乙醇-水溶液，将式(E1-19)两边同除以溶液质量 W 可得：

$$\frac{V}{W}=\frac{W_A}{M_A}\frac{\bar{V}_A}{W}+\frac{W_B}{M_B}\frac{\bar{V}_B}{W} \tag{E1-20}$$

式中：W_A 和 W_B 分别为溶液中水和乙醇的质量，g；M_A 和 M_B 分别为溶液中水和乙醇的摩尔质量。

令

$$\frac{V}{W}=\alpha \tag{E1-21}$$

$$\frac{\overline{V}_A}{M_A}=\alpha_A \tag{E1-22}$$

$$\frac{\overline{V}_B}{M_B}=\alpha_B \tag{E1-23}$$

式中：α 为溶液的比容(单位质量的物质所占有的容积)；α_A 和 α_B 分别为水和乙醇的偏质量体积。

将式(E1-21)~(E1-23)代入式(E1-20)可得：

$$\alpha=w_A\alpha_A+w_B\alpha_B=(1-w_B)\alpha_A+w_B\alpha_B=\alpha_A+(\alpha_B-\alpha_A)w_B \tag{E1-24}$$

式中：w_A 和 w_B 分别为溶液中水和乙醇的质量分数。

将式(E1-24)对 w_B 微分：

$$\frac{\partial\alpha}{\partial w_B}=-\alpha_A+\alpha_B \tag{E1-25}$$

即

$$\alpha_B=\alpha_A+\frac{\partial\alpha}{\partial w_B} \tag{E1-26}$$

将式(E1-26)代回式(E1-24)，整理得：

$$\alpha_A=\alpha-w_B\frac{\partial\alpha}{\partial w_B} \tag{E1-27}$$

和

$$\alpha_B=\alpha+w_A\frac{\partial\alpha}{\partial w_B} \tag{E1-28}$$

所以，通过实验求出不同浓度溶液的比容 α，作 α 与 w_B 的关系图，得曲线 CC'(见图 3-7)。如求 M 浓度溶液中各组元的偏摩尔体积，可在 M 点作切线，此切线在两边的截距 AB 和 $A'B'$ 即为 α_A 和 α_B。再由关系式(E1-22)和式(E1-23)求出 $\overline{V}_A$ 和 $\overline{V}_B$。

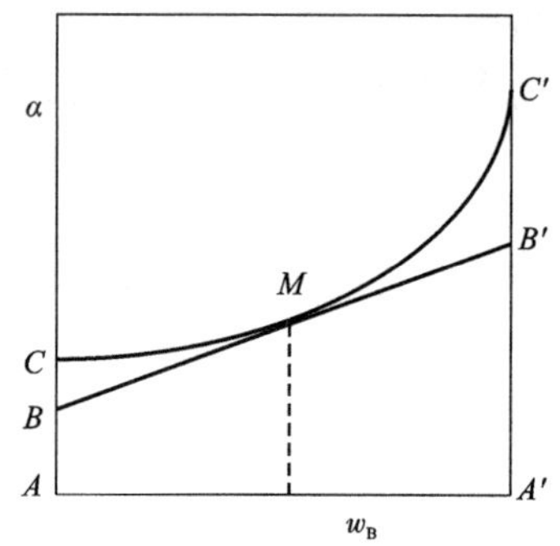

图 3-7　比容 α-质量分数 w_B 的关系

(3)实验仪器与试剂

主要实验仪器：恒温槽 1 台；电子天平 1 台。

辅助实验用品：电吹风 1 个；50 mL 磨口三角瓶 6 个；50 mL 比重瓶 3 个；100 mL 量筒 1 个；洗瓶 1 个；绸布 1 条；滤纸。

实验主要试剂：无水乙醇(分析纯)；蒸馏水。

(4)实验步骤

①水浴温度调节。调节恒温槽温度比室温高 3~5 ℃。

②配制溶液。以无水乙醇及蒸馏水为原液，在磨口三角瓶中用电子天平称量，配制含乙醇质量分数分别为 0%、20%、40%、60%、80%、100%的乙醇水溶液，每份溶液的总体积控制在 60 mL 左右。配好后盖紧塞子，以防挥发。称量数据记录在表 3-5 中。

③比重瓶容积的测定。用电子天平精确称量 3 个干净干燥的空比重瓶质量，记录为 W_e，填在表 3-6 中。然后盛满蒸馏水(注意：不得存留气泡)置于恒温槽中恒温 20~25 min。恒温后取出比重瓶，用滤纸迅速擦去毛细管膨胀出来的水，擦干外壁，迅速称量，记录为 W_0。平

行测量两次，填在表 3-6 中。

表 3-5　乙醇-水溶液的配制数据表

溶液编号	$W_{水}/g$	$W_{乙醇}/g$
1		
2		
……		

表 3-6　比重瓶容积测定称量记录表

比重瓶编号	溶液编号	W_e/g	W_0/g	W/g
1				
2				
3				

注：恒温温度______ ℃；纯水密度 ρ=______。

④溶液比容的测定。按步骤③的方法测定每份乙醇-水溶液的比容，称量结果记录为 W，填在表 3-6 中。恒温过程应密切注意毛细管出口液面，如液滴消失，可滴加少许被测溶液以防挥发之误。

(5)实验数据处理

①计算 V_p、w_B、α。根据 $V_p=\dfrac{W_0-W_e}{\rho_A-\rho_{空}}$，求出比重瓶的容积 V_p。$\rho_{空}=\dfrac{1.293}{1+0.00376(T-273.15)}\times\dfrac{p}{101325}(kg/m^3)$，其中 T 和 p 分别是称量时的温度(室温，单位：K)和大气压(单位：Pa)。根据表 3-5 的数据计算 w_B。根据式(E1-21)计算实验条件下各溶液的比容 α。

②作比容-质量分数关系图。以比容为纵轴、乙醇的质量分数为横轴作曲线，用计算机对该曲线进行拟合，求得 $\alpha=f(w_B)$ 二项式函数。

③计算 α_A、α_B、$\overline{V}_{乙醇}$、$\overline{V}_{H_2O}$ 和 V。根据 $\alpha=f(w_{NaCl})$ 二项式函数和式(E1-27)、式(E1-28)、式(E1-22)、式(E1-23)和式(E1-19)，分别计算 30%、50%、70%乙醇溶液的 α_A、α_B，以及各组元的偏摩尔体积 $\overline{V}_{乙醇}$ 和 $\overline{V}_{H_2O}$ 及 100 g 该溶液的总体积 V。

(6)实验结果讨论

同数学分析法求二组元体系的偏摩尔体积实验的结果与讨论部分。

表 3-7　乙醇水溶液的混合体积与浓度的关系(25 ℃，混合物质量 100 g)

乙醇的质量分数/%	$V_{混}$/mL	乙醇的质量分数/%	$V_{混}$/mL
10	101.84	60	112.22
20	103.24	70	115.25
30	104.84	80	118.56
40	106.93	90	122.25
50	109.43		

实验二　凝固点降低法测定物质的摩尔质量

1. 实验目的

(1)采用凝固点降低法测定萘的摩尔质量。

(2)掌握溶液凝固点测定技术和凝固点测定仪的使用方法。

(3)通过实验加深对稀溶液依数性的理解。

2. 实验原理

稀溶液具有依数性，凝固点降低是稀溶液的依数性之一。即对一定量的某溶剂，其稀溶液凝固点下降的数值只与所含非挥发性溶质的粒子数目有关，与溶质的性质无关。

假设溶质在溶液中不发生缔合和分解，也不与固态纯溶剂生成固溶体，则根据热力学原理，可导出稀溶液的凝固点降低值 ΔT_f(即纯溶剂和溶液的凝固点之差)与溶液质量摩尔浓度 m_B 之间的关系为：

$$\Delta T_f = T_{f,A}^* - T_f = K_f m_B = K_f \cdot \frac{W_B}{M_B W_A} \qquad (E2-1)$$

由此可导出计算溶质摩尔质量 M_B 的公式：

$$M_B = \frac{K_f}{\Delta T_f} \cdot \frac{W_B}{W_A} \qquad (E2-2)$$

式中：$T_{f,A}^*$ 和 T_f 分别为纯溶剂和溶液的凝固点，K；W_A 和 W_B 分别为溶剂和溶质的质量，kg；K_f 为溶剂的凝固点降低常数，K·kg/mol，与溶剂性质有关；M_B 为溶质的摩尔质量，kg/mol。

实验时，称取已知凝固点降低常数 K_f(查表)的溶剂(W_A)与待测溶质(W_B)配成溶液，分别测定纯溶剂和溶液的凝固点，从而求得凝固点下降值 ΔT_f，代入式(E2-2)即可计算出溶质的摩尔质量(M_B)。由式(E2-1)可知，ΔT_f 与 W_B 呈线性关系。因此，也可通过测量不同溶质量(W_B)时的凝固点下降值 ΔT_f，作 ΔT_f-W_B 关系曲线或线性回归，根据直线的斜率求得 M_B。

通常测定凝固点的方法是将已知浓度的溶液(或纯溶剂)逐渐冷却，使其结晶，记录一定时刻的系统的温度，并绘出冷却曲线。纯溶剂的凝固点是它的液相和固相共存时的平衡温度，若将纯溶剂逐步冷却，理想状态下其冷却曲线如图 3-8(a)所示。在实际冷却过程中往往会发生过冷现象，即出现过冷液体，开始析出固体后，温度才回升并会稳定一定时间；当液体全部凝固后，温度再逐渐下降，其冷却曲线如图 3-8(b)所示。

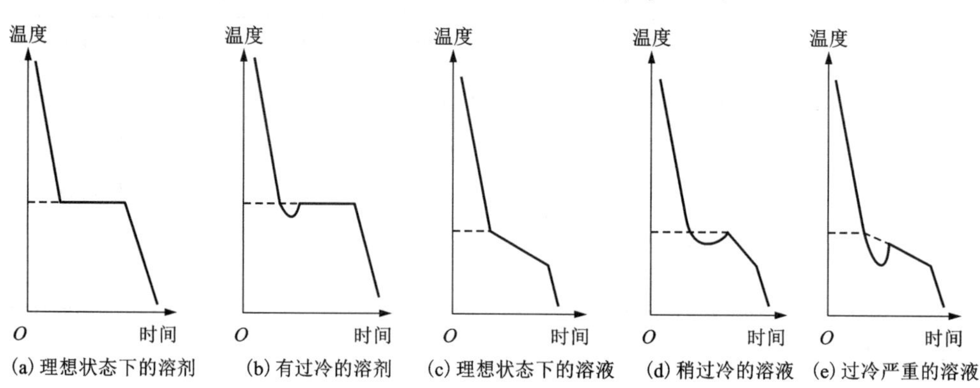

图 3-8　各种冷却曲线示意图

溶液的凝固点是该溶液的液相和溶剂的固相共存时的平衡温度。若将溶液逐步冷却，其冷却曲线与纯溶剂不同，如图 3-8(c)~图 3-8(e)所示。由于溶液冷却时有部分溶剂凝固析出，使剩余溶液的浓度逐渐增大，因而剩余溶液与溶剂固相共存的平衡温度也逐渐下降，出现如图 3-8(c)所示的形状。通常发生稍过冷现象，出现如图 3-8(d)所示的形状。这时对摩尔质量的测定无明显影响，可将温度回升的最高点近似地作为溶液的凝固点。若过冷严重时，凝固的溶剂过多，溶液的浓度变化过大，出现如图 3-8(e)所示的形状。所测得的凝固点将偏低，影响溶质摩尔质量的测定结果。因此在测定过程中必须设法控制过冷程度，一般可通过控制冷浴温度、搅拌速度等方法实现。

3. 实验仪器与试剂

主要实验仪器：凝固点测定仪 1 台(如图 3-9 所示)；数字式贝克曼温度计 1 台；电子天平 1 台；普通水银温度计 1 支；压片机 1 台。

辅助实验用品：500 mL 烧杯 1 个；25 mL 移液管 1 支；称量瓶 1 个。

实验主要试剂：环己烷(AR)；萘。

其他辅助试剂：冰；粗盐；蒸馏水。

4. 实验步骤

(1)凝固点测定仪的安装

将凝固点测定仪安装好，凝固点管、数字式贝克曼温度计探头及搅拌棒均须清洁和干燥，防止搅拌时搅拌棒与管壁或温度计相碰撞。

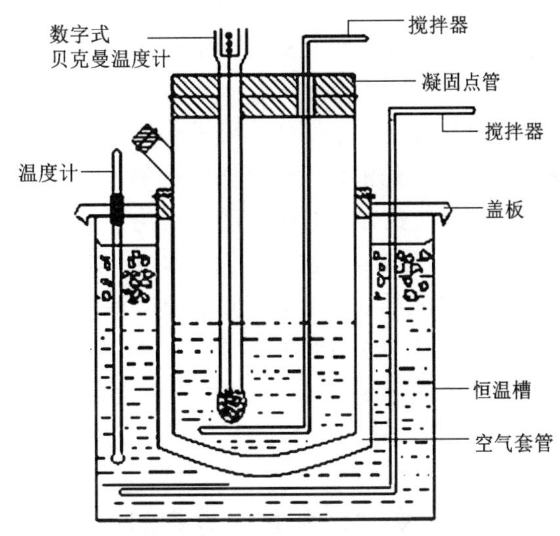

图 3-9 凝固点测定仪示意图

(2)调节寒剂的温度

取适量冰水混合，控制冷浴温度为 3.5 ℃左右(寒剂温度以不低于所测溶液凝固点 3 ℃为宜)。在实验过程中用搅拌棒经常搅拌并间断地补充少量的冰，使其温度保持恒定。

(3)溶剂冷却曲线的测定

用移液管向清洁、干燥的凝固点管内加入 25 mL 环己烷，加入的环己烷要足够浸没贝克曼温度计的探头；塞紧橡胶塞，避免环己烷挥发，并记下环己烷的温度。

先将盛有环己烷的凝固点管直接插入寒剂中，上下移动搅拌棒使之冷却。当有固体析出时，从寒剂中取出凝固点管，将管外的冰水擦干，迅速移至空气套管中，缓慢而均匀地搅拌(约每秒一次)。观察贝克曼温度计的读数，直至温度稳定，此温度即为环己烷的近似凝固点。

取出凝固点管，用手捂住管壁片刻，同时不断搅拌，使管中固体全部融化。再将凝固点管直接插入寒剂中，同时不断地缓慢搅拌。待冷却至高于近似凝固点 0.5 ℃ 时迅速取出凝固点管，擦干后插入空气套管中，缓慢而均匀地搅拌(约每秒一次)，使环己烷温度均匀地降低。当温度低于近似凝固点 0.2~0.3 ℃时，快速搅拌(防止过冷超过 0.5 ℃)。当固体析出时，温度开始上升，立即改为缓慢搅拌。连续记录溶剂温度回升后贝克曼温度计的读数，直至温度达到最高点，此温度即为环己烷的凝固点。重复测定 3 次，要求溶剂凝固点的绝对平均误差不超过0.003 ℃。

(4)溶液冷却曲线的测定

取出凝固点管，使管中的环己烷融化，从支管加入事先压成片并已精确称量的萘(所加量约使溶液的凝固点降低0.5 ℃左右)。待其溶解后，测定溶液的凝固点。测定方法与环己烷相同，先测近似的凝固点，再精确测定，重复测定三次，要求其绝对平均误差不超过0.003 ℃。

5. 实验数据处理

采用$\rho=0.7971-0.8879\times10^{-3}(T-273.15)$计算温度$T$(K)时环己烷密度$\rho$(g/cm^3)，然后计算出所取环己烷的质量$W_A$。

由测定的纯溶剂、溶液的凝固点计算出萘的摩尔质量，与萘的摩尔质量标准值比较，并计算相对误差。

6. 实验结果讨论

对本实验而言，实验结果的讨论可以从以下几个方面进行。

(1)针对实验操作及实验现象进行定性讨论。如搅拌速度、过冷程度控制等诸多因素对凝固点测量是否产生影响等。

(2)根据实验数据处理结果进行讨论。如：实验结果误差的定量计算，误差来源的定性分析，从稀溶液的依数性解释溶质的加入量、凝固点降低公式的适用条件，等等。

(3)针对实验方案的设计进行讨论。如：由于测量仪器的精密度限制，被测溶液的浓度不符合假定的要求，所测得的溶质摩尔质量将随溶液浓度不同而变化，若要获得比较准确的摩尔质量，可能的实验方案设计；根据稀溶液的依数性，用该法测得的是数均摩尔质量，若该方法用于测定大分子物质的摩尔质量时，对溶剂有什么要求；对发生解离或缔合的溶质，如何研究其解离度或缔合度；沸点升高法能否用于测定溶质的摩尔质量，其准确性如何；等等。

实验三　黏度法测定高聚物的相对分子质量

1. 实验目的

(1)掌握黏度法测定高聚物相对分子质量的基本原理；

(2)学习和掌握用Ubbelohde黏度计测定高聚物黏度的实验技术以及实验数据的处理方法；

(3)测定聚乙二醇-6000的特性黏度，并求出聚乙二醇-6000试样的平均相对分子质量。

2. 实验原理

黏度是指液体对流动所表现的阻力，这种阻力反抗液体中相邻部分的相对移动，可看作是由液体内部分子间的内摩擦产生的。当相距为ds的两液层以不同速率(v和$v+dv$)移动时，产生的流速梯度为dv/ds。建立平稳流动时，维持一定流速所需要的力f'与液层接触面积A以及流速梯度dv/ds成正比，即

$$f' = \eta \cdot A \cdot dv/ds \tag{E3-1}$$

单位面积液体的黏滞阻力用f表示，$f=f'/A$，则：

$$f = \eta \cdot dv/ds \tag{E3-2}$$

式(E3-2)称为牛顿黏度定律表示式，比例常数η称为黏度系数，简称黏度，单位为Pa·s，表示黏性液体在流动过程中所受阻力的大小。

高聚物稀溶液的黏度是液体流动时内摩擦力大小的反映。其中因溶剂分子间的内摩擦力表现出来的黏度称为纯溶剂黏度，记作 η_0；此外还有高聚物分子间的内摩擦力，以及高聚物分子与溶剂分子间的内摩擦力，三者之和即为溶液的黏度 η。在相同温度下，通常 $\eta>\eta_0$。相对于溶剂，溶液黏度增加的分数称为增比黏度，记作 η_{sp}，即

$$\eta_{sp} = (\eta - \eta_0)/\eta_0 \tag{E3-3}$$

溶液黏度与纯溶剂黏度之比称为相对黏度，记作 η_r，即

$$\eta_r = \eta/\eta_0 \tag{E3-4}$$

增比黏度表示扣除溶剂内摩擦效应后的黏度，仅反映了高聚物分子与溶剂分子间和高聚物分子间的内摩擦效应；相对黏度则表示整个溶液的行为。它们之间的关系为：

$$\eta_{sp} = (\eta/\eta_0) - 1 \tag{E3-5}$$

高聚物溶液的增比黏度 η_{sp} 随着溶液浓度 c 的增大而增大。为了便于比较，将单位浓度下所显示的增比黏度 η_{sp}/c 称为比浓黏度，而 $(\ln \eta_r)/c$ 则称为比浓对数黏度，增比浓度与相对黏度均为量纲为一的量。当溶液无限稀释时，溶液所呈现的黏度行为基本反映了高聚物分子与溶剂分子之间的内摩擦。这时的黏度称为特性黏度 $[\eta]$，即

$$\lim_{c\to0}\frac{\eta_{sp}}{c} = \lim_{c\to0}\frac{\ln \eta_r}{c} = [\eta] \tag{E3-6}$$

特性黏度与浓度无关。实验证明，在聚合物、溶剂、温度三者确定后，特性黏度的数值只与高聚物平均相对分子质量 $\overline{M}$ 有关，它们之间的半经验关系式为：

$$[\eta] = K\overline{M}^{\alpha} \tag{E3-7}$$

式中：K 为比例系数；α 为与分子形状有关的经验常数；K 与 α 都与温度、聚合物和溶剂性质有关，在一定范围内与相对分子质量无关。

在足够稀的高聚物溶液里，增比黏度与特性黏度之间的经验关系为：

$$\eta_{sp}/c = [\eta] + \kappa \cdot [\eta]^2 \cdot c \tag{E3-8}$$

比浓对数黏度与特性黏度之间的关系也有类似的表述，即

$$(\ln\eta_r)/c = [\eta] + \beta \cdot [\eta]^2 \cdot c \tag{E3-9}$$

式中：κ 和 β 分别为 Huggins 和 Kramer 常数。

以 η_{sp}/c 对 c 或 $(\ln \eta_r)/c$ 对 c 作图，外推至 $c=0$ 时所得截距即为 $[\eta]$。显然，对于同一高聚物，由两线性方程作图外推所得截距交于同一点，如图 3-10 所示。求出特性黏度后，即可根据式(E3-7)求出高聚物的平均相对分子质量。

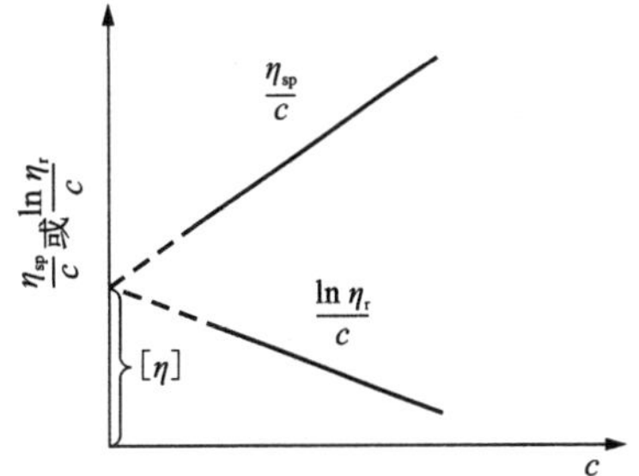

图 3-10　外推法求 $[\eta]$ 示意图

测定液体黏度的方法在 3.2 节中有相关叙述。测定高分子的黏度时，用毛细管黏度计最为方便。即通过测定一定体积的液体流经一定长度和半径的毛细管所需时间，来获得黏度。

高分子溶液在毛细管黏度计中因重力作用流出时，遵循 Poiseuille 定律，即

$$\frac{\eta}{\rho} = \frac{\pi hgr^4 t}{8lV} - \frac{mV}{8\pi lt} \tag{E3-10}$$

式中：η 为液体的黏度，kg/(m·s)；ρ 为液体密度，kg/m^3；l 为毛细管长度，m；r 为毛细管半径，m；t 为流出时间，s；h 为流经毛细管液体的平均液柱高度，m；g 为重力加速度；V 为流经毛细管液体的体积，m^3；m 为与仪器几何形状有关的参数，当 $r/l \ll 1$ 时，取 $m=1$。

对某一支指定的黏度计而言，许多参数是一定的。令 $\alpha=\dfrac{\pi hgr^4}{8lV}$，$\beta=\dfrac{mV}{8\pi l}$，则式(E3-10)可改写为：

$$\frac{\eta}{\rho}=\alpha t-\frac{\beta}{t} \tag{E3-11}$$

当 $\beta<1$，$t>100$ s 时，等式右边第二项可忽略。对于稀溶液，其密度与溶剂密度近似相等。这样，通过测定溶液和溶剂的流出时间 t 和 t_0，就可计算 η_r，即

$$\eta_r=\eta/\eta_0=t/t_0 \tag{E3-12}$$

根据测定值，可进一步计算增比黏度(η_r-1)、比浓黏度(η_{sp}/c)、比浓对数黏度$(\ln\eta_r)/c$。对一系列不同浓度的溶液进行测定，根据式(E3-8)和式(E3-9)在坐标系里绘出比浓黏度和比浓对数黏度与浓度之间的关系，外推到 $c=0$ 的点，此处的截距即为特性黏度$[\eta]$。当 K、α 已知时，即可根据式(E3-7)求得平均相对分子质量。

对于聚乙二醇，在 25 ℃时，$K=1.56\times10^{-2}$ dm^3/kg，$\alpha=0.5$；

在 30 ℃时，$K=1.25\times10^{-2}$ dm^3/kg，$\alpha=0.78$。

3. 实验仪器与试剂

主要实验仪器：Ubbelohde 黏度计 1 支；恒温水浴槽 1 台。

辅助实验用品：铁架台 1 个；50 mL 烧杯；50 mL 容量瓶；吸滤瓶 1 个；3 号砂芯漏斗；锥形瓶 2 个；2 mL、5 mL、10 mL 和 15 mL 移液管各 1 支；洗耳球；秒表 1 块；夹子。

实验主要试剂：聚乙二醇(分析纯)。

其他辅助试剂：丙酮，洗液。

4. 实验步骤

(1)恒温准备。打开恒温水浴装置电源，开启搅拌器，调节温度到 25.0 ℃±0.1 ℃。在有塞锥形瓶中加入约 80 mL 蒸馏水，放入恒温槽中备用。

(2)溶液配制。准确称取聚乙二醇约 0.75 g 于 50 mL 烧杯中，加入约 30 mL 蒸馏水，加热使其溶解至溶液完全透明。冷却至室温后，将溶液移至 50 mL 容量瓶中，并用蒸馏水稀释至刻度，摇匀。用预先洗净并烘干的 3 号砂芯漏斗过滤，装入锥形瓶中备用。

(3)黏度计的洗涤。本实验采用 Ubbelohde 黏度计，如图 3-11 所示。先用热的洗液浸泡洗涤，再用自来水、蒸馏水冲洗。黏度计的毛细管要反复用水冲洗。加入少量丙酮于指定试剂瓶中，用电吹风的热风吹干黏度计。

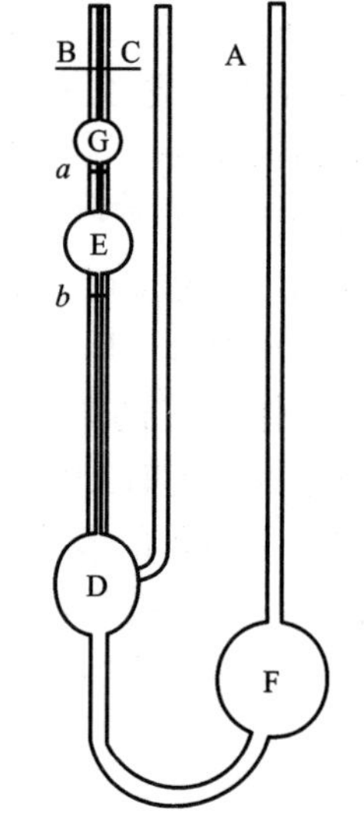

图 3-11　Ubbelohde 黏度计示意图

(4)溶剂流出时间 t_0 的测定。B，C 管接橡胶管，将黏度计垂直放入恒温水浴槽中(G 球及以下部位应在水浴的液面下)，在铁架台上调节好黏度计的垂直度和高度。用移液管移取 15 mL 已恒温的蒸馏水加入 A 管中，恒温 5 分钟。

用夹子封闭 C 管，使其不通大气。在 B 管的橡皮管口用洗耳球吸溶剂使其从 F 球经 D 球、毛细管、E 球抽至 G 球中部。同时松开 B，C 管，使其与大气相通。G 球内液体在重力作用下流经毛细管，当液面恰好到达刻度线 a 时，立刻按下秒表开始计时，待液面下降到 b 处停止计时，记录液体流经 a，b 之间所需的时间。重复测定三次，每次测得的时间偏差应小于 0.2 s，取其平均值，即为溶剂的流出时间 t_0。

(5) 溶液流出时间 t 的测定。取出黏度计，倾去其中的水；用移液管移取 10 mL 聚乙二醇溶液从 A 管注入黏度计（不要将溶液粘在黏度计的管壁上），恒温 10 min 后进行测量（测量方法同步骤 4）；重复测定 3 次，每次测定的时间不得相差 0.3 s，取其平均值，即为溶液的流出时间 t。依次用移液管加入恒温的蒸馏水 5 mL、5 mL、10 mL、10 mL 于黏度计中，每加一次溶剂，用洗耳球从 C 管鼓气搅拌均匀，并将溶液抽上流下 2～3 次冲洗毛细管，然后静置 2～3 分钟；用相同的方法测定不同浓度的溶液流经毛细管的时间，每个浓度均要测量三次，且时间偏差不能超出 0.3 s。

(6) 黏度计最后清洗处理。实验完毕，倾净黏度计内废液，黏度计先用蒸馏水冲洗几遍，再用蒸馏水浸泡或倒置使其晾干。在倒置干燥以前，黏度计内壁必须彻底洗净，以免所剩的高聚物在毛细管壁内形成薄膜。

5. 实验数据处理

(1) 根据不同浓度的溶液测得的相应流出时间分别计算 η_r，$\ln\eta_r$，η_{sp}，η_{sp}/c，$(\ln\eta_r)/c$，并列表。

(2) 分别以 η_{sp}/c 和 $(\ln\eta_r)/c$ 对 c 作图，得两条直线，外推至 $c=0$ 处，求出 $[\eta]$。

(3) 计算聚乙二醇水溶液的平均相对分子质量 $\overline{M}$。

6. 实验结果讨论

对本实验而言，实验结果的讨论可以从以下几个方面进行。

(1) 针对实验操作及实验现象进行定性讨论。如实验温度、黏度计安装的垂直度、溶液混合的均匀性等诸多因素对该实验测定的准确性是否产生影响，等等。

(2) 根据实验数据处理进行讨论。如式（E3-12）应用的前提条件，实验结果误差的定量计算，定性探讨可能的误差来源，等等。

(3) 针对实验方案的设计进行讨论。如列举黏度法测定高聚物相对分子质量的优缺点；通过查阅文献，采用一点法求特性黏度，并与本实验外推法得出的结果进行比较。

(4) 影响 $\eta_{sp}/c-c$ 和 $(\ln\eta_r)/c-c$ 线性关系的因素有哪些？如果 $\eta_{sp}/c-c$ 和 $\ln\eta_r/c-c$ 线的关系不是正好外推到 $c=0$ 处相交，或者根本没有交点，则可能的原因是什么？应该如何处理？

第 4 章

量热实验研究方法与实验

4.1 量热实验基础

热力学数据的一个重要来源是量热实验研究工作。物质的热容、熵、生成热、相变热等许多热力学数据，其中不少是通过量热研究工作得到的。在开展大量的量热研究工作的基础上形成了量热学及其有关的计温学，在化学中专致于有关热力学数据的量热法测量则形成了热化学。

量热实验研究工作的结果也是其他研究工作，如平衡研究和统计研究结果的最好旁证。因为用不同的实验研究方法来确证数据的可靠性是一个比较好的办法，正确与否可彼此验证。

在物理学中对于各种粒子和射线的能量测量，如激光的能量测量，量热至今仍是重要的实验研究方法。过去在物理学中的焦耳实验本身就是一个很好的量热事例。因此，在热力学第一定律的建立中量热的功绩是很伟大的。如今量热的原理是以热力学第一定律为基础。在现代科学中，量热除了对化学、物理学有重要意义外，对生理学以及与能源有关的热机及其他工程学等都有重要的意义。

4.1.1 量热实验原理

量热实验原理以热力学第一定律为基础，实验在量热计中进行。量热不是一般的温度测量，但与温度测量有非常密切的关系。所以量热学离不开计温学。量热技术也随计温技术的提高而得到发展。

量热实验原理从本质上讲是一种替代法，可用图 4-1 说明。图中量热体系由量热计的量热容器及在其中发生放热或吸热过程的一定量物质所构成。当一定量的物质放热时，量热体系则由状态 A 变化至状态 B。过程放热量为：

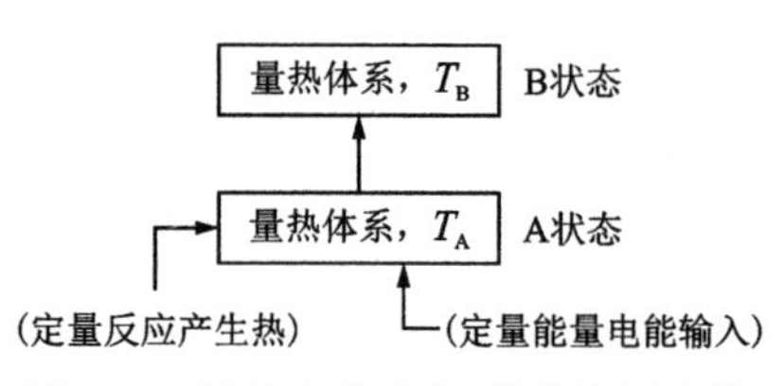

图 4-1　量热实验原理-替代法示意图

$$Q = 量热体系的能当量 \times \Delta T_r$$

式中：ΔT_r 为量热体系由状态 A 变化至状态 B 时

的温度变化值；量热体系的能当量有时也称为量热计的水当量，即体系的热容。

量热体系由状态 A 变化至状态 B 也可用输入一定量的已知能量——电能的方法来实现。关系式为：

$$\text{输入的电能} = \text{量热体系的能当量} \times \Delta T_e$$

式中：ΔT_e 为输入电能时量热体系的温度变化，因此可得：能当量=电能/ΔT_e。

在满足替代条件，即 ΔT_r 和 ΔT_e 尽量接近，且升温速度也尽量相同时，则有：

$$\text{过程放热量} = \text{电能} \times \frac{\Delta T_r}{\Delta T_e}$$

如果精确控制 $\Delta T_r = \Delta T_e$，就可以直接由电能求得过程放热量。

根据上式计算过程的放热量时，温度因素可彼此相消。故在测量 ΔT_r 和 ΔT_e 时，温度变化采用什么表示形式无关紧要。例如使用电阻温度计时，可用欧姆、毫伏或检流计标尺上的刻度等表示 ΔT_r 和 ΔT_e，所得结果均相同。如果使用温度计(贝克曼温度计)也不必经过严格的校正，只要在各次测量中，满足替代条件，而且温度变化在温度计上的显示是在相近的位置，那么刻度误差也可以消除。在实际的量热中，因为难以满足理想的替代条件，所以 ΔT_r 和 ΔT_e 的精确测算技术更为复杂。有关这方面的问题将在后面讨论。

当一定量物质吸热时，其量热原理如图 4-2 所示。由于过程吸热，量热体系势必降温，为了维持量热体系的温度不变，则要输入一定量的电能。根据所用的补偿电能即可直接求得过程吸热量的数值。

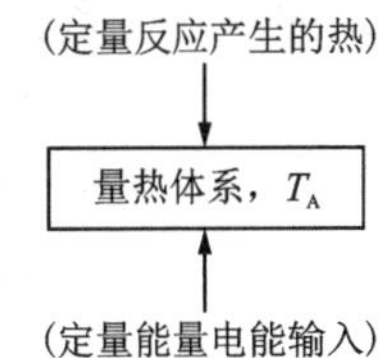

图 4-2　吸热过程量热原理示意图

4.1.2　量热温度变化与量热反应温度的测量

在量热实验中，量热计的温度变化测量是特别重要的。因为在一般的量热过程中，量热计的温度变化(ΔT_r 或 ΔT_e)都不大。如果要求量热计温度变化(ΔT_r 或 ΔT_e)测量精密度很高，就要应用精密度很高的温度计。例如用氧弹量热计测量物质的燃烧热时，量热计的温度变化(ΔT_r)一般以 2 K 左右为最合适。如果要求量热计温度变化 ΔT_r 的测量精密度大于 0.0001，则温度测量的精密度应大于 0.002 K，即温度计的示值应能读准到 0.002 K。

高精密度的量热计温度变化测量一般可以用贝克曼温度计、铂电阻温度计、热敏电阻或热电堆等。除贝克曼温度计外，都要配上高精密度的测温电桥或电位计、检流计等。

在量热实验中，量热反应温度有低温(如低温热容测量等)、常温和高温(高温反应热测量或高温热容测量等)。无论哪一种量热反应温度的测量(除特低温或超高温外)都比较容易达到所要求的精密度。

4.1.3　量热计能当量的标定

量热计的能当量就是量热体系的能当量。它是在一定的实验条件下，引起量热体系温度升高 1 ℃所需要的热量；有时也称能当量为水当量。量热计的能当量是量热体系各个组成部分的热容之和。

能当量与温度有关，对一般的量热实验，其量热体系的温度变化不大，因此可视为与温度无关的常数。

由于量热体系有始、末态之别，因此量热计的始、末态的能当量有差别。其差别在于量热体系内的样品在量热前后发生了质的变化。对于精密量热，这个因素不可忽略，但对于一般的量热实验则可以不作考虑。

最理想的量热计能当量的标定在与实际的量热条件相同的情况下进行。标定方法有两种。

1. 用标准物质标定

标准物质的热效应是经过热化学家多次准确测量，并为国际组织所承认或推荐的。将一定量的标准物质引入量热计中，产生的热 Q_e 完全用于加热量热体系，若测量出量热体系的温度变化 ΔT_e，则可求出量热计的能当量，即

$$W = Q_e/\Delta T_e$$

引入量热计中热的大小及产生热的速度，都应尽可能与实际量热过程的情况相一致。如标定氧弹式燃烧热量计时规定用苯甲酸作标准物质，标定溶解热量热计时用 KNO_3 作标准物质，测量高温热容时，用 α-Al_2O_3作为标准物质。

2. 用电能标定

准确地向量热体系输入电能，并测量出它所产生的温度变化，即可求出量热计的能当量。由于电学测量能达到很高的精确度，因此电能法是一级标定方法。

电能测量时，准确地测量出通过量热体系中加热器的电流值(I)、加热器两端的电压(U)及通电时间(t)，则可计算出电能：

$Q_e = IUt$(绝对焦耳)

精密的电能测量线路示意图如图 4-3 所示。量热体系中加热器两端的电压 U，借助分压箱(R_{N2}、R_{N3})用电位差计 P 测量；通过加热器的电流 I 可用电位差计 P 测量串联于通电回路中的标准电阻(R_N)上的电压降来求得。输入的电能(焦耳)为：

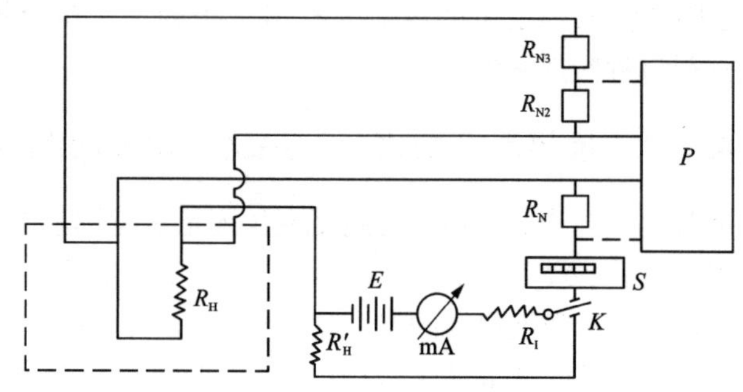

图 4-3　精密电能测量线路示意图

$$Q_e = IUt = \left(\frac{U_N}{R_N} - \frac{U_{N2}}{R_{N2}}\right) \times U_{N2} \times \left(\frac{R_{N2} + R_{N3} + R_C}{R_{N2}}\right) \times t$$

式中：U_N 为标准电阻 R_N 上的电压降；U_{N2} 为分压箱中的电阻 R_{N2} 上的电压降；R_C 为连接加热器 R_H 与 R_{N2}、R_{N3} 导线的等效电阻，当 $R_C \ll (R_{N2}+R_{N3})$ 时，计算中可忽略 R_C。

输入量热体系的电能求出后，除以量热体系的真实温度变化 ΔT_e，就可求得量热计的能当量。用电能法标定时，要求电源的电压和电流都很稳定。标定时能达到的准确度取决于电学测量和温度变化测量的准确度。

4.1.4　量热实验中测定的基本物理量

量热实验中，测量量热体系的能当量是非常重要的。用标准物质标定能当量和以后进行未知测量时，物质质量(m)和温度变化(ΔT_r、ΔT_e)等是最基本的测定量。用电能法标定能当量和以后进行未知测定时，电压(U)、电流(I)、时间(t)、物质质量(m)及温度变化(ΔT_r、

ΔT_e)等都是最基本的测定量。

量热实验是一种准确度要求很高的测量工作，它与这些基本测定量的测量精密度和准确度有密切关系。因此，应严格选用这些基本测量的仪器设备并注意它们的使用条件。由于现代电学测量可以有很高的精确度，因此就这些基本测量而言，热量测量能够达到很高的精确度。由于其他原因，近代最好的热化学结果亦不过准确到 0.01%，一般只准确到 1%~0.1%，远低于测量热量可能达到的准确度。

4.1.5　量热的热化学要求

对一定物质的温度或其状态变化，如相变、溶解等的量热实验而言，必须确定好物质的始、末态。可逆相变始、末态较易确定，而在固体内进行的慢变化，如扩散等末态较难确定。

在化学反应的量热实验中，往往也是反应的末态难以确定。确定反应的始、末状态，除了从化学角度鉴别物质的化学式、结构式等以外，还要注意物质性质的差异，如相态、晶型、磁性、光学性质等。当反应的能量变化很小时，物质的分散状况和表面状态就很重要。

热化学定义的反应热就反应温度而言，应是反应的始、末状态温度相等。在实际的量热实验中，反应的始、末温度并不相等。量热实验满足热化学上的这种要求的办法即温度变化 ΔT_r 尽可能小。所以反应量热计一般不使 ΔT_r 超过 2 K。这就要求测量温度变化的元件应有很高的精密度。

在量热的热化学要求中，最难的是必须确认在量热计中发生的反应是所指定的反应，必须测量反应发生了多少，即测量出反应完成的程度。若除了原指定的反应外，还有与主反应平行的其他副反应发生，则必须测量此种副反应的发生量及其热效应大小，才能计算出真实的反应热效应。在一般情况下，尽量保证物质的纯度，以降低杂质含量，可以减少副反应。但其他副作用，如蒸发及化学反应的作用物或生成物与量热计容器材料发生化学反应等，则不能由保证物质纯度的办法来解决。

4.1.6　量热方法分类

量热方法有直接法(一步法)和间接法(两步法或多步法)。在一步法中可直接测量出某种过程的热量，即

$$Q_V = \Delta U = U_{末} - U_{始},\ Q_p = \Delta H = H_{末} - H_{始}$$

(氧)弹式量热计就属于这类方法。反应虽然使反应器(氧弹)的温度升高，但能量测量仍在室温附近，即

$$Q_{燃} = \Delta U = \sum U_{产物,\ 25\ ℃} - \sum U_{反应物,\ 25\ ℃}$$

下坠法量热计于量热温度下，测量试样在初温和末温(量热计温度)之间的焓变化也属于这类方法。一步法适用于量热中末状态容易达到指定状态的可逆反应；间接法则用于量热中末态难以达到指定状态的不可逆反应。在两步法中相应于始态和末态的物质分别制取，然后分别测量它们达到相同参考状态的热效应，再由两个热效应的差值求得待测热效应的数值，即

$$Q_{p,1} = H_{参} - H_{初},\ Q_{p,2} = H_{参} - H_{末}$$

$$Q_p = H_{末} - H_{初} = (H_{参} - H_{初}) - (H_{参} - H_{末}) = Q_{p,1} - Q_{p,2}$$

在两步法中，$Q_{p,1}$ 与 $Q_{p,2}$ 的数量级宜相接近为好。如果 $Q_{p,1}$ 与 $Q_{p,2}$ 的数量级相差悬殊，则应使 $Q_{p,1}$ 与 $Q_{p,2}$ 的测量准确度都达到更高的要求。金属氧化物生成热的量热计测量方法就是属于两步法。

4.1.7 量热计类型

量热计对环境温度有不同的要求，有的要求温度恒定，有的要求温度按预先设定的程序变化，有的要求环境温度能始终跟踪体系变化的温度。

量热计无论按什么原则分类都有很多种，但比较方便的是按下列参数进行分类。

T_C——量热计或量热体系的温度；

T_S——量热计的环境温度；

L——量热计的热产生速度；

C——量热计的能当量或水当量；

K——量热体系与环境的热交换常数。

从考虑这些参数以及它们与时间的关系出发，就可以比较各种不同量热计的性质和操作特点。因而可对量热计作如下分类。

1. T_S 恒定和 T_C 变化的恒环境型量热计

这种量热计有时也误称为等温量热计(isothermal calorimeter)，现在应用比较多。因为恒环境温度容易实现。在这种量热计里，反应热效应导致量热体系的温度变化，使体系的温度可高于或低于环境温度。通过一定速度的热交换，量热体系应逐步与环境达成平衡。这类量热计测量热量时必须进行量热体系与环境之间的热交换的校正，这是一件很麻烦的事。

2. T_S 和 T_C 都恒定的真等温型量热计

在这种量热计里，待测热效应导致量热计中某种物质在一定的温度下发生相变，根据相变热和相变物质的数量就可以求得待测热效应的大小。量热计没有温度变化，故没有必要测量量热计的能当量。

3. T_S 和 T_C 始终维持相等，但不恒定于某一温度的绝热型量热计(adiabatic calorimeter)

这种量热计不需要进行量热体系与环境热交换的校正，热效应可由量热计的实测温度变化和量热计的能当量直接计算求得。虽然仪器的绝热系统复杂，也比较昂贵，但现在人们普遍喜欢应用。

4. 恒热流速度型量热计

恒热流速度型量热计常用于高热导物质的比热测定，也可用于相变热测定。热流速度可以通过试样和环境之间的温差来控制。热流速度 L 与温差之间的关系为：

$$L = K(T_C - T_S)$$

当量热体系温度(T_C)和环境温度(T_S)之间的差值恒定时，热流速度 L 也恒定。总热流 $L\Delta t$ 与量热体系(试样及量热容器等)的热容 C 及质量 m 又有如下关系：

$$L\Delta t_{样} = \Delta T_{样} \times C_{样} \times m_{样} + \Delta T_{样} \times C_{量器} \times m_{量器}$$

式中：$\Delta T_{样}$为时间 $\Delta t_{样}$内量热体系的温度变化。

同理对于标准物质或空白量热容器也有如下关系：

$$L\Delta t_{标} = \Delta T_{标} \times C_{标} \times m_{标} + \Delta T_{标} \times C_{量器} \times m_{量器}$$

$$L\Delta t_{空} = \Delta T_{空} \times C_{标} \times m_{标}$$

因此，根据空白量热计和已知热容数值标准物质的量热实验便可求得试样的热容，即

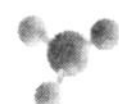

$$C_{样} \times m_{样} = C_{标} \times m_{标} \times \left(\frac{\dfrac{\Delta t_{样}}{\Delta T_{样}} - \dfrac{\Delta t_{空}}{\Delta T_{空}}}{\dfrac{\Delta t_{标}}{\Delta T_{标}} - \dfrac{\Delta t_{空}}{\Delta T_{空}}} \right)$$

式中：$\Delta t_{样}/\Delta T_{样}$、$\Delta t_{标}/\Delta T_{标}$、$\Delta t_{空}/\Delta T_{空}$ 分别为装有试样、装有标准物质及空白三种情况下量热计的温度对时间的关系曲线斜率的倒数。恒热流速度型量热计的实验测定量是量热计的温度及量热时间。

4.2　恒环境(温度)型量热计热交换的校正

量热计在实验过程中，如产生微小量的热量 δQ 将引起量热体系的温度发生变化，导致它与环境发生热交换 $\delta Q'$。若热交换遵守牛顿(Newton)冷却定律，则有：

$$\delta Q' = K(T_C - T_S)\mathrm{d}t$$

式中：$(T_C - T_S)$ 为量热体系与环境之间的温度差；t 为时间。

一般而论，量热体系的温度变化 $\mathrm{d}T_C$ 与 $(T_C - T_S)$ 是不相同的。对量热体系和环境组成的量热计总体而言，存在如下关系：

$$\delta Q = L\mathrm{d}t = C\mathrm{d}T_C + K(T_C - T_S)\mathrm{d}t$$

此方程式也可改写成：

$$\delta Q = C[\mathrm{d}T_C + (K/C)\cdot(T_C - T_S)\mathrm{d}t] = C[\mathrm{d}T_C + k(T_C - T_S)\mathrm{d}t]$$

式中：$k = K/C$ 称为热转移系数，s^{-1}。

在绝热型量热计中，热交换 $\delta Q' = K(T_C - T_S)\mathrm{d}t = 0$。而在恒环境型量热计中，当 $T_C \neq T_S$ 时，无疑存在量热体系与环境之间的热交换，或者说存在着量热计的热损失。因此对于这种类型的量热计，热交换校正是非常重要的，否则会引起很大的误差。

4.2.1　恒环境型量热计的温度变化曲线

量热体系的温度总是趋向同环境温度(T_S)相等。这种温度均衡趋势在量热计应用条件很好的情况下，其热交换会服从牛顿冷却定律。恒环境型量热计中量热体系的温度变化曲线，如图 4-4 所示。图中为环境温度(T_S)高于、近似等于或低于量热体系的平均温度时的三种情况。在恒环境型量热计的量热过程中，量热计的最佳使用条件应尽量控制在环境温度近似等于量热体系的平均温度。

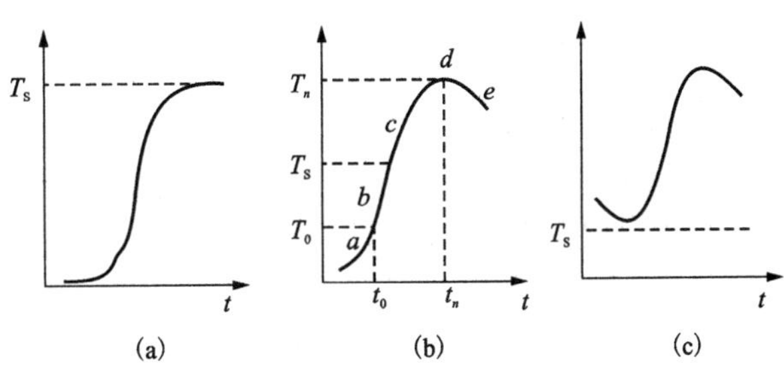

图 4-4　恒环境量热计温度变化曲线

在图 4-4(b)所示的量热计最佳使用条件时的温度变化曲线中，设环境温度为 T_S，量热体系初期温度为 T_0，末期温度为 T_n，即 $T_0 < T_S < T_n$，则在量热实验的初期，量热体系将以某一速度不断上升，即沿 ab 曲线变化。在温度为 T_0、时间为 t_0 时将热量加

入量热体系内，则温度急剧变化，如曲线 bcd 所示。在 t_n 时，温度升至最高值 T_n，随后温度渐降，即沿曲线 de 变化。在量热学中，称 $t_0 \to t_n$ 期间为量热主期；t_0 以前称为初期；t_n 以后称为末期。

恒环境型量热计在量热过程中，主期的温度变化为：

$$\Delta T_{主} = T_n - T_0$$

它可以根据量热体系的温度变化直接得出，但它不能直接用于计算量热计所测量的热量。用于计算量热计所测量的温度变化，必须是经过校正，消除了热交换作用影响的主期温度。其变化为：

$$\Delta T = \Delta T_{主} + \theta$$

式中：θ 为热交换的校正值。

恒环境型量热计的热交换校正是一个比较复杂的问题，有许多校正方法。常用的方法有雷诺图解法和经验公式法；也有较为复杂和更为严谨的其他方法。

4.2.2 数据处理经验公式法

经验公式也有简单的和复杂的，常用的奔特公式是比较简单可靠的。如果初期温度平均变化率 $\bar{v}_0$ 与末期温度平均变化率 $\bar{v}_n$ 相近时，则可采用更为简单的经验公式，即

$$\theta = \frac{\bar{v}_0 + \bar{v}_n}{2} \times n$$

式中：n 为量热主期温度测量的次数(单位要与 $\bar{v}_0$ 和 $\bar{v}_n$ 相对应)。

4.2.3 图解积分法

在恒环境型量热计进行量热时，如果量热体系的初期温度等于环境温度，则不随时间变化，即 $T_{C,初}=T_S$。若量热体系的主期温度 $T_{C,主}$发生显著变化，很快升高，则量热体系通过热交换会同环境达到平衡。所以量热体系末期的温度 $T_{C,主}$随时间呈有规律地变化，如图 4-5 所示。由 T_C 对时间 t 的数据可求得量热体系的温度在 t 时刻的瞬时变化 $\mathrm{d}T_C$ 或在 t 时的累积变化 $\Delta T_{C,t}$。

根据前面所提出的方程 $\delta Q=C[\mathrm{d}T_C+k(T_C-T_S)\mathrm{d}t]$。如果有了 k 值，则可用积分法求得量热计在大于主期的任何时间所产生的总热量 Q，即

$$Q = C\left[\Delta T_{C,t} + \int_0^t k(T_C - T_S)_t \mathrm{d}t\right]$$

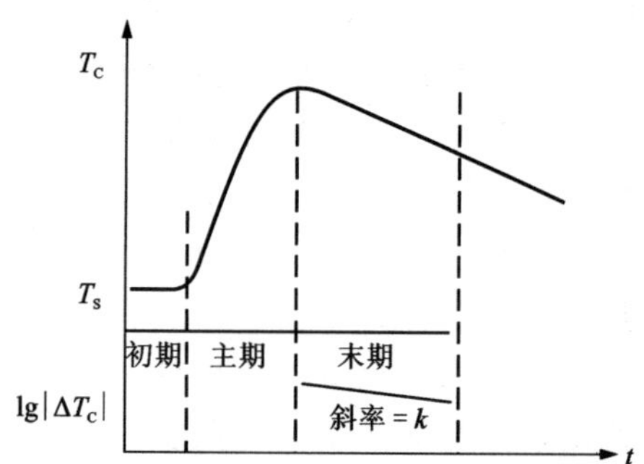

图 4-5 图解积分法求 Q 值的热谱

此式表明量热计所测出的热量已作了热损失的校正。对于恒环境型量热计，T_S 是恒定的，如果 $T_{C,初}=T_S$，则有：

$$(T_C - T_S)_t = (T_C - T_{C,初})_t = \Delta T_{C,t}$$

因此可得：

$$Q = C\left[\Delta T_{C,t} + \int_0^t \Delta T_{C,t} \mathrm{d}t\right]$$

根据此式，若已知 C，则可以由实验测得的量热体系的温度与时间的关系数据求得热量 Q。

量热计的 k 值可以用下面的近似方法求得。当量热体系在量热末期热交换为牛顿冷却型，即热转移速度正比于量热体系与环境温度差时，则有近似正确的关系式：

$$\frac{\mathrm{d}\lg|\Delta T_{\mathrm{C}}|}{\mathrm{d}t}=k$$

此式表明量热体系在末期 $\lg|\Delta T_{\mathrm{C}}|$ 对时间 t 呈直线关系。如图 4-5 所示，直线的斜率就是 k 值。因此可根据实验测得的数据，通过图解法求得 k 值。

4.2.4　小 k 量热计热损失校正的面积法

反应热在量热计中产生后，小 k 量热计量热体系的温度变化与时间的关系曲线(热谱)如图 4-6 所示。图中 T_{r} 为量热计的稳定温度，如起始温度；T 为量热过程中量热体系的温度。点 1 为量热体系的初态，点 2 为其末态；点 3 和点 4 分别为量热体系在另一量热过程中的初态和末态。由于是小 k 量热计，所以量热计与环境的热交换速度小，热谱图中末期的温度与时间的关系曲线比较平坦。

根据热谱图可求得：

$$H_2-H_1=H(T_2,\ p,\ \xi_{\text{末}})-H(T_{\mathrm{r}},\ p,\ \xi_{\text{初}})=-k'A_{2,\ 1}$$

式中：$A_{2,\ 1}$ 为曲线下的面积；k' 为量热计常数，即量热计的"能当量"；H_2-H_1 为量热体系由状态 1 至状态 2 的焓变，这时量热体系中的样品，由初态 $\xi_{\text{初}}$ 变化至末态 $\xi_{\text{末}}$。

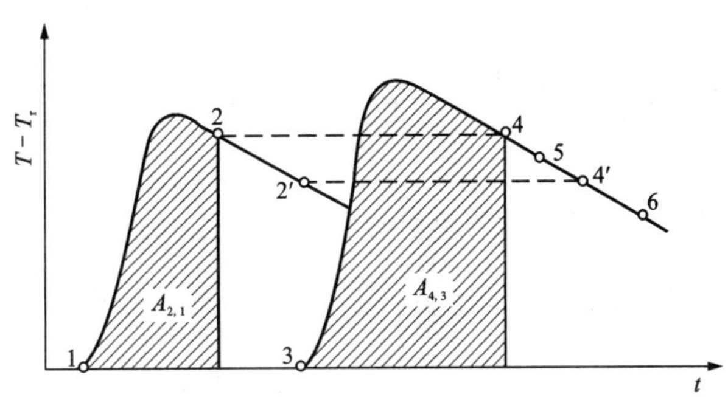

图 4-6　小 k 量热计热损失校正用热谱示意图

当量热体系处于状态 3 时，量热体系中的样品已是末态(p，$\xi_{\text{末}}$)，输入一定量的电能给量热计，则量热体系变化至状态 4，其焓变为：

$$H_4-H_3=H(T_4,\ p,\ \xi_{\text{末}})-H(T_{\mathrm{r}},\ p,\ \xi_{\text{初}})=-k'A_{4,\ 3}+W_{4,\ 3}^{el}$$

式中：$W_{4,\ 3}^{el}$ 为量热体系由状态 3 变化至状态 4 时所输入的电能。

如果选取 $T_4=T_2$，则由上两式可得量热计中的反应体系的焓变为：

$$\begin{aligned}Q_p&=\Delta H(T_{\mathrm{r}},\ p)=H(T_{\mathrm{r}},\ p,\ \xi_{\text{末}})-H(T_{\mathrm{r}},\ p,\ \xi_{\text{初}})\\&=(H_2-H_1)-(H_4-H_3)=k'(A_{43}-A_{21})-W_{4,\ 3}^{el}\end{aligned}$$

根据此式，若已知 k'，则经过实验测得 $W_{4,\ 3}^{el}$、$A_{4,\ 3}$ 及 $A_{2,\ 1}$ 后就可求出 $\Delta H(T_{\mathrm{r}},\ p)$ 或 Q_p。

利用热谱图建立上述量热计算方程式时已包括了热损失的因素。因此这也是对恒环境型小 k 量热计的实验结果进行热交换损失校正的一种处理方法。

4.2.5　迪金松(Dickinson)方法

对于小 k 量热计，大多数化学家喜欢用量热温度校正来替代直接求算量热计的热交换损失，如迪金松方法。此法的热谱图如图 4-7 所示，图中垂直画线面积等于水平画线面积。

迪金松方法由$(T_2-T_1)_{实测}$计算$(T_2-T_1)_{校正}$的假设是：

$$(T_2-T_1)_{校正}=(T_2-T_1)_{实测}+k\int_{t_1}^{t_2}(T-T_r)\mathrm{d}t$$

式中：$k=K/C$。

若选择t_D满足热谱图上的两种画线面积相等，即

$$\int_{t_1}^{t_D}(T-T_1)\mathrm{d}t+\int_{t_D}^{t_2}(T-T_2)\mathrm{d}t=0$$

则前面方程中的积分项可写成：

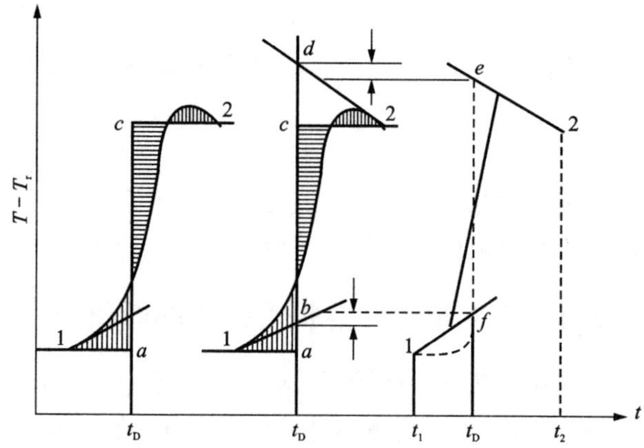

图 4-7　迪金松方法校正的热谱示意图

$$k\int_{t_1}^{t_2}(T-T_r)\mathrm{d}t=-\left[\left(\frac{\mathrm{d}T}{\mathrm{d}t}\right)_{t_1}(t_D-t_1)+\left(\frac{\mathrm{d}T}{\mathrm{d}t}\right)_{t_2}(t_D-t_2)\right]$$

故可得：

$$(T_2-T_1)_{校正}=(T_2-T_1)_{实测}-\left[\left(\frac{\mathrm{d}T}{\mathrm{d}t}\right)_{t_1}(t_D-t_1)+\left(\frac{\mathrm{d}T}{\mathrm{d}t}\right)_{t_2}(t_D-t_2)\right]$$

根据$\left(\frac{\mathrm{d}T}{\mathrm{d}t}\right)_{t_1}$和$\left(\frac{\mathrm{d}T}{\mathrm{d}t}\right)_{t_2}$、$t_D$、$t_1$及$t_2$等可求得$(T_2-T_1)_{校正}$，然后可求$Q$，即

$$Q=C(T_2-T_1)_{校正}$$

迪金松方法虽然不要求知道k值，但关键是要准确地选择t_D。当热谱线的前部和后部可视为直线时，$\left(\frac{\mathrm{d}T}{\mathrm{d}t}\right)_{t_1}$和$\left(\frac{\mathrm{d}T}{\mathrm{d}t}\right)_{t_2}$是两直线的斜率，则有：

$$\begin{aligned}(T_2-T_1)_{校正}&=(T_2-T_1)_{实测}-[(T_b-T_a)-(T_d-T_c)]\\&=(T_2-T_1)_{实测}-(T_b-T_a)+(T_d-T_c)\\&=(T_2-T_1)_{实测}+(T_d-T_b)-(T_c-T_a)\\&=T_d-T_b\end{aligned}$$

根据此式可知，用图解法求出T_d和T_b即得到$(T_2-T_1)_{校正}$。这样处理虽有简便之处，但仍要确定t_D的位置。如果热谱图的中部也为直线时，则迪金松方法的时间t_D可取在$\frac{t_1+t_2}{2}$处。对于许多实际的热谱曲线，这种近似取法所导致的误差为$(T_d-T_b)-(T_e-T_f)$。

4.3　量热计简介

4.3.1　绝热型量热计

绝热型量热计只是一种统称，按具体不同的量热要求分为许多种类，如：绝热型高温反应量热计，绝热型低温热容测量量热计，绝热型氧弹量热计，等等。随着电子技术的飞速发展，绝热型量热计制造愈来愈精密，应用也愈来愈广泛。对于慢反应、快反应和微量热变化

的研究都可以采用绝热型量热计。

在绝热型量热计中，量热计的绝热套(环境)在整个量热过程中，始终保持与量热体系的温度相同，以达到绝热的目的。因此要有能够自动加热的绝热套和能控制其温度、自动跟踪量热体系温度变化的装置。所以绝热型量热计特殊的地方就是有一个绝热自动控制装置，如图 4-8 所示。

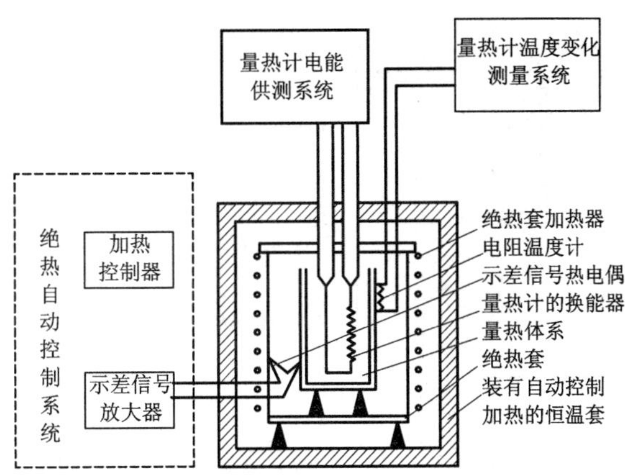

图 4-8　绝热型量热计基本组成示意图

绝热型量热计的基本组成有以下几个部分。

(1)恒温套。它用于控制绝热型量热计的环境温度。

(2)绝热套。它装有加热器及绝热自动控制用的示差热电偶。

(3)量热体系。它装有示差热电偶、测量温度变化的温度计及量热设施等。

(4)绝热自动控制系统。量热计绝热自动控制时，绝热套和量热体系的表面温度差异信号用示差热电偶检出，并经过直流放大器进行放大；放大后的信号输入控制器，调节绝热套中加热器的电流，实现绝热自动控制，保障绝热跟踪。

为了使绝热型量热计具有很好的绝热性能，除要有灵敏而精密的绝热自动控制装置外，还必须充分注意量热计各部件的导热性和热容量。要使用导热性好的材料制作绝热套和量热容器等，使绝热套与量热体系的温度都能迅速均匀分布。绝热套和量热体系的热容量要越小越好，以便对加热作用产生灵敏的效应。为了提高绝热效果，还可采用真空措施，特别是高温和低温绝热型量热计一般是在真空条件下运行的。有的还采用两层绝热套的双层绝热控制，以保障绝热型量热计具有很好的绝热性能。

应用绝热型量热计在量热的原始数据测量、热量计算和能当量标定等方面均与应用恒环境型量热计基本相同。绝热型量热计与恒环境型量热计的不同之处，也是绝热型量热计的优点，即无须对量热过程进行热损失的校正就能保障量热计具有较高的准确度。

4.3.2　热导式量热计

热导式量热计有早期的田氏(Tian)量热计和现在的双子量热计。双子量热计就是常称的卡尔维(Calvet)量热计，它是由田氏量热计改进而成的性能优良和应用范围很广的量热计。

1. 田氏量热计

田氏量热计的基本组成如图 4-9 所示。它的量热体系(量热容器)与环境(恒温导热体)之间有良好的导热性能，因而量热计的 k 值比较大。当量热容器中产生热量后，量热容器与环境之间会产生微小温差，而且产生的热量可以很快地转移至环境。紧贴拢在量热容器与恒温导热体表面间的热电堆将输出信号，显示它们之间的温差。利用热电堆可以测得量热计温差与时间的关系曲线，得到如图 4-10 所示的热谱曲线。

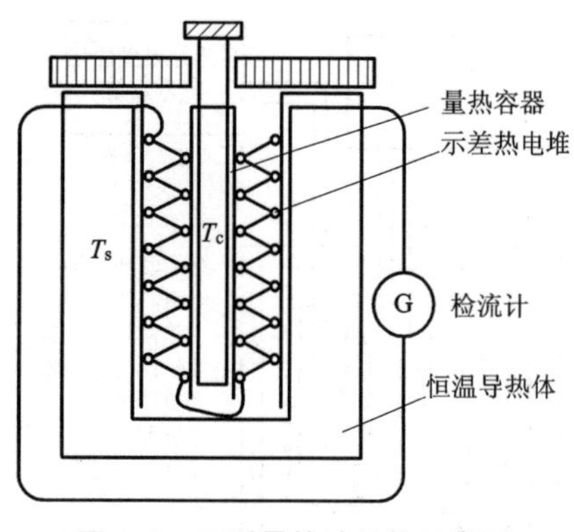

图 4-9　田氏量热计结构示意图

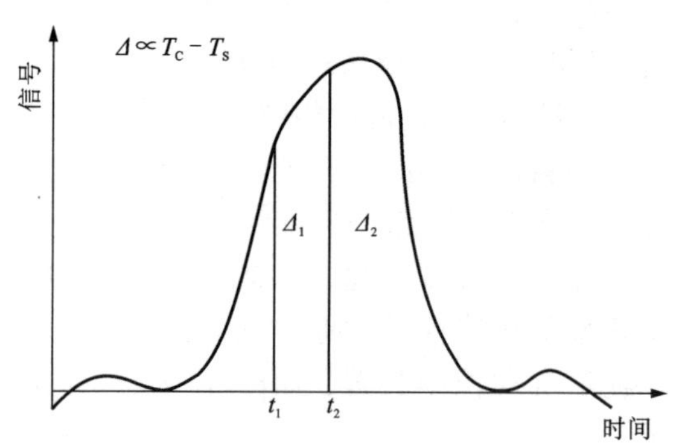

图 4-10　田氏量热计热谱示意图

热量在量热容器内产生后，会使量热体系温度升高，同时向环境转移热量。在理想情况下，过程可用 Tian 方程描述。Tian 方程为：

$$W = \frac{\delta Q}{\mathrm{d}t} = \frac{K}{g}\Delta + \frac{C}{g}\frac{\mathrm{d}\Delta}{\mathrm{d}t}$$

式中：W 为热功率；K 为热导系数；C 为量热体系的热容；Δ 为检流计的光点偏转；g 为检流计的偏转常数。偏转常数是根据检流计的光点偏转 Δ 与温差(T_C-T_S)成正比关系定义的，即 $\Delta=g(T_C-T_S)$。

应用 Tian 方程，对图 4-10 所示的热谱曲线进行处理，即在时间 t_1 至 t_2 的范围内进行积分，可得：

$$Q = \frac{K}{g}A + \frac{C}{g}(\Delta_2 - \Delta_1)$$

式中：Δ 为 t_1 至 t_2 的时间范围内热谱曲线下的峰面积；Δ_1 和 Δ_2 分别为热谱曲线在 t_1 和 t_2 时的高度，亦即在当时检流计光点的偏转量。

当热谱曲线从基线出发到开始出峰，经过最高点又回到基线时，有 $\Delta_1-\Delta_2=0$，因此有：

$$Q = \frac{K}{g}A = k_C A$$

式中：k_C 为量热计的热量常数。

由此式可知，热导式量热计所测量的热量与热谱曲线下的面积成正比，这就是热导式量热计进行量热的基本依据。因此，热导式量热计在一定条件下量热时，可用已知热量(如电能)和相应所得到的热谱曲线下的面积标定出热导式量热计的热量常数 k_C，然后再去测量待测热量。

由于恒温导热体不可能长时间绝对地恒定温度，常受外界热扰动的影响。因此，田氏量热计热谱曲线的基线常发生漂移或波动，给量热结果带来难于估计的误差。为了解决此问题，卡尔维改进了田氏量热计，发展成双子量热计。

2. 双子量热计

在双子量热计中，原则上要求有两个大小、形状、材料、质量及表面性质等几乎完全相同的量热部件。它们装在一个较大的恒温导热体内的对称位置上，如图 4-11 所示。量热部

件由量热容器和热电堆等构成。热电堆是用于测量量热部件和恒温导热体之间的温度差。两个量热部件构成孪生体系，其中一个作为工作部件（待测的热量在其中），另一个作为参比部件。两个热电堆以对抗方式相连结，形成工作部件和参比部件的温度示差。

双子量热计在结构上相当于两个田氏量热计，因此在量热过程中，对于工作部件和参比部件分别有：

$$\Delta T_{参比} = (T_C - T_S)_{参比}$$

由于工作部件和参比部件的环境温度在任何时刻都是相同的，所以二者的温度示差为：

$$\Delta T_{工作} - \Delta T_{参比} = (T_C - T_S)_{工作} - (T_C - T_S)_{参比} = (T_C)_{工作} - (T_C)_{参比}$$

由上式可知，双子量热计的工作部件和参比部件在量热过程中的温度示差与环境（恒温导热体）的温度无关，即双子量热计的温度示差对时间 t 的关系曲线不受外界热扰动的影响。因参比部件与工作部件为孪生体，其所受环境作用影响相同。故 $\Delta T_{参比}$ 的值在实验过程中相对稳定，即原则上双子量热计的热谱不致出现基线漂移现象，如图 4-12 所示。

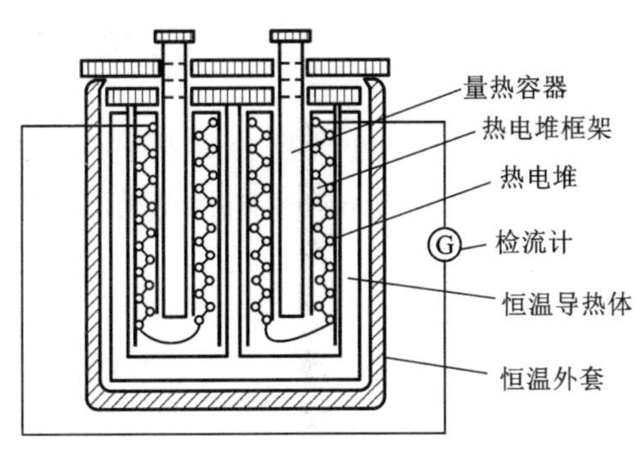

图 4-11　双子量热计结构示意图

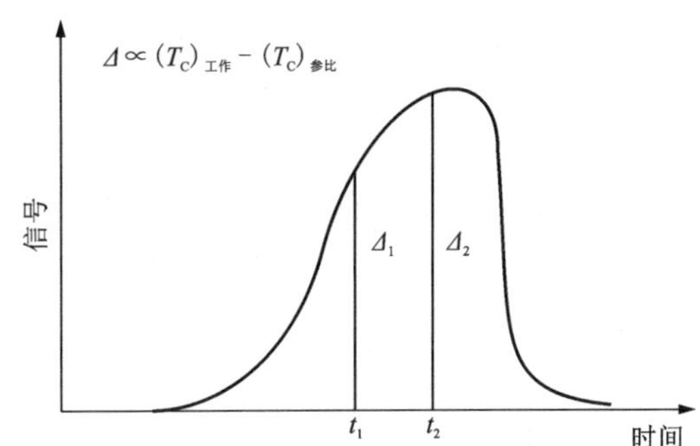

图 4-12　双子量热计热谱曲线示意图

双子量热计是借助测绘量热过程的热谱曲线来量热的。它不仅可用于测量一般过程的热量，而且适用于研究过程进行很慢、热量又小的热过程；还可用于动力学研究，测量反应速率和确定反应机理等。双子量热计应用的温度范围也很宽，可用于低温、中温和高温的任何温度。技术关键在恒温导热体的温度控制和选取不同的材料来制造双子量热计，我国四川大学化学系设计制造的热导式自动量热计属于中温型双子量热计。

4.3.3　差示扫描量热仪（differential scanning calorimeter，DSC）

差示扫描量热仪是一种能够用于量热、平衡和动力学多方面研究的量热计。它是在可用作量热使用的 Boersma 差热分析装置基础上发展起来的量热计。对于差示扫描量热仪（DSC）和差热分析（DTA）的含义，如果不从本质上加以区别则会引起混淆。

对于 DSC 差示扫描量热仪，国际热分析协会（ICTA）命名委员会曾作规定：当待测物质和参比物质在控制速度的加热或冷却环境里经受相同的变温方式时，建立二者之间无温差则需要供给能量。差示扫描量热仪就是记录过程中所供给的补偿能量对时间或温度的关系的技术。DSC 基本原理如图 4-13（c）所示，它与图 4-13（a）和图 4-13（b）所示的经典 DTA 和 Boersma DTA 均有差别。因为 DTA 是把待测物质和参比物质置于可调变温速度的加热或冷却环境中，经受相同的变温方式，测量两者之间的温度差 ΔT 对时间 t 或温度 T 的数据，从而得到 DTA 曲线。

DSC 中待测物质和参比物质分别有电能补偿加热器和温度检测器。二者同时用控制速度的电加热升温，以保持相同的环境温度。DSC 的扫描曲线(即热谱)为补偿能量的速度对时间或温度的关系曲线，如图 4-14 所示。待测物质吸收或放出能量的速度或其总能量取决于其热容，或取决于其过程热的大小。

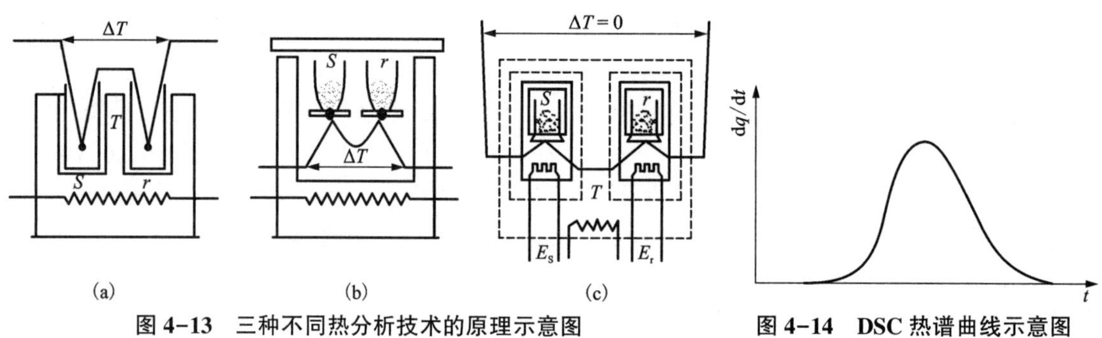

图 4-13　三种不同热分析技术的原理示意图

图 4-14　DSC 热谱曲线示意图

DSC 用在定性研究上与 DTA 类似。但在温度应用范围上，DTA 要比 DSC 更宽广，DSC 用在低加热速度时可以得到更好的结果。在定量研究上，DSC 与 Boersma DTA 相类似，都能得到类似的信息，只是它们热谱曲线的解释在某些方面各有不同。

DSC 差示扫描量热仪的具体结构，就不同国家或不同厂家的产品而言各有不同。美国、日本以及我国的属补偿型，法国的(如 DSCⅢ)则更接近于热导式量热计，称为热流型。补偿型 DSC 的组成框图如图 4-15 所示，热导式 DSC 的结构如图 4-16 所示。

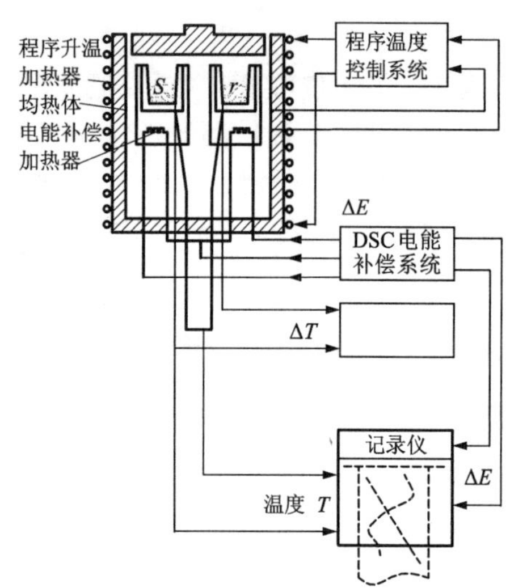

图 4-15　补偿型 DSC 的组成

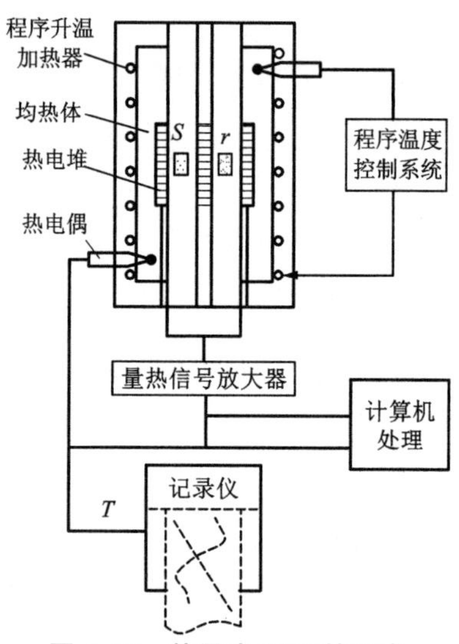

图 4-16　热导式 DSC 的组成

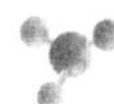

量热实验

实验四　燃烧热的测定

1. 实验目的

(1) 明确燃烧热的定义，了解恒压燃烧热与恒容燃烧热的差别；

(2) 用氧弹量热计测定萘的恒容燃烧热，并用奔特公式对量热过程中热交换引起的温度变化量进行校正。

2. 实验原理

根据热化学定义，1 mol 物质完全燃烧时的反应热称作燃烧热。量热法是热力学的一个基本实验方法。在恒容或恒压条件下，可以分别测得恒容燃烧热 Q_V 和恒压燃烧热 Q_p。由热力学第一定律可知，Q_V 等于体系热力学能变化 ΔU；Q_p 等于焓变 ΔH。若把参加反应的气体和反应生成的气体都作为理想气体处理，则它们之间存在以下热力学关系式：

$$Q_p = Q_V + RT\Delta n_g \quad 或 \quad Q_{p,m} = Q_{V,m} + RT\sum \nu_g \tag{E4-1}$$

即

$$\Delta_r H = \Delta_r U + RT\Delta n_g \quad 或 \quad \Delta_r H_m = \Delta_r U_m + RT\sum \nu_g \tag{E4-2}$$

式中：Δn_g 为反应前后反应物和生成物中气体物质的量之差；$\sum\nu_g$ 为按化学计量方程反应前后反应物和生成物中气体物质的计量系数之差；R 为气体常数；T 为反应时的热力学温度。

量热计种类很多，一般有等温型、热流型、绝热型等。燃烧热的测定是将可燃物、氧化剂及其容器与周围环境隔离，测定燃烧前后体系的温度升高值 ΔT，再根据体系的热容 C 及可燃物的质量 W，计算每克物质的燃烧热 Q。本实验所用氧弹量热计是一种环境恒温式的量热计，其设计原理为能量守恒定律。

样品完全燃烧所释放的热量使得氧弹本身及其周围的介质以及量热计有关附件的温度升高，根据测量系统在燃烧前后温度的变化值，可计算该样品的恒容燃烧热。本实验利用已知燃烧热(q_v)值的基准物苯甲酸来标定氧弹量热计(测量系统)的热容 C——俗称氧弹量热计的水当量，然后用同一系统测定萘(待测样)的恒容摩尔燃烧热($Q_{V,m}$)，并依据式(E4-1)计算恒压摩尔燃烧热($Q_{p,m}$)。计算恒容摩尔燃烧热($Q_{V,m}$)和氧弹量热计的水当量 C 的表达式见式(E4-3)和式(E4-4)。

$$Q_{V,m} = \frac{C(\Delta T_2 + \Delta T_{2,校}) - q_2}{W_{样}/M_{样}} \tag{E4-3}$$

$$C = \frac{W_{标}\, q_v + q_1}{\Delta T_1 + \Delta T_{1,校}} \tag{E4-4}$$

式中：$\Delta T_{校}$ 为用奔特公式计算出的温度校正值；q_1、q_2 为非试样物质燃烧所产生的热量，也是一项校正值，主要包括所燃烧的点火丝产生的热量，以及氧弹内所含氮气(N_2)与氧气(O_2)反应生成 HNO_3 所产生的热量(实验所用 Ni-Cr 点火丝的单位燃烧热为 8.87 J/cm；若用 0.1 mol/L 的 NaOH 溶液滴定校正产生硝酸的发热量，则根据每消耗 1 mL 浓度为 0.1 mol/L 的 NaOH 溶液相当于产生硝酸的发热量为 5.98 J 的数据进行计算)；q_v 为每克苯甲酸完全燃烧时的恒容燃烧热(J/g)。苯甲酸的规格和要求已由国际热化学会规定，即苯甲酸在经过多次结晶提纯后，1 g 苯甲酸(在空气中的重量)完全燃烧时，恒容热效应应为 26480.5 J/g (15 ℃)。

3. 实验仪器与试剂

主要实验仪器：氧弹量热计 1 套(如图 4-17 所示)，电子天平 1 台，压片机 1 台。

辅助实验用品：氧气钢瓶 1 瓶(附减压阀)；不锈钢坩埚若干；1000 mL 容量瓶 1 个，直尺 1 把，剪刀 1 把，毛巾 1 条，万用电表 1 个。

实验主要试剂：基准物质苯甲酸(C_6H_5COOH)，待测物质萘($C_{10}H_8$)，Ni-Cr 点火丝。

其他辅助试剂：自来水，酸洗石棉。

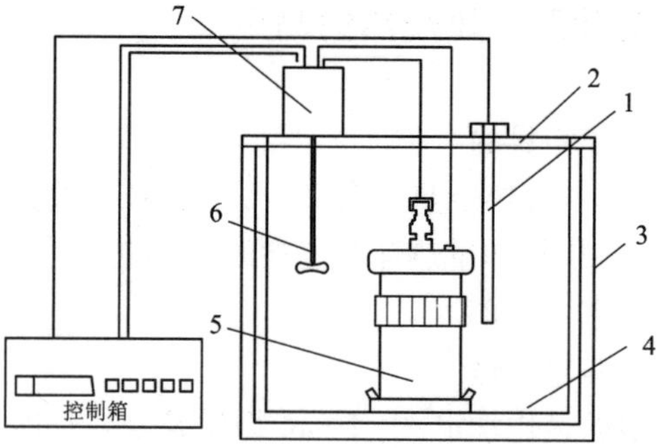

控制箱

1—测温探头；2—氧弹盖；3—外壳；4—内筒；5—氧弹；6—搅拌器；7—搅拌马达。

图 4-17　氧弹量热计装置示意图

4. 实验步骤

(1)样品压片。用电子天平称取 1 g 左右的苯甲酸粉末，将粉末状样品放入压模中，压紧，使样品压成柱状成型。

燃烧热的测定

(2)氧弹装样(吊样)及充氧。在已清洗干净并干燥的不锈钢坩埚内均匀铺上一层酸洗石棉，用电子天平称重去皮后放入柱状苯甲酸样品，准确称出样品的质量 $W_{标}$。将装好样品的坩埚置于氧弹环形支架点火电极上，量取 11～13 cm 长的 Ni-Cr 点火丝。点火丝的两端按图 4-18 所示缠绕在两个电极上，连通两电极。

注意：点火丝缠绕要紧，以免造成点火电路不通；电极两端不能出现短路，必须通过点火丝连接，也不能有松动现象；燃烧丝要悬空接触样品，与样品的接触面不可过大，否则不能燃烧，同时点火丝不能接触坩埚。

一切准备就绪后，对准氧弹螺纹盖好氧弹盖，用万用电表检查两电极是否通畅(电阻值不大于 20 Ω)，否则应重新吊样。

充氧时将钢瓶充氧阀与氧弹充气阀连接，设备连接如图 4-19 所示。打开钢瓶总阀门 1 直至压力表 2 指针指示的压力稳定。旋紧减压阀门 9，调整压力表 3 指针指示在 2 MPa 附近，不可超过 3 MPa。打开充氧阀门 6 充氧，直至压力表 5 指针读数稳定且与压力表 3 读数一致。关闭总阀门 1，旋松减压阀门 9(旋松为关)，拆下充氧阀，氧弹即充氧完毕。用万用表检查两电极是否通路，不通则应将氧弹内气体放掉后重新装样和充氧。注意：在氧气瓶充氧时仪表和出口处勿沾上油腻物。

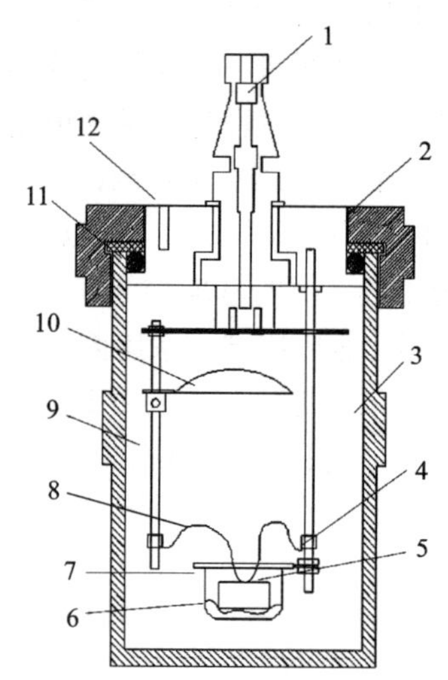

1—充气阀(兼作电极接口 1、排气孔)；2—氧弹盖；3—厚壁圆筒；4—带有环形支架的电极；5—样品；6—酸洗石棉；7—坩埚；8—点火丝；9—电极；10—火焰挡板；11—橡胶垫圈；12—电极接口 2。

图 4-18　氧弹剖面

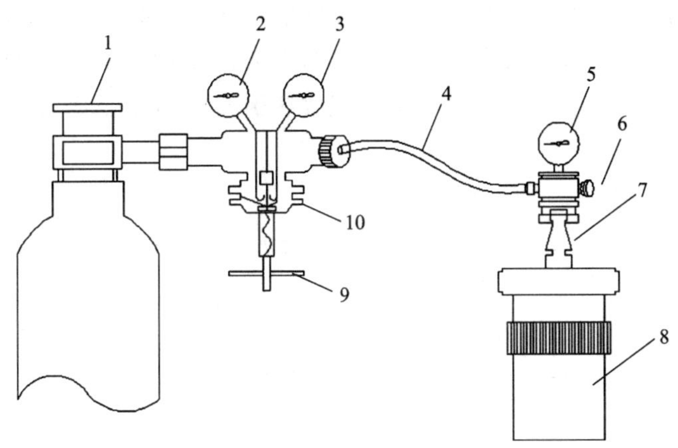

1—氧气钢瓶总阀；2—氧气瓶内压力指示表；3—减压阀出口压力指示表；4—导气管；5—氧弹充氧阀压力指示表；6—氧弹充氧阀调节旋钮；7—氧弹充气口；8—氧弹；9—减压阀调节螺杆；10—减压阀。

图 4-19　氧弹充气示意图

(3)标准物质的燃烧与温度的测量。将装好苯甲酸样品并充好氧气的氧弹放入量热计的内筒中间，并将点火装置连接对应的电极。用 1000 mL 容量瓶向内筒加入 3000 mL 自来水，盖好盖板，将测温探头通过盖板上的孔洞探入水中。一切安装就绪后即可打开氧弹量热计控制箱，对量热计温度的变化进行测量。

调整控制箱面板参数设定，读数时间间隔为半分钟。打开搅拌，当水温基本稳定时，即可点击复位键将计数清零，开始计时并记录温度变化。实验分初、主、末三个阶段测量温度变化。初、末期各不少于 5 分钟，即 10 个数据点。在初期最后一次读数完毕后即可进行点火，使样品在氧弹内燃烧，也就是主期开始。点火成功后样品燃烧激烈，可以观察到量热计所测得的温度上升很快，几分钟后升温速率逐步变慢，待量热计温度升至最高后开始降低时，便可认为进入末期。

注意：主期的第一个数据为初期的最后一个数据，而主期的最后一个数据为末期的第一个数据。

(4)氧弹内其他物质燃烧热 q_i 的测量。实验数据采集完后将氧弹内的残余气体排空，打开氧弹检查样品燃烧情况。取出燃烧后剩余的点火丝测量其长度，用于校正点火丝的发热量。

如需校正产生硝酸的发热量，则在装样时，在氧弹内另加入 10 mL 蒸馏水。实验完毕后，首先用蒸馏水冲洗氧弹盖下部以及氧弹内壁、坩埚外壁等部件，并将洗涤液和原氧弹内溶液倒入锥形瓶中，加热煮沸以排除 CO_2。然后以酚酞为指示剂，用标定好的 NaOH(约 0.1 mol/L)溶液滴定。最后擦干氧弹和盛水桶。

(5)改变试样进行测量。将苯甲酸样品换为萘(待测样品)，重复上述(1)~(4)步骤。

5. 实验数据处理

(1)热交换校正温度 $\Delta T_{校}$ 的计算

用奔特公式对实验过程中氧弹量热计的热交换温度进行校正，即

$$\Delta T_{校} = \frac{n}{2}(v_1 + v_2) + rv_2 \tag{E4-5}$$

式中：v_1 为初期温度变化率；v_2 为末期温度变化率；n 为主期中每半分钟温度升高不小于 0.3 ℃的间隔数，点火后的第一个间隔不管温升多少都计入 n 中；r 为主期中每半分钟升温小于 0.3 ℃的间隔数。分别求出苯甲酸和萘燃烧放热引起的温度变化 ΔT_1、ΔT_2 及其校正值 $\Delta T_{1,校}$、$\Delta T_{2,校}$。

(2)非样品物质燃烧热 q_i 的测量

根据点火丝初、末长度差值 Δl 求出点火丝燃烧放出的热量 $q_{丝}$。若对产生的硝酸进行了滴定，则可根据滴定所消耗 NaOH 体积求出其热量 q_{HNO_3}。

(3)水当量的计算

将苯甲酸燃烧实验的 ΔT_1、$\Delta T_{1,校}$，以及苯甲酸的燃烧热值 q_v 代入式(E4-4)，求出系统的水当量 C 值(J/K)。

(4)萘的 ΔU_m、ΔH_m 及误差计算

根据式(E4-3)求算萘的恒容摩尔燃烧热 $Q_{V,m}(\Delta U_m)$，并应用式(E4-2)计算出萘的恒压摩尔燃烧热 $Q_{p,m}(\Delta H_m)$。根据误差传递分析原理，估计实验结果(量热计水当量和萘的燃烧热值)的测量精度大小。

【例】 氧弹量热计水当量测定的计算。相关的实验数据如下。

室温：22.3 ℃；外筒温度：22.5 ℃；内筒温度：21.8 ℃；苯甲酸净重：1.1071 g；Ni-Cr 点火丝的实际燃烧长度为 4.2 cm；滴定消耗了 0.1 mol/L 的 NaOH 溶液 4.01 mL；实验时测得的温度值列于表 4-1。

第一步，采用奔特公式对实验温差测量值进行校正：

$$\nu_1 = \frac{21.848 - 21.853}{10} = -0.0005,\ \nu_2 = \frac{23.861 - 23.851}{10} = 0.001$$

$n=3$，$r=12$，则 $\Delta T_{校} = \dfrac{-0.0005 + 0.001}{2} \times 3 + 0.001 \times 12 = 0.01275\ \text{K}$

苯甲酸燃烧放热引起的体系温度升高值为：

$$\Delta T + \Delta T_{校} = (23.861 - 21.853) + 0.01275 = 2.02075\ \text{K}$$

第二步，计算非样品物质燃烧热值：

$$q = q_{丝} + q_{HNO_3} = 8.87 \times 4.2 + 5.98 \times 4.01 = 61.2338\ \text{J}$$

第三步，将相关数据代入式(E4-4)计算量热计的水当量：

$$C = \frac{26480.5 \times 1.1071 + 61.2338}{2.02075} = 14538.07\ \text{J/K}$$

表 4-1　氧弹量热计水当量测定实验数据

序号(初期)	时间/min	温度/℃	序号(中期)	时间/min	温度/℃	序号(末期)	时间/min	温度/℃
1	0	21.848	1	0	21.853	1	0	23.861
2	0.5	—	2	0.5	22.090	2	0.5	23.860
3	1	21.849	3	1	22.930	3	1	23.859
4	1.5	—	4	1.5	23.390	4	1.5	23.858

续表4-1

序号(初期)	时间/min	温度/℃	序号(中期)	时间/min	温度/℃	序号(末期)	时间/min	温度/℃
5	2	21.850	5	2	23.610	5	2	23.857
6	2.5	—	6	2.5	23.722	6	2.5	23.856
7	3	21.851	7	3	23.782	7	3	23.855
8	3.5	—	8	3.5	23.817	8	3.5	23.854
9	4	21.852	9	4	23.837	9	4	23.853
10	4.5	—	10	4.5	23.859	10	4.5	23.852
11	5	21.853	11	5	23.859	11	5	23.851
			12	5.5	23.860			
			13	6	23.862			
			14	6.5	23.862			
			15	7	23.862			
			16	7.5	23.861			

6. 实验结果讨论

(1)针对实验操作要点进行定性讨论。如样品为何要压片，压片效果对样品燃烧有何影响？坩埚底部放入酸洗石棉有何作用？可能导致点火失败的因素有哪些？系统内加水量有何影响？

(2)根据实验数据处理结果进行讨论。计算实验误差，探讨可能的误差来源及大小。

(3)除了奔特校正(经验)公式外，还有什么温度校正方法？

(4)如何用苯甲酸的燃烧热数据来计算苯甲酸的标准生成热？

参考数据见表 4-2。

表 4-2　某些物质的标准摩尔燃烧热(298.15 K，101325 Pa)

物质	甲醇	乙醇	苯	丙酮	萘	苯甲酸	蔗糖
燃烧热/($kJ \cdot mol^{-1}$)	726.8	1368	3268	1790	5157	3228.2	5640

实验五　溶解热的测定

1. 实验目的

(1)测定硝酸钾的积分溶解热；

(2)了解电加热标定量热系统能当量的基本原理和方法；

(3)学习量热实验中温差值的雷诺图校正法。

2. 实验原理

溶解热是一种物质溶解于溶剂中所产生的热效应 Q，其又可分为积分(或称变浓)溶解热和微分(或称定浓)溶解热。积分溶解热是指在等温等压下一摩尔的溶质溶于一定量的溶剂中所产生的热效应 Q_j；微分溶解热指的是在等温等压下一摩尔溶质溶于大量的某一确定浓度的溶液中产生的热效应 Q_w。以二元溶液为例，$Q_j = Q/n_2$，$Q_w = (\partial Q/\partial n_2)_{n_1}$。令溶剂与溶质的摩尔比为 $n_0 = n_1/n_2$，可以导出积分溶解热与微分溶解热的关系为：

$$Q_j = Q_w + n_0\left(\frac{\partial Q_j}{\partial n_0}\right)_{n_2} \tag{E5-1}$$

式中：n_1 为溶剂的物质的量；n_2 为溶质的物质的量。

积分溶解热可以用量热法直接测定。由于实验在恒压条件下进行，故 $Q_p = C\Delta T$。C 为量热计中各物质的热容总和，也称为系统的水当量或者能当量。它包括了杜瓦瓶、搅拌器、电加热器和温度计等各个部分的热容。对量热系统输入一定的已知热量 $Q_{已知}$，则有 $Q_{已知} = C\Delta T_1$，测出 ΔT_1 后即可算出 C。将待测物质在量热系统中进行溶解，测出它的温度变化 ΔT_2，由关系式 $Q_{待测} = C\Delta T_2$ 可得：

$$Q_{待测} = C\Delta T_2 = Q_{已知}(\Delta T_2/\Delta T_1) \tag{E5-2}$$

即可以算出待测物质的积分溶解热 $Q_{待测} = Q_j$。

对量热系统输入已知热量 $Q_{已知}$有两种方法。一种是标准物质法，即利用一种已知标准热效应的反应，让其在量热计中进行，测出 ΔT 值进而求出 C(燃烧热的测定实验即用这种方法)；另一种是电加热标定法，在电加热器中通过一定的电流 I(A)和电压 U(V)，通电一定的时间 t(s)，根据焦耳定律计算出它产生热量 $Q_电$，测出对应温度变化 $\Delta T_电$，进而求出 C 值，即

$$C = Q_电/\Delta T_电 = IUt/\Delta T_电 \tag{E5-3}$$

由于系统并非完全绝热，因此量热系统温度变化值 ΔT 还受许多能量因素影响(如传热、对流、蒸发、辐射等)，所以需要对 ΔT 值进行校正。本实验介绍雷诺图解校正法。

根据实验数据绘制温度 T-时间 t 曲线，如图 4-20 所示。图 4-20(a)为升温曲线，图 4-20(b)为降温曲线。H 为开始加热(或溶解)点，D 为最高温度(或最低温度)读数点。在温度轴上确定 J 点，过 J 点作一水平线与 T-t 曲线交于 I 点；再过 I 点作垂线 ab，将 FH、GD 线段外延，分别与 ab 交于 A 和 C(通过截面积 S_{DCI} 与 S_{HAI} 相等确定 I 点位置)，则 A、C 的温差即为经过校正后的 ΔT 值。

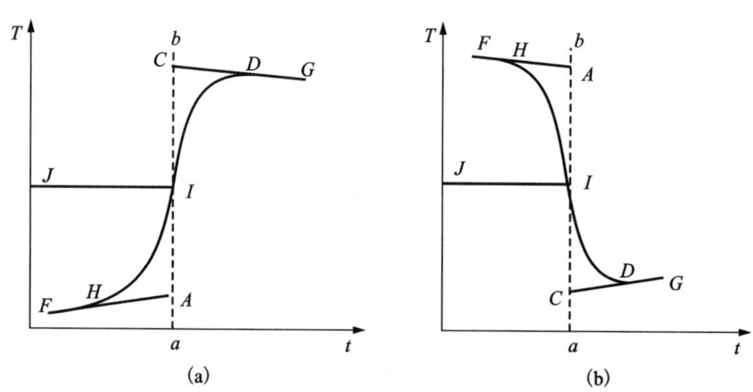

图 4-20　量热体系温度时间关系曲线示意图

3. 实验仪器与试剂

主要实验仪器：溶解热测定仪 1 套（如图 4-21 所示）；电子天平 1 台。

辅助实验用品：500 mL 容量瓶 1 个；瓷研钵 1 个；称量瓶 1 个，加样管 1 套。

实验主要试剂：无水硝酸钾（KNO_3）；蒸馏水。

4. 实验步骤

（1）试样的准备与称量。将干燥的无水 KNO_3 于研钵中研碎至粒度 0.5～1 mm。将称量瓶放在电子天平上称量，清零后称取约 14.2 g 经研磨的 KNO_3，记录下无水 KNO_3 和称量瓶的总质量以及加样管的质量。

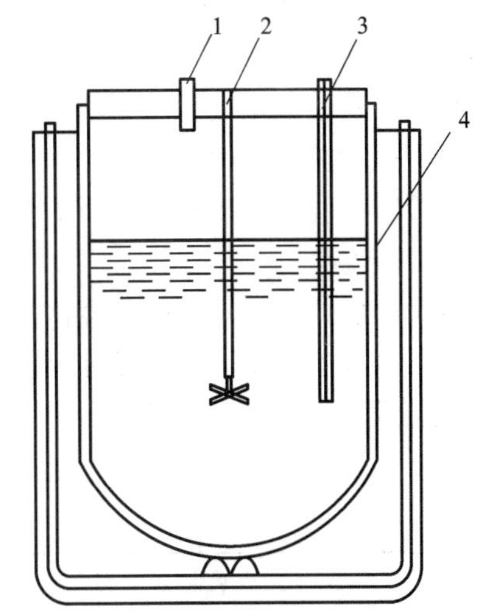

1—加样口；2—搅拌器；3—测温探头；4—杜瓦瓶。

图 4-21　溶解热测定装置示意图

（2）水当量的测定。用容量瓶准确量取 500 mL 蒸馏水，并倒入已清洗干净干燥的杜瓦瓶中。盖上溶解热测定仪的盖板，打开搅拌器，点击复位按钮将时间次数清零。开始水当量的测定，每分钟记录一次温度。分为初、主、末三个阶段。初期记录 10 个数据，在最后一次测温读数时点击加热按钮进行通电加热，进入主期。主期在测温的同时，记录下电压 U、电流 I 的读数。当主期温度升高大约 2 ℃时，再次点击加热按钮停止加热，进入末期。末期记录 10 个数据。

（3）KNO_3 溶解热的测定。硝酸钾溶解热的测定同样分为初、主、末三个阶段。样品测量的初期与水当量测定末期重叠，即水当量测定末期 10 个数据采集完成时，开始加样，进入测样主期。加样时，将加样管插入仪器盖板上的加样口中，迅速将称量好的 KNO_3 倒入杜瓦瓶中。加样完成后取走加样管，将加样口塞上塞子。每隔半分钟或一分钟记录一次温度，直至样品完全溶解，温度不再下降且略有回升时，进入末期。末期每分钟记录一次温度，记录 10 个数据。停止搅拌。

（4）称量加样管和称量瓶。实验测定完成后，将残留有 KNO_3 的加样管和称量瓶在同一台电子天平上再次称量，以求得实际倒入杜瓦瓶中的 KNO_3 的质量。最后将加样管清理干净。

（5）重复实验。重复实验步骤（1）～（4），完成 KNO_3 溶解热的第二次测量实验。为验证实验方法和实验操作的可靠性，至少需要进行 3 次重复实验。

5. 实验数据处理

（1）将实验测量的温度对时间作图，根据雷诺图解法对水当量测定阶段以及 KNO_3 溶解热测定阶段的温度变化进行校正，得到 $\Delta T_{电}$ 和 ΔT_i。

（2）根据式（E5-3）求出量热计水当量 C。其中：

$$U=\frac{1}{n}\sum U_i \quad I=\frac{1}{n}\sum I_i$$

（3）根据式（E5-2）求出 KNO_3 的积分溶解热。

6. 实验结果讨论

(1)定性讨论 KNO_3 的粒度过大或过小对实验结果有何影响？实验过程中温度受哪些因素影响？

(2)根据实验数据处理结果进行讨论。如计算实验误差与偏差；讨论实验误差来源；评价实验方法与实验操作等。

(3)针对实验方案的设计进行讨论。在本实验方案的基础上，如何进行微分溶解热、微分稀释热的测定？

(4)讨论能否利用本实验仪器测定液体(或溶液)热容，设计实验方案。

(5)讨论溶液状态下，利用溶解热数据求反应热的理论依据。

参考数据见表 4-3。

表 4-3 某些物质的积分溶解热 Q_j 数据

物质	n_0	T/K	Q_j/(kJ·mol^{-1})	物质	n_0	T/K	Q_j/(kJ·mol^{-1})
KCl	200 : 1	291 298	+18.602 +17.556	$CaCl_2$	400 : 1	291	−75.27
KF	110 : 1	288	−17.20	KNO_3	200 : 1	291 298	+35.392 +34.899
$AlCl_3$	400 : 1	291	−325.9	—	—	—	—

第 5 章

平衡实验研究方法与实验

平衡类实验是一项使体系达到平衡后，测量其有关的热力学性质，并求得它们彼此之间的关系或体系的热力学数据的测量工作。体系的性质有温度、蒸气压力(逸度)、浓度(活度)、电动势、电极电势等。体系性质之间的平衡关系有气-液平衡时蒸气压与温度之间的关系、化学反应平衡常数与温度之间的关系、相图和电势-pH 图，以及所有平衡关系图所表示的性质之间的关系。

平衡实验是热力学数据的重要来源之一。许多热力学数据，如相变热 $\Delta_{trs}H$，化学反应的热效应 Δ_rH、吉布斯自由能变化量 Δ_rG、熵变 Δ_rS 以及各种平衡常数等就是根据平衡实验结果求得的。

热力学原理可以导出平衡体系的一些热力学性质之间的确定关系，如：

$$\ln K^{\ominus} = -\frac{\Delta_r H_m^{\ominus}}{RT} + \frac{\Delta_r S_m^{\ominus}}{R} = -\frac{\Delta_r G_m^{\ominus}}{RT}$$

$$\lg\frac{p}{p^{\ominus}} = -\frac{\Delta_{trs}H_m}{2.303RT} + C$$

大量的平衡实验结果确实证明了热力学原理的正确性，因此平衡实验是热力学原理的重要的实践基础。反言之，热力学原理也提供了由平衡实验结果求得热力学数据的理论依据。

由于热力学数据可以由量热实验求得，也可以由平衡实验求得，因此平衡实验和量热实验可以相互验证结果。这也是平衡实验的一个重要的实践意义。

平衡实验结果被广泛用于指导生产实践。在生产中可根据化学反应的平衡常数和给定的生产条件求算最大转化率；可根据温度-压力(组成)图、电势-pH 图等选择生产操作条件。此外，其对许多学科，如冶金、材料、地质等的发展都有重要的意义。

平衡实验大致可分为两类：一是相变平衡实验；二是化学反应平衡实验。

5.1 相变平衡实验方法

5.1.1 相变平衡实验的范畴

相变有很多类型，按相的形态来分，有固-固相变，固-液相变，固-气相变，液-气相变。按体系组成来分，有单组分系相变和多组分(双组分、三组分……)系相变。这些相变都是相平衡实验的研究对象，因此相变平衡实验的范畴很广。具体而言，液体的饱和蒸气压或金属的蒸气压与温度关系的测量研究，双组分合金的熔点-组成相图的测绘研究，三相点测量，压力对熔点的影响的测量等都属于相变平衡实验。此外，气体在液体中或固体中的溶解研究也属相变平衡实验范畴。

5.1.2 相变平衡实验方法

根据相变的类型，研究相变平衡的实验方法有很多种。其中，研究液-气或固-气相变的方法有动态法、静态法和饱和气流法等。动态法和静态法是相对的，实际上没有绝对的静态，动态也必须在某种条件下稳定不变。

1. 动态法

通过研究液-气相变可以测得其平衡温度和饱和蒸气压。动态法测量时是在待研究的液体上方，借助一定的设施(如抽气机或回流冷凝器等)建立一定的惰性气体压力，并使其维持恒定，将液体升温。当观察到液体沸腾时，液体的温度就是该液体在相应的惰性气体压力下的沸点，也就是液-气相变平衡的温度。此时相应的惰性气体压力也就是液体在该温度下的饱和蒸气压。

液-气相变测量装置中，液、气两相物质，温度计的玻璃泡(或其他测温元件的测温点)和外加热器三者的相对位置很重要，如图 5-1 所示。

加热方法可采用水浴、油浴或盐浴；如放入沸石不易发生爆沸。温度计的玻璃泡要置于两相界面处，这既可以避免液体过热又可以避免液体汽化吸热。典型的沸点测量装置有科特雷尔(Cottrell)沸点仪，如图 5-2(a)所示；图 5-2(b)为其改进装置。这些装置装有提升管，夹有气泡的沸腾液体将沿此提升管上升并喷至温度计的玻璃泡上，以保障温度计测量出真正的液-气相变平衡温度。

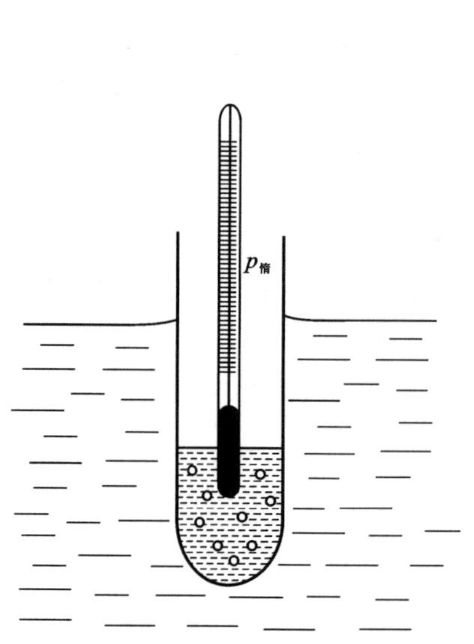

图 5-1 液-气相变测量装置中温度计的位置示意图

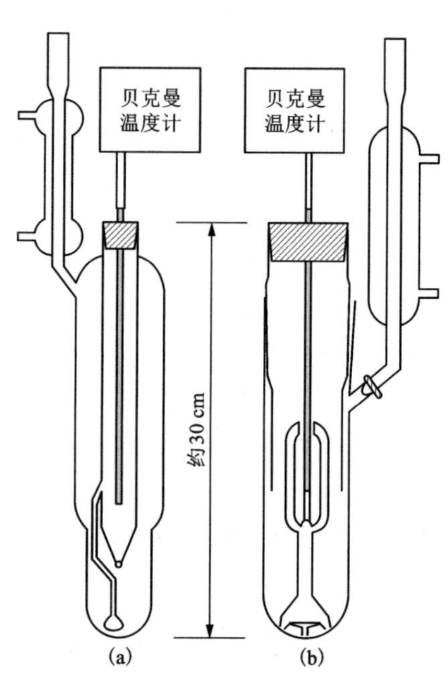

图 5-2 沸点测量装置示意图

液体的沸腾现象有些可以用肉眼观察到，如果容器或加热器等有碍于直接观察沸腾现象，则可以根据液体的某种性质（如质量），即在恒定压力下随温度的变化的非连贯性，来确定液-气相变时的温度和蒸气压，其装置如图 5-3 所示。这种方法的原理与一般用于固-气变化（相变或化学变化）的热重分析法的原理是相同的。

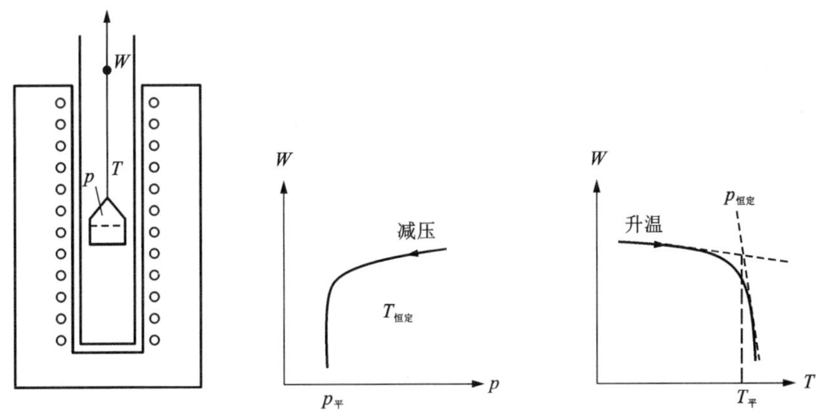

图 5-3　质量法液-气相变测量装置与质量曲线示意图

测定露点在相变过程方向上是测定沸点的逆行。对于一定压力下的可液化气体，当气体的温度降到某一定值时能观察到“露”，即气体凝结成的液体；此温度就是露点，也就是液-气相变的平衡温度，相应于露点时的蒸气压也就是液体在该温度时的饱和蒸气压。通过眼睛直接观察来确定露点比较困难，因此不常使用这种方法测定露点。但它与沸点测定一样也可以得到比较准确的数据。

2. 静态法

静态法可用于液-气相变，也可用于固-气相变的平衡实验。通常静态法是指用于纯物质的平衡温度与蒸气压力测量的平衡管实验方法，或是指几个不同成分的体系试样置于恒定温度的等压室中，彼此的挥发组分通过蒸气状态建立平衡的实验方法。平衡管外形如图 5-4 所示。实验进行时，待测液体置于平衡管小球中，在 U 形管部分装封闭液。在一定温度下，若小球内液面上方仅有待测液体的蒸气，则在 U 形管左支封闭液面上所受到的压力就是待测液体的蒸气压。当这个压力与 U 形管右支液面上的压力相平衡，即 U 形管两臂液面平齐时，就可以根据与平衡管相连接的压力计的测量值求得待测液体在此温度下的饱和蒸气压。

等压法，即在等压室内放置几个不同成分的多组分体系试样（待测试样和参考试样），如图 5-5 所示，并维持等压室温度恒定。然后将等压室抽真空，使各试样中的挥发组分蒸发，通过气态建立平衡。平衡后迅速取样分析，以确定平衡时各试样的液相组成。由于各试样在等压室内均处于平衡，所以对各试样来说，同一挥发组分的蒸气压是相同的。待测试样中某挥发组分的蒸气压则可以同任一已知蒸气压与组成关系的参考试样进行比较求得。这种等压法广泛用于水溶液化学中液-气相变平衡的研究，它可以测量待测试样的蒸气压与组成的关系，或待测试样中某组分的活度；也可用于化学反应平衡研究，但要求溶质与溶剂有不同的挥发性。

此外还有另一种称作假等压研究的等压法。在假等压研究中，等压平衡是在非等温的条件下，即待测试样与参考试样分别置于等压室的两个不同的温度处，如图 5-6 所示。这种假等压研究在高温相变平衡研究或化学反应平衡研究中都很有用。

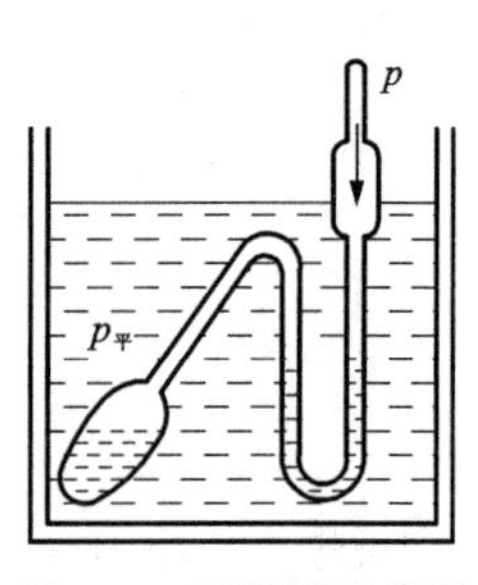

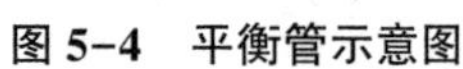

图 5-4　平衡管示意图

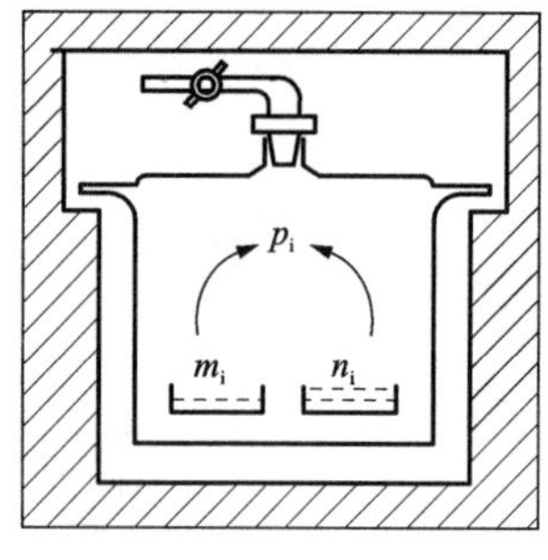

图 5-5　等压室示意图

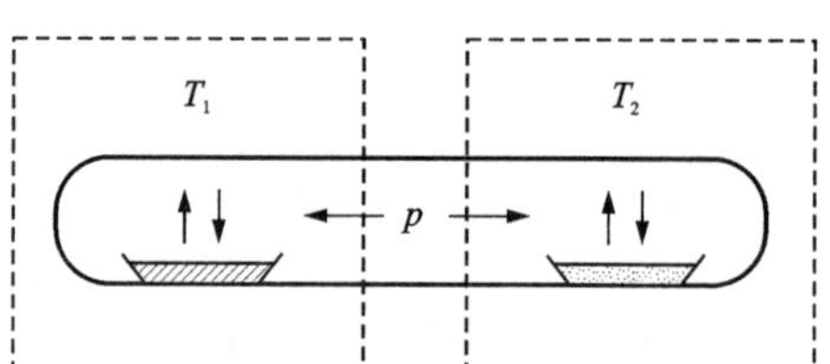

图 5-6　假等压研究示意图

3. 饱和气流法

饱和气流法可用于测量 10^{-5} 至 10^{3} Pa 间的蒸气压。其原理如图 5-7 所示。有一可控流速，且稳定的气流。该气体对于待测试样可以是惰性的，也可以是活性的。气体以一定的方法(如鼓泡)流经装有待测试样的饱和室，饱和室保持恒定的温度。在饱和室内气体充分地被试样的蒸气所饱和，使待测试样液-气相变达到平衡。然后将饱和了的混合气体导入检测系统，在检测系统内分析混合气体中试样的含量。根据混合气体中的试样含量和已知的气体流速及系统压力等数据，就可以求得试样在一定温度下的蒸气压。

饱和气流法为了确证气体是否充分被待测试样的蒸气所饱和，可以作实测蒸气压对载气流速的关系曲线，如图 5-8 所示。根据关系曲线可以知道蒸气压测量应选择的条件，但通常不易达到真正的饱和状态，因此实测值偏低。

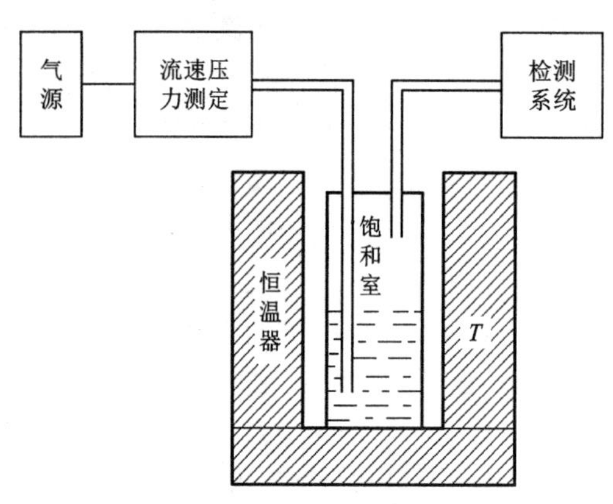

图 5-7　饱和气流法示意图

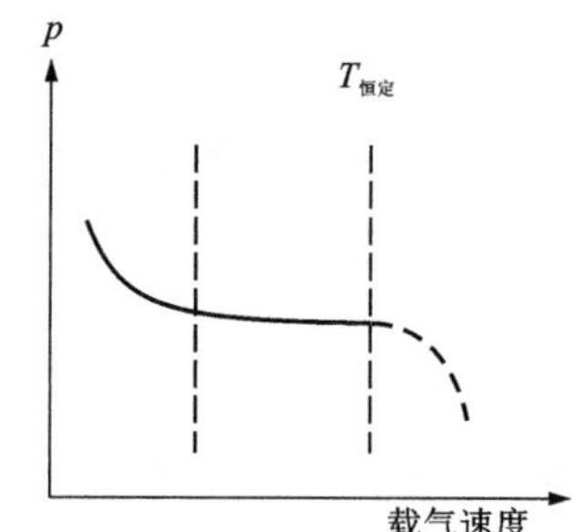

图 5-8　载气速度对蒸气压的影响示意图

4. 研究液-气或固-气相变的其他实验方法

研究液-气或固-气相变还有许多方法，如隙透法(Effusion 或称 Knudsen 法)、质谱法、气相色谱法和采用各种压力计的直接测量法以及其他联合方法等。

隙透法和质谱法的联合方法对于极低的蒸气压测量是目前最好的方法。但其设备昂贵，

技术要求高。随着经济的发展和科技的需要，其应用也日益广泛。

气相色谱法和采用各种压力计的直接测量法，对研究对象要求较严，因此受限制，应用较少。但气相色谱法对于有机物质的蒸气压测量则是相当好的方法。

5. 热重分析法、热分析法和差热分析法

这些方法是人们比较熟悉的方法。热重分析法既可用于相变过程研究，也可用于化学变化过程研究；热分析法和差热分析法主要用于相变过程的研究。在液–气或固–气体系中发生变化时则会有增重或失重，因而可以使用热重分析法。

热分析法及差热分析技术均能用于有一定热效应的相变(或化学变化)过程的研究。热效应较大的相变，如液–固相变应用热分析法比较方便；热效应较小的相变，如固–固相变则适宜用差热分析方法进行研究。

热分析法是通过测量凝聚态体系的冷却曲线(或加热曲线)来研究相变的实验方法。冷却曲线是试样降温过程中的温度(T)对时间(t)的关系曲线，其绘制原理如图 5–9 所示。

金属发生液–固相变时，其相变热一般要比它进行简单状态变化所引起的焓变要大。金属的液–固相变热(J/mol)约在 $2T_m$ 数量级(T_m 为该物质的熔点)，而金属的热容约为 21 J/(K · mol)。因此，温度高于熔点以上的液态金属在一定条件下冷却至熔点以下时，测得的冷却曲线会出现明显的热滞后(即水平段)。热滞后出现的温度也就是金属的液–固相变温度，所以能够根据冷却曲线来确定相变温度。

合金发生液–固相变时，其相变热有的是在一定温度下释放，如双组分共晶相变；有的是在一定的温度范围内释放，如连续双组分固溶体生成。因此相应于合金冷却曲线热滞后或斜率变化(转折)的温度也是其相变温度。合金凝固的温度范围愈大，或者说相变热小时，冷却曲线的热滞后或斜率变化会不显著，以致不便于根据冷却曲线来确定相变温度。这一特性使热分析法的应用受到了限制。

差热分析技术是通过测量试样相变(或化学变化)的差热曲线来研究相变(或化学变化)的实验方法，此法用于相变研究时可以测量相变温度和相变热等。差热曲线就是试样温度变化(降温或升温)过程中的差热信号($\Delta E = E_{参} - E_{试}$)对时间或温度的关系曲线。差热信号为相应于参比物与待测试样的热电偶的热电势的差值。差热曲线测绘原理如图 5–10 所示。

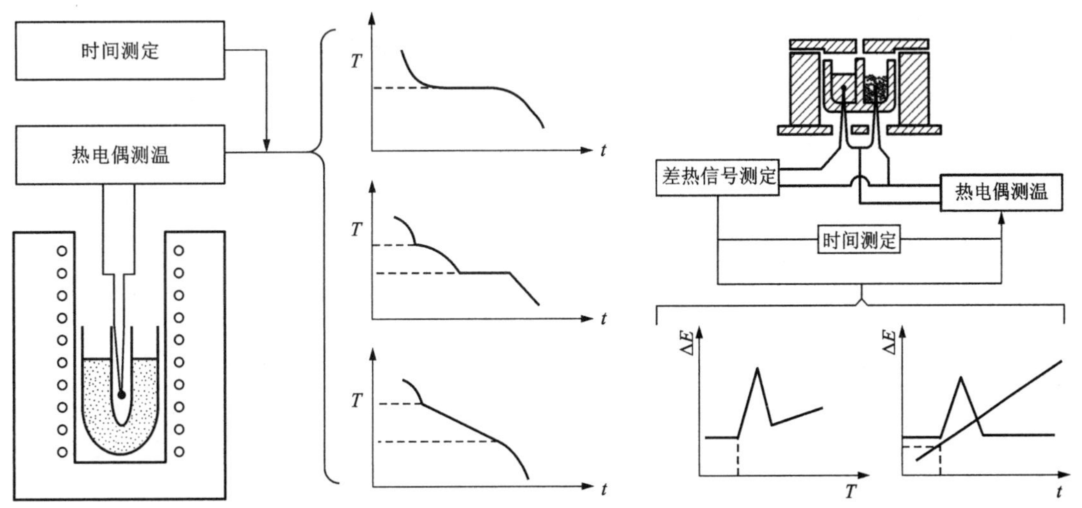

图 5–9　热分析法测量装置及冷却曲线示意图　　**图 5–10　差热分析法测量装置及差热曲线示意图**

由于差热信号是取 $\Delta E=E_{参}-E_{试}$，即相当于 $\Delta T=T_{参}-T_{试}$，在没有发生相变时，如果试样与参比物本身以及它们在保持器中的地位有足够好的相似性，则 $T_{参}$ 与 $T_{试}$ 在降温或升温过程中，原则上应该同步，即近于相等。所以，差热信号为零或某一恒定值。相变发生时，$T_{参}$ 与 $T_{试}$ 不等，则差热信号不为零或某一恒定值，会发生显著变化。差热信号变化处表示有相变发生，对应的温度就是相变温度。在热分析法中，冷却曲线上某处斜率发生微小变化，从曲线本身的连贯趋势上难以觉察，但如果采用其微分(即对时间求导数)来表示就显著了。差热分析法就是基于这种原理，因此可以大大提高测量的灵敏度。

差热分析法是技术性较强的实验方法，差热分析法的实验装置从加热方式及控制、温度信号和差热信号的测量及记录、保持器的材料与构型、试样的种类与用量、参比物和气氛的选用等方面显示出独特的设计风格，具有多种多样的型式。

6. 固-固相变的研究方法

固-固相变的相变热比较小，差热分析法虽然可以使用，但也受到了一定的限制；对于某些热效应极为微弱的固-固相变就更不宜使用。此外，差热分析法要求降温或升温的速度比较快，对于固-固相变研究也极为不利。

由于金属、合金或其他固态物质的物理性质对于它们的相态、相结构、相组成极为敏感，因此固态物质的晶格参数、伸胀性质、导电性质、磁性质等与温度或组成的关系，均可用来研究固-固相变，鉴别相和相结构，以及分析相组成。通常在固-固相变研究中，使用的方法有金相法或电子显微镜法、X 射线衍射法、电子探针微区分析法、伸胀法(Dilatometric 法)、电阻法、磁法等。

下述方法可直接研究固-固相变，如用高温 X 射线衍射仪直接观察固-固相变；也可间接研究固-固相变，如用淬火或回火法制取不同条件下的试样，然后用 X 射线衍射法鉴定存在哪些相，分析相结构和相组成，从而研究相变温度与组成的关系，绘制相图。

金相显微镜法是常用的相变研究方法，如果再加上偏光和显微硬度等措施则更为有效。高温金相显微镜也可直接用于观察相变过程。电子显微镜(和扫描电镜)有较高的放大倍数，是进行精细相结构研究的好设备。

X 射线衍射法和电子探针微区分析法是当前高级的相变研究方法，二者均是相图测绘中进行相组成分析的重要手段。如使用化学法或电化学法进行微量相的提取或相分离，则 X 射线衍射法可用于合金中存在的微量相的鉴定。当合金的相结构和组成只能在一定温度范围内存在并且淬火时又会分解，则不能用淬火法制取试样的 X 射线衍射法来测量相变，须采用高温 X 射线衍射法来进行直接研究。高温 X 射线衍射法要求有能够保障试样温度均匀而且恒定的试样安放台，X 射线照相机的几何尺寸或衍射仪在所有温度都能保障准确性，但试样要不受污染和不挥发。

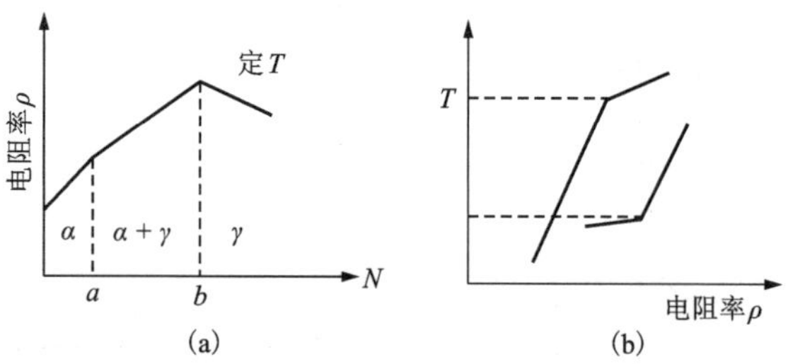

图 5-11　电阻率-组成和温度-电阻率关系曲线示意图

电阻率对组成的关系中所出现的斜率变化，反映了新相区界或在单相区内形成新的有序结构。因此，测量不同组成的合金的电阻率 ρ 对组成的关系，可以得到测绘相图所必要的信息，如图 5-11(a)所示。也可以测量电阻率 ρ 对温度 T 的关系来确

定相变温度，如图 5-11(b)所示。假如此种曲线比较平滑，则可采用类似差热分析原理的差值法来确定相变温度。

固态物质的伸胀性(长度变化)、磁性(磁化率)也可类似地应用于相变研究。电阻法、伸胀法、磁性法用于固-固相变研究的优势是能选用较慢的加热或冷却速度，可使固-固相变在接近于平衡条件下进行。这对低温范围内的相变研究是很有利的。

了解固-固相变研究的原理与技术对从事物理化学实验研究的工作者而言是必要的，因为许多物理化学研究都要涉及固态物质相结构的鉴定和相组成。在量热实验中始、末状态的确定，多相反应动力学研究中的中间相检测，就常常应用 X 射线衍射法。

5.1.3　相变平衡实验的基本测量量与误差来源

在液-气相平衡实验中主要通过测量相变平衡温度、平衡蒸气压及组成(含量)，求得它们之间的关系，进一步求得蒸发热、活度等热力学数据。因此，其基本测量物理量是温度、压力及组成。动态法和静态法可直接测量出温度和压力，而其他方法如饱和气流法，其温度是直接测出的，但蒸气压一般是通过其他测量量间接求得的。

液-固相变和固-固相变均属凝聚体系的相变，一般忽略压力的影响，因此其基本测量量是温度和组成。若是研究压力对液-固或固-固相变的影响，如压力对熔点的影响，则压力也是一个基本测量量。在液-固相变或固-固相变中的其他测量量，如差热信号、时间、电阻、X 射线强度、磁化率等对相变研究结果的准确性有一定的影响，但不属于基本测量量。因为这一类测定只能得到其相变温度及组成等数据，而不能借用一般热力学关系式求出热力学数据。

相平衡实验结果的误差来自基本测量量的测量精密度和准确度，而测量精密度和准确度与选用的仪器和实验方法有关。此外，各种方法也有其特殊的原因会引起误差。这些误差来源如果不注意，而只在测量仪器的选用上考虑往往是徒劳的。

在液-气相变平衡实验中，静态法理论上能获得较为接近真平衡的数据。但建立真平衡需要长时间或采取其他措施，如适当地抽真空及振荡。如果时间不够，措施不力，则会引起较大的误差。液相快速取样分析也相当麻烦，若取样分析不快，则易导致液相组成发生改变从而产生误差。动态法则常有过热或过冷现象，以致引起相平衡温度测量不准确。产生过热或过冷现象虽与过程的本质有关，但加热或冷却方式对此也有影响。饱和气流法中气体是否被试样所饱和是关键所在，如果不饱和则会引起很大的误差。此外，被饱和的混合气体在管路中如果存在热扩散现象，则会偏析，使气相成分在管路中的各个部分不均匀，致使气相成分分析结果没有代表性，导致最后的蒸气压数据不可靠。

在液-固和固-固相变平衡实验中，由于热分析法和差热分析法需要较快的降温或升温速度，因此容易出现过程正、逆方向的热分析曲线或差热曲线显示的相变温度不一致。即结果并不是真平衡的数值，如图 5-12 所示。

在许多相变平衡实验中，试样本身的纯度或受污染情况也影响相平衡温度测量的准确性。

在一些相变平衡实验方法中，某些非基本测量量的测量不准确也是相平衡实验的误差来源。如 X 射线强度、电阻、差热信号、气体流速测量不准确，则相组成、相平衡温度或压力的测量也会不准确。

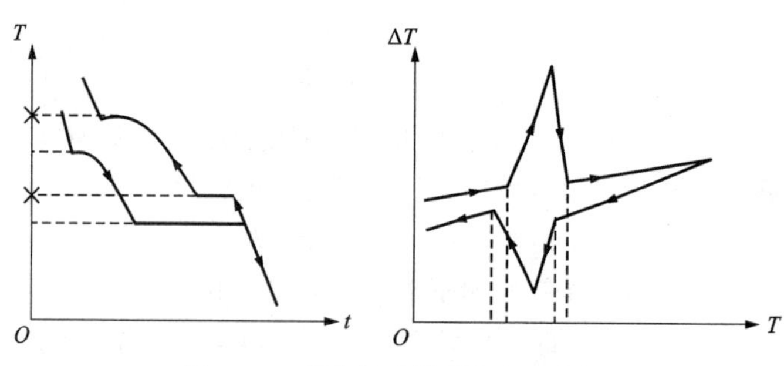

图 5-12　相变温度滞后现象示意图

总之，相平衡实验的误差来源是多方面的，进行研究时务必注意，特别要重视方法上的系统误差来源分析。

5.2　化学反应平衡实验研究方法

5.2.1　化学反应平衡的研究范畴

化学反应可分为均相反应和多相反应，均相反应又有气态均相和液态均相反应之分。气态均相反应如：

$$CO(g) + H_2O(g) \xlongequal{} CO_2(g) + H_2(g)$$

液态均相反应如：

$$Cu^{2+}(aq) + 4NH_3 \cdot H_2O(aq) \xlongequal{} [Cu(NH_3)_4]^{2+}(aq) + 4H_2O(aq)$$

多相反应则有固-气多相反应，固-液多相反应，液-气多相反应，液-液多相反应，以及固-液-气多相反应。固-气多相反应如：

$$Fe_2O_3(s) + 3H_2(g) \xlongequal{} 2Fe(s) + 3H_2O(g)$$

固-液多相反应如：

$$CaWO_4(s) + 2HCl(aq) \xlongequal{} CaCl_2(aq) + H_2WO_4(s)$$

液态金属与炉渣的反应也是冶炼中常见到的固-液多相反应。液-气多相反应如：

$$[C]_{熔铁中} + CO_2(g) \xlongequal{} 2CO(g)$$

液-液多相反应如萃取反应。固-液-气多相反应如：

$$Me(l) + CO_2(g) \xlongequal{} CO(g) + MeO(s)$$

上述这些化学反应都是化学反应平衡研究的对象，所以化学反应平衡实验的研究范畴是很广的。

对于均相化学反应平衡，化学学科的工作者研究较多；对于多相反应的化学平衡，特别是高温下的固-气多相反应平衡和固-液多相反应平衡，冶金工作者研究较多。对于液-气、或液-液多相反应平衡，相对研究较少。

5.2.2　化学反应平衡确证的方法

化学反应平衡不论用什么方法研究都要确证化学反应是否真正达到了平衡。确证的基本

原则：在一定条件下，化学反应达平衡后，其平衡常数应是恒定值，与到达平衡时反应所经历的时间、途径（正、逆到达）、起始条件（参与化学反应各物质的数量、浓度、物理状态）等无关。因此可用下列方法检验化学反应是否真正达到平衡。

1. 平衡到达时间的检验

由于在一定条件下化学反应进行都有一定的速度，因此化学反应到达平衡须经历一定的时间。只要化学反应平衡常数测量时刻远在化学反应平衡已经到达之后，则平衡常数（K）的数值与时间无关。如图 5-13 所示，可根据实测的平衡常数（K）对时间（t）的关系来检验化学反应是否到达平衡。

利用平衡常数对时间的关系来检验平衡，以静态法和动态法最为合适。若用饱和气流法测量化学反应平衡常数，则要通过改变化学反应的反应物之间的接触时间，改变流动相的速度来进行考察。考察化学反应平衡常数（K）对流动相的速度（v）的关系，如图 5-14 所示。

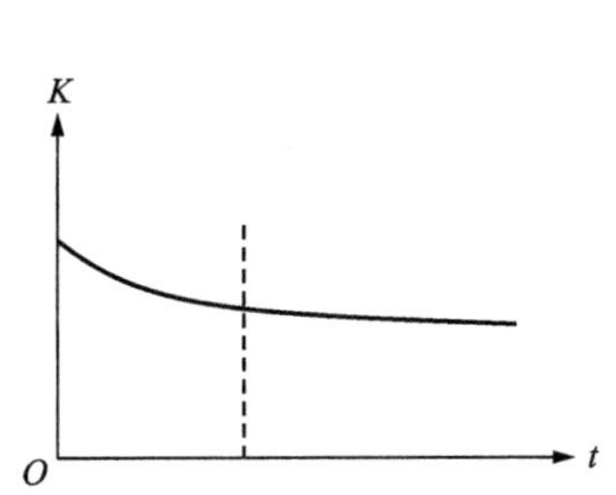

图 5-13　平衡常数对时间关系的检验曲线

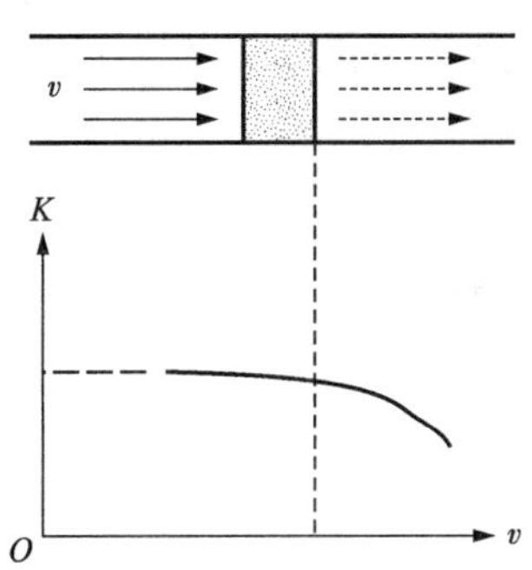

图 5-14　平衡常数对流动相的速度关系的检验曲线

一般而言，相对流速慢则接触时间长，容易达到平衡；相对流速快则接触时间短，较难达到平衡。通过平衡常数（K）对流速的关系也能检验化学反应是否达到平衡以及确定平衡实验的测量条件。

2. 平衡到达途径方面的检验

理论上，化学反应可以从正、逆两个方向到达平衡。实际上，对于那些反映热力学趋势“一边倒”的反应则无法实现这一点。因此，一般能通过平衡实验来测量平衡常数的化学反应大多数是可逆反应，其平衡常数不是特别大或特别小。对于任一可逆化学反应，可以用其反应物作为平衡实验的起始试样，使之在一定条件下按化学反应的正方向进行，并到达平衡，测量出其平衡常数；也可以用其生成物作为平衡实验的起始试样，使之在相同条件下按化学反应逆方向进行，并到达平衡，测量出其平衡常数。由两种起始试样测出的平衡常数值相等即可确证化学反应已到达平衡。

3. 平衡实验起始条件方面的检验

平衡实验的起始条件为参与化学反应的各物质起始浓度、数量和物理状态。由于这些条件均可能影响化学反应的速度，因此它们会对到达平衡的时间有影响。但从化学平衡理论可知，平衡实验的起始条件应不影响平衡常数的值。因此，可以用改变平衡实验起始条件的办法，来考察平衡常数（K）的值，也可确证化学反应是否达到平衡。

5.2.3 化学反应平衡实验方法

化学反应平衡实验方法也有动态法和静态法之分，具体来说有化学法、电动势法和其他方法(压力法，重量法)等。

1. 化学法

化学法的基本原理：在一定条件下使化学反应达到平衡，然后用分析化学的方法对平衡体系进行分析，根据分析结果可计算出化学反应的表观平衡常数(K)。化学法是常用的平衡实验方法，应用时首先要特别注意选用分析方法；其次要注意取样，防止取出的分析样品离开平衡条件时发生变化。

均相化学反应常采用静态的化学法。用于固-液或液-液多相反应的平衡实验装置一般与用于均相反应的类似，如图 5-15 所示。装置的主要部分有反应器和恒温器。反应器的构造和制造材料多种多样，视研究的具体反应而定。对于需取样离场(反应器)分析的实验，如何取样则决定于分析方法，一般视情况而定。快速分析方法则往往不必采取骤冷等措施。直接在现场测量参与反应各物质的成分最为方便。可惜不是所有反应都能如此。

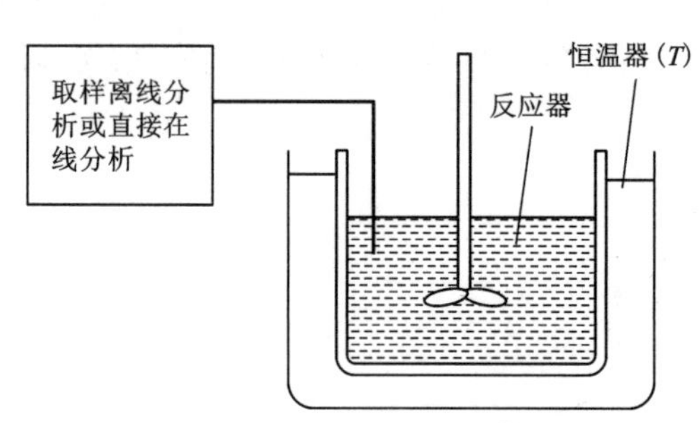

图 5-15 平衡常数化学测量法装置示意图

固-气多相反应在冶金反应中是很多的。其化学法平衡实验装置有循环式，如图 5-16(a)所示；也有流动式的，如图 5-16(b)所示。

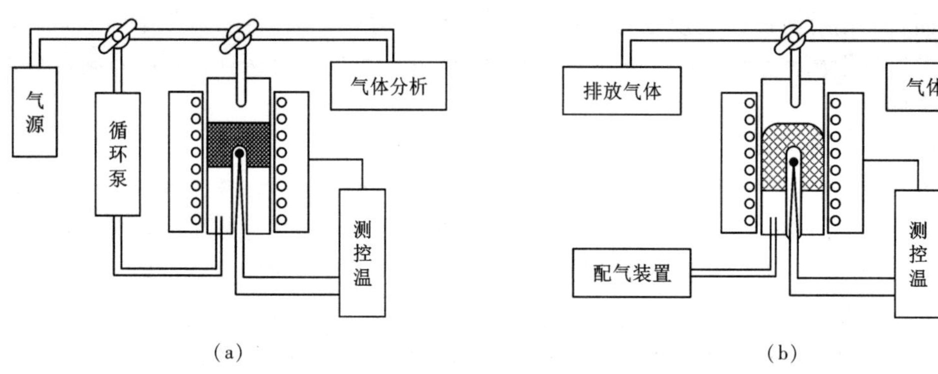

图 5-16 循环式平衡测量装置示意图(a)和流动式平衡测量装置示意图(b)

在循环式装置中，循环泵是一个重要的设备。在流动式装置中，配气系统是一个重要的部分。在化学法的固-气多相反应平衡实验装置中，反应器的恒温区非常重要，因为反应物料必须保证处于恒温区内。

2. 电动势法

化学反应平衡也可以通过电动势法来研究，即化学反应的平衡常数可以通过电动势法来测量。根据热力学原理有：

$$\Delta_r G_m^{\ominus} = -RT\ln K^{\ominus}$$

$$\Delta_r G_m^{\ominus} = -zE^{\ominus}F$$

因此只要测量出 $E^{\ominus}$ 即可计算出 $K^{\ominus}$。如对于反应：

$$2Cu(s) + \frac{1}{2}O_2(g) \xlongequal{\quad} Cu_2O(s),\ K_p^{\ominus} = \sqrt{\frac{p^{\ominus}}{p_{O_2}}}$$

将此高温下的反应设计成原电池：

$$Pt|Cu(s),\ Cu_2O(s)|ZrO_2(含\ CaO)\ \ O_2(g),\ Pt$$

则该电池的电动势与其标准吉布斯自由能变化有如下关系：

$$\Delta_r G_m^{\ominus} = -zE^{\ominus}F = -2EF + \frac{1}{2}RT\ln\frac{p'_{O_2}}{p^{\ominus}}$$

因此，在给定的 p'_{O_2} 条件下，由实验测得 E 可计算出 $\Delta_r G_m^{\ominus}$，进而求算出该反应的平衡常数 $K_p^{\ominus}$。

电动势法对于高温反应平衡研究有一些优点，如上述反应 $K_p = p_{O_2}^{-1/2}$，在 1000 ℃下，由于氧分压低于 0.133 Pa，因此 K_p 难于通过测量氧分压来准确测量。若设计成原电池，控制 p'_{O_2} 值测量其电动势 E，精密度可达 0.002 V，相应的 $\Delta_r G_m^{\ominus}$ 的精密度则可达 0.4 kJ 数量级。因上述反应在高温下的平衡常数不仅可以测量，而且可达到相当好的精密度。

应用电动势法测量的要点是，要将待研究的化学反应设计成相应的原电池。对于常温下的水溶液或非水溶液中的化学反应，设计原电池并付诸实践都是比较容易的。现在由于采用固体电解质技术，许多高温反应的原电池设计和制作也比较方便，因而电动势法广泛应用于化学反应平衡的研究。

3. 其他方法

化学反应平衡除了可用化学法和电动势法研究外，还有其他方法，如压力法和重量法等。

对于固-气多相分解反应，如碳酸盐热分解、氧化物热分解、水合物热分解等，很多符合压力法测量要求的反应均可用压力法来测量其分解压或平衡常数。压力法装置如图 5-17 所示。一般而言，压力法适用于压力比较适中的反应体系（0.133~133.3 kPa）。

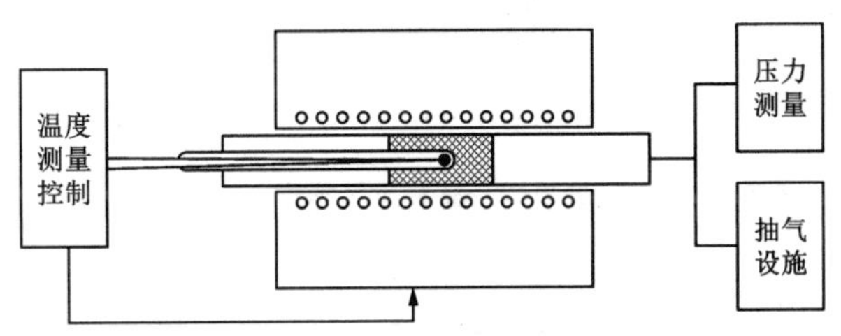

图 5-17　压力法平衡测量装置示意图

重量法研究多相反应平衡，测量其平衡常数的原理：一定条件下反应达平衡后从宏观上应看不到变化（就固-气多相反应而言则不会有重量改变），根据试样重量有无改变可以作为一定条件下反应是否处于平衡的标志。如多相反应：

$$WO_3(s) + H_2(g) \xlongequal{\quad} WO_2(s) + H_2O\ (g)$$

一定温度 T 下，$K_p^{\ominus} = K_p = p_{H_2O}/p_{H_2}$ 为定值，即 H_2O 与 H_2 的分压之比为恒定值。在某温度 T 下，若进入反应器的 H_2O 与 H_2 的混合气体的 $(p_{H_2O}/p_{H_2})_{进} < K_p$，则上述反应朝正方向进行，试样（$WO_3$+$WO_2$）会失重，直至 WO_3 消失；若 $(p_{H_2O}/p_{H_2})_{进} > K_p$，则上述反应逆向进行，试样会

增重，直至最后 WO_2 消失；若$(p_{H_2O}/p_{H_2})_{进}=K_p$，试样既不增重，也不失重，则上述反应处于平衡态。此种情况下的$(p_{H_2O}/p_{H_2})_{进}$就是上述反应在温度 T 下的平衡常数 K_p。重量法实验装置如图 5-18 所示。在定温下，改变进入反应器中 H_2O 与 H_2 混合气体的$(p_{H_2O}/p_{H_2})_{进}$，所测量得到的增、失重曲线如图 5-19(a)所示。

此外，也可以固定$(p_{H_2O}/p_{H_2})_{进}$，然后改变温度 T 观察试样(WO_3+WO_2)的重量变化，若温度高于$(p_{H_2O}/p_{H_2})_{进}$所对应的平衡温度，则上述反应朝正向进行，试样失重，直至 WO_3 消失；若温度低于$(p_{H_2O}/p_{H_2})_{进}$所对应的平衡温度，则上述反应朝逆向进行，试样增重，直至 WO_2 消失；若温度等于$(p_{H_2O}/p_{H_2})_{进}$所对应的平衡温度，则试样不增重，也不失重，即反应处于平衡状态。此时的温度则为上述反应在 H_2O 与 H_2 的分压比为$(p_{H_2O}/p_{H_2})_{进}$时的平衡温度 $T_{平}$，或者说平衡温度为 $T_{平}$时的平衡常数 $K_p=(p_{H_2O}/p_{H_2})_{进}$。固定$(p_{H_2O}/p_{H_2})_{进}$，改变反应温度所得到的增、失重曲线如图 5-19(b)所示。

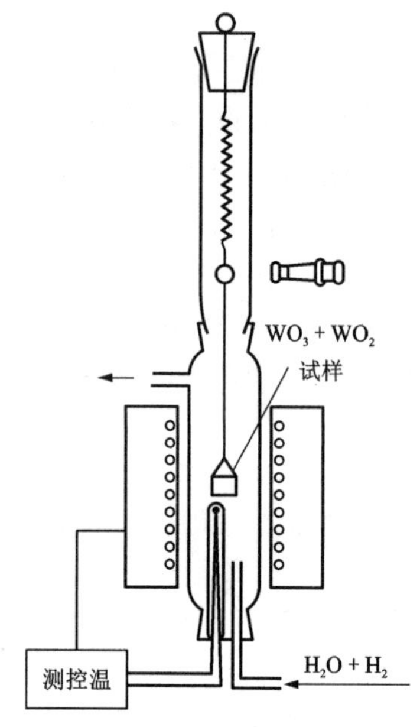

图 5-18 重量法平衡测量装置示意图

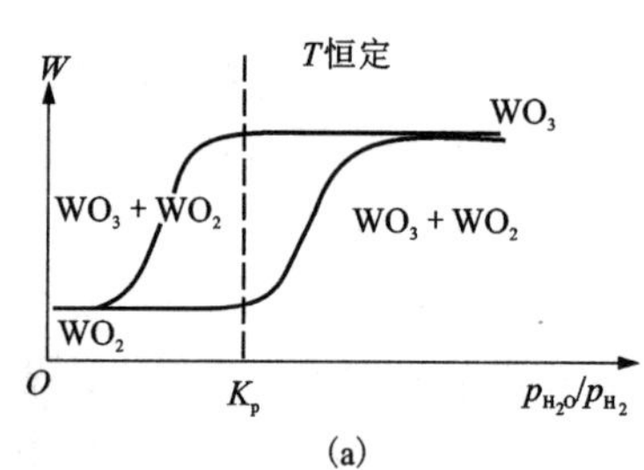

(a)

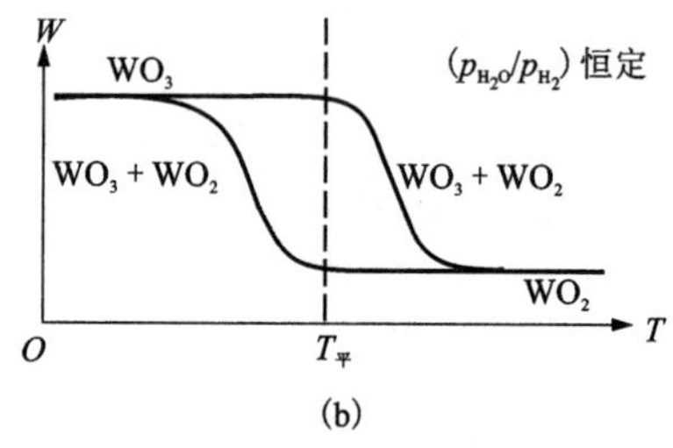

(b)

图 5-19 热重曲线示意图

使用重量法寻求反应的平衡点时，由于新相生成困难，往往引起开始失重或开始增重的条件偏离平衡条件很远。因此要在平衡点附近来回进行几次失重和增重，用逐步逼近的方法确定失重的极限条件和增重的极限条件，然后取失重和增重极限条件之间的条件为平衡条件。如固定$(p_{H_2O}/p_{H_2})_{进}$，借助反复升温和降温，用逐步逼近的方法测得的增、失重曲线如图 5-20 所示。

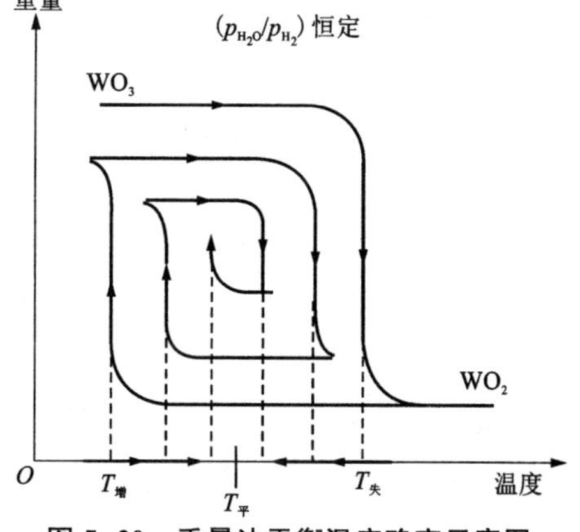

图 5-20 重量法平衡温度确定示意图

重量法一般用于能显示重量变化的多相

反应的平衡研究，但要求正、逆反应的速度都比较快。此外还要注意称重天平的选用。对于腐蚀性气氛，使用石英弹簧秤比较适宜。

5.2.4　化学平衡实验中的混合气体配置

在平衡实验研究中常需要配置一定成分的混合气体，如前述重量法中，在恒定温度时须使用可以改变气体成分的混合气体，使其通过试样所在的反应区；在采用改变反应温度的办法来研究平衡时，则需要配置一定成分的混合气体，使其通过试样所在的反应区。在冶金反应研究中常用的混合气体有二组分混合气体，如 H_2-H_2O、H_2-H_2S，CO-CO_2、H_2O-HCl 及 H_2-CO_2 等；三组分混合气体，如 CO-CO_2-SO_2、CO_2-H_2-SO_2 等。这些混合气体中各组成的化学势的控制可以通过改变其成分来实现。

1. 混合法配置气体

一定成分的多组分混合气体，可以应用恒定气体压力的气源，按流量来进行混合法配置。如图 5-21 所示，混合法配置气体时各组分之间，在混合中及实验温度下应不存在化学反应，否则按流量计算的气体成分就不准确。

配置好的气体也应直接进行成分检测，以确证配置是否有效和确定配气的误差范围。使用时间长久后，配气系统难免会发生变化，因此也有必要定期进行成分检测。

2. 饱和法配置气体

饱和法配置气体的原理是将一定流速的气体通过温度恒定的液体或溶液，使气体被液体或溶液的蒸气所饱和。在流出压力一定时，可得到分压比为定值的混合气体，即得到成分一定的混合气体。若改变液体或溶液的温度，则可调节混合气体中的成分。如配置一定成分的 H_2-H_2O 混合气体，就可以使氢气通过温度一定的水饱和器来实现，如图 5-22 所示。改变水饱和器的温度就可以控制 H_2-H_2O 的成分，或者说控制了“氧位”。饱和法适用于含某种易液化气体的混合气体的配置，也适用于含某种易与其他物质形成溶液且本身是挥发性组分的混合气体的配置。

饱和法配置混合气体的装置中，饱和器和恒温器是关键设备。配置过程中必须保障流动的气体能被液体所饱和，液体的饱和蒸气压与温度关系的数据应已知。

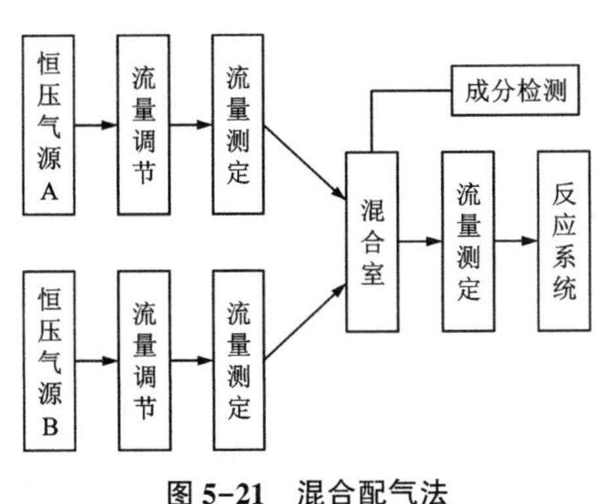

图 5-21　混合配气法

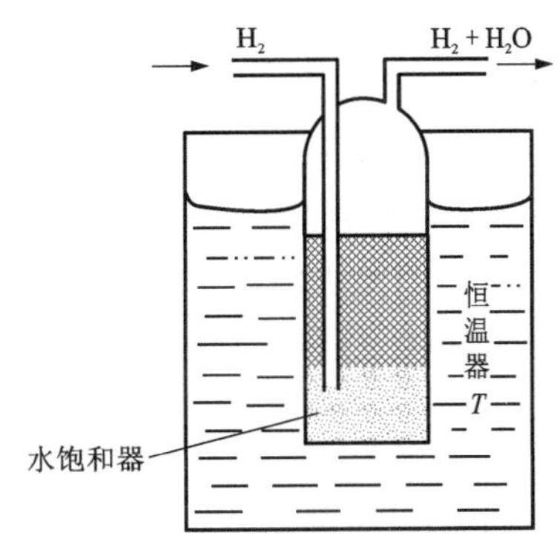

图 5-22　饱和法配气装置示意图

3. 化学反应法配置混合气体

化学反应法配置混合气体，是将一定成分的配气物质通过化学反应来变成所需要的具有一定成分的混合气体。如 H_2-H_2S 混合气体的配置，可将氢气通入已控制温度的硫熔体，使氢气被硫蒸气所饱和而获得一定成分的 H_2-S_8(气)的混合气。混合气进入反应炉后，S_8(气)与 H_2 进行化学反应生成 H_2S(气)，得到一定成分的 H_2-H_2S 混合气体。改变硫熔体的温度可得到不同成分的 H_2-H_2S 混合气体。H_2-H_2S 混合气体的配气装置如图 5-23 所示。

在化学反应法配置混合气体的过程中，化学反应应是彻底的。某一配气物质 S_8 经过反应后几乎不存在，全部转变为 H_2S。只有这样才能通过 S_8 来控制和计量 H_2S 的量。

4. 化学反应平衡法配置气体

化学反应平衡时，各物质间存在平衡常数 K 的关系，即彼此间有一定的比例关系，因此可以借助使某一反应达平衡的方法来获得混合气体。如高比例的 p_{CO_2}/p_{CO} 可以将 CO_2 通过一定温度下的金属-金属氧化物(Ni-Ni_2O_3)的混合物来制备。制备装置如图 5-24 所示。在制备过程中有化学反应：

$$2Ni + 3CO_2 \longrightarrow 3CO + Ni_2O_3$$

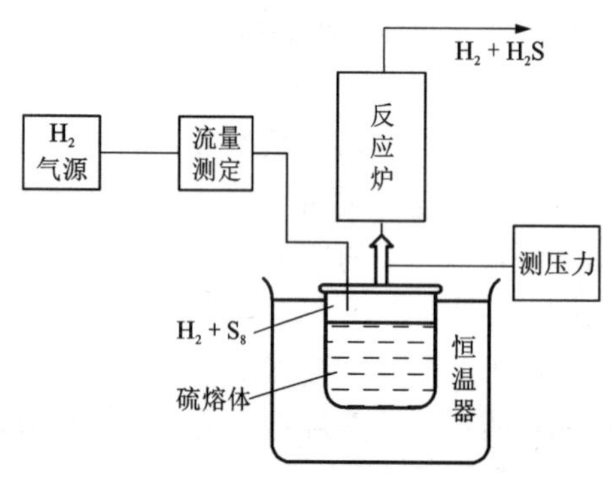

图 5-23 化学反应法配气示意图

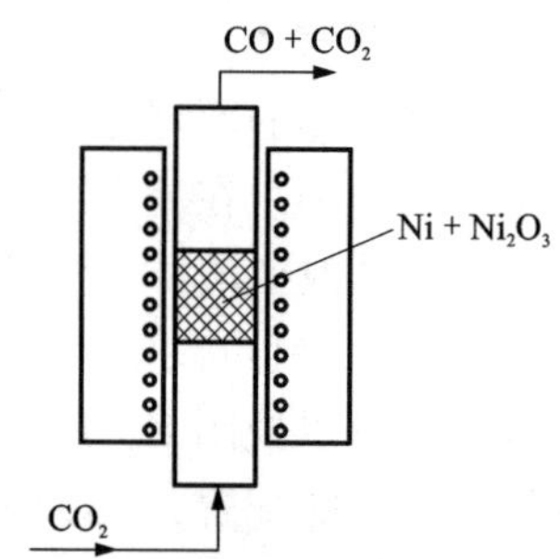

图 5-24 化学反应平衡法配气示意图

该反应在一定温度下其平衡常数为：

$$K_p = p_{CO}/p_{CO_2}$$

所以反应达平衡后的混合气体中 p_{CO_2} 与 p_{CO} 比例也一定。

H_2-H_2S 混合物也可用化学反应平衡法来制备，制备装置如图 5-25 所示。制备时将 H_2 与 H_2S 的混合物在一定温度下通过 Fe 与 FeS 的混合料层，使化学反应 $H_2+FeS \longrightarrow H_2S+Fe$ 达到平衡，得到 H_2 与 H_2S 比例一定的混合气体。因为该反应在一定温度下达到平衡后，其 K_p 有定值，即 $K_p=p_{H_2S}/p_{H_2}$。所以经过反应后，流出的混合气体中 H_2 与 H_2S 有一定的比例。改变平衡体系温度可得到不同成分的 H_2-H_2S 混合气体。

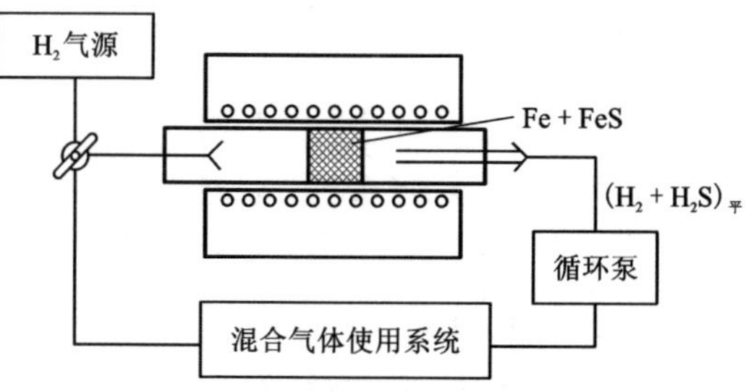

图 5-25 化学反应平衡法配气示意图

5.2.5　化学反应平衡实验的基本测量量及其误差来源

在化学法中，平衡实验的基本测量量为温度及参与化学反应的各种物质的浓度或分压。电动势法中的基本测量量为温度、电动势及各有关物质的浓度或分压。压力法中的基本测量量为温度及压力。重量法中的基本测量量为温度及配置气体的成分。重量法中试样质量是一个直接观测的量，它的测量精密度对平衡温度或平衡常数的确定有很大关系，但它不是重量法中的基本测量量。化学反应平衡实验的误差来源有多种，主要有如下几种。

1. 基本测量量的测量误差

在化学法中，基本测量量的测量误差主要是平衡组成分析方面（包括取样）的误差。一般而言，平衡实验中常量分析的精密度容易达到较高，而气体分析的精密度较差。电动势法中测量电动势（E）选用较高级的电位差计等进行则误差较小。压力法中压力测量的误差，以及重量法中配置气体的成分误差，分别是这些方法研究化学反应平衡的重要误差来源。温度是基本测量量，而且各种方法都有这种测量，因此温度测量误差是各种方法的误差来源。

2. 方法上的误差

方法上的缺陷，或不符合方法的使用条件都可能导致方法上的误差。如化学反应是否达到真平衡；电动势法中原电池设计是否合理，有没有其他电动势源产生；重量法中增、失重存不存在滞后现象，有没有其他增、失重的原因存在（如试样的物理挥发或冷凝）等，都是方法误差产生的根源。

3. 物质纯度或存在副反应导致的误差

这种误差对不同的方法而言各不相同。化学法由于是直接测量平衡时参与化学反应的各物质的浓度或分压，因此物质纯度或副反应对平衡实验最后结果的精密度和准确度影响不大。对其他方法则相当重要，即物质的纯度不够或者存在副反应会导致较大的误差。

4. 气体混合物存在热扩散导致的成分误差

这种误差对于某些有多组分气体参与的反应体系而言是最重要的。如在温度范围为 700 ℃至室温的反应管内，由于热扩散引起冷热两处的 H_2-H_2O 混合气中的成分比可能相差高达 40%。在高温区重组分（H_2O）含量偏低，轻组分（H_2）含量偏高，如图 5-26 所示。对于多组分气体混合物，如果组分的轻重相差大，则要特别注意热扩散可能导致的误差。消除或降低这种误差的办法是适当增大气体混合物的流速，采取预热气体，尽可能降低温度梯度，设计合适构型的反应器，以保障气流速度快和温度梯度小。资料表明，反应管内径为 2.5 cm，长为 50 cm，气体流速为 100 mL/min，在最大温差为 1200 ℃时，也可以消除热扩散。

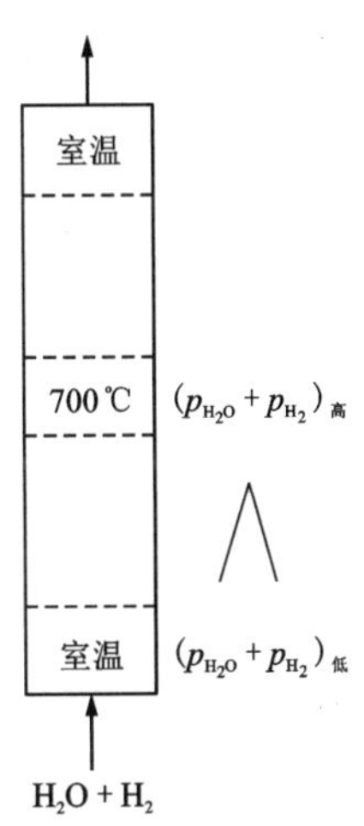

图 5-26　热扩散影响示意图

平衡实验

实验六　液体饱和蒸气压和平均汽化热的测量

1. 实验目的

(1)学习使用动态法测定液体饱和蒸气压与温度的关系;

(2)掌握数字压力计的使用方法和真空泵的使用,了解真空实验系统的构成,利用数字压力计测定水的饱和蒸气压;

(3)掌握饱和蒸气压的定义和气液两相平衡的概念,深入了解克劳修斯-克拉珀龙方程式;

(4)掌握图解法求被测液体温度范围内的平均摩尔汽化热和平均摩尔汽化熵。

2. 实验原理

在一定温度下,与纯液体处于相平衡时蒸气所具有的压力称为该温度下液体的饱和蒸气压。处于密闭真空容器中的液体,在一定温度下有动能较大的分子从液相进入气相,也有动能较小的分子由气相返回液相。当二者的速率相等时,达到了动态平衡,此时气相中的蒸气密度不再改变,因而有一定的饱和蒸气压。

液体的蒸气压是随着温度变化而改变的,温度升高时有更多的高动能分子能够由液面逸出,因而蒸气压增大。当蒸气压与外界压力相等时,液体便沸腾。外压不同时液体的沸点也就不同。一般将外压为 1 个标准大气压时的沸腾温度定义为液体的正常沸点。

液体的饱和蒸气压与温度的关系可用克劳修斯-克拉珀龙方程式(Clausius-Clapeyron equation)表述:

$$\ln\frac{p_{\mathrm{b}}}{p^{\ominus}}=-\frac{\Delta_{\mathrm{vap}}H_{\mathrm{m}}^{\ominus}}{RT_{\mathrm{b}}}+\frac{\Delta_{\mathrm{vap}}S_{\mathrm{m}}^{\ominus}}{R}=-\frac{A}{T_{\mathrm{b}}}+B$$

或

$$\lg\frac{p_{\mathrm{b}}}{p^{\ominus}}=-\frac{\Delta_{\mathrm{vap}}H_{\mathrm{m}}^{\ominus}}{2.303RT_{\mathrm{b}}}+\frac{\Delta_{\mathrm{vap}}S_{\mathrm{m}}^{\ominus}}{2.303R}=-\frac{C}{T_{\mathrm{b}}}+D$$

通过实验测得某液体在一定压力下的沸点后,以 $\ln\frac{p_{\mathrm{b}}}{p^{\ominus}}$(或 $\lg\frac{p_{\mathrm{b}}}{p^{\ominus}}$)对$\frac{1}{T_{\mathrm{b}}}$作图。由所得直线的斜率和截距可分别求出在实验温度范围内,该液体的平均摩尔汽化热和平均摩尔汽化熵。测定液体饱和蒸气压的方法主要有以下三种。

(1)饱和气流法。在一定温度和压力下,首先将干燥的与待测液不发生化学反应的气体以一定的流速通过待测液,保证气体被待测液蒸气所饱和。然后测定所通过的气体中待测液的物质的量,根据道尔顿分压定律计算出待测液的饱和蒸气压。此法也可测定固态易挥发物质的蒸气压,它的缺点是不易达到真正的饱和,因此实测值偏低。此法适用于测定蒸气压比较小的液体的饱和蒸气压。

(2)静态法。将被测液体放在一个密闭的体系中,在不同温度下直接测量其饱和蒸气压。此法准确性较高,一般适用于蒸气压比较大的液体。

(3) 动态法。利用液体的蒸气压与外压相等时液体沸腾的原理，测定液体在不同外压时的沸点，以求出不同温度下的蒸气压。

3. 实验仪器与试剂

主要实验仪器：蒸气压测量装置 1 套(如图 5-27 所示)，真空泵 1 台，数字式温度压力计 1 台。

辅助实验用品：气压计(公用)。

实验主要试剂：蒸馏水。

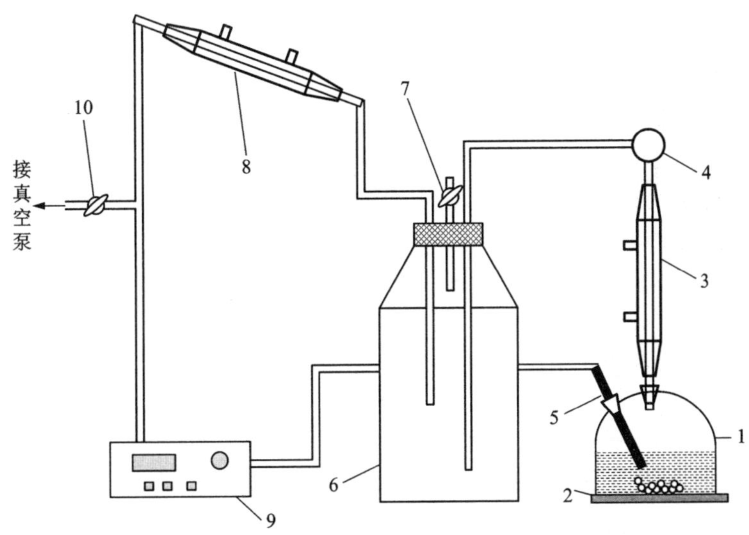

1—样品加热瓶；2—加热盘；3—冷凝管；4—缓冲球；5—测温探头；6—大缓冲瓶；7—放空(两通)活塞；8—冷凝管；9—数字式温度压力计；10—两通活塞。

图 5-27　动态法测定液体饱和蒸气压实验装置连接示意图

4. 实验步骤

(1) 抽气检漏。开启数字式温度压力计电源，将两个两通活塞打开，使体系与大气相通；待压力计上显示的数字稳定后对压力值“采零”，将两通活塞全部关闭；开启真空泵电源开关，将连接真空泵与体系的两通活塞缓慢打开；待抽空至压力计读数显示为-80 kPa 左右后，关闭该两通活塞，记录压力值，直到压力值基本不变时，才可开始实验。

(2) 沸点测定。先打开循环冷却水开关，然后按下加热盘的电源。加热样品加热瓶内的水，并使其沸腾。待温度基本稳定后开始记录实验数据，即记下沸腾温度(t_b)与相应压力值($p_{测}$)。要求每分钟记录一次，共读三次。若三次压力读数的两两数据间差值不超过一定精度(这是人为设定的，如设为 0.1 kPa)，则可认为体系已到达该精度要求下的平衡；若三次压力读数的两两数据间差值超过了设定精度，则继续读数，直到满足精度要求才算完成第 1 组实验数据采集，并进入以下操作程序。

完成第 1 组实验数据采集后，缓慢打开放空两通活塞，向体系内输入少量空气，使体系压力增加 8~12 kPa；待液体沸腾后，按照第 1 组实验数据采集方法和要求进行第 2 组实验数据的采集。这样的测量共进行 5~6 次，最后一次不关闭活塞，此温度即为当时外界大气压下的沸点。注意：为使实验数据分布均匀合理，一般在向体系内输入空气时，输入量应逐次增加。由于实验数据需要5~6组，须事先做好计算，对每次输入空气后体系压力增加量做到“心中有数”。

(3)重复实验。停止加热，待样品加热瓶内水的温度冷却到40~50 ℃，可重复进行实验，以便进行实验偏差的讨论。

注意：记录下当日室温及大气压 $p_{大}$，如 $p_{大}$ 有较大的变动，则随时记下，必要时可作为校正用的数据；原始实验数据要列表记录，每一组数据都应该由三个以上的 T_b 和 $p_{测}$ 组成，而不是三个数据的平均值。

5. 数据处理

(1)给出原始数据与实验处理数据的计算关系式，然后将实验处理数据 T_b、$1/T_b$、p_b、$\ln(p_b/p^{\ominus})$ 或 $\lg(p_b/p^{\ominus})$ 列表给出；

(2)作 $\ln(p_b/p^{\ominus})-1/T_b$ 或 $\lg(p_b/p^{\ominus})-1/T_b$ 图；

(3)根据 $\ln(p_b/p^{\ominus})-1/T_b$ 或 $\lg(p_b/p^{\ominus})-1/T_b$ 图求出直线斜率和截距；

(4)计算在实验温度范围内，水的平均摩尔汽化热和平均摩尔汽化熵；

(5)计算实验偏差和实验误差。

6. 实验结果讨论

(1)本实验采用动态法测定水的饱和蒸气压，从理论上与静态法、饱和气流法等进行比较，讨论动态法测定的优势所在，分析另外两种方法的适用体系并举例说明；

(2)分析讨论本实验误差引起的主要因素；

(3)本实验采用动态法测定的是纯液体体系的饱和蒸气压，对于二元溶液体系，该法是否可行？如果不可行，可以采用什么方法进行测量？

实验七　完全互溶双液系的气-液平衡相图绘制

1. 实验目的

(1)绘制环己烷-乙醇二元系的气-液平衡相图，巩固相图、相律的基本概念；

(2)确定环己烷-乙醇二元系在常压下的恒沸组成及恒沸温度；

(3)掌握阿贝折光仪的原理及使用方法；

(4)掌握沸点的测定方法。

2. 实验原理

为了绘制一定压力下双液系的 $T-x$ 图，须在达到气液平衡后，同时测定双液系的沸腾温度和液相、气相的组成。实验中平衡时气液两相的分离是通过沸点仪实现的，而各相组成的准确测定是采用阿贝折光仪通过测量样品的折射率实现的。

一定压力下，完全互溶双液系的沸点与组成的 $T-x$ 关系图一般有三种情况，如图5-28所示。

本实验测定的环己烷-乙醇双液系相图属于具有最低恒沸点一类的体系。首先利用沸点仪直接测定一系列不同组成混合物的气液平衡温度(沸点)，并分别采集少量该沸点下的气相冷凝液和液相，用阿贝折光率仪测定其折射率；然后根据折射率与样品浓度之间的工作曲线，确定对应的气相、液相组成。

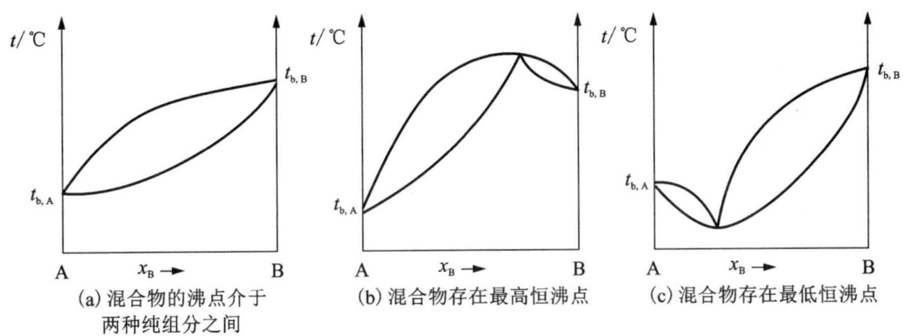

(a) 混合物的沸点介于两种纯组分之间　(b) 混合物存在最高恒沸点　(c) 混合物存在最低恒沸点

图 5-28　完全互溶双液系的沸点-组成图

3. 实验仪器与试剂

主要实验仪器：阿贝折光仪 1 台（如图 5-29 所示）；恒温槽 1 台；沸点仪测量系统 1 套（如图 5-30 所示）。

辅助实验用品：小烧杯 2 个；取样量筒 10 个（公用）；取样滴管若干支。

主要实验试剂：环己烷（A. R.）；乙醇（A. R.）；乙醇浓度为 5%～95% 的环己烷-乙醇溶液 8 种；脱脂棉。

完全互溶双液系的气-液平衡相图绘制

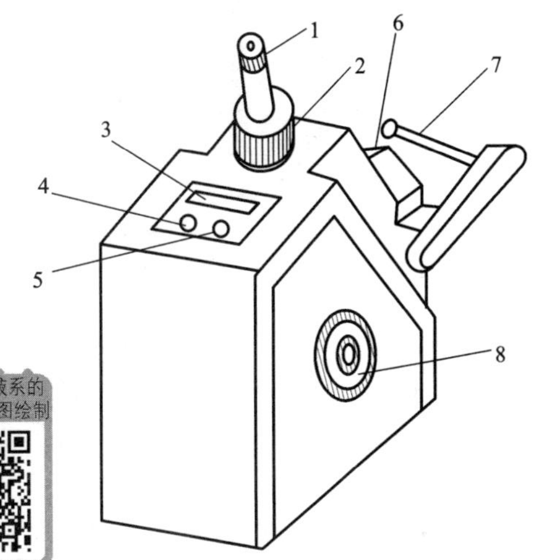

1—望远镜系统；2—色散校正系统旋钮；3—数字显示窗；4—折光率显示按钮；5—温度显示按钮；6—折射棱镜系统；7—聚光照明灯；8—调节手轮。

图 5-29　WYA-2S 型数字阿贝折射仪外形结构示意图

4. 实验步骤

（1）阿贝折光仪测样温度设置

将折光仪恒温水入、出口（折射棱镜侧边）与超级恒温槽连接。打开恒温槽电源，调节恒温槽温度，保持恒温（25±0.1）℃，直至折光仪上温度指示值稳定，并保持到实验结束。

（2）装样（于沸点仪中）。按图 5-30 检查沸点仪测量系统是否连接到位。首先将 10 种待测样品编号，然后用取样量筒从试样台处量取某一编号的样品。打开蒸馏瓶侧管的塞子，从蒸馏瓶侧管向蒸馏瓶中倒入待测样品溶液，直至略微超过蒸馏瓶 1/3 处，迅速盖上侧管的塞子。

（3）调节测温探头的位置。如果采用的是水银温度计，其温泡的放置位置按图 5-1 所示原则操作。若采用数字温度计，其测温装置的外面是金属套管（如图 5-31 所示），观察不到感温元件的长短。使用数字温度计时要注意调整测温探头插入液体的深度，可以通过纯组元的沸点测定判断测温探头插入液体的位置是否合适。

（4）沸点测定。先打开冷凝水开关，再打开沸点仪电源开关；旋转“加热电源调节”旋钮，慢慢将加热电压调至 12 V 左右，加热溶液使之缓慢沸腾；因初始时在小槽内的冷凝液组成不能代表气-液平衡时的气相组成，为加速其达到平衡组成，需要将其回流至蒸馏瓶 2～3 次（注意：时间不宜过长，以免物质挥发而难以准确读数）；观察温度的变化情况，待温度稳定后记

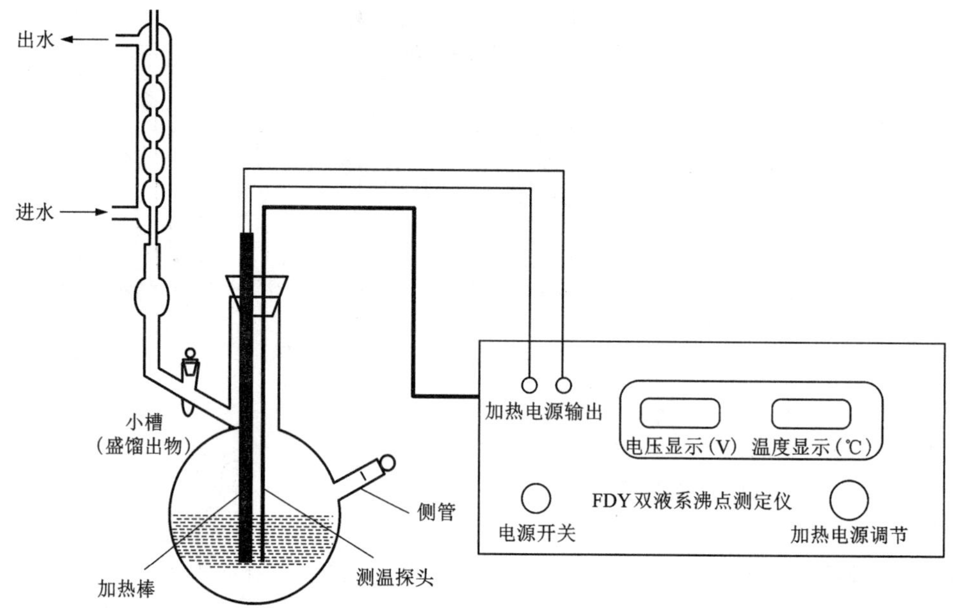

图 5-30　沸点测定仪组成示意图

录，关闭电源。

(5)气、液相组成测定。打开折射棱镜紧锁扳手，将上下两片棱镜用少量酒精清洁，待完全干燥后才能加入待测溶液。

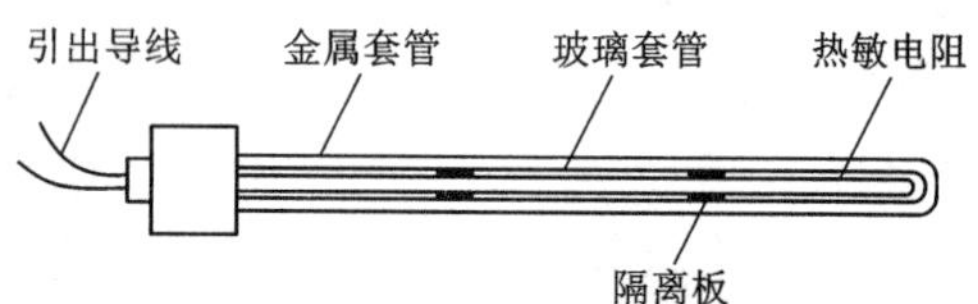

图 5-31　热敏电阻感温元件示意图

用取样管由蒸馏瓶旁小槽中取出馏出物样品，迅速将样品滴加到折光仪棱镜上，并盖紧折射棱镜紧锁扳手；通过色散校正旋钮和调节手轮进行测量调节，由目镜观察调节效果；旋转色散校正旋钮以消除彩色，使明区与暗区的分界线清晰；同时旋转调节手轮，使视野内的明暗分界线恰好通过望远镜中十字线交叉点；此时按下折光显示按钮，即可读取折光率数据；再按下温度显示按钮读取测量温度值，即完成气相组成的测量。

完成馏出物样品测量后，由蒸馏瓶侧管从蒸馏瓶中取出馏余液（残留液），按上述方法进行液相组成的测量。

注意：从侧管（或小槽）口取完样后要迅速将盖子盖上；使用阿贝折光仪时，调节、观测步骤应迅速；若待测液易挥发，可用针管从棱镜侧面小缺口处补充溶液。

馏余液和馏出物的折光率测量完成后，将蒸馏瓶中的溶液倒回取样量筒中，再转倒入原试剂瓶，并将取样量筒放回试剂台。

按步骤(4)～(5)进行下一个样品的测量，如此往复操作，直至所有编号溶液完成测量。

注意：试样测量最好依序进行，以便观察折光率的变化规律；每次加样测量之前，必须先将折光仪的棱镜面用乙醇洗净，再用脱脂棉或擦镜纸轻轻地擦（吸）去残留在镜面上的溶剂，但不能用力擦，防止半岛毛玻璃擦光；在测量纯乙醇或环己烷时，最好打开蒸馏瓶侧管和小槽的盖子，让其中的残余样品挥发完后再装入纯试样。

(6)实验结束清场

实验完毕，关闭各仪器电源开关，关闭冷凝水龙头，将实验台面清理干净，记录室温、大气压。

5. 数据处理

(1)工作曲线的绘制

方法一：在室温下，环己烷-乙醇溶液与折光率的关系近似为线性。以折光率为纵坐标，组成($x_{乙}$)为横坐标，$x_{乙}=0$ 时溶液的折光率为纯环己烷折光率，$x_{乙}=1$ 时溶液的折光率为纯乙醇折光率，两点连成的直线就是一条近似的工作曲线——环己烷-乙醇溶液折光率与组成($x_{乙}$)的关系线。

方法二：查找出不同浓度下环己烷-乙醇溶液的折光率值，以折光率为纵坐标，组成($x_{乙}$)为横坐标，绘制出相应的工作曲线。

方法三：自行配制不同浓度的环己烷-乙醇标准溶液，测出其在测定温度下的折光率，就可绘制出相应的工作曲线。

(2)确定实验所测各溶液的组成

在上述工作曲线上分别找到实验测得的馏出物和馏余物的折光率，确定对应的溶液组成，并将组成数据与对应的沸点温度一并列表。

(3)绘制环己烷-乙醇系 T-x 图

以温度 T 为纵坐标，组成 $x_{乙}$(或 $x_{环}$)为横坐标，将 10 个样品的沸点和对应的馏出物及馏余物的组成数据以不同的标识符标注在坐标系内；然后将相同标识符点连成两条光滑曲线(一条液相线，一条气相线)，完成环己烷-乙醇系 T-x 图绘制，并标出各相区稳定存在的相。

(4)确定恒沸点

由绘制的 T-x 图确定环己烷-乙醇体系在实验大气压下的恒沸温度、恒沸混合物的组成，并与文献值进行比较，计算实验误差，并说明溶液相对于理想溶液产生偏差的情况。

*(5)确定不同浓度下组成的活度及活度系数

若选择以拉乌尔定律为基准的纯物质为参考态，则组元的活度为：

$$a_i = \frac{p_i}{p_i^*}$$

式中：$p_i = py_i$，其中 y_i 为气相中组元 i 的物质的量分数；p_i^* 为同温度下组元 i 在纯态时的饱和蒸气压。

查阅手册，获得同温下纯 i 组元的饱和蒸气压 p_i^*，用压力计测出沸腾时溶液的蒸气压 p，就可以计算出该溶液中组元 i 的活度 a_i 值。再由 $\gamma_i = a_i/x_i$(x_i 为液相中组元 i 的物质的量分数)，即可计算出该溶液中组元 i 的活度系数 γ_i 值。

6. 实验结果讨论

(1)环己烷-乙醇溶液相对理想溶液产生的偏差状况，利用本实验数据计算各溶液中组元活度的方法。

(2)确定溶液组成的光学方法有折光率法和旋光法，讨论使用条件。

(3)从温度角度讨论平衡时气液两相温度的差异，以及可采取的防止温度差异措施。

---

* 选讲。

(4)讨论蒸馏器中收集气相冷凝液容器的大小对测量结果的影响；讨论小槽部分环境温度对测量结果的影响。

(5)根据所得相图，讨论溶液蒸馏时的分离情况，并进一步分析相图的实用意义。

参考数据

(1)溶液沸点与大气压力有关，两者的关系可近似用下式表示：

$$\Delta T = T_b - T_r = 0.1T_r(1 - p/p^{\ominus})$$

式中：T_r 为溶液沸腾时温度计读数，K。

(2)在标准大气压下，环己烷的沸点为 80.7 ℃，乙醇的沸点为 78.3 ℃；环己烷-乙醇溶液的恒沸温度为 64.9 ℃，恒沸混合物组成为 $x_{环}=0.55$。

(3)25 ℃下不同浓度的乙醇-环己烷标准溶液的折光率值列于表 5-1。

表 5-1　25 ℃下不同浓度的乙醇-环己烷标准溶液的折光率值

$x_{环}$	η^{25}	$x_{环}$	η^{25}	$x_{环}$	η^{25}
0	1.35935	0.4	1.39216	0.8	1.41356
0.1	1.36867	0.5	1.39836	0.9	1.41855
0.2	1.37766	0.6	1.40342	1.0	1.42388
0.3	1.38412	0.7	1.4089		

数据来源：Timmermans. The Physico-Chemical Constants of Binary Systems in Concentrated Solutions. London：Interscience Publishers，1959(2)：36.

表 5-2　不同温度下纯环己烷的蒸气压

温度 t/℃	蒸气压 p/kPa	温度 t/℃	蒸气压 p/kPa	温度 t/℃	蒸气压 p/kPa
6.69	5.33	60.792	53.33	80.738	101.32
11.01	6.67	67.422	66.66	81.174	102.66
14.67	8.00	73.074	79.99	81.604	103.99
20.672	10.67	78.028	93.33	82.032	105.32
25.543	13.33	78.492	94.66	82.454	106.66
34.912	20.00	78.950	96.00	86.47	119.99
42.00	26.66	79.405	97.33	90.15	133.32
47.772	33.33	79.854	98.66	96.73	159.99
52.678	40.00	80.299	99.99	105.2	199.98

数据来源：溶剂手册(第四版)(化学工业出版社)。

表 5-3　不同温度下纯乙醇的蒸气压

温度 t/℃	蒸气压 p/kPa	温度 t/℃	蒸气压 p/kPa	温度 t/℃	蒸气压 p/kPa
-31.5	0.13	78.3	101.33	160	1255.42
-12.0	0.67	80	108.32	170	1581.68
-2.3	1.33	90	158.27	180	1969.76

续表5-3

温度 t/℃	蒸气压 p/kPa	温度 t/℃	蒸气压 p/kPa	温度 t/℃	蒸气压 p/kPa
8.0	2.67	100	225.75	190	2425.72
19.0	5.333	110	314.82	200	2958.69
26.0	8.00	120	429.92	210	3577.79
34.9	13.33	130	576.03	220	4294.15
48.4	26.66	140	758.52	230	5109.82
63.5	53.33	150	982.85	240	6071.39

数据来源：溶剂手册(第四版)(化学工业出版社)。

附：实验绘制工作曲线的步骤

(1)将 8 个称量瓶依次编号，并准确称量各称量瓶的质量；

(2)依次分别向称量瓶中加入 0 mL，1 mL，2 mL，3 mL，4 mL，5 mL，6 mL，7 mL，8 mL，9 mL，10 mL 的无水乙醇，然后准确称重、记录；

(3)再依次分别向称量瓶中加入 10 mL，9 mL，8 mL，7 mL，6 mL，5 mL，4 mL，3 mL，2 mL，1 mL，0 mL 的无水环己烷，再次准确称重、记录；

(4)轻轻摇动以上各称量瓶，使样品形成均匀的二元溶液；在恒温下，依次分别测定各溶液的折光率 η；

(5)根据实验温度下环己烷和乙醇的密度计算出各溶液的浓度(x 或 w)，然后作出折光率-组成曲线，即实验温度下的工作曲线。

实验八　二元金属相图的绘制

1. 实验目的

(1)了解热分析法实验原理，测定二元金属(Bi-Sn)系的步冷曲线；

(2)掌握应用步冷曲线数据绘制二元体系相图的基本方法，绘制 Bi-Sn 二元系相图；

(3)了解步冷曲线及相图中各曲线所代表的物理意义；

(4)了解固液相图的特点，进一步学习和巩固相律等有关知识。

2. 实验原理

两种不同的金属形成合金，其凝固点 T_f 与纯金属的凝固点 T_f^* 不同，合金凝固点与液相组成 $x_i(1)$、固相组成 $x_i(s)$的关系为：

$$\Delta T_f = T_{f,i}^* - T_f = \frac{RT_f T_{f,i}^*}{\Delta_{fus}H_{m,i}}\ln\frac{x_i(s)}{x_i(1)} \approx \frac{R(T_{f,i}^*)^2}{\Delta_{fus}H_{m,i}}\ln\frac{x_i(s)}{x_i(1)}$$

热分析法是分别将一系列组成不同的合金试样加热熔融成一均匀液相，然后让试样熔体自然冷却，并每间隔一定时间测量一次体系温度，直至体系完全凝固成固态；再将所得温度值对时间作图，所得曲线称为步冷曲线。

一般熔体自然冷却时，体系散热速度基本稳定。当纯金属或一定组成的合金熔体在冷却过程无相变发生时，体系降温是连续均匀的，此时步冷曲线基本上为光滑直线；当发生相变时，因固体析出有潜热放出而补偿了部分自然冷却所散发的热量，使得体系降温速度改变，同时固体析出导致熔体的组成变化，相变温度随之变化，故此时的步冷曲线出现转折；当熔体组成达到低共熔混合物的组成时，熔体组成不随固体析出而改变，因此凝固温度也不变，此时步冷曲线出现水平台。转折点或水平线段所对应的温度分别为该组成试样开始析出一种固体和开始析出两种固体(低共熔混合物)的温度。因此，测定一系列不同组成合金体系的步冷曲线，用不同组成合金体系步冷曲线上的转折温度或平台温度可以绘制出合金体系的 T-x 相图。二元共晶体系的步冷曲线类型及由步冷曲线绘制相图的方法如图 5-32 所示。

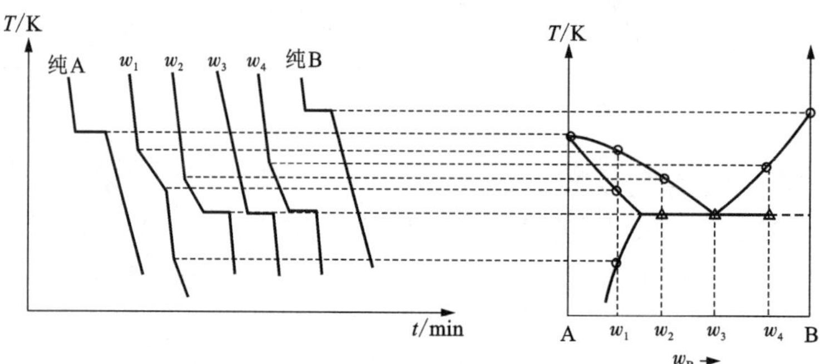

图 5-32　步冷曲线及由步冷曲线绘制相图

注意：用热分析法测绘相图时，被测体系必须时时处于或接近相平衡状态，因此必须保证冷却速度足够慢才能得到较好的效果。此外，在冷却过程中，一个新的固相出现前，常常发生过冷现象，轻微过冷则有利于测量相变温度；但严重过冷现象，会使折点发生起伏，使相变温度的确定产生困难，如图 5-33 所示。遇此情况，可延长 dc 线与 ab 线相交，交点 e 即为转折点。

3. 实验仪器与试剂

主要实验仪器：金属相图实验装置 1 台；数字控温仪 1 台；测温热电偶 2 支；计算机 1 台。实验装置如图 5-34 所示。

主要实验试剂：不同配比 Bi-Sn 合金 8 种(见表 5-4)。

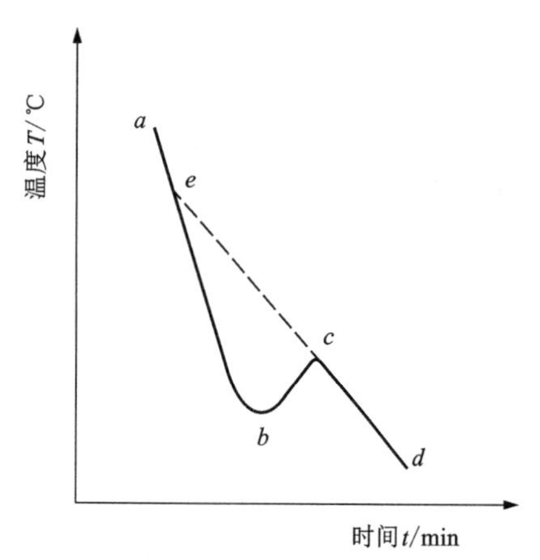

图 5-33　有过冷现象时的 a 步冷曲线示意图

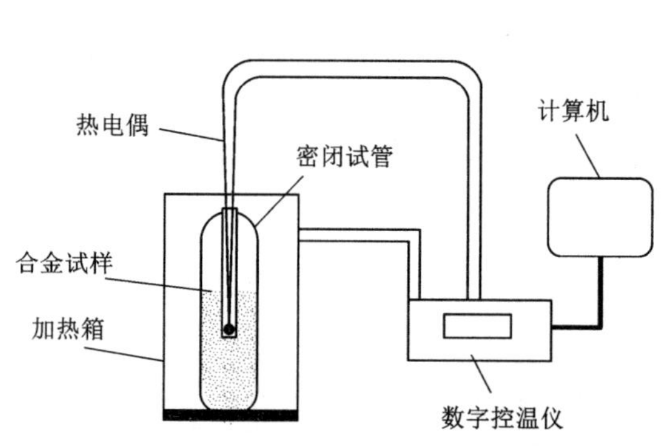

图 5-34　热分析法实验装置示意图

表 5-4　实验用合金试样组成

编号	1	2	3	4	5	6	7	8
$w_{Sn}/\%$	0	15	30	42	60	80	90	100

4. 实验步骤

(1)确定测温范围。由图 5-32 可知，完整表现不同配比合金步冷曲线特征的温度范围不同。应先根据已知的金属熔点确定好每个样品的测温范围(此工作应该在预习时完成)，温度上限是高于合金完全熔融温度 20~30 ℃，温度下限是低于合金完全凝固温度约 20~30 ℃。

(2)步冷曲线测定。打开数字控温仪电源，设定温度，调至工作状态，控温仪开始控制加热箱加热样品至该样品测量温度的上限，将控温仪调至置数状态；让样品自然冷却，同时计算机开始采样，记录温度与时间数据(在计算机上将自动生成该样品的步冷曲线，可在手机端查看曲线)，直至温度降至该样品测量温度的下限时停止计算机采集数据。

按上述方法完成全部样品步冷曲线的测定。

若测量系统未与计算机连接，则在样品自然冷却的同时通过数字控温仪温度显示数据读取记录温度(每隔 0.5 min 记录一次)，直至样品测量温度下限。

5. 数据处理

(1)用实验测得的纯 Sn 的熔点值对实验所用热电偶进行温度标定，判断实验用热电偶测温的准确度。

(2)从计算机导出各个试样的步冷曲线数据，采用计算机画出 8 条步冷曲线，标出各个转折点和平台的温度(即相变温度)，并对各相变温度点进行温度校正，绘制出 Bi-Sn 合金相图；若步冷曲线已由计算机自动生成，则打印出步冷曲线；根据步冷曲线标出各个试样的相变温度，并对各相变温度点进行温度校正，然后在坐标纸上绘制出 Bi-Sn 合金相图。

(3)由 Bi-Sn 合金相图确定 Bi-Sn 的共晶点(w_{Bi}, T)，写出共晶反应，标出各相存在的稳定相态。

6. 实验结果讨论

(1)本实验的关键是步冷曲线上转折和水平线段是否明显，试讨论影响步冷曲线上温度变化的因素，讨论影响步冷曲线上水平线长短的因素。

(2)针对实验方案的设计进行讨论。如做好相图的关键点是什么；是否可以采用升温的方法作相图；绘制有固溶体生成的二元系相图时，应如何设计实验方案；绘制类型复杂(如有化合物生成)的二元合金体系相图，除热分析法外，还需要结合哪些方法手段；等等。

(3)针对实验操作及实验现象进行定性讨论。冷却过程速率为何要慢，为何要确保样品没有混入杂质，等等。

参考数据

表 5-5　常压下部分纯金属的熔点

金属	Bi	Sn	Cd	Pb
熔点/℃	271	232	321	327.5

表 5-6　常压下部分二元合金的共晶点数据

合金	Bi-Sn	Pb-Sn	Bi-Cd	Pb-Bi
共晶组成/%	$w_{Bi}=58$	$w_{Pb}=38.1$	$w_{Bi}=60$	$w_{Pb}=45$
共晶温度/℃	139	180	140	128

实验九　差热分析

1. 实验目的

(1)掌握差热分析的基本原理及方法，了解差热分析仪的构造，学会操作技术；

(2)实践程序控温方法，理解控温原理；

(3)用标准物质 Sn 标定单位面积的热效应大小；

(4)测定 KNO_3 的差热曲线，确定 KNO_3 的相变温度及相变热。

2. 实验原理

差热分析(differential thermal analysis，DTA)是广义热分析法的一种，可用于鉴别物质并考察其组成结构以及相变温度、热效应等物理化学性质。它广泛应用于化工、冶金、陶瓷、地质和金属材料等领域的科研和生产部门。

许多物质在一定温度下发生化学变化或物理变化时，经常伴随吸热或放热。把某一待测物质(试样)和某一热稳定的参比物质(基准物质)同置于导热良好的坩埚中，以一定的速度连续地将它们升温或降温，则在某一温度发生变化时，待测物质与参比物质之间会存在温度差(差热信号)。差热分析就是通过同时测量温度差(ΔT)-时间(t)曲线(差热曲线)和升或降温的温度(T)-时间(t)曲线(温度曲线)构成差热谱图来研究物质变化的。差热谱图的两种形式如图 5-35 所示。

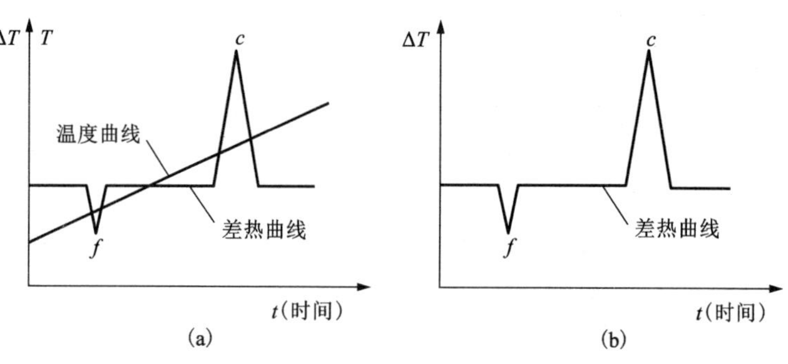

图 5-35　差热谱图

差热谱图中的温度曲线表示参比物温度(或样品温度，或样品附近的其他参考点的温度)随时间变化的情况；差热曲线反映样品与参比物间的差热信号强度与时间的关系。当样品无变化时，它与参比物之间的温差为零，差热曲线显示为水平线段，称为基线。当样品发生放热或吸热时，差热曲线出现峰(peak)或谷(valley)。一般商品差热分析仪显示的正峰为放热，负峰为吸热。差热曲线上的峰的数目，就是在所测量的温度范围内样品发生变化的次数。峰的位置对应着样品发生变化的温度，峰面积大小是热效应大小的反映。

在差热谱图中，如图 5-36(a)所示，通过峰的起点 b、峰点 c 及终点 d，分别作三条直线

与温度曲线交于 b'、c'及 d'三点，此三点所对应的温度分别为 T_b、T_c 及 T_d。T_b 为峰的起点温度，T_c 为峰顶温度，T_d 为峰的终点温度。一般而言，T_b 的温度最接近于物质发生变化的平衡温度，即认为其值大体代表了物质开始发生变化的温度，因此常用 T_b 表征峰的位置。在差热谱图中，只要能确定出峰的位置，则可以求得待测物质发生变化的温度。对于很尖锐的峰，其峰的位置也可用峰顶温度 T_c 来表示。

在实际的测量中，由于样品与参比物间往往存在着比热、导热系数、粒度、装填疏密程度等方面的差异，加之样品在测量过程中可能发生收缩或膨胀，因此差热曲线的基线会发生漂移。当峰的前后基线漂移厉害时可以通过作切线的方法来确定峰的起点、峰点及终点的温度，如图 5-36(b)所示。

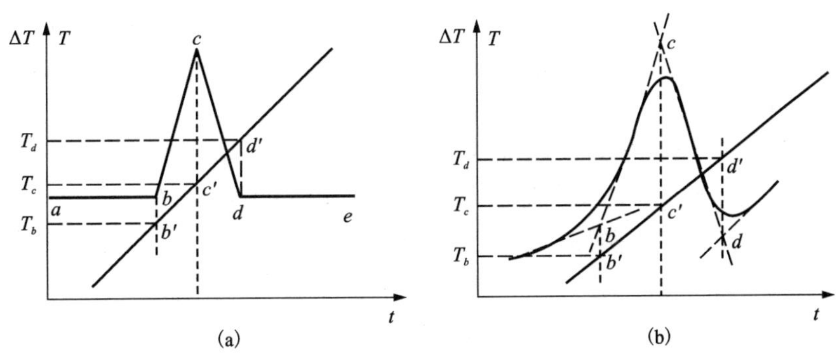

图 5-36　由差热谱图确定物质变化温度的解析示意图

3. 实验仪器与试剂

主要实验仪器：差热实验装置 1 套，电子天平 1 台。图 5-37 为差热分析装置示意图。

辅助实验用品：研钵 1 个，坩埚 3 个，样品勺 3 个，称量纸若干。

主要实验试剂：α-Al_2O_3 白色粉末，分析纯 KNO_3，基准 Sn（均置于干燥器中）。

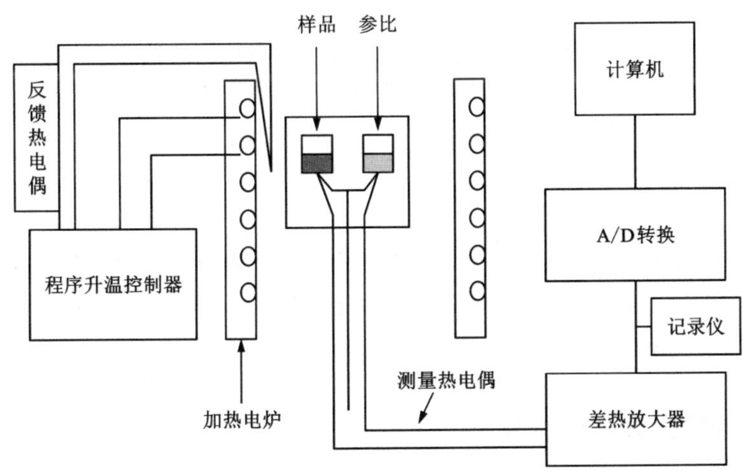

图 5-37　DTA 装置示意图

4. 实验步骤

(1) 坩埚洗涤与干燥。将三个大小相当的坩埚洗净，并放入干燥箱内烘干备用。

(2) 基准 Sn 样品差热曲线测量。取两个坩埚，用天平准确称取坩埚的质量；分别装入基准 Sn 和参比 $\alpha-Al_2O_3$ 粉末，边装边往下敦实直到坩埚装满，并将坩埚外部所沾的试剂清理干净；分别准确称取装有基准 Sn 和 $\alpha-Al_2O_3$ 粉末的坩埚质量并记录。

升起加热电炉，将装有 Sn 粉和参比物的坩埚分别小心地放入托盘(左边参比，右边试样)，然后小心地放下电炉罩住托盘。

打开差热实验仪电源开关，启动计算机，进入差热分析自动控制系统；点击通信，选择相应的通信口；点击仪器设置，点击控温参数设置为升温速率 10 ℃/min，目标温度为 300 ℃；点击 DTA 采零，开始控温；图中出现升温曲线和差热曲线，直至温度升至 300 ℃停止控温，然后保存差热谱图。

(3) KNO_3 样品差热曲线测量。取少量 KNO_3 样品于研钵中磨细；取一个洁净干燥的坩埚，用天平准确称出其质量；装入磨细的 KNO_3 样品，边装边往下敦实直到坩埚装满，清理干净坩埚外部所沾试剂，再次准确称量其质量。卸下电炉上方的炉盖，盖上排风扇，打开风扇电源，让电炉快速降温至 60 ℃左右，再将炉盖盖好；将基准 Sn 换成 KNO_3 样品，按步骤 2 测量 KNO_3 样品的差热曲线，目标温度更改为 400 ℃。

5. 数据处理

(1) 根据 Sn 粉的差热谱图，求出其相变温度与相变热，与文献中基准 Sn 的相变温度和相变热的大小进行比较。

(2) 利用 Sn 粉的相变温度和相变热校准 KNO_3 样品的相变温度和相变热，确定吸、放热和其他性质。

(3) 将实验所得的 KNO_3 样品的结果与文献数据进行比较。

6. 实验结果讨论

(1) 根据实验数据处理结果进行相关讨论，如相变温度、峰型、峰面积大小等。

(2) 讨论差热分析中实验条件对差热曲线的影响，如参比物的选择、样品的预处理及用量、升温速率、样品所处气氛与压力等对基线、起峰温度、峰型、峰面积大小等实验结果的影响。

(3) 针对实验方案的设计进行讨论。如 DTA 与 DSC 的区别与联系，DTA 和简单热分析(步冷曲线法)有何异同。

参考数据

白 Sn 熔化热为 7.02 kJ/mol。KNO_3 晶型转变温度为 $T_p = 401.16 \sim 402.16$ K，相变热为 5.6 kJ/mol，对应 KNO_3 晶体结构变化；KNO_3 熔化温度为 $T_m = 607.16 \sim 610.16$ K，相变热为 11.72 kJ/mol，对应 KNO_3 样品熔化。

实验十　碳酸钙分解压测量

1. 实验目的

(1) 掌握一种测定平衡压力的方法——静态法，测定不同温度下 $CaCO_3$ 的分解压；

(2)通过实验数据的变化体会化学平衡的建立；

(3)掌握温度控制技术与真空操作技术；

(4)通过碳酸钙分解压测定，计算 $CaCO_3$ 分解反应的平均摩尔反应焓变和平均摩尔反应熵变。

2. 实验原理

碳酸钙在较高温度下按下式分解，并吸收一定的热量：

$$CaCO_3(s) === CaO(s) + CO_2(g)$$

这个反应体系内存在着三个单独的相，根据化学平衡原理，在一定温度下该化学反应达到平衡时反应的平衡常数为：

$$K_p = \left(\frac{p_{CO_2} a_{CaO}}{a_{CaCO_3}}\right)_{eq} = (p_{CO_2})_{eq} = p_{分(CaCO_3)}$$

说明 $CaCO_3$ 在一定温度下分解达到平衡时，CO_2 的压力保持不变，称为分解压。平衡常数 K_p 值随温度变化而改变，分解压值也随温度变化而改变，其关系式服从 Van't Hoff 方程：

$$\lg\left(\frac{p_{CO_2}}{p^{\ominus}}\right)_{eq} = -\frac{\Delta_r H_m}{2.303R}\cdot\frac{1}{T} + \frac{\Delta_r S_m}{2.303R} = \frac{A}{T} + B$$

式中：$\Delta_r H_m$ 和 $\Delta_r S_m$ 分别为 $CaCO_3$ 分解反应的焓变和熵变，它们在一定的温度范围内变化不大，可视为常数。

因此，若以 $\lg(p_{CO_2}/p^{\ominus})$ 对 $1/T$ 作图，则可得一直线，其斜率 $A=-\Delta_r H_m/2.303R$，截距 $B=\Delta_r S_m/2.303R$。由斜率 A 可以求出 $CaCO_3$ 分解反应的焓变，由截距 B 可以求出分解反应的熵变。本实验采用静态法测量 $CaCO_3$ 分解反应在不同温度(T)下的平衡分解压(p_{CO_2})。

3. 实验仪器及试剂

主要实验仪器：$CaCO_3$ 分解压测量装置一套(如图 5-38 所示)，包括箱式电阻炉 1 台，数字压力计 1 台。

辅助实验用品：装样瓷舟一个；真空泵 1 台；抽滤(缓冲)瓶 1 个，干燥管 1 个。

主要实验试剂：$CaCO_3$(A. R)。

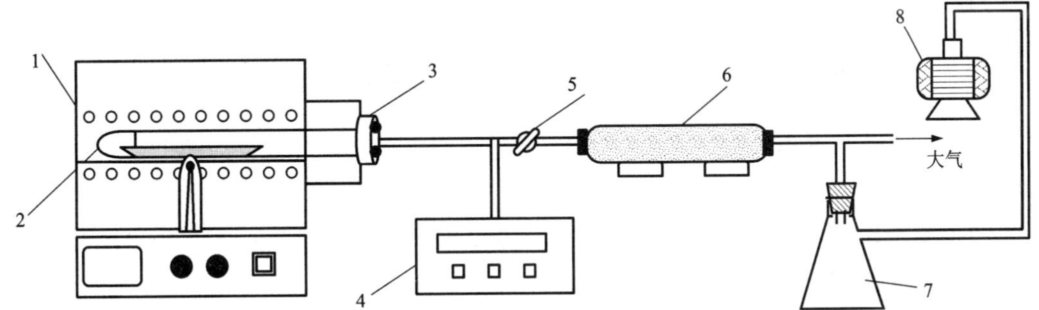

1—箱式电炉；2—石英管；3—法兰盘；4—数字压力计；5—不锈钢真空阀；
6—干燥管(内装变色硅胶或无水 $CaCl_2$)；7—缓冲瓶；8—真空泵。

图 5-38　静态法测量 $CaCO_3$ 分解压装置示意图

4. 实验步骤

(1)装样。打开所有的真空阀门(使体系与大气相通)，卸下法兰盘；取适量粉状 $CaCO_3$ 试样装在瓷舟内(装满小瓷舟即可)；将瓷舟小心推入石英管底部，再塞两个陶瓷堵头，装上法兰盘并旋紧密封。

(2)检漏

①打开数字压力计的电源开关，关闭不锈钢真空阀，使真空泵与大气相通；打开真空泵电源开关，关闭缓冲瓶与大气的通道。

②缓慢打开真空阀门，抽气直至装置内几乎近真空(压力计显示值几乎不变)；关闭真空阀门，打开缓冲瓶与大气的通道，关闭真空泵电源。

③等待 5 分钟左右，如果数字压力计显示值没有明显变化，则可进行实验。

(3)加热排除残余杂质气体

①开启箱式电炉电源开关，按下加热功能按钮，按住程序控温仪向下键两秒钟，使得程序控温仪绿色的“stop”显示变为“run”。此时电炉即开始程序控温，控温程序为：升温至 550 ℃保持，仪器状态变为“hold”，此时开始第二次抽真空。抽真空步骤同步骤(2)的①和②步。

②抽气完成后对数字压力计进行采零处理。

(4)分解压测量

①按住程序控温仪向下键两秒钟，使其工作状态从“hold”变为“run”，继续运行后续加热程序。加热程序为：快速升温至目标温度并保持 25 min，目标温度分别为 620 ℃、650 ℃、680 ℃、710 ℃和 740 ℃。

②在每个恒温阶段结束前三分钟，每隔一分钟读取并记录炉温和系统压力值。

说明：理论上，碳酸钙在某一温度分解达到平衡时，系统压力值应该几乎不变，但此过程耗时极长。实际操作过程中，经反复实验，恒温 25 min 即基本达到平衡，故实验中固定恒温时间。

5. 数据处理

(1)对每一组的温度、压力数据分别取平均值，并计算出 $1/T$ 和 $\lg(p_{CO_2}/p^{\ominus})$；

(2)依以上数据做出 $CaCO_3$ 分解反应的 $\lg(p_{CO_2}/p^{\ominus})-1/T$ 图，并据此图计算出 $\lg(p_{CO_2}/p^{\ominus})-1/T$ 线的斜率 A 值和截距 B 值，确定 $\lg\left(\frac{p_{CO_2}}{p^{\ominus}}\right)_{eq}=\frac{A}{T}+B$ 关系式；

(3)根据 A 值和 B 值分别计算出在实验温度范围内，$CaCO_3$ 分解反应的平均摩尔反应焓变 $\Delta_r H_m$ 和平均摩尔反应熵变 $\Delta_r S_m$；

(4)根据实验确定的 $\lg(p_{CO_2}/p^{\ominus})-1/T$ 的关系式计算 $p_{CO_2}=101325$ Pa 下 $CaCO_3$ 的分解温度($CaCO_3$ 的沸腾温度)，并与文献值进行比较；

(5)从文献中查出 $CaCO_3$ 分解反应在 298.15 K 下的反应焓变 $\Delta_r H_m$ 和熵变 $\Delta_r S_m$，以及分解反应的热容差 $\Delta C_p(T)$，据此计算实验温度范围内 $CaCO_3$ 分解反应的平均摩尔反应焓变 $\Delta_r H_m$ 和平均摩尔反应熵变 $\Delta_r S_m$，并与以上实验结果进行比较。

6. 实验结果讨论

(1)根据实验数据处理结果进行讨论。如实验可能的误差来源。

(2)针对实验方案的设计进行讨论。如干燥塔、缓冲储气罐的作用，根据实验装置如何判断碳酸钙分解达到平衡。

(3)针对实验操作及实验现象进行定性讨论。如碳酸钙是否要准确称量，两次抽真空的目的，压力计在什么情况下采零，等。

参考数据

表 5-7　298.15 K、$p^{\ominus}$下 $CaCO_3$ 分解反应中相关物质的热力学数据

物质	$-\Delta_f H_m^{\ominus}/(kJ \cdot mol^{-1})$	$S_m^{\ominus}/(J \cdot K^{-1} \cdot mol^{-1})$	$C_{p,m}/(J \cdot K^{-1} \cdot mol^{-1})$	温度范围/K
$CaCO_3$(方解石)	1206.92	92.89	$104.52 + 21.92T - 25.94T^{-2}$	298.15~1200
$CaO(s)$	634.3	39.7	$49.62 + 4.52T - 6.95T^{-2}$	298.15~1710
$CO_2(g)$	393.51	213.68	$44.14 + 9.04T - 8.54T^{-2}$	298.15~2500

表 5-8　不同温度下 $CaCO_3$ 的分解压

t/℃	500	600	700	800	900	1000	1100	备注
p_{CO_2}/kPa		0.660	4.00	26.84	132.25			883 ℃分解；0.660 为 624 ℃下的数据
	0.009	0.323	2.95	22.13		392.10	1165.23	897 ℃分解
	0.011	0.213	2.33	17.23	88.15	344.51		

注：表中的三组数据来源不同，绝对数字差异很大。但由每一组数据作图 $\lg(p_{CO_2}/p^{\ominus})-1/T$ 所计算出的反应焓变值的差异不超过 3%。

第 6 章

化学反应动力学实验研究方法与实验

化学反应动力学是物理化学学科中的一个重要组成部分。对于化学反应，最基础性的研究包含两个方面，一是通过化学热力学研究，确定其在一定条件下的反应可能性，二是通过化学动力学研究，确定其在一定条件下反应的可行性，即确定一定条件下化学反应速率。在化学反应动力学理论的形成和发展过程中，化学反应动力学实验研究的重要作用是不言而喻的，如质量作用定律就是在化学反应动力学实验研究的结果上总结出来的。现实的生产实践更离不开化学反应动力学实验研究，因为对于一个涉及化学反应的生产过程而言，其中的化学反应必须在合理的生产条件下具有一定的速率才能获得经济效益。而生产工艺条件的确定、反应器类型的选择与设计都依赖于化学反应的各种动力学参数。借助化学反应动力学实验研究，可以预测和筛选具有经济价值的生产工艺条件，并获得许多相关的信息。如：危险品发生爆炸的条件是什么，如何避免材料的腐蚀与老化，等等。

化学反应动力学实验的最基本目标是测量化学反应速率 r，并通过化学反应速率求得化学反应的各种动力学参数：反应活化能 E_a、反应速度常数 k、半衰期 $t_{1/2}$ 和反应级数 n 等；通过测量不同条件下的反应速率，可以考察各种因素对化学反应速率的影响；化学反应机理(历程)的确定更需要通过大量的化学反应动力学实验，获取其动力学数据、探明各种因素对化学反应速率的影响规律，才能顺利完成。

6.1　化学反应动力学实验研究的技术要求

对不同的化学反应体系，实验技术要求不同。化学反应按反应体系中物质的存在形态，可分为均相反应和多相反应，均相反应和多相反应又有催化和非催化之分。从化学反应速率快慢的角度来划分，有快慢适中的化学反应。即反应半衰期为大于几秒而小于几小时的反应，这是一般化学反应动力学实验研究的主要对象。快反应，即半衰期小于几秒，甚至短至 10^{-9} s，对这类反应的动力学研究要采用特殊的实验方法——弛豫法。根据反应器类型或操作方式分类，又有封闭式和开放式，或间歇式和连续式，再或积分式和微分式之分。按实验条件还有恒温和非恒温之分。但无论是如何分类，化学反应动力学实验所涉及的最根本的物理量就是三个——温度、时间和不同时刻下反应体系中某反应物的浓度。因此，化学反应动力学实验的设计即把好这三个物理量的测量技术关。

6.1.1　反应体系温度的恒定

由阿伦尼乌斯方程 $k=A\exp\left(-\frac{E_a}{RT}\right)$ 可知温度对化学反应速率的影响很大，呈指数关系。为了探讨确定温度下的化学反应速率，通常的化学动力学实验是在温度恒定的条件下进行，称为恒温化学反应动力学实验。通过不同温度下的恒温化学反应动力学实验，可以求出该化学反应的表观活化能 E_a。化学反应通常伴有吸热或放热现象发生，而且化学反应速率在反应的始、中、末期又不相同，即化学反应热的产生速率不同。因此，在实际的化学反应动力学实验中，若化学反应的反应物、生成物与环境热交换不及时，则化学反应体系的温度势必不恒定。这种非恒温情况在吸热或放热量比较大，反应速度又比较快的固-气多相反应、固-固多相反应中最容易出现，造成所测量的温度、时间和浓度数据不配套，即实验测量的不是指定温度下某一时刻所对应的浓度数据。

在化学动力学实验中要排除或尽量减少非恒温情况。首先是配备一台性能优良的控温设备(包括一支经过校正的温度计)，以加强反应物、生成物与环境的热交换速度；其次是尽量减少反应物的用量，采用微型反应器，以减少反应热对体系温度的影响程度。此外最根本的办法是根据非恒温的情况，采用非恒温化学反应动力学实验方法和技术。

6.1.2　反应物的混匀时间和升温时间

在恒温化学反应动力学实验中，反应时间的测量要有一个起始点——反应的零时刻($t=0$)。反应零时刻的确定对化学反应动力学实验而言是很重要的，特别是对于快反应动力学研究更为重要。

在均相反应中，参与反应的反应物的混合是一个物理过程。从混合开始到混合均匀所需要的时间称为混合(均匀)时间 $t_{混}$。若所研究的反应在高温下进行，且处于常温下的反应物如果没有预热到反应温度就加入高温反应器中，则反应物由原有温度上升到反应温度也需要一定的升温时间 $t_{温}$，而化学反应在 $t_{混}$ 内或在 $t_{温}$ 内进行着。

对一级反应而言，反应速度常数 k 与反应物浓度单位无关，半衰期 $t_{1/2}$ 与反应物的初始浓度无关，所以可以取任意时刻为反应的零时刻。对非一级反应而言，若化学反应不属于快反应，则反应的零时刻选取不太准确，也不会导致很大的实验误差。因为相对于其反应进行完全所需要的总时间而言，$t_{混}$ 或 $t_{温}$(常小于几秒)可以忽略不计。即取参与反应的反应物混合开始的时刻，或取反应物混合开始到混合结束所需时间的中间时刻作为反应的零时刻都是允许的。对于一般的反应，采用秒表计时，这种零时刻确定的误差可控制在1%以内，足以满足动力学实验的要求。对于快反应，由于半衰期短到与 $t_{混}$ 或 $t_{温}$ 同数量级，通常的恒温化学反应动力学实验方法不可避免地都有 $t_{混}$ 存在。因此，通常的恒温化学反应动力学实验方法不宜应用于测量快反应的动力学参数。

6.1.3　针对反应体系合理选择与浓度对应的易测物理量

化学反应速率是在一定温度条件下反应体系中反应物(或产物)浓度随时间的变化率 $r=\frac{dc_B}{v_B dt}$。通过实验测量一系列参与化学反应物质在不同时刻 t_i 的浓度 c_i(或质量 W_i)，然后用图解法或解析法求得反应在一定温度下、某浓度时的化学反应速率。化学分析法用于动力学研究存在着难以实现物质浓度的在线测量，所以在化学动力学实验中，在线测量反应过程中反应物浓度主要采用物理化学分析法。即不直接测量参与化学反应的某物质在不同时刻的浓度或含量，而是通过测量反应体系在不同时刻的某(些)物理量值，如质量、热量(温度)、压力(恒容下)、体积(恒压下)、电导、电势、旋光度、消光值、黏度、磁化率等；以求算出参与化学反应的某物质在相应时刻的浓度或含量，进而求得化学反应的速率。

随着化学反应的进行，反应体系的许多物理量都在发生变化。物理化学分析法所选择的待测物理量应该具有如下特点：物理量值随着反应的进行变化明显，且适宜于在线跟踪测量；物理量值与反应物浓度有着简单而确定的比例关系。如乙酸乙酯皂化反应动力学实验就是测量体系的电导，因为 OH^- 离子和醋酸根离子($CHCOO^-$)的导电性能相差较悬殊，使得反应过程中反应体系的电导(或电阻)变化显著，且体系的电导(或电阻)与 OH^- 离子浓度成正比(反比)。若反应前后物料质量会发生明显变化，可以选择测定体系的质量进行动力学研究。如金属氧化物的还原动力学和氯化动力学、金属的氧化动力学、物质分解(放出气体)等。对于腐蚀性气氛，以及产生有毒害气体的体系，可以采用石英弹簧秤进行测量质量的动力学研究。

采用物理化学分析法还有一个优点就是通过适当的变换器或传感器，可将化学动力学测量装置与计算机连接，自动完成记录数据，甚至自动处理数据。注意，有些物理量比较适用于均相反应，有些物理量则比较适用于多相反应，在选用它们时应考虑到这一点。物理化学分析法常用的易测物理量列于表 6-1。

表 6-1　化学动力学实验中常用的替代浓度的易测物理量

被测物理量	适用的反应体系和类型	反应实例
压力 p	恒温恒容，反应前后气态反应物的总物质的量发生变化	$CaCO_3$ 分解反应
体积 V	恒温恒压，反应前后气态反应物的总物质的量发生变化	H_2O_2 分解反应
温度 T	绝热，有明显吸热或放热的反应	
质量 W	恒温恒压，反应前后反应物质量发生变化	金属氧化反应
电动势 E	氧化/还原反应，离子浓度改变导致电极电势变化	B-Z 振荡反应
电导率 κ(或电阻 R)	离子浓度改变导致溶液导电能力变化	乙酸乙酯皂化反应
旋光度 α	有旋光性变化的液相反应	蔗糖水解反应
折射(光)率 n	反应物和产物的折射(光)率不同的反应	
可见光吸收度 I	含有色物质，且浓度发生变化的液相反应	丙酮溴化反应
紫外(或红外)光吸收度 η	有机化合物反应	
原子吸收	有金属离子参与的反应	硫氰化铁的快速反应

6.2　恒温化学反应动力学实验装置

恒温化学反应动力学实验方法是要保持反应体系在恒温条件下测量化学反应速率，通常采用间歇式或连续式两类反应器，对应的动力学实验方法也分别被称为静态法和动态法（流动法）。无论采用什么实验方法，恒温化学反应动力学实验首先要解决的是反应体系的恒温问题。恒温方法有多种，如恒温槽（水浴、油浴等）、PID 控温仪等，请参看第二章。

6.2.1　间歇式反应器

采用间歇式反应器进行恒温化学反应动力学研究的方法也称为静态法。其特点是反应物非连续地加入反应器中，参与反应的物质亦可不连续地从反应器中移走。静态法在动力学实验中采用较多，因为其装置比较简单，容易控制。通常的液态均相反应速率测量方法多属于恒容恒压静态法。实验时，将反应物同时放入反应器中，均相反应通常需要进行搅拌使物料均匀。这样在通过物理化学分析法测量相应的物理量时，不至于因浓度不均匀而造成测量误差。

6.2.2　连续式反应器

采用连续式反应器进行化学反应动力学研究的方法也称为流动法。其特点是反应物连续稳定地流过反应器，并在其中发生反应，产物也连续地从反应器中移走。

流动法常用于多相反应动力学研究，也能用于均相反应。特别是对于较快的均相化学反应速率测量，流动法更为适用。流动法用于固-气多相反应或气态均相反应时，反应体系的压力恒定；用于固-液多相反应或液态均相反应则是恒压恒容。

流动法有许多优点，如它的连续性与许多实际的生产流程的运转情况相类似。但流动法首先要配备能稳定控制的气流或液流，而且有能准确测量流体流量或流速的装置；其次需要控制反应体系较长时间地保持在实验条件下，不至于反应物流损而消耗过多。流动法根据反应物料在连续式反应器中的流动方式不同又分为不搅匀和完全搅匀两种情况。

在不搅匀的情况下，当反应物的流速维持不变达到稳态时，则反应器（管式）中的各处位置就对应着不同的反应进行时刻，反应管中各位置的物质浓度不随时间而变化，如图 6-1 所示。如果结合物理化学分析法，如光学法，能测出反应管中各位置的浓度，则可以根据反应物料的流速换算成反应进行到不同时刻下的浓度。

在完全搅匀情况下，反应器（槽式）内各处的物质浓度是均匀的，也不随时间而变化，即可将体系视为处于稳态。此时，槽式反应器进、出口处的物质浓度虽然不同，但都是恒定值，如图 6-2 所示。根据反应器进、出口处的浓度变化和物料在反应器中的停留时间可以直接计算出化学反应速率：

$$r = \frac{c_2 - c_1}{t}, \qquad t = \frac{V}{u}$$

式中：c_2、c_1 分别为反应器的出口和进口处的物料浓度；t 为物料在反应器中的停留时间；V 为反应器的容积；u 为物料的流速。

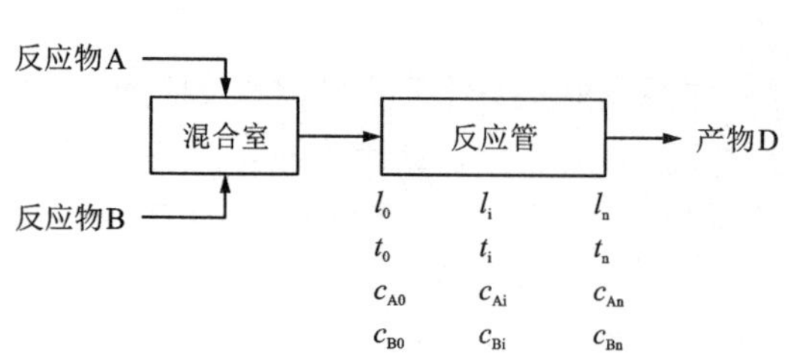

图 6-1 管式(连续)反应器示意图

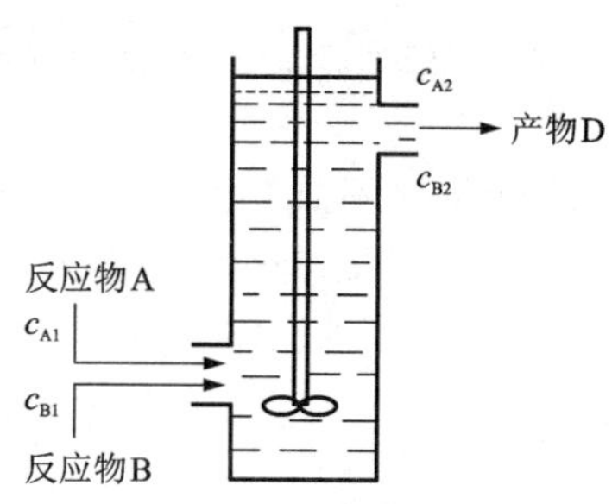

图 6-2 槽式(连续)反应器示意图

根据上述两式可知，改变物料的流速就可以改变物料在反应器中的停留时间；在反应器进、出口处浓度变化相当时，物料停留时间短者适合于快反应研究，停留时间长者适合于慢反应研究。流动法在完全搅匀的情况下，化学反应速率的计算比较简单。但是一次实验只能测量出一种浓度条件下的化学反应速率，对于多种浓度下的反应速率测量则必须进行多次实验。

流动法用于多相反应(固-气或固-液)时，固态物料常作为固定床或沸腾床，气态或液态物质则作为流动相。固定床一般当作不搅匀的情况处理，在床层中任一位置上各组分的浓度(或含量)是床层高度的函数；沸腾床则一般当作完全搅匀的情况处理。

连续式反应器就其内部物质浓度的分布而言还可分为积分式、微分式和脉冲式三种类型。积分式用于动力学研究时，由实验数据计算反应速度比较麻烦；脉冲式在测量反应速度方面有更多的困难；微分式则比较简单。从反应器本身大小，或所用物料多少的角度考虑又可分为常量反应器和微型反应器，但二者的动力学处理原理是相同的。

不搅匀的连续式反应器，就其整体而言属于积分式反应器，就其内部的某部分而言属于微分式反应器，如图 6-3 所示。微分式反应器所代表的动力学情况相当于积分式反应器中的一个横截面，或一个微分区域；完全搅匀的连续式反应器则相当于微分式反应器。

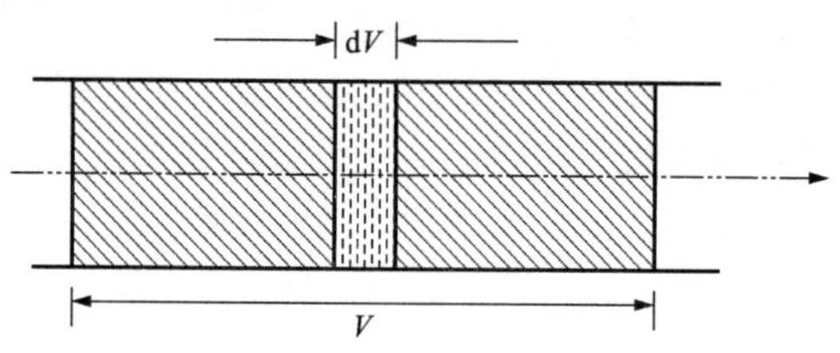

图 6-3 连续反应器剖析

从本质上讲，积分式反应器就是反应器内存在反应物的浓度分布，即反应物浓度在时间和空间上是不稳定的；而微分式反应器就是反应器内反应物的浓度(基本)均匀一致，即反应物浓度在时间和空间上是相对稳定的。因此，在实际实验研究中，无论反应器的形状如何，只要满足对应的积分式(或微分式)反应器浓度特征，就可以称为积分式(或微分式)反应器。

6.3 恒温化学反应动力学实验数据处理原则

6.3.1 积分式固定床反应器

积分式固定床反应器床层内各部分温度应力求一致，流动形式要保持活塞流型(或挤出

流型)，流速要稳定。在这种反应器里，气体反应物以一定的流速流经装有固体反应物的恒温反应带区。在带区的纵向有明显的浓度梯度，反应物的浓度沿流动方向下降，转化率沿流动方向上升。整个反应器的反应速度是沿着反应带区的各个部位的反应速度的积分。积分式固定床反应器内的各种参变量情况如图 6-4 所示。图中 V_R 为固体反应物的体积；u 为气体反应物的流速；v 为单位体积的固体反应物的反应速率；y 为反应物的转化率。如果取固体反应物中的薄层 dV_R 进行，按化学反应计量的物料平衡计算，则有：

$$vdV_R = udy \Rightarrow v = \frac{udy}{dV_R} = \frac{dy}{dV_R/u}$$

当气体反应物的流量为恒定时，则为：

$$v = \frac{dy}{d(V_R/u)}$$

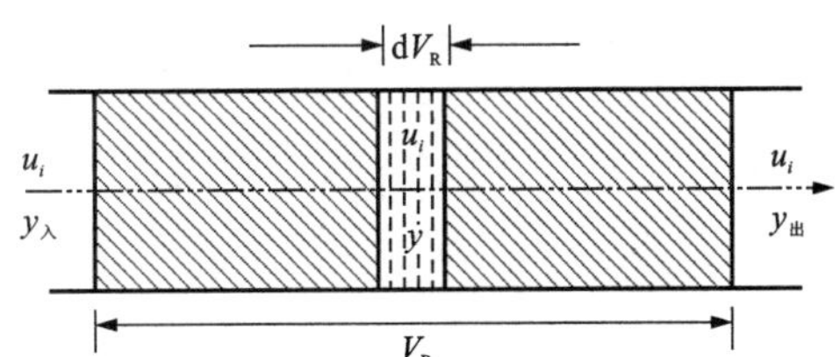

图 6-4　连续反应器内参量关系示意图

为求得固-气多相反应的速率 v，可采用图解微分法和数学解析法进行实验数据处理。

1. 图解微分法

在恒定反应温度时测量出在不同的 $\frac{V_R}{u}$ 值条件下所对应的 y 值，测量点可选在固体反应物的最上层处，$\frac{V_R}{u}$ 值可以通过改变 u 来确定。根据实验数据，用 y 对 $\frac{V_R}{u}$ 作图，即得到固-气多相反应过程的转化率等温线，如图 6-5 所示。等温线上任何一点切线的斜率就是该点所对应的反应体系的化学反应速率。在固相反应物总量、粒度、气体反应物分压和气流速度等相近的条件下，由不同温度的反应速率数据也可求得反应的表观活化能。改变气体反应物的分压还可求得反应的级数等。

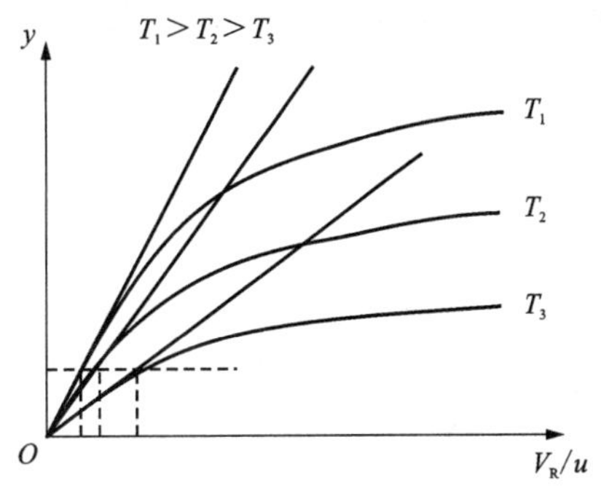

图 6-5　转化率等温线

2. 数学解析法

将实验测量得到的 $\frac{V_R}{u}$ 与 y 的数据写成级数形式：

$$y = a\left(\frac{V_R}{u}\right) + b\left(\frac{V_R}{u}\right)^2 + \cdots$$

用最小二乘法定出系数 a、b、……，然后求微分：

$$\frac{dy}{d(V_R/u)} = a + 2b\left(\frac{V_R}{u}\right) + \cdots$$

就可计算出在任意 $\frac{V_R}{u}$ 情况下的化学反应速率 v。

6.3.2　微分式固定床反应器

微分式固定床反应器在构造上与积分式固定床反应器并无原则上区别，只是反应带有区别，因而固体反应物用量较少。在这种反应器里，参与化学反应的各物质的浓度沿反应带区的纵向方向变化很小，因此在反应带区各截面上的化学反应速率可视为相同。就整个反应器而言，化学反应速率也可以当作常数，所以有：

$$vV_{\mathrm{R}} = u(y_{出} - y_{入}) = u\Delta y \Rightarrow v = \frac{u}{V_{\mathrm{R}}}\Delta y$$

式中：$\Delta y = y_{出} - y_{入}$ 为固定床微分式反应器进口和出口处的转化率的差值，当 $y_{入} = 0$ 时，则 $\Delta y = y_{出} \rightarrow y$，所以有 $v = \frac{u}{V_{\mathrm{R}}}y$。

实验测出 u、V_{R} 及与此相应的转化率 y，便可求得固-气多相反应的速度 v。应用微分式固定床反应器测量固-气多相反应速率时，数据处理比较简单，但每次实验只能求得对应于某种条件下的化学反应速率。

6.4　非恒温化学反应动力学实验研究方法

对于某些难以保障在恒温条件下进行化学反应动力学实验的反应，非恒温化学反应动力学实验方法就有重要的意义。但非恒温化学反应动力学实验测出的动力学参数 E_{a}(活化能)、n(反应级数)、A(频率因子)往往不足以表征给定的化学反应或给定的物质的动力学性质，而是表征一个特殊的过程。也就是说，E_{a}、n 及 A 等数值除与化学反应或特定的过程有关外，还受过程中的其他因素所影响，如与升温速度、样品重量、颗粒大小、密集性、反应器材料和几何形状、气氛性质和其运动状态(静态或流动态)等有关。这种情况并不违背化学动力学原理，只是对实验技术要求特别高，否则难以保证实验结果的重现性。非恒温动力学实验方法有热重分析法、差热分析法及量热法等多种。

6.4.1　热重分析的反应动力学

在固态物质分解动力学参数的测量中，热重分析法是广泛应用的一种方法。热重分析法用于反应动力学研究时又分积分法、差减微分法等各种处理热重分析数据的方法。差减微分法处理数据的原理概述如下。

对于一个在液相或固相里发生的化学反应，如果反应的产物之一是挥发性的，则其化学反应速率可表示为：

$$-\frac{\mathrm{d}a}{\mathrm{d}t} = ka^{n}$$

式中：a 为反应物的浓度(摩尔分数或质量分数)；n 为反应级数；k 为特征速度常数。

根据阿伦尼乌斯公式有：

$$k = A\mathrm{e}^{-\frac{E_{\mathrm{a}}}{RT}}$$

式中：A 为频率因子；E_{a} 为活化能。

将此式代入前式得：

$$-\frac{\mathrm{d}a}{\mathrm{d}t}=A\cdot \mathrm{e}^{-\frac{E_a}{RT}}\cdot a^n \Rightarrow A\cdot \mathrm{e}^{-\frac{E_a}{RT}}=-\frac{\mathrm{d}a}{\mathrm{d}t}\cdot\frac{1}{a^n}$$

将此式取对数后对 T、$\frac{\mathrm{d}a}{\mathrm{d}t}$和 a 微分得：

$$\frac{E_a}{RT^2}\mathrm{d}T=\mathrm{d}\ln\left(-\frac{\mathrm{d}a}{\mathrm{d}t}\right)-n\mathrm{d}\ln a$$

再积分此式得：

$$-\frac{E_a}{R}\left[\Delta\left(\frac{1}{T}\right)\right]=\Delta\left[\ln\left(-\frac{\mathrm{d}a}{\mathrm{d}t}\right)\right]-n\Delta(\ln a)\Rightarrow\frac{\Delta[\ln(-\mathrm{d}a/\mathrm{d}t)]}{\Delta(\ln a)}=n-\frac{E_a}{R}\frac{[\Delta(1/T)]}{\Delta(\ln a)}$$

根据微分热重曲线（如图 6-6 所示）可以求得浓度 a 对时间或温度的关系曲线。用 $\frac{\Delta[\ln(-\mathrm{d}a/\mathrm{d}t)]}{\Delta(\ln a)}$ 对 $\frac{[\Delta(1/T)]}{\Delta(\ln a)}$ 作图，得一直线；其斜率为 $-\frac{E_a}{R}$，截距为 n。可求得反应表观活化能 E_a 和反应级数 n，进而由 E_a、n、a 及$\frac{\mathrm{d}a}{\mathrm{d}t}$求出 A：

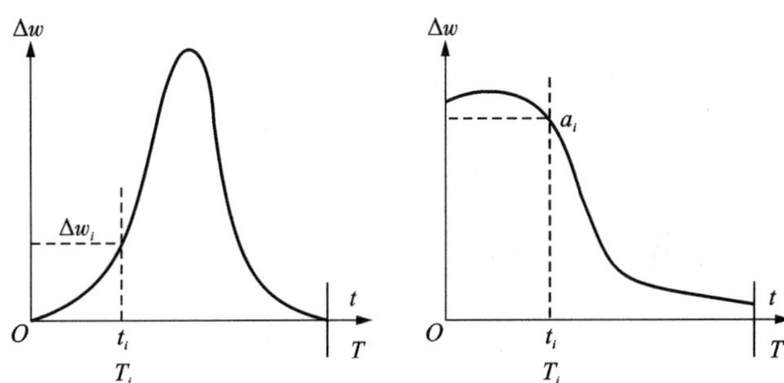

图 6-6　微分热重曲线示意图

$$\ln A=\ln\left(-\frac{\mathrm{d}a}{\mathrm{d}t}\right)+\frac{E_a}{R}\cdot\frac{1}{T}-n\ln a$$

如果测得不是微分热重曲线，而是积分热重曲线（如图 6-7 所示），则求动力学参数的方程式可变换为：

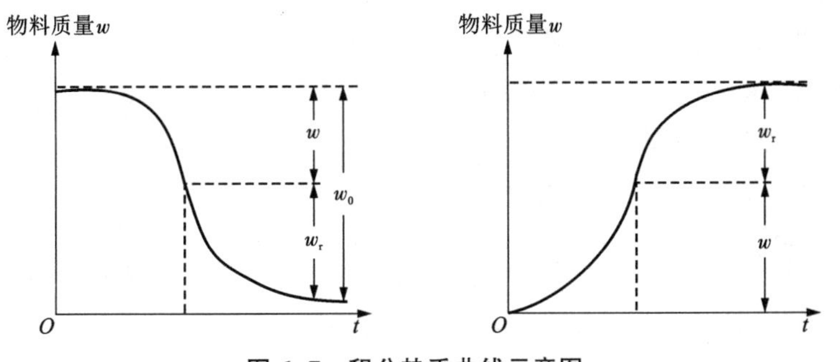

图 6-7　积分热重曲线示意图

$$\frac{\Delta[\ln(-\mathrm{d}w/\mathrm{d}t)]}{\Delta(\ln w_r)}=n-\frac{E_a}{R}\frac{[\Delta(1/T)]}{\Delta(\ln w_r)}$$

式中：w 为 t 时刻物料损失的质量；$w_r=w_0-w$ 为物料反应到达时刻 t 以后，继续反应时，其余下的物质中尚可损失的质量，w_0 为物料反应完全时的质量损失。

不同时刻下的 w_r 和 dw 可以直接从积分热重曲线上求出。将数据按$\frac{\Delta[\ln(-dw/dt)]}{\Delta(\ln w_r)}$对$\frac{\Delta(1/T)}{\Delta(\ln w_r)}$作图，即可求出活化能 E_a、反应级数 n。结合积分热重曲线还可求出频率因子 A：

$$-\frac{dw_r}{dt}=Aw_r^n e^{-\frac{E_a}{RT}}\Rightarrow \ln A=\ln\left(-\frac{dw_r}{dt}\right)+\frac{E_a}{RT}-n\ln w_r$$

6.4.2 差热分析的反应动力学

差热分析的实验数据为差热曲线(如图 6-8 所示)。差热峰的面积代表样品的总反应热，即 $\Delta H=k\cdot S$。其中 k 为与样品系统的总导热系数、热容及几何因素有关的比例常数；S 为差热峰总面积，即差热反应进行完全所具有的面积。此处也存在下面关系：

$$S=S'+S''$$

式中：S'为温度 T 时差热反应已完成部分所具有的面积；S''为温度 T 时差热反应尚未完成部分所具有的面积。就反应而言，总反应热 ΔH 的微量变化，根据差热峰面积可以写成：

$$d(\Delta H)=k\cdot dS'=k\cdot(\Delta T)dT$$

从反应的物量来考虑，总反应热 ΔH 的微量变化也可表示为：

$$d(\Delta H)=(kS)\times\frac{dw}{w_0}$$

式中：w_0 为差热反应中总反应物耗量(或总失重量)；w 为温度 T(或时刻 t)时的反应物耗量(或失重量)。由上两式可得：$\frac{dw}{w_0}=\frac{\Delta T dT}{S}$。

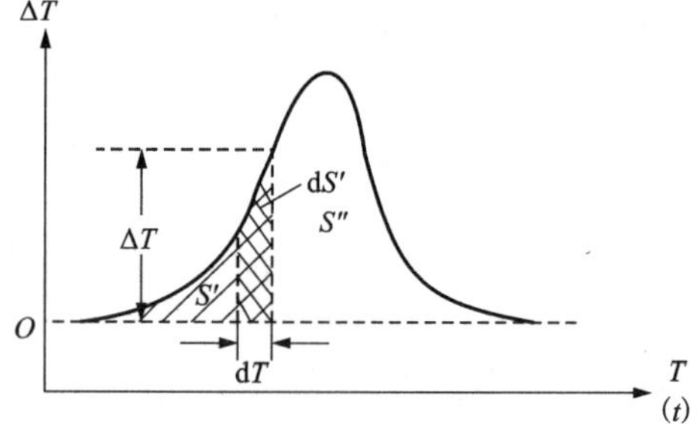

图 6-8 差热曲线示意图

取积分则有：$\int_0^w\frac{dw}{w_0}=\int_0^{S'}\frac{\Delta T}{S}dT\Rightarrow\frac{w}{w_0}=\frac{S'}{S}$ 及$\frac{w_0-w}{w_0}=\frac{S-S'}{S}$，因此可得：$\frac{w_r}{w_0}=\frac{S''}{S}$。此式说明，同一样品的微分热重(DTG)曲线与差热分析(DTA)曲线相似。它们的热谱图的特征量之间有对应关系。根据这种对应关系，利用微分热重分析推导出有关方程，并将其中的失重量 w、w_0 及 w_r 换成相对应的 S'、S 及 S''，就可以用差热分析的热谱图来求动力学参数。利用差热分析数据求动力学参数的方程式为：

$$\frac{\Delta[\ln(dS'/dt)]}{\Delta(\ln S'')}=n-\frac{E_a}{R}\frac{[\Delta(1/T)]}{\Delta(\ln S'')}\quad 及\quad \ln A=\ln\left(-\frac{dS''}{dt}\right)+\frac{E_a}{RT}-n\ln S''$$

应着重指出，利用差热分析法求动力学参数涉及求取峰面积问题，因此对仪器和实验操作要求严格，基线不应漂移，升温速度要求恒定，即线性升温、差热峰要完整无缺。

6.5 快速反应动力学研究方法(relaxation method)

通常的化学动力学实验方法只适用于测量半衰期较长的反应速率(流动法可使反应期缩短至 0.001 s)。半衰期小于几秒、短至 10^{-9} s 的快反应就需要特殊的技术。通常的方法(包括流动法)都不可避免地有反应物相互混合的问题，而反应物混合均匀就需要时间，这个时

间的存在限制了常用方法的使用范围。

从传质的角度看，混合问题对快反应而言实际上是扩散步骤成为反应过程的控制步骤。弛豫法从根本上避开了反应物的混合问题。其基本思想是对一已达平衡的反应体系进行合理扰动，致使反应平衡常数(K)所依赖的某些物理参数发生突变。其结果是反应体系必然随之变化到一个新的平衡状态，如化学反应：

$$A + B \xrightleftharpoons{T} C + D$$

在温度 T 时处于平衡，当温度突然(时间<10^{-6})由 T 升至(T+10)，则反应会自动地变化到一个新的平衡状态：

$$A + B \xrightleftharpoons{T+10} C + D$$

平衡的反应体系由突然变化至新的平衡建立的过程称为弛豫过程。如果突然变化发生得非常迅速，则发生突然变化所耗的时间对整个弛豫过程所需要的时间而言是瞬时的，可以忽略不计。

弛豫法实验装置原理如图 6-9 所示。反应器中待测定反应动力学参数的化学反应处于平衡，物理参变量变化源可以使反应器中的物理参变量发生突然变化(如温度跳变、电场跳变、压力跳变、光场跳变等)。结果反应器中的化学反应平衡遭到破坏，反应将很快在新条件下达到新的平衡。建立新平衡所需要的时间很短，但在建立新平衡过程中物质的浓度会发生变化；弛豫过程记录器则把弛豫过程中的物质浓度随时间变化的关系记录下来；同步与延时控制装置是为了使突然变化(跳变)与记录同步，但后者略稍延时一点，一般约延时 10^{-6} s。

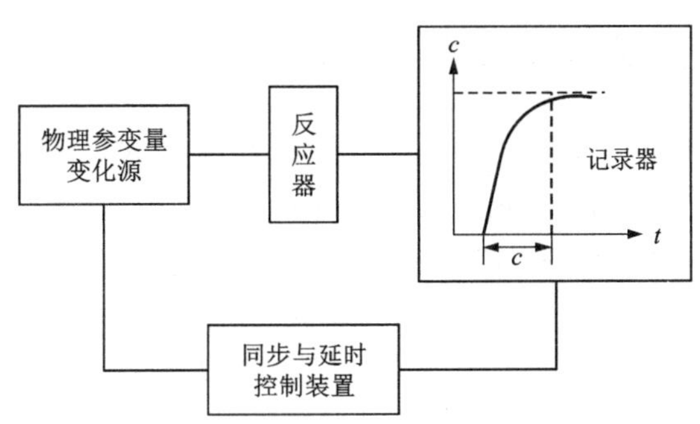

图 6-9　弛豫实验装置

反应体系在弛豫过程中各物质的浓度变化可以借助检测器(浓度分析器)作为时间函数而被记录下来，如图 6-10 所示。有了这些数据可以求得快反应的动力学参数。

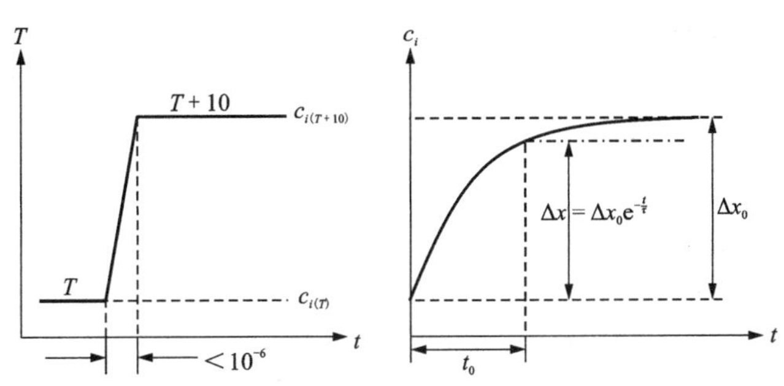

图 6-10　弛豫曲线示意图

若对已达到平衡的化学反应的扰动足够小，不论正向反应或逆向反应的动力学如何，其平衡恢复的速率一般属于一级动力学，即平衡扰动小的弛豫过程的速率表现出一级动力学特征。假如以 Δx_0 描述某平衡混合物组分的浓度 c_i 的初始移动，即受扰动后开始恢复平衡初始时刻($t=0$)的最大浓度偏移，Δx 是某组分的浓度 c_i 在扰动以后任一时刻 t 时所发生的浓度偏移，则二者关系为：

$$\Delta x = \Delta x_0 e^{-\frac{t}{t_0}}$$

这是一级动力学特征的公式，其中 t_0 是反应体系的弛豫时间。弛豫时间就是 Δx 达到 $\Delta x_0/e$ 所需要的时间(e 为自然对数函数的底数)，或者说体系走完恢复平衡路程的 1/e 所需要的时间。实验可以记录从弛豫开始，即当温度或其他物理参数突变后，某些组分的浓度随时间的变化，从变化曲线中可以求出弛豫时间 t_0。t_0 与化学反应动力学参数 k(速率常数)的关系可以根据不同的反应类型导出。如对可逆的一级反应而言有：

$$\frac{1}{k_1 + k_{-1}} = t_0 \quad 和 \quad \frac{k_1}{k_{-1}} = K$$

由实验求出 t_0，即可求得$\frac{1}{k_1+k_{-1}}$值，再由平衡实验求得 $K=\frac{k_1}{k_{-1}}$，联立求解以上两个方程则可算出 k_1 和 k_{-1}。对于其他类型的反应，k 与 t_0 的关系也可按类似的办法处理。弛豫法中的关键是要测量出反应的弛豫时间，还需要测量出反应平衡的一些数据，如平衡常数等。

化学反应动力学实验

以上对化学动力学的实验研究方法做了一个简介。以下将介绍几个具体的化学动力学实验项目，这些实验项目涉及几种不同类型的化学动力学体系，包括简单级数反应(一级和二级反应)和复杂反应，催化反应和非催化反应，均相反应和多相反应，常规化学反应和化学振荡反应等。所采用的动力学研究方法就是物理化学分析法，测量的物理量除时间外，还包括体积、重量、电阻、电势等。当然这只是物理化学分析法中涉及的可测物理量中的少部分，但学习应该举一反三。从教学的角度出发，要求通过本章实验的学习，掌握化学动力学实验研究方法所遵循的基本原理及基本的物理量测量方法，学会处理实验数据的方法和原则，以及对实验数据处理结果和实验现象的分析，讨论实验误差的来源及影响实验结果的主要原因，等等。特别应该思考和探讨的是同一化学反应，其动力学研究还可以采用其他手段、设备及方案。

实验十一　一级反应——过氧化氢分解反应动力学参数测定

1. 实验目的

(1)采用静态法测量 H_2O_2 的均相催化分解反应在一定温度条件下的反应表观速率常数 k、半衰期 $t_{1/2}$ 等动力学参数；

(2)熟悉一级反应的特点，了解反应物浓度、催化剂等因素对反应速率的影响；

(3)学会用图解法求一级反应的速率常数。

2. 实验原理

过氧化氢水溶液的分解反应在没有催化剂时速率较慢，加入催化剂后能加快其分解速率。如加入 KI 作催化剂：

$$H_2O_2(aq) \xrightarrow{KI} H_2O + \frac{1}{2}O_2(g)\uparrow$$

该分解反应的机理为：

(1)　　$H_2O_2(aq) + KI(aq) \xrightarrow{k_1} KIO(aq) + H_2O$　　(慢)

(2)　　$KIO(aq) \xrightarrow{k_2} KI(aq) + \frac{1}{2}O_2(g)$　　(快)

按照以上反应机理，采用动力学的速率控制步骤等近似处理法得：整个反应的速率由反应机理中步骤(1)决定，因而反应的速率方程为：

$$-\frac{dc_{H_2O_2}}{dt} = k_1 c_{KI} c_{H_2O_2} \tag{E11-1}$$

由于催化剂在反应中浓度不变，令 $k = k_1 c_{KI}$，则 H_2O_2 分解反应的速率方程为：

$$-\frac{dc_{H_2O_2}}{dt} = kc_{H_2O_2} \tag{E11-2}$$

式中：k 为确定温度下 H_2O_2 分解反应的表观速率常数，即该分解反应为准一级反应。

将式(E11-2)积分可得：

$$\ln \frac{c_0}{c_t} = kt \tag{E11-3}$$

式中：t 为反应时间，s；c_0 为 H_2O_2 的初始浓度，mol/L；c_t 为 t 时刻时 H_2O_2 的浓度，mol/L。

在等压条件下，分解反应放出氧气的体积与已分解的 H_2O_2 的物质的量成正比。所以在 H_2O_2 催化分解中，可以通过等压容积法测量时间 t 内分解所放出的氧气的体积，经过换算得到 t 时刻 H_2O_2 的浓度。令 V_∞ 表示 H_2O_2 试样全部分解所放出的氧气的体积，V_t 表示试样在 t 时刻分解所放出的氧气的体积，则 $c_0 \propto V_\infty$，$c_t \propto V_\infty - V_t$。代入式(E11-3)可得：

$$\ln \frac{c_0}{c_t} = \ln \frac{V_\infty}{V_\infty - V_t} = kt \Rightarrow \ln(V_\infty - V_t) = \ln V_\infty - kt \tag{E11-4}$$

3. 实验仪器与试剂

主要实验仪器：电磁力搅拌器 1 台；分解反应气体体积测定装置 1 套(包括 W 型双管反应器 1 个，用作量气管的碱式滴定管 1 支，水位瓶 1 个，三通活塞 1 个)。

辅助实验用品：秒表 1 块，滴定管 1 支，25 mL 和 10 mL 移液管各 3 支，200 mL 容量瓶 1 个，250 mL 的锥形瓶 3 个，铁架台 1 个，大试管夹 2 个，橡皮管若干。

主要实验试剂：H_2O_2 溶液(约 1 mol/L)，KI 溶液(0.05 mol/L，0.1 mol/L)。

其他辅助试剂：H_2SO_4(3 mol/L)，已标定的 $KMnO_4$ 标准溶液。

4. 实验步骤

(1)测量装置组装。如图 6-11 所示，将分解气体测定装置连接好。在水位瓶中装入加有红色染料的水，其加入量要在水位瓶提起时，可以使量气管和水位瓶中的水面都能同时达到量气管的最高刻度处。

(2)取样装样。首先将 W 型双管反应器洗涤干净，将磁力搅拌子放入反应瓶中。然后用移液管移取 25 mL 浓度为 0.05 mol/L 的 KI 水溶液放在反应器的大管中，用移液管移取 10 mL 浓度约为 1 mol/L 的 H_2O_2 水溶液放在反应器的小管中。

(3)调整量气管水位。将装好反应试剂的反应器按图 6-11 所示的“反应前位置”置于磁力搅拌器上，用与量气管连通的橡皮塞塞紧瓶口。旋转三通活塞使之处于三通状态(一通大

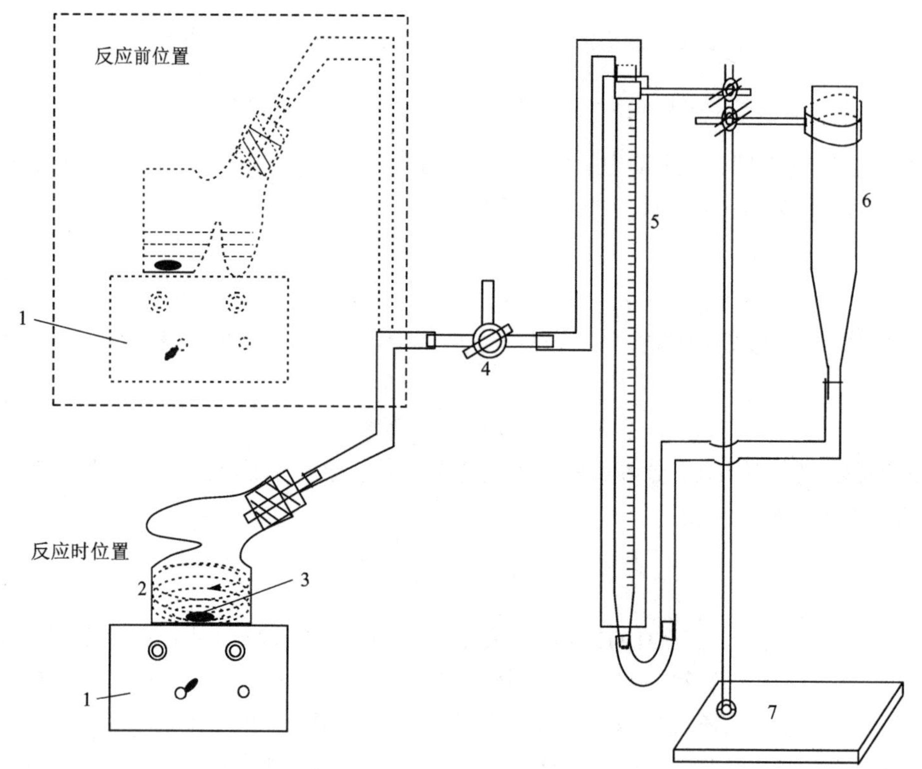

1—电磁力搅拌器；2—W 型双管反应器；3—磁力搅拌子；4—三通活塞；5—量气管；6—水位瓶；7—铁架台。

图 6-11　分解反应气体体积测定装置示意图

气，二通反应瓶，三通量气管）。调节水位瓶，使量气管的水位与水位瓶水位处于相同的高度（以量气管的最高刻度处为宜），并将水位瓶暂时固定在此位置。旋转三通活塞使之处于二通状态，即一通反应瓶，二通量气管。

（4）进行反应及测量。开启磁力搅拌器，将反应瓶按图 6-11 所示的“反应时位置”放好（注意搅拌子的搅拌状况），并以此刻作为实验记录的零时刻。为保证在等压下测量分解反应所放出氧气的体积，测量时应随时调节水位瓶的高度，使其水面始终保持与量气管中的水面处于水平状态，并定时读出量气管中水面所处的读数值 V_t。反应时间一般控制在 20~25 min，或量气管液面降至 40~45 mL 为止。

注意：①在调节水位瓶的高度时，水位瓶的移动速度不应太快。一般而言，应该是水位瓶的高度随量气管中水面的降低而下移。

②一般室温条件下，在反应测量时间内的读数间隔时间可以前后长短不一。由于反应初始时的反应速率较快，反应前 2~3 min，读数间隔时间以 30 s 为宜；接下来的 10 min 内，每间隔 1 min 读数 1 次；最后改为每间隔 2~3 min 读数 1 次。

若是在室温较高时进行实验，则读数间隔时间应均取为 30 s，直至量气管液面降至 40~45 mL。

若是在室温较低（低于 10 ℃）时进行实验，则可以量气管中的液面每降低 5 mL 记录 1 次

反应时间，直至量气管液面降至 40~45 mL。

(5)改变试样进行测量

改变试样的浓度和用量，重复上述(2)~(4)步骤。

①25 mL 浓度为 0.1 mol/L 的 KI 水溶液+10 mL 的 H_2O_2 水溶液；

②25 mL 浓度为 0.1 mol/L 的 KI 水溶液+5 mL 的 H_2O_2 水溶液+5 mL H_2O。

5. 实验数据处理

本实验的数据处理方法有多种，以下介绍四种。

(1)浓度标定法。根据 H_2O_2 分解反应式推算出 H_2O_2 的初始浓度 c_0 与 H_2O_2 完全分解产生的氧气体积 V_∞ 的关系：

$$H_2O_2(aq) \xrightarrow{KI} H_2O + \frac{1}{2}O_2(g)\uparrow$$

设 $t=0$　　$n_0=c_0V$　　0

则 $t=\infty$　　0　　$n_{O_2,\infty}=\frac{V_\infty p_{O_2}}{RT}=\frac{1}{2}n_0=\frac{1}{2}c_0V$

即

$$V_\infty=\frac{c_0V}{2}\times\frac{RT}{p_{O_2}} \tag{E11-5}$$

式中：V 为实验所用 H_2O_2 水溶液的体积；p_{O_2} 为氧的分压，是实验时的大气压减去实验温度下水的饱和蒸气压；T 为实验温度；R 为理想气体常数；V_∞ 由标定出 H_2O_2 的初始浓度 c_0，以及式(E11-5)计算。

例　H_2O_2 初始浓度 c_0 的标定。用移液管移取实验用 H_2O_2 溶液 10 mL 放入 200 mL 容量瓶中，加水冲淡至刻度摇匀。分别移取 25 mL 该溶液放入锥形瓶中，并各加入 15 mL 浓度为 3 mol/L 的 H_2SO_4 溶液。用一定浓度(以实验当日标注的浓度为准)的 $KMnO_4$ 标准溶液滴定至呈淡红色为止，滴定反应如下：

$$5H_2O_2 + 2MnO_4^- + 6H^+ = 2Mn^{2+} + 5O_2\uparrow + 8H_2O$$

H_2O_2 的初始浓度 c_0 计算公式为：

$$c_0 = 2000c_{KMnO_4}\times V_{KMnO_4}$$

将标定出的 H_2O_2 初始浓度 c_0 代入式(E11-5)计算出 V_∞。根据式(E11-4)可知，以 $\ln(V_\infty-V_t)$ 对 t 作图可得直线，由直线斜率可求得反应表观速率常数 k。分解半衰期 $t_{1/2}$ 可以通过式(E11-6)计算：

$$t_{1/2}=\frac{\ln2}{k} \tag{E11-6}$$

(2)加热法。每一组 V_t 数据测量完毕后，将 H_2O_2 溶液加热至 50~60 ℃约 15 min，可认为分解基本完全。待冷却至室温，记录量气管读数，即为 V_∞。根据式(E11-4)，以 $\ln(V_\infty-V_t)$ 对 t 作图应得一条直线，由直线斜率可求得反应表观速率常数 k。分解半衰期 $t_{1/2}$ 可以通过式(E11-6)求得。

(3)微分法。对式(E11-4)两边作微分得：

$$\frac{dV_t}{dt}=k(V_\infty - V_t) \tag{E11-7}$$

首先根据实验数据作出 V_t-t 曲线。然后对曲线上不同 t 时刻点作切线，并分别求出各切线的斜率(即不同 t 时刻下的 $\mathrm{d}V_t/\mathrm{d}t$ 值)。最后以不同 t 时刻下的 $\mathrm{d}V_t/\mathrm{d}t$ 值对相应的 V_t 作图可得到一条直线，由该直线斜率可以求得反应表观速率常数 k。分解半衰期 $t_{1/2}$ 可以通过式(E11-6)计算。

(4)差减法。由式(E11-4)可得在 t、$t_1=t+\Delta t$ 时的动力学方程分别为：

$$V_\infty - V_t = V_\infty \mathrm{e}^{-kt} \tag{E11-8}$$

$$V_\infty - V_{t_1} = V_\infty \mathrm{e}^{-kt_1} = V_\infty \mathrm{e}^{-k(t+\Delta t)} = V_\infty \mathrm{e}^{-kt} \times \mathrm{e}^{-k\Delta t} \tag{E11-9}$$

用式(E11-8)减式(E11-9)得：

$$V_{t_1} - V_t = V_{t+\Delta t} - V_t = V_\infty (1 - \mathrm{e}^{-k\Delta t})\mathrm{e}^{-kt} \tag{E11-10}$$

将式(E11-10)两边取对数后得：

$$\ln(V_{t+\Delta t} - V_t) = \ln[V_\infty (1 - \mathrm{e}^{-k\Delta t})] - kt \tag{E11-11}$$

对一组实验数据取一个 Δt 值(不宜取得太大或太小)，则从 $t=0$ 开始可以获得一组不同 t 值下的 $\ln(V_{t+\Delta t}-V_t)$ 实验数据处理值，以 $\ln(V_{t+\Delta t}-V_t)$ 对 t 值作图可得到一条直线。由式(E11-11)可知，通过直线斜率可以求得 H_2O_2 的均相催化分解反应在一定温度条件下的反应表观速率常数 k；分解半衰期 $t_{1/2}$ 可以通过式(E11-6)计算。

6. 实验结果讨论

对本实验而言，实验结果的讨论可以从以下几个方面进行。

(1)针对实验操作及实验现象进行定性讨论。如反应中溶液颜色变化，搅拌速度、水位瓶移动技术、温度、零时刻选择等诸多因素对实验结果是否产生影响，等等。

(2)根据实验数据处理结果进行讨论。如实验结果误差的定量计算，定性探讨可能的误差来源，从动力学原理出发解释实验所获得的催化剂 KI 浓度对 H_2O_2 分解反应 k_1、k 及 $t_{1/2}$ 等动力学参数的影响，等等。

(3)针对实验方案的设计进行讨论。如通过查阅文献，列举用于催化 H_2O_2 分解反应的催化剂类型及对应的催化反应类型，并与本实验进行比较；将所介绍的四种实验数据处理方法及所查到的其他数据处理方法进行比较；若要求实验活化能 E_a，可能的实验方案设计是什么；实验所测定的物理量若改为分解产生气体的压力，是否可行，应该选用什么仪器；该反应为准一级反应，若要测定对 KI 的级数，可能的实验方案设计；等等。

实验十二　二级反应——乙酸乙酯皂化反应动力学参数测定

1. 实验目的

(1)用电导法测量乙酸乙酯皂化反应的速率常数 k 和反应的表观活化能 E_a；

(2)了解二级反应的特点，学会用图解法求解二级反应的速率常数；

(3)熟悉数字电桥的使用。

2. 实验原理

乙酸乙酯与碱的反应称为皂化反应。它是二级反应，其反应式为：

$$CH_3COOC_2H_5(aq) + NaOH(aq) \xlongequal{\quad} CH_3COONa(aq) + C_2H_5OH(aq)$$

在反应过程中，溶液中部分离子的浓度随时间而改变，因此溶液的电导(或电阻)将随时

间发生变化。通过测量皂化反应过程中溶液的电导(或电阻)随时间的变化关系，实质上就是获得了反应物浓度随时间的变化关系。从皂化反应方程式可知，反应体系中的离子有 Na^+、OH^- 和 CH_3COO^-(简记为 Ac^-)。在反应过程中 Na^+浓度不变，而 OH^-逐渐被 Ac^-所取代。由于 OH^-的摩尔电导率远大于 Ac^-的摩尔电导率，随着反应的进行，反应体系(溶液)的电导 G 将逐渐降低(电阻 R 将逐渐增大)。因为：

$$G_i = \frac{1}{R_i} = \frac{\kappa_i}{K_{\text{cell}}},\ \kappa_i = \lambda_{\text{m},\,i} c_i$$

式中：G_i 为溶液中 i 离子的电导；R_i 为溶液中 i 离子的电阻；κ_i 为溶液中 i 离子的电导率；$\lambda_{\text{m},\,i}$ 为溶液中 i 离子的摩尔电导率；c_i 为溶液中 i 离子的浓度；K_{cell} 为实验用电导池的电导池常数。

根据溶液电导 G 与反应体系(溶液)中各离子电导的关系及以上两关系式可得：

$$GK_{\text{cell}} = \lambda_{\text{m, Na}^+} c_{\text{Na}^+} + \lambda_{\text{m, OH}^-} c_{\text{OH}^-} + \lambda_{\text{m, Ac}^-} c_{\text{Ac}^-} \tag{E12-1}$$

设 $t=0$ 时溶液的电导为 G_0；$t=t$ 时溶液的电导为 G_t；$t=\infty$ 时溶液的电导为 G_∞。为处理数据方便，设两反应物(乙酸乙酯与碱)的初始浓度相同，均为 a，反应到 t 时刻两反应物的浓度为 c，则产物(CH_3COONa)的浓度为 $a-c$。因此有如下关系存在：

$t = 0$ 时，$G_0 K_{\text{cell}} = \lambda_{\text{m, Na}^+} c_{\text{Na}^+,\,0} + \lambda_{\text{m, OH}^-} c_{\text{OH}^-,\,0} + \lambda_{\text{m, Ac}^-} c_{\text{Ac}^-,\,0} = a(\lambda_{\text{m, Na}^+} + \lambda_{\text{m, OH}^-})$

$t = t$ 时，$G_t K_{\text{cell}} = \lambda_{\text{m, Na}^+} c_{\text{Na}^+,\,t} + \lambda_{\text{m, OH}^-} c_{\text{OH}^-,\,t} + \lambda_{\text{m, Ac}^-} c_{\text{Ac}^-,\,t} = G_0 K_{\text{cell}} - (a - c)(\lambda_{\text{m, OH}^-} - \lambda_{\text{m, Ac}^-})$

$t = \infty$ 时，$G_\infty K_{\text{cell}} = \lambda_{\text{m, Na}^+} c_{\text{Na}^+,\,\infty} + \lambda_{\text{m, OH}^-} c_{\text{OH}^-,\,\infty} + \lambda_{\text{m, Ac}^-} c_{\text{Ac}^-,\,\infty} = a(\lambda_{\text{m, Na}^+} + \lambda_{\text{m, Ac}^-})$

将以上三式两两相减得：

$$(G_0 - G_t)K_{\text{cell}} = (a - c)(\lambda_{\text{m, OH}^-} - \lambda_{\text{m, Ac}^-}) \tag{E12-2}$$

$$(G_t - G_\infty)K_{\text{cell}} = c(\lambda_{\text{m, OH}^-} - \lambda_{\text{m, Ac}^-}) \tag{E12-3}$$

由于乙酸乙酯皂化反应为典型的二级反应，在乙酸乙酯与碱的初始浓度相同的条件下有 $-\frac{\text{d}c}{\text{d}t}=k_2c^2$，其积分式为：

$$\frac{1}{c} - \frac{1}{a} = k_2 t \tag{E12-4}$$

将式(E12-2)和式(E12-3)代入式(E12-4)，并整理得：

$$ak_2 t = \frac{G_0 - G_t}{G_t - G_\infty} \tag{E12-5}$$

又 $G=R^{-1}$，所以还可得：

$$\frac{R_0 - R_t}{R_t - R_\infty} = ak_2 t\frac{R_0}{R_\infty} \tag{E12-6}$$

式(E12-5)和式(E12-6)是处理实验数据的基本公式。在已知乙酸乙酯与碱的初始浓度的条件下，通过测定 G_0、G_∞ 和不同 t 时刻 G_t(或 R_0、R_∞ 及 R_t)就可以计算出乙酸乙酯皂化反应在实验温度下的速率常数 k_2。

3. 实验仪器与试剂

主要实验仪器：恒温水套 1 个；电导电极 1 个；超级恒温槽 1 台；数字电桥 1 台；磁力搅拌器 1 台。

辅助实验用品：反应器 1 个；50 mL 大试管 4 支；秒表 1 块；250 mL 的容量瓶 1 个；

25 mL 的移液管 4 支和 10 mL 的移液管 1 支。

主要实验试剂：NaOH 溶液（0.0200 mol/L），醋酸钠溶液（0.0200 mol/L），乙酸乙酯溶液（0.0200 mol/L）。

4. 实验步骤

（1）仪器组装和调试。将用于电导法测量反应速率的仪器按图 6-12 所示组装好。再按照仪器使用说明书分别开启各仪器，以检查它们是否能正常运行，并熟悉其操作性能。如开启超级恒温槽，检查循环水路是否畅通、有无漏水现象等；检查恒温槽温度调节设定装置是否完好，然后按恒温槽温度调节原则设定好温度值，并最终调节到实验所需温度；开启数字电桥，选择电导（或电阻）测定挡位。

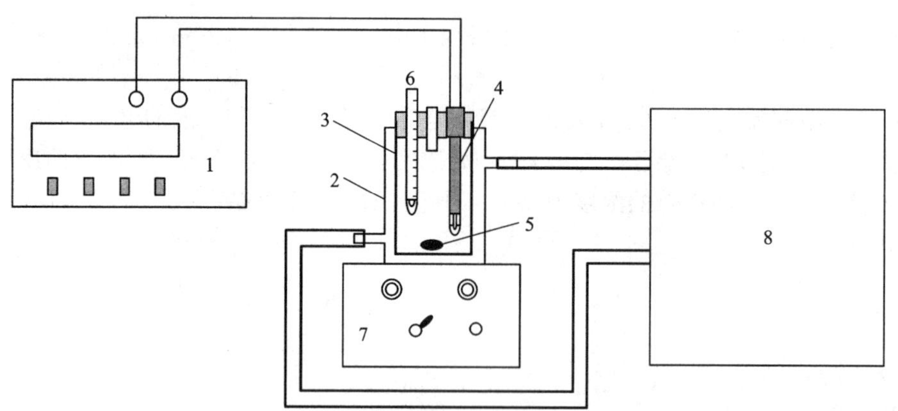

1—数字电桥；2—循环水套；3—反应器；4—电导电极；
5—磁力搅拌子；6—温度计；7—磁力搅拌器；8—超级恒温槽。

图 6-12　皂化反应动力学测定装置示意图

（2）配制试剂

①配制浓度为 0.02 mol/L 的 NaOH 溶液和 NaAc 溶液。

②按已配好的 NaOH 溶液浓度为准，配制 $CH_3COOC_2H_5$ 溶液。

乙酸乙酯的密度可用下列公式计算（用于 0~40 ℃，误差范围为 5×10^{-5}）：

$$\rho = 0.9245 - 1.168 \times 10^{-3}(T - 273.15) - 1.95 \times 10^{-6}(T - 273.15)^2 + 2.0 \times 10^{-8}(T - 273.15)^3$$

式中：T 为配制 $CH_3COOC_2H_5$ 溶液时的室温，K；ρ 为室温下纯乙酸乙酯的密度，g/cm³。

根据上式和所需配制的 $CH_3COOC_2H_5$ 溶液浓度计算出应取的乙酸乙酯的毫升数（V mL），并用移液管吸取乙酸乙酯 V mL 注入 250 mL 容量瓶中（动作应迅速，以减少挥发损失），再向容量瓶中加入蒸馏水稀释至刻度，摇匀即得到与 NaOH 溶液浓度相同的 $CH_3COOC_2H_5$ 溶液。

（3）试样恒温

①用移液管移取步骤（2）中配制的 NaOH 溶液 25 mL 和蒸馏水 25 mL，并装入恒温大试管中。摇匀后将该大试管置于恒温槽中恒温。该大试管中的 NaOH 溶液用于测定 G_0（或 R_0）。

②用移液管移取步骤（2）中配制的 NaAc 溶液 25 mL 和蒸馏水 25 mL 装入恒温大试管中，摇匀后将该大试管置于恒温槽中恒温。该大试管中的 NaAc 溶液用于测定 G_∞（或 R_∞）。

③取步骤(2)中配制的 NaOH 溶液和 $CH_3COOC_2H_5$ 溶液各约 50 mL，分别装入两支恒温大试管中。将这两支大试管置于恒温槽中恒温。该两支大试管中的溶液用于测定 G_t(或 R_t)。

以上各待测试样应该在恒温槽达到指定温度后，再恒温 15~20 分钟才可进行实验测量。

(4)在指定温度下测量 R_0、R_∞ 及 R_t(或 G_0、G_∞ 及 G_t)

①测量 R_0(或 G_0)。把磁力搅拌子放入干净的反应器内，再将达到恒温要求用于测量 R_0(或 G_0)的 NaOH 溶液倒入反应器内。开启磁力搅拌器，并将电导电极浸入反应器中的 NaOH 溶液内，接好电阻(电导)测量线路。待温度稳定后用数字电桥测量该 NaOH 溶液的电阻(或电导)，即得 R_0(或 G_0)。测量完毕后试样倒回原试管内，留作在另一温度下进行测量时用。

②测量 R_∞(或 G_∞)。将已恒温后用于测量 R_∞(或 G_∞)的 NaAc 溶液倒入反应器内，同上法测量其电阻(或电导)，即得 R_∞(或 G_∞)。测定完毕后，同样留作在另一温度下进行测量时用。

③测定 R_t(或 G_t)。把磁力搅拌子放入干净的反应器内，用移液管移取 25 mL 已恒温的原浓度的 NaOH 溶液至反应器内。开启磁力搅拌器，将电导电极浸入反应器中 NaOH 溶液内，接好电导仪测量线路。用移液管迅速移取 25 mL 已恒温的乙酸乙酯溶液至反应器内，并在加入约 12.5 mL 乙酸乙酯溶液时打开秒表，开始计时，每隔 0.5 min 读取一次反应体系的 R_t(或 G_t)。注意：在 R_t(或 G_t)的测定过程中不可按停秒表，即连续计时。测定 5 min 左右(视电阻或电导的变化幅度而定)后，测量电阻(或电导)的间隔时间改为 1 min，再记录约 10 min。

(5)改变实验温度测量 R_0、R_∞ 及 R_t(或 G_0、G_∞ 及 G_t)

完成上述步骤(4)中的①~③后，调节恒温槽的设定温度(一般取比原设定温度高 10 ℃ 左右)。待达到新设定温度的恒温要求之后，按照步骤(4)中的①~③进行新设定反应温度下的实验测量操作，获得新设定反应温度下的 R_0、R_∞ 及 R_t(或 G_0、G_∞ 及 G_t)。

5. 实验数据处理

(1)根据实验测得的原始数据 R_0、R_∞ 及 R_t 分别计算出不同温度下，不同 t 时刻的$\dfrac{R_0-R_t}{R_t-R_\infty}$值，并据此分别绘制两个反应温度下$\dfrac{R_0-R_t}{R_t-R_\infty}$对 t 的图线。根据式(E12-6)可知，该图线为直线，图解求出其斜率(ak_2R_0/R_∞)。结合已知的反应物初始浓度 a，可以分别求得不同反应温度下的乙酸乙酯皂化反应的速率常数值 k_2。

(2)根据不同反应温度的速率常数值 k_2，应用阿伦尼乌斯公式求出乙酸乙酯皂化反应的活化能。

$$\ln\frac{k_{2(T_2)}}{k_{2(T_1)}}=-\frac{E_a}{R}\left(\frac{1}{T_2}-\frac{1}{T_1}\right)$$

(3)根据速率常数值 k_2 和反应物初始浓度 a，可以求得不同反应温度下的乙酸乙酯皂化反应的半衰期 $t_{1/2}$。

$$t_{1/2,\ T_i}=\frac{1}{k_{2(T_i)}a}$$

(4)若实验测得的原始数据为 G_0、G_∞ 及 G_t，则应分别绘制两个反应温度下$\dfrac{G_0-G_t}{G_t-G_\infty}$对 t 的

图线。根据式(E12-5)可知，该图线也为直线，图解求出其斜率(ak_2)。结合已知的反应物浓度 a 和 G_0、G_∞，也可以分别求得不同反应温度下乙酸乙酯皂化反应的速率常数值 k_2 和半衰期 $t_{1/2}$。

6. 实验结果讨论

对本实验而言，实验结果讨论可以从以下几个方面进行。

(1)根据实验数据处理结果进行讨论。如与文献数据进行比较、讨论，计算实验结果误差值，定性探讨可能的误差来源，从动力学原理出发解释实验所获得的温度对反应的 k_2 及 $t_{1/2}$ 等动力学参数的影响，不同脂的皂化反应活化能大小的比较，等等。

(2)针对实验操作及实验现象进行定性讨论。如搅拌速度，恒温槽温度设定技巧及温度设定的高低，零时刻选择等诸多因素对反应是否产生影响，等等。

(3)针对实验方案的设计进行讨论。如乙酸乙酯和碱的初始浓度不相等时，是否仍可以采用电导法来进行乙酸乙酯皂化反应动力学研究，需要补充什么物理量；两种反应物浓度较大时，电导法测定乙酸乙酯皂化反应动力学参数是否仍然适用；如何将该二级反应设计为一级反应；根据该体系的特点，除了采用电导法外，是否还可采用其他方法测定乙酸乙酯皂化反应动力学参数，如何设计实验方案；等等。

参考数据

表 6-3　反应速率随温度变化情况举例

反应	温度范围/℃	$\frac{k_{t+10}}{k_t}$
$CH_3N=NCH_3$　分解(气态反应)	290~330	1.9
$H_2+I_2=2HI$　(气态反应)	283~293	2.5
$2N_2O_5=2N_2O_4+O_2$　(气态反应)	0~65	2.8
$CH_3COOC_2H_5$+ NaOH 的皂化　(均相溶液反应)	10~45	1.9
植物的呼吸作用	0~25	2.5

表 6-2　复杂酯的碱性皂化度常数 k　　L/(mol · min)

物质	温度/℃			
	0	10	20	25
$CH_3COOC(CH_3)_3$	—	0.0369	0.0810	—
$HCOO(CH_3)_2CH_3$	—	1.94	3.93	—
$CH_3COO(CH_2)CH_3$	—	2.15	4.23	—
$CH_3CH_2COOC_2H_5$	1.14	—	—	5.94
$CH_3COOC_2H_5$	1.17	—	5.08	6.56①

①25 ℃下，当乙酸乙酯和碱的浓度 $a=b<0.025$ mol/L 时，各数据差别颇大，其 k 值多在 6.40~6.86。

实验十三　多相反应动力学——金属氧化速率测定

1. 实验目的

(1)用重量法测量金属(铜片)的氧化速率；

(2)了解金属氧化过程，掌握采用速控步骤法研究多相反应动力学；

(3)学会用图解法求多相反应不同速率控制阶段的表观活化能。

2. 实验原理

研究金属氧化速率的方法有许多，如量气法、表面膜厚度直接测量法、重量法等。本实验采用的是重量法，测量在一定实验条件下试样增重量随时间的变化值，并以此绘制金属的氧化曲线，由不同温度下的金属氧化曲线求出反应的活化能。

通常金属的氧化属于固-气多相反应。在含有一定量氧气的气氛(如处在空气流)中将金属加热，则该金属进行氧化反应。其反应式为：

$$x\mathrm{Me(s)} + \frac{y}{2}\mathrm{O_2(g)} = \mathrm{Me}_x\mathrm{O}_y\mathrm{(s)}$$

一般金属氧化过程由几个步骤组成。在一定温度下，氧化过程刚开始时，由于氧化膜还较薄，氧气扩散到反应界面受到的阻力较小，此时反应常受化学反应步骤控制，反应速率较快；随着反应的进行，金属表面的氧化膜增厚，氧气扩散到反应界面受到的阻力逐渐增大，气体反应物(氧气)扩散困难，此时反应转为受扩散步骤控制，反应速率逐渐降低，甚至最终会停止。

若用氧化膜厚度增长速率表示金属氧化反应速率，则在 t 时刻，单位面积的厚度为 y 时，金属氧化反应速率可表示为 $r=\frac{\mathrm{d}y}{\mathrm{d}t}$。若在固-气界面处发生的金属氧化反应级数为一级，则反应分别为化学反应步骤控制或气体反应物扩散步骤控制时，其对应的速率方程分别为：

$$\frac{\mathrm{d}y}{\mathrm{d}t} = k_s c_s \quad \text{和} \quad \frac{\mathrm{d}y}{\mathrm{d}t} = k_D \frac{c_0 - c_s}{y}$$

式中：k_s 为化学反应速率常数，它与反应性质及金属表面状态有关；k_D 为扩散速率常数，它与气体反应物的扩散系数有关；c_0 和 c_s 分别为氧化膜内(紧贴金属侧)外两侧氧的浓度。由于致密的氧化膜增长比较均匀，故这类金属单位面积氧化膜厚度 y 与试样(金属片)单位面积增重量 w 成正比($y=Bw$)，因此，可将单位面积氧化膜厚度 y 变换成单位面积试样增重量 w，即上两式可改写为：

$$\frac{\mathrm{d}w}{\mathrm{d}t} = \frac{k_s}{B} c_s \quad \text{和} \quad \frac{\mathrm{d}w}{\mathrm{d}t} = k_D \frac{c_0 - c_s}{B^2 w}$$

将两式联立，消去 c_s，并进行积分，可得以下抛物线方程：

$$\frac{k'_s}{2} w^2 + k'_D w = k_s k_D c_0 t \qquad \text{(E13-1)}$$

式中：$k'_s = B^2 k_s$，$k'_D = B k_D$。

金属刚开始氧化时，其氧化膜极薄，试样增重量极小，此时有 $\frac{k'_s}{2} w^2 \ll k'_D w$，则式(E13-1)

可化为：

$$w=\frac{k_s c_0}{B}t=K_s t \tag{E13-2}$$

式中：K_s 可视为在化学反应控制阶段的表观速率常数，此时单位面积试样增重量 w 与反应时间 t 之间呈线性关系。

随着反应进行，当氧化膜厚度增加到一定程度时，会有 $\frac{k'_s}{2}w^2 \gg k'_D w$，则式(E13-1)可化为：

$$w^2=\frac{2k_D c_0}{B^2}t=K_D t \tag{E13-3}$$

式中：K_D 可视为在扩散控制阶段的表观速率常数，此时单位面积试样增重量 w 与反应时间 t 之间呈抛物线关系。

在上述两种极端状况之间，反应由化学反应步骤和气体反应物扩散步骤联合控制，单位面积试样增重量 w 与反应时间 t 之间也呈抛物线关系，但服从的抛物线方程为式(E13-1)。式(E13-1)~式(E13-3)表明：金属的氧化曲线在不同阶段具有不同的形式。

在确定的实验温度下，通过测量实验过程中金属片试样的单位面积增重量 w 随时间 t 变化的值，可以绘制出相应的金属氧化曲线，根据金属氧化曲线可以求得反应 t 时刻的反应速率(dw/dt)；改变实验温度可以获得另一条金属的氧化曲线，再依据阿伦尼乌斯公式，就可以分别求算出反应在化学反应控制阶段的表观活化能 $E_{a,化}$ 和扩散控制阶段的表观活化能 $E_{a,扩}$。

$$\ln\frac{K_{s,T_2}}{K_{s,T_1}}=-\frac{E_{a,化}}{R}\left(\frac{1}{T_2}-\frac{1}{T_1}\right) \tag{E13-4}$$

式中：K_{s,T_2}，K_{s,T_1} 为在温度 T_1，T_2 下反应的表观速率常数。

同样的方法可算出 $E_{a,扩}$。

3. 实验仪器与试剂

主要实验仪器：精密电子天平 1 台；管状竖式电阻炉 1 台；控温仪 1 台。

辅助实验用品：秒表 1 只；抛光砂纸若干；直尺 1 把；坩埚钳 1 把。

主要实验试剂：纯铜片(大小约 1 cm×3 cm×0.05 cm)2 块。

4. 实验步骤

(1)组装仪器与制样。按图 6-13 所示组装好仪器，并仔细阅读相关说明书，了解精密电子天平、控温仪的使用方法。用砂纸将两片剪好的铜片进行抛光处理，并准确测量出它们的面积 S。

(2)试挂样。将两片处理好的铜片分别悬挂于电子天平下方挂样链条下端的两个挂钩上，移动半边保温盖(另一边不动)，将链条放入炉内：首先检查试样是否接触到电炉壁(确定天平和电炉的相对位置)，试样底部是否触到热电偶(若有接触，则应将挂样链条缩短)；再移回保温盖，确定反应管口保温盖的位置，以保证保温盖不与挂样链条相接触。检查完成后移动半边保温盖(另一边不动)，将挂样链条从炉内提出，取下铜片；再将半边保温盖移回原位，即盖好反应管口保温盖。

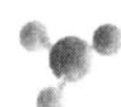

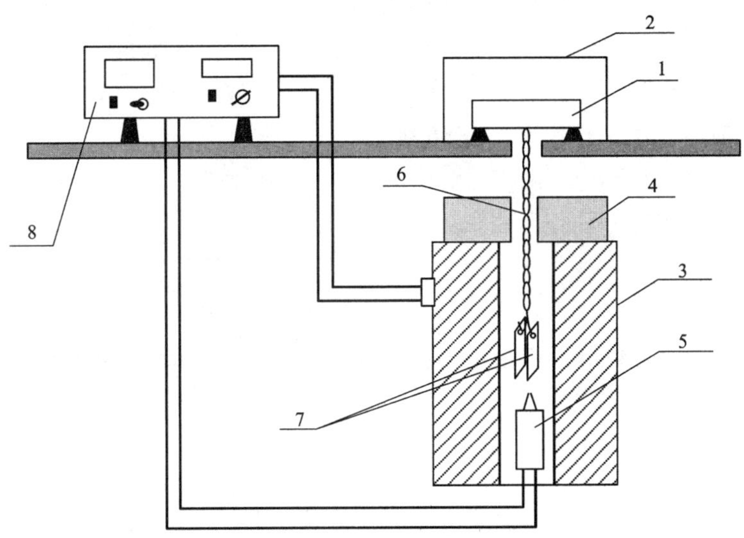

1—由精密电子天平改装的热天平；2—热天平保护罩；3—管状竖式电阻炉；
4—反应管口保温盖；5—热电偶及套管；6—挂样链条；7—金属试样片；8—控温仪。

图 6-13　金属氧化速率测定实验装置示意图

(3)电炉升温与控温。接通电炉电源，将控温仪上的控温开关拨到设定挡，调节温度设定旋钮使炉温控制指示在 680 ℃左右。将控温开关拨回到测量挡，等待炉温稳定至设定值。

(4)数据测量。当炉温达到要求后，将两片铜片分别悬挂于链条的两个挂钩上。移开半边反应管口保温盖，并打开电子天平的开关。将悬挂了金属试样片的挂样链条小心地放入电炉内，随即将移开的半边反应管口保温盖迅速归位(即盖好炉口，切忌保温盖与挂样链条有接触)。对电子天平进行清零，同时打开秒表，开始记录反应时间 t 和对应时刻试样增重量 W'(mg)数据。数据记录频率要视增重情况而定，一般在反应开始的前 3 min，每 0.5 min 记录一次试样增重值，反应 4～10 min 每 1 min 记录一次，反应 10～20 min 每 2 min 记录一次，之后每 3 min 记录一次，直到反应 40～50 min。测量结束，关闭天平。

(5)检查试样氧化情况。第一个温度的实验测量完毕后，在略为冷却的情况下，用坩埚钳小心地从炉中取出试样，观察氧化膜有无剥落现象。如发现已有严重剥落，而且从数据中可察觉出有明显异常，则实验应重做。

(6)进行其他温度下的实验测量。参照上述各步骤进行另一温度(如 780 ℃左右)的实验测量。

5. 数据处理

(1)根据试样面积 S 和增重量 W'(mg)计算试样单位面积增重量 w(mg/cm^2)：$w=W'/S$；

(2)根据试样单位面积增重量 w 及反应时间 t 绘制不同温度下的氧化曲线；

(3)根据不同温度下的氧化曲线求算氧化反应在不同阶段下的反应活化能。

①根据式(E13-1)可知，金属氧化的初始阶段为线性段，有 $w=K_s t$，则在不同温度(T_1、T_2)下的表观速率常数分别为：

$$K_{s,T_1}=\left(\frac{dw}{dt}\right)_1=\frac{\Delta w_1}{\Delta t_1},\ K_{s,T_2}=\left(\frac{dw}{dt}\right)_2=\frac{\Delta w_2}{\Delta t_2}$$

在等增重($\Delta w_1 = \Delta w_2$)条件下，两式相比得：

$$\frac{K_{s,\,T_2}}{K_{s,\,T_1}} = \frac{\Delta t_1}{\Delta t_2} \tag{E13-5}$$

如图 6-14 所示，在线性段作等增重线，与两条氧化曲线分别交于 a、b 两点，对应的时间分别为 t_a 和 t_b。故式(E13-5)可化为：

$$\frac{K_{s,\,T_2}}{K_{s,\,T_1}} = \frac{t_a}{t_b}$$

因此，根据式(E13-4)可计算出化学反应控制阶段的表观活化能 $E_{a,\,化}$为：

$$E_{a,\,化} = \frac{RT_1T_2}{T_2 - T_1} \times \ln\frac{t_a}{t_b}$$

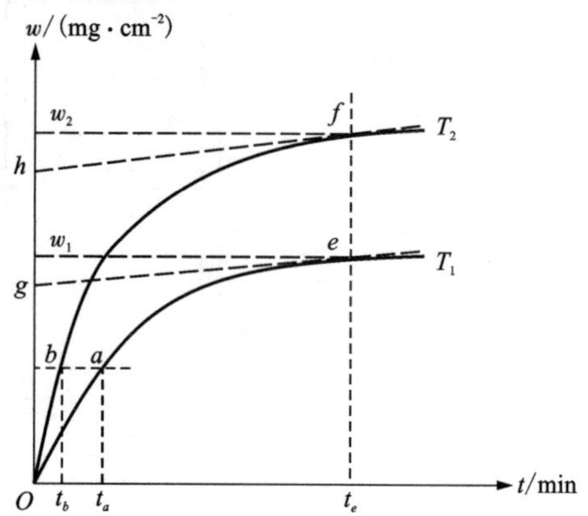

图 6-14　不同温度下的金属氧化曲线

②根据式(E13-3)可知，在金属氧化的后期有 $w^2 = K_D t$，所以不同温度(T_1、T_2)下的表观速率常数分别为：

$$K_{D,\,T_1} = \left(2w\frac{dw}{dt}\right)_1 = 2w_1r_1,\ K_{D,\,T_2} = \left(2w\frac{dw}{dt}\right)_2 = 2w_2r_2$$

两式相比可得：

$$\frac{K_{D,\,T_1}}{K_{D,\,T_2}} = \frac{w_1}{w_2} \times \frac{r_1}{r_2} \tag{E13-6}$$

如图 6-14 所示，若在氧化曲线的后期选择相同的反应时间 t_e 作等时线，与两条氧化曲线分别交于 e、f 两点，分别做过 e、f 两点的氧化曲线的切线(eg 线和 fh 线)，切线的斜率就是 t_e 时刻的反应速率 r_1 和 r_2，而 e、f 两点的纵坐标值就是 t_e 时刻试样的增重值 w_1 和 w_2。因此，根据式(E13-4)还可计算出扩散控制阶段的表观活化能 $E_{a,\,扩}$为：

$$E_{a,\,扩} = \frac{RT_1T_2}{T_2 - T_1} \times \left(\ln\frac{w_2}{w_1} + \ln\frac{r_2}{r_1}\right)$$

6. 实验结果讨论

对本实验而言，实验结果的讨论可以从以下几个方面进行。

(1)根据实验数据处理结果进行讨论。如比较 $E_{a,\,化}$和 $E_{a,\,扩}$的大小，从动力学理论讨论其本质；定性探讨可能的误差来源；计算 $E_{a,\,扩}$时可否采用等增重条件处理，e、f 两点的选择是否可以不通过等时线来确定(e、f 两点的选择原则是什么)；可否计算出联合控制段反应的表观实验活化能；等等。

(2)针对实验方案的设计进行讨论。如反应温度可否低于 650 ℃或高于 850 ℃，对实验结果可能产生什么样的影响，等等。

(3)针对实验操作及实验现象进行定性讨论。如采用电子天平作热天平有什么优缺点，在实验过程中要注意些什么；零时刻选择对实验结果是否产生影响；等等。

实验十四　B-Z 振荡反应动力学参数测定

1. 实验目的

(1)通过电动势法测定化学振荡反应的诱导期和振荡周期；

(2)了解研究化学振荡反应的一般方法；

(3)求算化学振荡反应的表观活化能。

2. 实验原理

按照传统化学热力学观点，化学反应体系的状态总是从始态单向地趋于平衡；化学振荡反应体系的状态则是随时间发生周期性的变化。这种周期性的化学现象早在 17 世纪被人们发现，到 1958 年，苏联化学家 Belousov 首先观察到柠檬酸在以铈离子为催化剂的酸性溶液中被溴酸钾氧化的反应存在化学振荡现象。随后苏联生物学家 Zhabotinsky 对 Belousov 的实验做进一步研究，发现丙二酸等有机酸的溴酸钾氧化反应也呈现化学振荡现象，并且铁离子为催化剂也是可以的。之后人们的研究发现了更多发生化学振荡的反应体系，为了纪念 Belousov 和 Zhabotinsky，后人把呈现化学振荡的反应称为 B-Z 反应。

对于 B-Z 反应的机理，目前广为人们接受的是由 Field、Körös 和 Noyes 提出的关于丙二酸在溶有硫酸铈的酸性溶液中被溴酸钾氧化的机理(简称为 FKN 机理)。其总反应方程式为：

$$2BrO_3^- + 3CH_2(COOH)_2 + 2H^+ \xrightarrow{Ce^{3+}/Ce^{4+}} 2BrCH(COOH)_2 + 3CO_2 + 4H_2O$$

反应的实验结果如图 6-15 所示。

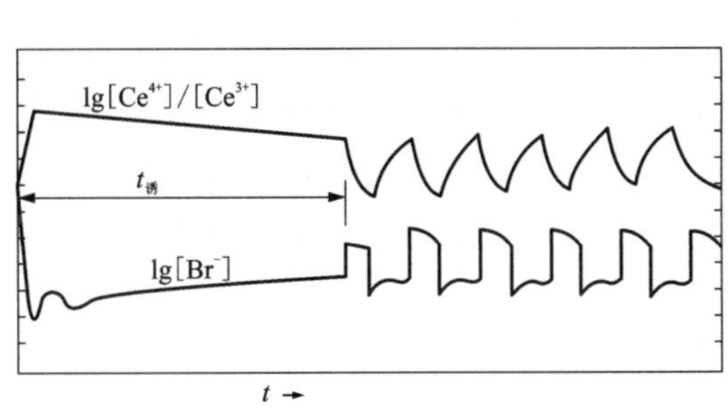

图 6-15　B-Z 反应中[Ce^{4+}]/[Ce^{3+}]和[Br^-]随时间振荡示意图

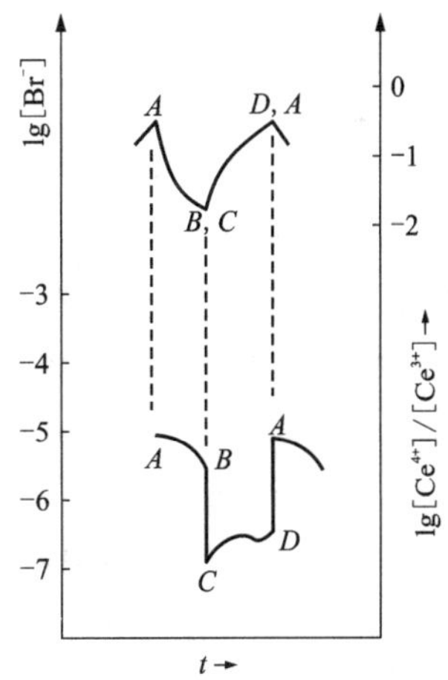

图 6-16　B-Z 反应中的单个振荡循环示意图

从图 6-15 的实验结果可见，在该反应体系中同时存在[Ce^{4+}]/[Ce^{3+}]和[Br^-]的振荡行为，而且它们的振荡行为是相互匹配的，每一次振荡循环如图 6-16 所示。图 6-16 说明在浓度转折点 A、B、C 和 D 处，反应过程中的主要反应步骤发生了转换。根据 FKN 机理解释，引起反应体系呈现振荡行为的关键组分是中间化合物 $HBrO_2$、Br^-和 Ce^{4+}。其中 Br^-起到控制过程的作用，$HBrO_2$ 起到切换开关的作用，Ce^{4+}起到再生 Br^-的作用。因此，总反应可分为以下三个主过程。

过程 A：该过程的特点是大量消耗 Br^-。过程的总反应为：

$$BrO_3^- + 2Br^- + 3CH_2(COOH)_2 + 3H^+ \longrightarrow 2BrCH(COOH)_2 + 3H_2O$$

具体由以下 4 个反应步骤构成：

(A－1)　$BrO_3^- + Br^- + 2H^+ \longrightarrow HBrO_2 + HOBr$

(A－2)　$HBrO_2 + Br^- + H^+ \longrightarrow 2HOBr$

(A－3)　$HOBr + Br^- + H^+ \longrightarrow Br_2 + H_2O$

(A－4)　$Br_2 + CH_2(COOH)_2 \longrightarrow BrCH(COOH)_2 + Br^- + H^+$

可见，过程 A 是非催化过程，其最重要的中间产物是 $HBrO_2$。有研究表明，步骤(A-1)是过程 A 的速控步骤。

过程 B：该过程的主要特征是发生了亚溴酸 $HBrO_2$ 的自催化反应。过程的总反应为：

$$BrO_3^- + 4Ce^{3+} + 5H^+ \longrightarrow HOBr + 4Ce^{4+} + 2H_2O$$

具体由以下 3 个反应步骤构成：

(B－1)　$BrO_3^- + HBrO_2 + H^+ \longrightarrow 2BrO_2 + H_2O$

(B－2)　$2BrO_2 + Ce^{3+} + H^+ \longrightarrow HBrO_2 + Ce^{4+}$

(B－3)　$2HBrO_2 \longrightarrow BrO_3^- + HOBr + H^+$

将步骤(B-1)和(B-2)合并可得 $HBrO_2$ 的自催化反应：

$$BrO_3^- + 2Ce^{3+} + HBrO_2 + 3H^+ \longrightarrow 2HBrO_2 + 2Ce^{4+} + H_2O \qquad (B')$$

式(B′)表明，在 Br^- 浓度较小时，BrO_3^- 可以被 Ce^{3+} 还原，且由 $HBrO_2$ 自催化再生成 $HBrO_2$，使 $HBrO_2$ 的浓度呈指数规律增长。但这种增长又会受到步骤(B-3)的限制，过程 B 的速控步骤就是步骤(B-1)。

过程 A 的步骤(A-2)与过程 B 的步骤(B-1)呈现相互竞争的关系，都在利用同一个中间化合物 $HBrO_2$。当体系中 Br^-浓度足够高时，体系中的反应以过程 A 的步骤(A-2)为主。随着反应进行，体系中 Br^-被消耗，过程 A 的速率下降。与此同时，过程 B 的步骤(B-1)对 $HBrO_2$ 的竞争力提高。当 Br^-浓度降到某个临界值$[Br^-]_c$时，式(B′)所致的 $HBrO_2$ 产生速率正好等于步骤(A-2)所致的 $HBrO_2$ 消耗速率；进一步反应，当 Br^-浓度小于临界值$[Br^-]_c$时，式(B′)产生的 $HBrO_2$ 浓度快速增加，致使 Br^-浓度因步骤(A-2)迅速下降，导致反应体系的主过程从 A 转为过程 B。

过程 C：该过程是 Br^-和 Ce^{3+}的再生。过程的总反应为：

$$HOBr + 4Ce^{4+} + BrCH(COOH)_2 + H_2O \longrightarrow 2Br^- + 4Ce^{3+} + 3CO_2 + 6H^+$$

是由以下 3 个反应步骤构成：

(C－1)　$4Ce^{4+} + BrCH(COOH)_2 + 2H_2O \longrightarrow Br^- + 4Ce^{3+} + HCOOH + 2CO_2 + 5H^+$

(C－2)　$Br_2 + HCOOH \longrightarrow 2Br^- + CO_2 + 2H^+$

(C－3)　$HOBr + Br^- + H^+ \longrightarrow Br_2 + H_2O$

其中步骤(C-1)是速控步骤。当体系通过过程 C 使体系中的 Br^-浓度水平增加到临界值$[Br^-]_c$时，体系中的 $HBrO_2$ 浓度又会回到过程 A 的水平。可见，过程 C 对化学振荡至关重要。如果只有过程 A 和 B，则反应就是一般的自催化反应或时钟反应，进行一次循环就结束了。过程 C 以消耗有机物为代价，重新获得 Br^-和 Ce^{3+}，使反应得以再次启动，开始第二次循

环，周而复始，形成了周期性振荡。

在 FKN 机理基础上建立起来的俄勒冈动力学模型，推导出振荡周期 $t_{振}$ 与过程 C 即步骤(C-1)的速率常数 k_{C-1}、有机物[$BrCH(COOH)_2$]浓度 c_B 均成反比关系，即 $(t_{振})^{-1}=K\cdot k_{C-1}\cdot c_B$，且该比例系数 K 与其他反应步骤的速率常数有关，与温度的关系不大。结合阿伦尼乌斯公式可得：

$$\ln\frac{1}{t_{诱}}=-\frac{E_{a,诱}}{RT}+H \tag{E14-1}$$

$$\ln\frac{1}{t_{振}}=-\frac{E_{a,振}}{RT}+J \tag{E14-2}$$

化简为：

$$\ln t_{诱}=\frac{E_{a,诱}}{RT}-H \tag{E14-3}$$

$$\ln t_{振}=\frac{E_{a,振}}{RT}-J \tag{E14-4}$$

通过实验测定不同温度下的反应诱导期 $t_{诱}$ 和振荡周期 $t_{振}$，根据式(E14-3)和式(E14-4)分别作 $\ln t_{诱}-1/T$ 图和 $\ln t_{振}-1/T$ 图可得一直线，由直线斜率可分别计算出 B-Z 振荡反应不同阶段的表观活化能 $E_{a,诱}$ 和 $E_{a,振}$；此外，随着反应进行，体系中的有机物[$BrCH(COOH)_2$]浓度 c_B 逐渐降低，反应的振荡周期 $t_{振}$ 将增大。

本实验体系是氧化-还原反应体系。根据 Nernst 方程可知，氧化-还原电对构成的电极电势 $E_{电极}$ 与构成电对的离子浓度 $\ln\frac{c_{还原}^{a}}{c_{氧化}^{b}}$ 的关系为：

$$E_{电极}=E_{电极}^{\ominus}-\frac{RT}{zF}\ln\frac{\prod c_{还原}^{a}}{\prod c_{氧化}^{b}}$$

因此，将参比电极与实验体系的氧化-还原电对电极构成原电池，通过测定电池的电动势可以获得反映化学振荡规律的 $\ln\frac{c_{还原}^{a}}{c_{氧化}^{b}}-t_{振}$ 振荡曲线。一般采用金属铂(电极)与体系中的铈离子构成 Ce^{4+}/Ce^{3+}，用于测定不同价态铈离子浓度的变化；采用溴离子选择电极测定溴离子浓度的变化。

3. 实验仪器与试剂

主要实验仪器：超级恒温槽 1 台；计算机 1 台；B-Z 振荡反应装置 1 套，包括铂电极(或溴离子选择电极)1 支、双液接饱和甘汞电极 1 支。

辅助实验用品：试管 4 支；15 mL 移液管 4 支；

主要实验试剂：浓度为 0.128 mol/L 的丙二酸[$CH_2(COOH)_2$]溶液；浓度为 3.2 mol/L 的硫酸(H_2SO_4)溶液；浓度为 0.252 mol/L 的溴酸钾($KBrO_3$)溶液；浓度为 0.01 mol/L 的硝酸铈铵[$Ce(NH_4)_2(NO_3)_6$]溶液。

B-Z振荡曲线的测定

4. 实验步骤

(1)测量装置组装与调试。检查双液接饱和甘汞电极中的溶液是否灌满。将夹套反应器荡洗两次，并将磁力搅拌子放入其中。将插有电极的反应器盖盖在反应器上，并按图 6-17 所示将测定装置线路连接好(参比电极接负极)，开启计算机。开启磁力搅拌器开关，调试好搅拌子的旋转速度，然后关闭磁力搅拌器开关。根据实验要求，按照仪器使用说明书操作规定设定好恒温槽温度。一般而言，所设定的第 1 个恒温温度应该比室温高 3~5 ℃。

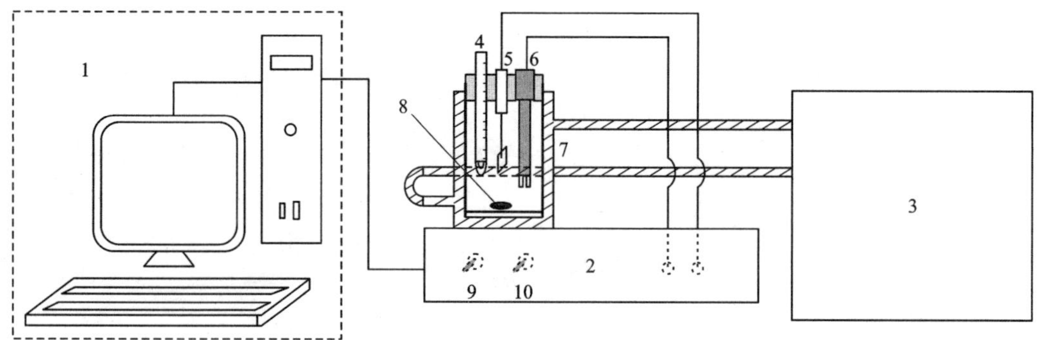

1—实验监控计算机；2—B-Z 振荡反应装置；3—超级恒温槽；4—温度计；5—实验电极(Pt 电极或 Br^- 选择电极)；6—双液接饱和甘汞电极；7—夹套反应器；8—磁力搅拌子；9—磁力搅拌器开关；10—测定装置电源开关。

图 6-17　B-Z 振荡反应动力学测定装置示意图

(2)试样恒温。先将 4 支试管洗涤干净。然后分别盛装丙二酸、硫酸、溴酸钾和硝酸铈铵四种实验试剂。将装有实验试剂的试管放入恒温槽中使试剂恒温，待恒温槽达到设定温度后再恒温 10~15 min。

(3)测量参数设置。首先打开计算机中 B-Z 振荡实验的控制窗口。根据控制窗口的菜单，按实验要求分别选择输入相关测量参数。如测定装置编号，横坐标(时间)和纵坐标(电势)的取值范围等，一般时间取 30 min，电势约取±1.5 V。

(4)取样装样开始实验。首先用移液管移取已达到恒温要求的丙二酸溶液至反应器内。然后开启测定装置电源开关和磁力搅拌器开关，依序用移液管移取已达到恒温要求的硫酸和溴酸钾溶液至反应器内。最后用移液管吸取硝酸铈铵溶液，并在将硝酸铈铵溶液注入反应器的同时用鼠标点击计算机控制窗口菜单中的开始实验按钮。此时系统开始自动采集并记录实验数据，电脑将自动绘制实验的动态曲线。

(5)读取实验数据。待电脑上显示的实验动态曲线出现 5~6 个振荡波时，用鼠标点击曲线上的转折点(波峰顶点或波谷底点)。此时读数窗口将显示该转折点的横、纵坐标值。从 $t=0$ 到曲线上的第 1 个转折点的横坐标值为此次 B-Z 振荡实验的诱导期 $t_{诱}$；两个波峰顶点(或波谷底点)之间的横坐标差值为此次 B-Z 振荡实验的一个振荡周期 $t_{振}$，而每一个振荡波的波峰顶点与波谷底点的纵坐标差值为此次 B-Z 振荡实验所测量的一个电势差 E 值。最后分别读取和记录实验动态曲线出现的转折点和每个振荡波的波峰顶点（或波谷底点)的坐标值。

(6)改变温度进行实验。待完成一个实验温度下的实验数据的读取和记录之后，用鼠标点击计算机控制窗口菜单中的结束实验按钮，此时系统停止采集并记录实验数据。将反应器内的溶液倒掉，并将反应器和铂电极冲洗干净。重新设置反应温度(一般比前一温度高 5 ℃

左右)，补充恒温试管中不足的实验试剂。待恒温槽达到设定温度后再恒温 10～15 min，重复步骤(3)～(5)的测量过程，完成该实验温度下的实验数据的读取和记录。一般选择 5 个实验温度点。

5. 实验数据处理

(1)根据所记录的实验动态曲线上出现的第 1 个转折点的坐标值，可知对应温度下反应的诱导期 $t_{诱}$值和起振电势。作 $\ln t_{诱}-\frac{1}{T}$图，根据式(E14-3)可知，该图为一直线，由直线的斜率可以求得反应在诱导阶段的表观活化能 $E_{a,诱}$。

(2)将所记录的不同温度下的波峰顶点(或波谷底点)的横坐标值两两相减，得到一系列 $t_{振,i}$ 值。再对所得各温度下的 $t_{振,i}$ 值分别作算术平均，求出其平均值 $\bar{t}_{振}$。$\bar{t}_{振}$就是温度 T 时反应的振荡周期 $t_{振}$。

(3)采用(2)中所得到的 $t_{振}$值作 $\ln t_{振}-\frac{1}{T}$图。根据式(E14-4)可知，该图为一直线，由直线的斜率可以求得反应在振荡阶段的表观活化能 $E_{a,振}$。

(4)将不同温度下的每一个振荡波的波峰顶点与波谷底点的纵坐标差相减，得到一系列 E_i 值，再对所得各温度下的 E_i 值分别作算术平均，求出其平均值 $\bar{E}$。$\bar{E}$ 为温度 T 时反应的振幅，是温度 T 下的电势差。结合参比电极的电势值可以计算出实验电极的电势。

6. 实验结果讨论

(1)基本讨论

①对实验数据处理结果进行讨论，用本实验现象或数据佐证。如 $t_{诱}$值、$t_{振}$值与温度的关系及理论分析；表观活化能值的大小，反映了什么样的实验特征。

②对实验结果可能的误差来源进行讨论。如仪器的读数误差，取样误差，等等。

(2)深层次讨论

①根据实验数据及处理结果进行讨论。如影响振荡周期和振幅的因素；从反应机理探讨诱导期的有无、长短与哪些因素有关；计算 $t_{振}$所选择的振荡波个数有无关系；本实验记录的振荡曲线应该对应图 6-15 中的哪一条，与图 6-15 相比，本实验获得的振荡曲线有什么不同，可能的原因是什么；等等。

②针对实验方案的设计进行讨论。如本实验对加样顺序作了规定，其原因何在；实验为什么采用双液接饱和甘汞电极作为参比电极，可否直接使用饱和甘汞电极或其他参比电极，可能产生的影响有哪些；等等。

③针对实验操作及实验现象进行定性讨论。如恒温时间，取样量的多少对实验的影响；除计算机所记录的电势随时间的周期变化可以说明是发生了化学振荡外，还有什么实验现象可以说明是发生了化学振荡，与振荡波有什么样的对应关系；等等。

第 7 章

电化学实验研究方法与实验

电化学是物理化学的一个重要组成部分，它既有热力学范畴的内容，也有动力学范畴的内容。因此电化学实验研究方法也有它的特点，既有属于平衡实验性质的，也有属于化学动力学实验性质的。

电化学的发展是科学技术发展，即生产力发展的结果，电化学实验对电化学的发展起了重要的作用。如电解质溶液理论、原电池理论、电极过程动力学理论的验证等都是通过大量的电化学实验实现的。电解质体系(包括水溶液、非水溶液、熔盐、熔体、固体电解质等)的许多物理化学性质(如电导率、离子迁移数等)，氧化还原体系的热力学数据中 $E^{\ominus}_{电极}$(标准电极电势)、$E^{\ominus}$(原电池的标准电动势)，以及电极过程动力学参数(i°、α、β、n)等都是由电化学实验获得的。

电化学实验研究成果被广泛用于化学工业(电解工业、电化学有机合成)、化学电源、电镀、电冶金、电解加工和金属防腐蚀。电化学实验技术在生物过程研究中也得到了应用和发展。

电化学是研究化学能与电能之间相互转化规律的科学。实现化学能与电能之间相互转化的装置就是电池。电池是由电极构成的，电极包括电解质(溶液)和电子导体(金属)。物理学中的电学主要探讨电子导体(金属)的导电规律。而电化学主要探讨的是电解质(溶液)的导电规律，以及在电解质(溶液)与电子导体(金属)之间的相界面上发生的多相化学(氧化/还原)反应的热力学和动力学规律。所以，电化学实验研究的第一个重要范畴是电解质溶液的导电性质和机制，即离子迁移数、淌度和电导的测量。

第二个范畴是原电池的电动势测量，它包括电极电势测量、电解质活度及活度系数测量。由于电动势法是平衡实验方法之一，因此电动势测量主要是为了获取氧化还原体系的热力学数据。

第三个范畴是电极过程动力学参数测量，它包括电极与溶液界面性质与结构的测量。如双电层电容的测量，但固-液界面双电层问题也可以划归到表面化学实验的范畴之内。电极过程动力学实验主要测量电极过程的动力学参数，从而推测电极反应历程，并阐明电极/溶液界面状况对电极过程动力学的影响。

7.1　电解质溶液电导的测量

7.1.1　电解质溶液电导测量时电导池的等效电路

电解质溶液的导电机制与金属的导电机制不同。随着导电过程的进行，阴、阳极产生电极反应，使电极发生极化。从阳极到阴极，其等效电路如图 7-1 所示。

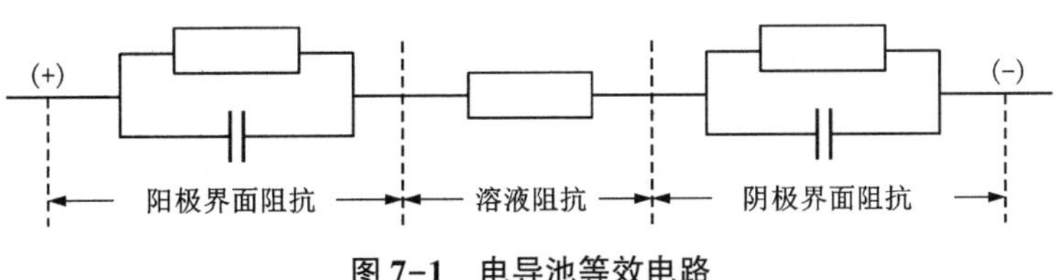

图 7-1　电导池等效电路

当阴、阳极电极面积很大，且镀上铂黑，则电容 $C_{双}$ 很大。因而不论电极界面上有无电化学反应发生，对于交流电来说，界面阻抗都很小（$Z \approx 1/\omega C_{双}$）。所以整个电导池的阻抗可近似地相当于一个纯电阻（$R_{溶液}$），这就是用交流电测量溶液电导必须满足的条件。

如果阴、阳极电极反应可逆程度很高，即电极的界面阻抗（$Z_{电解}$）很小，则电导池的阻抗也可近似地相当于一个纯电阻。这是用直流电测量溶液电导时必须满足的条件。

7.1.2　电导池

为了精密地测量电导，在选择电导池时应考虑一系列的因素。科劳斯（Kohlrausch）从理论上指出，由极化所引起的误差取决于 $\eta^2/\omega R^2$ 之值。其中：η 为电导池两极的极化电动势；R 为电导池内电解质的电阻；ω 为交流电桥法所使用的交流电频率。为了减小测量误差，应选择 $\eta^2 \ll \omega R^2$。通常的交流电桥一般取 $\omega = 1000 \sim 4000$ Hz，因此，若希望用耳机也可以检验出交流电桥的平衡状态，则应取 $R<5000\ \Omega$。如果 R 取值过大，则交流电桥的不平衡信号难于检出。在这种条件下，极化电动势 η 稍大一些也能保障一般的测量精密度。如果要提高测量精密度，或者要测量小电阻值，则要用镀铂黑电极来减小极化作用，但也有一定的限度。

实验表明，所测量的电阻值不能太低，即要求 $R>100\ \Omega$，否则不能进行精密度较高的测量。对某一给定的电导池，若要对某一溶液体系的电阻值进行较精密测量，溶液体系所需测定的最高阻值和最低阻值的比最好不大于 50 : 1。由于浓度不同的强、弱电解质溶液，其电导率通常为 $10^{-7} \sim 10^{-3}$ S/cm，因此最低限度需要三个大小不同的即电导池常数具有不同数量级的电导池，才能在这个电导率范围内精密地测量出电导。

电导池构型上也必须注意其本身的分布电容问题。某些构型的电导池，如图 7-2（a）所示，会产生所谓的帕克（Parker）效应，即电导池的表观电导池常数将随 R_0 的增大而减小。帕克效应的等效电路如图 7-2（b）所示，Parker 效应导致的电导测量误差与 $R_0^3\omega^2 C_P$ 成比例。由于 R_0 和 ω 不便降低，因此只有减小 C_P 值才能减小测量误差。能够减小 C_P 值的电导池构型式样如图 7-3 所示。此外，电导池常常要置于恒温槽中。恒温槽中的介质如果不用水而用石蜡油等也有减小 C_P 的作用。

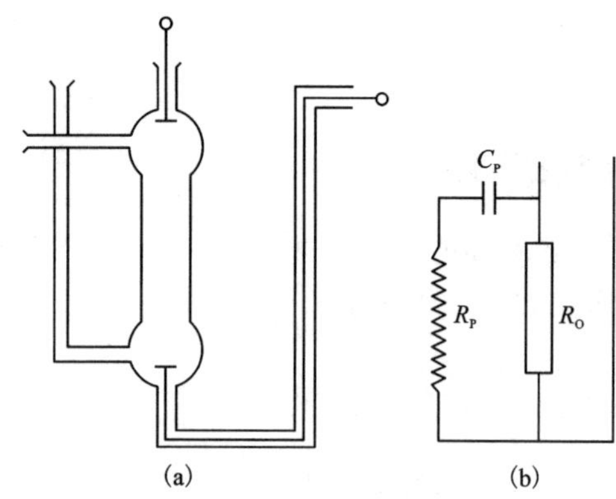

图 7-2　Parker 效应示意图

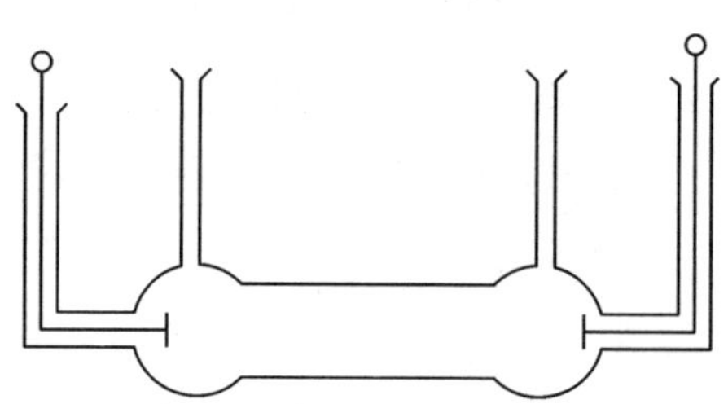
图 7-3　可减少 C_P 值的电导池示意图

浸没式电导池，如图 7-4(a)所示。它也有一定的误差来源。如在两条电极导线之间存在电容 C_1 和电阻 R_0，在电导电极片与电解质溶液之间存在电容 C_2，电解质溶液存在电阻 r，其等效电路如图 7-4(b)所示。图中 C_1 可以通过在交流电桥中与 R_0 并联可变电容的办法来消除。但 C_2 和 r 的存在也会导致误差，这是浸没式电导池构型上难以克服的困难。

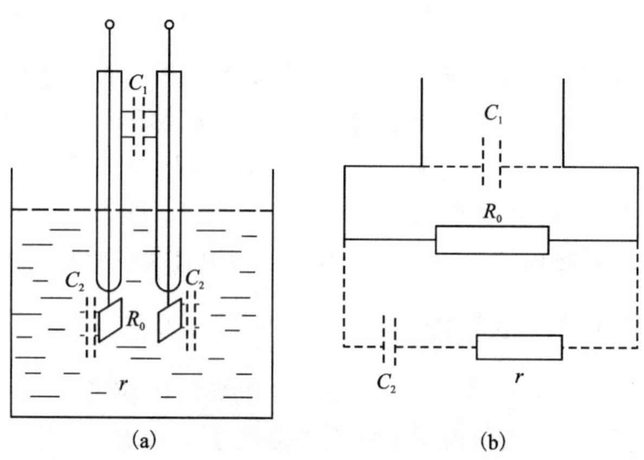

图 7-4　浸没式电导池及其等效电路示意图

电导池的两个电极一般有两种：一种是铂片组成的光亮电极，另一种是铂片上覆盖一层铂粉的铂黑电极。由于铂黑电极具有较大的比表面积，因此可以降低电流密度，从而降低或消除电极极化；同时，也使铂黑电极具有较强的表面吸附作用，电导率较小的电解质溶液因这种吸附作用出现不稳定现象。所以，铂黑电极适用于电导率较大($10\sim10^5$ μS/cm)的体系电导率的测量，对于电导率较小(0~10 μS/cm)的体系则应该采用光亮电极进行电导率的测量。电极选用原则见表 7-1。

表 7-1　电导池电极选用原则

电导率/($\mu S \cdot cm^{-1}$)	测量频率	电极型号
0~0.1	低周	DJS-1 型光亮电极
0~0.3	低周	DJS-1 型光亮电极
0~1	低周	DJS-1 型光亮电极
0~3	低周	DJS-1 型光亮电极
0~10	低周	DJS-1 型光亮电极

续表7-1

电导率/($\mu S\cdot cm^{-1}$)	测量频率	电极型号
0~30	低周	DJS-1 型铂黑电极
0~100	低周	DJS-1 型铂黑电极
0~300	低周	DJS-1 型铂黑电极
0~1000	高周	DJS-1 型铂黑电极
0~3000	高周	DJS-1 型铂黑电极
0~10000	高周	DJS-1 型铂黑电极
0~100000	高周	DJS-10 型铂黑电极

7.1.3　测量电解质溶液电导的方法

1. 交流(平衡)电桥法

这是最经典、最严格的方法。交流(平衡)电桥法测量电解质溶液电导的装置如图 7-5 所示。其中 R_1 为装在电导池中的待测电解质溶液的电阻，其余 3 个电阻为用于调节电桥平衡的电阻。为了避免电解质溶液中的离子发生定向迁移，并在电极上放电，电桥应该采用频率较高(如 1000 Hz)的交流电源，而不能使用直流电源。即使是频率不高的交流电源也不合适，因为低频交流电源会造成两个电极的极化，导致测量误差。

交流(平衡)电桥法是通过调节 R_2、R_3、R_4，使桥路的输出电势 E_{AB} 等于零，此时有：

$$R_1=\frac{R_3}{R_4}\cdot R_2$$

原则上 R_3、R_4 的取值是任意的，因为 R_2 是可变电阻。但在实际工作中，为了减少 R_1 的测量相对误差，通常采用等臂电桥，即取 $R_3=R_4$。尽管连接于电桥线路一臂中的电导池相当于一个纯电阻，但仍然存在一个与电导池相并联的电容(分布电容)。根据交流电路原理，交流电桥平衡时，应为 $I_1Z_1/I_2Z_2=I_3Z_3/I_4Z_4$。

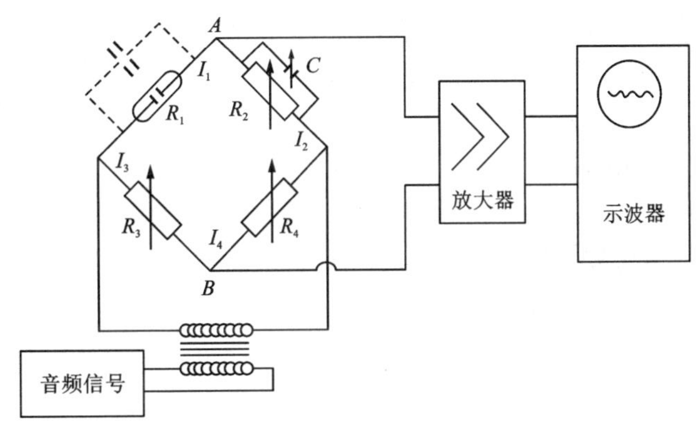

图 7-5　交流电桥结构示意图

若电桥不漏电，则有 $I_1=I_2$；$I_3=I_4$。因此可得 $Z_1/Z_2=Z_3/Z_4$，而 Z(阻抗)$=R$(电阻)$+X$(电抗)。其中电抗由感抗和容抗构成，在此主要是容抗。故在阻抗真正达到平衡时，既要电阻平衡，也要电抗平衡，即 $X_1X_2=X_3X_4$。另外，电阻 R_2、R_3、R_4 可以尽量地减小电感，但不具有任何电容是几乎不可能的；容抗与纯电阻之间存在着一定的相位差，使得电桥不能调节到真正的平衡。为此，需要在可变电阻 R_2 处并联一个适当的电容 C(一般约几十微微法拉)，这样交流电桥可达到较高的测量精密度。

2. 直流电压降法(双电极法或四电极法)

一般来说，直流电压降法是用于电极反应可逆性较好的体系。对于导电性较差的多相体系及对测量准确度要求不高的溶液体系而言，也可采用直流电压降方法测量电导。由于直流电压降法有电极反应必须可逆这个限制条件，因此只有找到可逆电极体系才能采用这种方法。如对氯化物体系，可采用氯化亚汞电极作为直流电压降法测量电导的电极。直流电压降法没有交流电桥法中可能存在的电导池构型所带来的许多麻烦问题，这是它的优点。由于一般体系难以找到合适的可逆电极，因而直流电压降法较少使用。

3. 高电压(强电场)或高频率法

高电压或高频率法只用于特殊的电导研究，如离子气氛对离子导电的影响等。高电压或高频率法测量电解质溶液电导的装置比较复杂，一般很少应用，用于探索或验证某些电解质溶液理论才有意义。

4. 电阻分压法

现在实验室常用的电导仪或电导率仪的工作原理就是基于电阻分压的不平衡测量。其装置原理如图 7-6 所示。

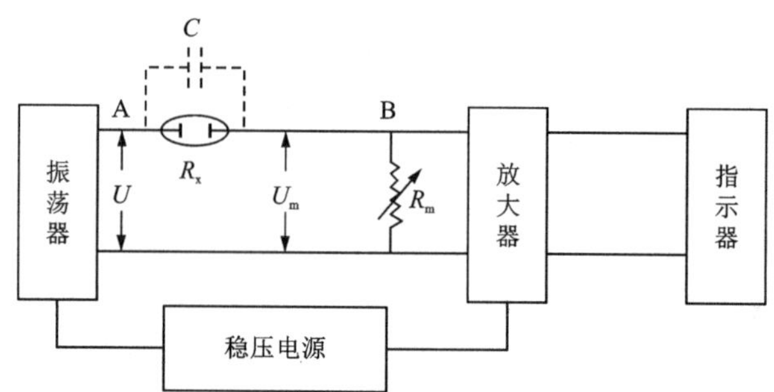

图 7-6 电阻分压法电导测定装置连接示意图

稳压电源向振荡器和放大器输出稳定的直流工作电压。振荡器采用输出阻抗很低的电感负载式多谐振荡电路，其输出电压不随电导池的电阻 R_x 变化而变化。电导池电阻 R_x 与可变电阻 R_m 所构成的电阻分压回路可以获得稳定的音频标准电压 U。通过回路的电流 I 为：$I=U/(R_x+R_m)$；加在 R_m 两端的电压降 U_m 为：$U_m=IR_m=UR_m/(R_x+R_m)$。由于电导池电阻 R_x 与电解质溶液电导 G_x 的关系为：$R_x=1/G_x$。若以 K_{cell} 代表电导池的仪器常数(亦称电导池常数)，则电导 G_x 与电导率 κ_x 的关系可表示为：$G_x=\kappa_x/K_{cell}$。因此可得：

$$U_m=\frac{UR_m}{1/G_x+R_m}=\frac{UR_mG_x}{1+R_mG_x} \tag{7-1}$$

$$U_m=\frac{UR_m}{K_{cell}/\kappa_x+R_m}=\frac{UR_m\kappa_x}{K_{cell}+R_m\kappa_x} \tag{7-2}$$

可见电阻 R_m 两端的电压降 U_m 是电解质溶液电导 G_x 或电导率 κ_x 的函数，即 $U_m=f(G_x)$ 或 $U_m=f(\kappa_x)$。因此，电阻分压法直接测量的物理量是 R_m 两端的电压降 U_m。通过数字转换，在电导仪或电导率仪的显示屏上可以直接读出电解质溶液电导 G_x 或电导率 κ_x 的值。

为了减少电导池两电极间的分布电容所产生的容抗对电导池电阻 R_x 的影响，一般会在电导仪或电导率仪的电路设计中加一个电容补偿回路。

7.1.4　电导测量的误差来源

除了前面指出的方法上的误差来源外，影响电导测量精密度和准确度的因素还有以下几点。

(1)电桥中电阻的准确性；

(2)电桥示零系统的灵敏度；

(3)漏电；

(4)电流的焦耳热和温度；

(5)校准电导池常数的标准溶液的准确性；

(6)物质纯度和溶剂(如水)的纯度(各级别纯水电导率参考值见表 7-2)。

表 7-2　各级别纯水的参考值

水质	电导率/($\mu S \cdot cm^{-1}$)
最纯水	0.043(实验值) 0.038(计算值)
纯水	0.06~0.05(没有 CO_2)
平衡纯水	0.8(与空气相平衡)
电化学用水(二次蒸馏水)	1.0(与空气相平衡)

7.1.5　电导率仪使用注意事项

电导率仪可以直接测定溶液的电导率，以 DDS-307 型电导率仪为例，仪器的面板和背板外观分别如图 7-7 所示。

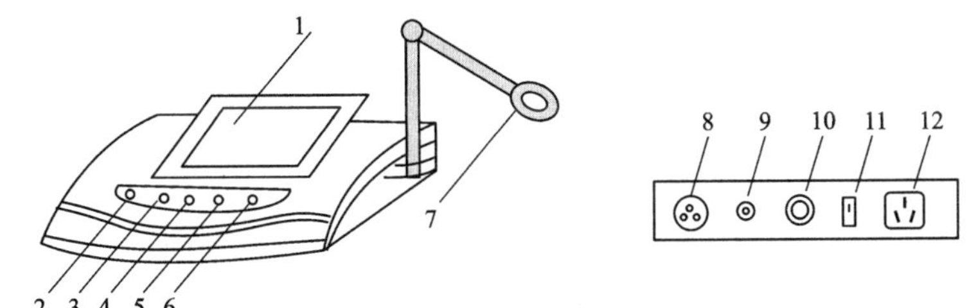

1—显示屏；2—测量键；3—电极常数键；4—常数调节键；5—温度键；6—确定键；7—电导池支架；8—电极插座；9—接地插座；10-保险丝；11—电源开关；12—电源插座。

图 7-7　DDS-307 型电导率仪示意图

该型仪器的特点有：液晶数字显示，清晰明了；操作简单，测量精度高，量程挡位自动切换；可自动对溶液温度进行温度补偿，可对电极常数和溶液温度系数进行设置。使用时，需要关注以下几点。

1. 正确选择电导电极

正确选择电导电极对获得高精度的测量数据非常重要。电导电极通常根据电极常数 K_{cell}（单位为 cm^{-1}）分为四类：0.01，0.1，1.0 和 10。K_{cell} 为 1.0 和 10 的电导电极又有亮铂和铂黑（或叫镀铂）之分，它们适合的测量范围不同。如亮铂电极适合的测量范围为 0~300 μS/cm。使用前要仔细阅读仪器使用说明书，根据测量需要选择合适的电导电极。

2. 合理设置温度（补偿）值

若温度（补偿）设置为 25 ℃，则测量时所显示的数字为待测液在测量温度下的测量值，即未经温度补偿的电导率值；若温度设置为待测液的实际温度值，则所显示的数字为待测液电导率经温度补偿换算成 25 ℃下的数值。

3. 电极常数校准

因铂黑电极上的铂粉有可能脱落，致使电极常数与所标示的不一致。故正式测量前，应对电极常数进行校准。出于对铂黑电极的保护，不进行测量时，铂黑电极必须放置在装有去离子水的保护管内；使用时，电极表面的水只能用吸水纸蘸吸，绝不可擦抹。

7.2 离子迁移数的测量

7.2.1 离子迁移数的测量原理

当电流通过电解池的电解质溶液时，两极发生化学变化，在溶液中发生离子迁移现象。溶液中正离子和负离子分别向阴极和阳极迁移，正负离子同时担负着导电任务。电解质溶液能够导电，就是由于离子迁移。若两种离子所迁移的电量分别为 Q_+ 和 Q_-，则通过溶液的总电量即等于阴、阳离子迁移电量之和，即

$$Q = Q_+ + Q_-$$

每种离子所迁移的电量（Q_+ 或 Q_-）与通过溶液的总电量（Q）之比称为离子的迁移数。正、负离子的迁移数分别为：

$$t_+ = \frac{Q_+}{Q},\ t_- = \frac{Q_-}{Q}$$

且

$$t_+ + t_- = 1$$

在包含数种离子的混合电解质溶液中，t_+ 和 t_- 各为所有正、负离子迁移数的总和。一般增加某种离子浓度，则该离子传递电量的百分数增加，其迁移数也相应增加。对仅含一种电解质的溶液，浓度改变会使离子间的静电引力改变，离子迁移数也会改变，但变化的大小因不同物质而异。

温度改变，迁移数也会发生变化。一般温度升高时，t_+ 和 t_- 的差别减小。

7.2.2 离子迁移数的测量方法

离子迁移数在电解工业中具有重要意义。由迁移数的大小可以判断某种离子传导电量的多少及电极附近浓度变化的情况，进而控制电解条件。测定离子迁移数的常见方法有希托夫（Hittorf）法、界面移动法和电动势法。

1. 希托夫法

希托夫法测定离子迁移数至少提出了两个假定：①电的输送者只是电解质的离子，溶剂(水)不导电。这种假定与实际情况较接近。②离子不水化。否则离子带水一起运动，而正负离子带水不一定相同，则阴阳极上浓度的改变，部分是由水分子迁移所致。

此方法是根据电解后两极区电解质浓度的变化来求算离子迁移数的。电解质溶液中通电电极附近浓度变化的原因有两点：①电极反应；②离子迁移。因此用分析的方法了解电极附近部分电解质浓度的变化，再用库仑计测定电解过程中通过的总电量，就可以根据物料平衡计算出迁移离子的数量和迁移数。

设想一个电解池，内装Ⅰ－Ⅰ价型电解质 MA 溶液。溶液被虚拟界面分成三部分，每部分均含 5 mol MA。若阳离子的迁移速率是阴离子的 3 倍，即 $u_+ = 3u_-$。当有 4F 电量通过溶液时，在阳极必有 4 mol A^-离子被氧化，在阴极必有 4 mol M^+离子被还原。同时，溶液中阳、阴离子各向两极迁移。若不考虑扩散和对流的影响，在两个虚拟界面处，必有 3 mol M^+移向阴极，1 mol A^-移向阳极。结果为中部溶液离子量不变，阳极区和阴极区内的离子量均有所改变，如图 7-8 所示。放电后阳极区净减少的阳离子量 Δn_+等于移向阴极的阳离子量；阴极区净减少的阴离子量 Δn_-等于移向阳极的阴离子量。两者之比恰为迁移速率之比，即

$$\frac{\Delta n_+}{\Delta n_-} = \frac{u_+}{u_-} = \frac{U_+}{U_-}$$

因此

$$t_+ = \frac{\Delta n_+}{\Delta n_+ + \Delta n_-}$$

$$t_- = \frac{\Delta n_-}{\Delta n_+ + \Delta n_-}$$

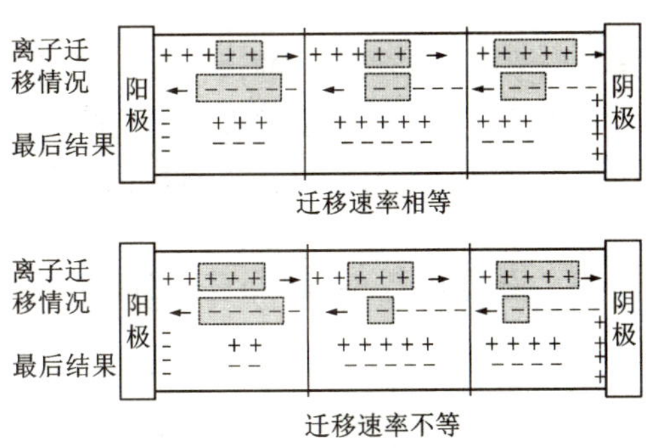

图 7-8　离子迁移示意图

为了使结果可靠，必须做到中间区浓度在通电前后完全不变。影响中间区浓度改变的主要原因是溶液的扩散。引起扩散的原因有两方面：①电解后，阳极区浓度增大，阴极区浓度减少，它们都向中间区扩散。为了减少扩散现象，通常将迁移管中阳极放在较低位置，而阴极放在较高位置。②通电的电流过大或通电的时间过长，都会引起扩散现象而使中间区浓度改变。

2. 界面移动法

界面移动法测离子迁移数，是将含有一种共同离子的两种电解质溶液小心地放入一根直径较小的垂直玻璃管中，使两种溶液间呈明显的分界面。通电后测量分界面移动的距离，然后计算出迁移数。由界面法测定的离子迁移数是较准确的。图 7-9 为界面法测量氢离子迁移数的一种装置。中间为一根有刻度的垂直迁移管，下端以 Cd 作为阳极，上端以 Ag-AgCl 作为阴极；迁移管下面是 $CdCl_2$ 溶液，上面为 HCl 溶液。这两种溶液都具有共同的阴离子

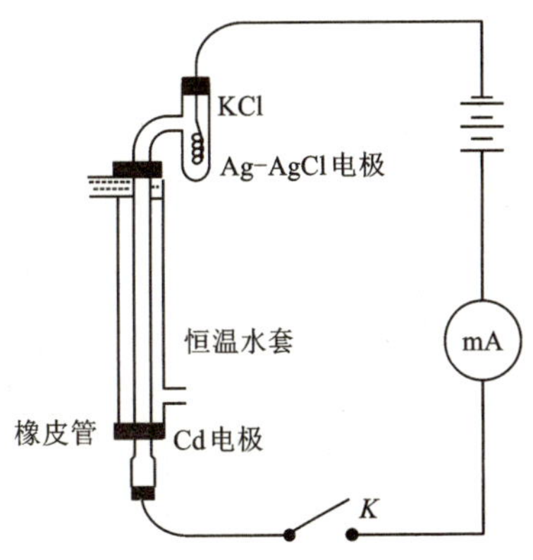

图 7-9　界面法测离子迁移数装置

(Cl^-)。实验开始时，在迁移管中充满 HCl 溶液。通电后，Cd 被氧化，并从阳极溶解下来生成 $CdCl_2$ 进入溶液，自动地形成一个界面。同时，H_2 在阴极放出，溶液中的 H^+向上面的阴极移动。因此，界面也随着向上面移动。这时，Cd^{2+}紧跟 H^+的后面移动。由于 Cd^{2+}的移动速率比 H^+小，故 Cd^{2+}始终跟在 H^+后，不会产生新的界面，保证了界面的清晰。因 HCl 溶液和 $CdCl_2$ 溶液的 pH 不同，可以用指示剂(如用甲基橙或甲基紫)来指示界面的位置。

由下式计算离子的迁移数：

$$t(H^+) = \frac{Q(H^+)}{Q_{总}} = \frac{cVF}{It}$$

式中：I 为通过的电流；t 为时间；$Q_{总}$为总电量，$Q_{总}=It$；V 为 H^+界面移动的体积；c 为 H^+的浓度；F 为法拉第常数。

3. 电动势法

对于 $a_1>a_2$ 的有液体接界的浓差电池：

$$Ag | AgCl | HCl(a_1) | HCl(a_2) | AgCl | Ag$$

只要测得它的电动势，并且知道它们的活度，即可求得离子的迁移数：

$$E = 2t_+ \frac{RT}{F}\ln\frac{(a_\pm)_1}{(a_\pm)_2}$$

溶液的浓度会影响离子的迁移数(如仅做一次实验时，按上式计算出的 t_+为平均值)。

测定离子迁移数对于了解离子的性质有很重要的意义。因为迁移数实际上就是溶液中给定离子承担导电任务的分数，这与离子的迁移速率、水化程度有关。

7.3　电动势与电极电势的测量

7.3.1　电动势测量的原则及设备

电动势测量是一项常见的基本测量。除了电化学范畴的研究需要外，物理化学其他部分的研究也常需要测量电动势，如平衡实验的电动势法等。

电动势要能用于热力学计算就必须是可逆原电池的电动势。可逆原电池电动势测量的条件除了原电池本身的电池反应可逆和传质可逆外，还要求在可逆条件下进行测量。可逆条件，是测量原电池电动势时，电池几乎不通过电流，即测量回路中的电流 $i \to 0$。这是原电池电动势测量必须遵守的基本原则，如图 7-10 所示。实际上任何电动势测量仪器在测量待测原电池的电动势时，总会有一很小的电流通过原电池。采用补偿法测电势差原理和采用高输入阻抗仪器测电势差原理的电动势测量仪器都能较好地满足电动势测量的要求。

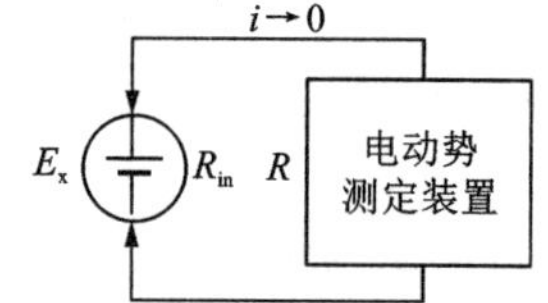

图 7-10　电动势测量原则示意图

根据补偿法原理设计制成的电位差计是测量电动势的常用设备。一般较好的电位差计测电动势时配备的检流计的电流灵敏度应高于 10^{-8} A/分格数量级，如 UJ25 型电位差计，即 i 可以小于 10^{-8} A 数量级。如果原电池的内阻 $R_{in}=1000\ \Omega$，则电位差计测量电动势因内阻存在而导致的误差为：$\Delta E_x = 10^{-8}\ A\times1000\ \Omega = 10^{-5}\ V$。若原电池的内阻 $R_{in}=100\ M\Omega$(如玻璃电

极与汞电极构成的电池)，则 $\Delta E_x = 10^{-8}\ \text{A}\times100\times10^{6}\ \Omega = 1\ \text{V}$。显然，对于电动势在几伏到十几伏的原电池而言，误差达到 1 V 的测量是毫无实际意义的。因此，不宜采用电位差计测量内阻很高的原电池电动势。

根据高输入阻抗式原理制成的电动势测量仪器有电子电位差计、数字电压表、函数仪、示波器等。它们的输入阻抗一般有几十兆欧，至少几十千欧，最高输入阻抗可达 $10^{15}\ \Omega$。用这些仪器测量原电池电动势时，如果原电池的电动势为 2 V，则流经原电池的最大电流为 $i = 2\ \text{V}/(10\times10^{6}\ \Omega) \sim 2\ \text{V}/(10\times10^{3}\ \Omega) = 2\times10^{-7} \sim 2\times10^{-4}\ \text{A}$。显然用这些仪器去测量电动势时，流过电池的电流 i 就比较小。如果测量回路中的电流是在这些数量级范围内，对低内阻的电池来说，当 $R_{in} = 1000\ \Omega$ 时，带给电动势的测量误差为：

$$\Delta E_x = 2\times10^{-7}\ \text{A}\times1000\ \Omega \sim 2\times10^{-4}\ \text{A}\times1000\ \Omega = 2\times10^{-4} \sim 2\times10^{-1}\ \text{V}$$

这种测量误差在许多情况下是可以接受的。

目前物理化学实验教学中，用于原电池电动势测量的仪器多为 SDC 系列数字电位差综合测试仪。它的设计遵从可逆原电池电动势测量的补偿法原理，将电位差计、检流计、标准电池和工作电池组合为一体。不仅保持了普通电位差计的测量结构，而且在电路设计中采用了对称设计，保证了测量的精度。SDC 系列数字电位差综合测试仪的正面板和工作原理示意图分别如图 7-11 和图 7-12 所示。

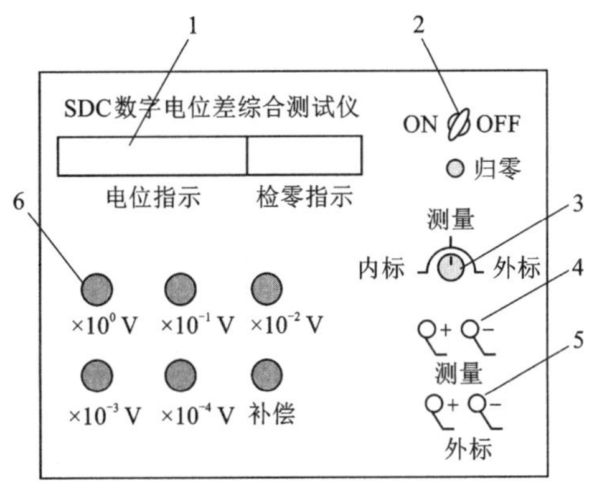

1—显示屏；2—电源开关；3—测量选择旋钮；
4—测量接线插孔；5—外标接线插孔；
6—读数旋钮组及补偿旋钮。

图 7-11　SDC 系列数字电位差综合测试仪正面板示意图

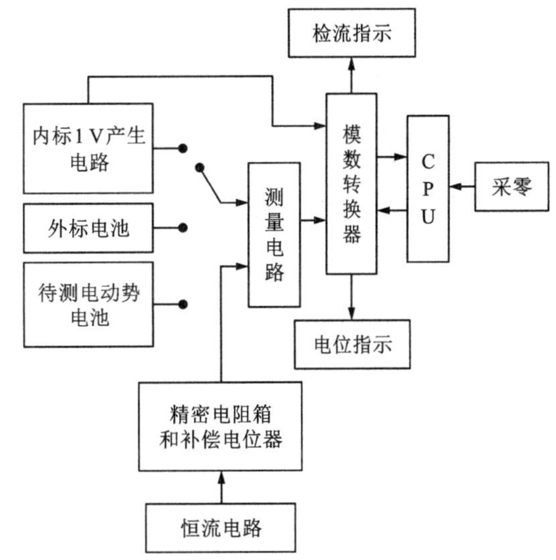

图 7-12　SDC 数字电位差综合测试仪工作原理示意图

当测量开关处于内标校正时，通过调节精密电阻箱，把恒电流电路中产生的电势由数模转换电路送入 CPU(显示电势为 1 V)。此时精密电阻箱产生的电势信号与内标 1 V 电压被送入测量电路，由测量电路测出误差信号，经数模转换电路再送入 CPU，由检零指示误差值，由采零按键控制并记忆误差。这样，在进行待测电池电动势测量时就可以进行误差补偿。

仪器的基本操作步骤如下。

1. 仪器内标校准

(1)打开仪器电源预热 15 分钟左右；

(2)将待测电池电极按“正”“负”极性与测量端口 4 的“+”“-”对应相接；

(3)旋转测量选择旋钮 3，使旋钮 3 上的标志线与内标刻度线对齐；

(4)将读数旋钮组 6 中的“$\times 10^0$ V”旋钮旋至 1，读数旋钮组 6 中的其他旋钮和补偿旋钮均依逆时针旋到底；此时在显示屏的电位指示处显示 1.00000 V，待显示屏的检零指示读数稳定后，按下采零键，使显示屏的检零指示读数为“0000”。

注意：若读数旋钮组 6 的旋钮和补偿旋钮按照上述方法设置时电位指示显示不为 1.00000 V，则应该通过调节读数旋钮组 6 的各个旋钮和补偿旋钮使电位指示为 1.00000 V。

2. 电池电动势测量

(1)仪器内标校准后，旋转测量选择旋钮 3，使旋钮 3 上的标志线与测量刻度线对齐；

(2)将补偿旋钮均依逆时针旋到底；

(3)依次调节读数旋钮组 6 中“$\times 10^0$ V～$\times 10^{-4}$ V”的各个旋钮，使检零指示上的读数尽量从负值(-)方向接近于零，即为绝对值最小的负值读数。然后调节补偿旋钮使检零指示读数为 0000。

注意：若检零指示显示“OU. L”的溢出标识，则说明读数旋钮的调节不当，致使电位指示值与实际电池电动势值相差过大。

3. 仪器外标校准

若需要进行外标校准时，则要将外标电池按“正”“负”极性与外标端口 5 的“+”“-”对应相接；并将测量选择旋钮 3 旋至其标志线与外标刻度线对齐；然后按照内标校准步骤的第(4)步进行操作，完成外标校准。

7.3.2 电动势测量中的干扰电势源

测量电动势时，由于电池的电极材料、电位差计或测试仪器的接线柱材料各不相同，如果这些材料又处在不均匀的温度场合中(如高温原电池电动势的测量时)，则测量回路不可避免地会产生热电势，如图 7-13 所示。这样的热电势就是一种干扰热电势。一般来说，对于这种干扰热电势可以作出校正。

此外，空间电磁波、电磁设备(如变压器)的运转、电闸开关与雷电等引起的不规则信号也都是干扰电势源。对于高输入阻抗的仪器，当待测电池的内阻 R_{in} 很高时，则待测对象就相当于一个干扰信号接收器，如图 7-14 所示。这样干扰电势就叠加在待测电池的电动势上影响电动势的测量。但这种干扰电势通常是不规则或无规律的，因此不便校正。如果待测电池的内阻 R_{in} 很小，则尽管干扰电势源存在，也不会造成很大的影响。

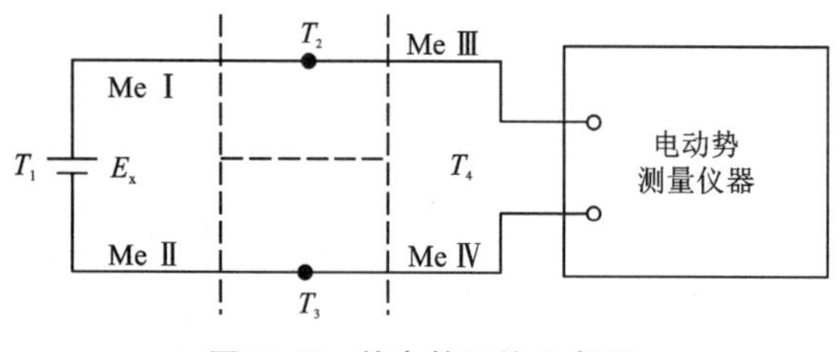

图 7-13 热电势干扰示意图

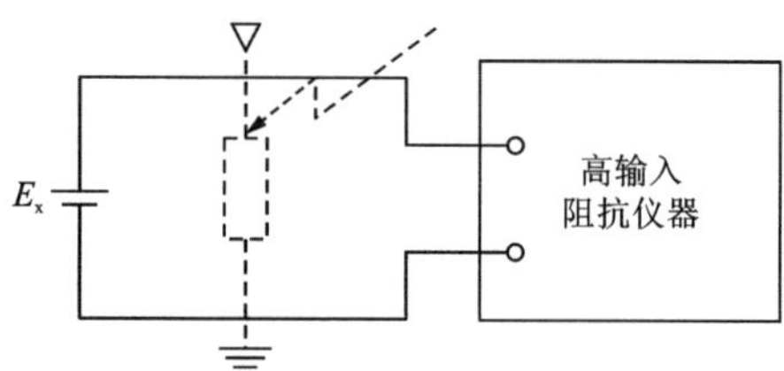

图 7-14 电磁干扰示意图

7.3.3　电动势测量中的漏电问题

使用直流电位差计测量电动势时，如果电位差计、工作电源、标准电池、待测电池、检流计彼此间绝缘不好，则可能产生漏电。若工作电池与检流计之间有微弱的漏电存在，如图 7-15 所示，则检流计示出的“零”就不是真正的没有电流通过检流计。漏电的结果会导致电位差计不能达到真正的补偿效果，即测量结果就不准确。一般来说，高电势电位差计因工作电流小，在漏电不很严重的情况下，一般影响是不会达到毫伏级的；但在漏电严重时，其影响不可小觑，特别是对于低电势测量或精密度要求较高的测量，漏电问题就必须关注。

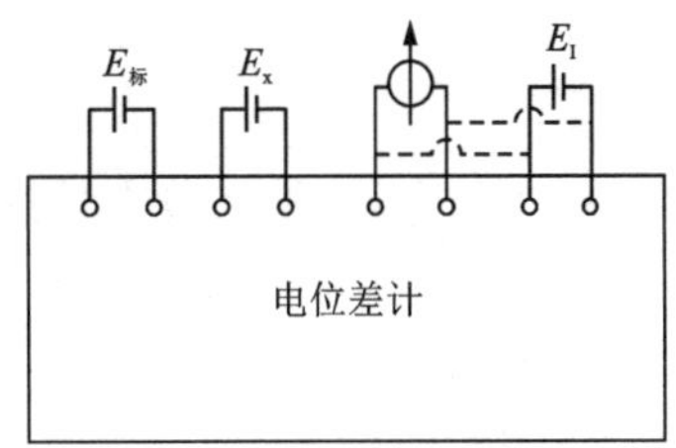

图 7-15　漏电示意图

7.3.4　电极电势测量及参比电极

电极电势的测量是通过与参比电极构成原电池后，测量其电动势。根据已知的参比电极电势即可求得待测电极电势。电极电势测量在电极过程动力学研究中是非常重要的，而作为热力学计算用的电极电势（$E^{\ominus}_{电极,平}$或$E_{电极,平}$）的测量则要求更为严格。电极电势测量除了要考虑电动势测量中所出现的问题外，还要特别注意参比电极的问题，根据不同的测量对象应选择不同的参比电极。

参比电极体系应该是电极电势重现性好、可逆性较大的电极体系。这种电极体系称为不极化电极。水溶液中使用的参比电极有氢电极、甘汞电极、氯化银电极、硫酸亚汞电极、氧化汞电极等。熔盐中使用的参比电极有氯电极、银电极、铅电极等。用固体电解质（如 ZrO_2 基型的固体电解质）所构成的原电池常用气体参比电极（如空气气氛参比电极）或固体参比电极（如金属/氧化物体系参比电极）作为参比电极。

使用参比电极时，应该根据待测体系的性质来选择。如对氯化物体系可选用甘汞电极或氯化银电极；对硫酸盐体系可选用硫酸亚汞电极；碱性溶液体系可选用氧化汞电极。这样选择参比电极可以使液接电势减至最小。如熔盐体系含氯化物，无疑应该选择氯电极。

7.3.5　热力学平衡电极电势的条件

电动势或电极电势要能用于热力学计算，必须是可逆原电池的电动势或可逆电极电势。对于可逆原电池电动势来说，构成它的电极电势必须是可逆电极电势，可逆电极电势即平衡电极电势。

电极建立热力学平衡状态的判据是 i_c 与 i_a 是否相等，只要真正达到 $i_c=i_a$，电极就处于真正的热力学平衡态。如图 7-16 所示，这是获得热力学平衡电势的条件。事实上，这种条件只有当体系中不含有任何可在电极上同时发生电极反应的杂质组分时才能满足。通常遇到的电池体系很难做到如此简单，存在杂质组分是不可避免的，因此必须考虑其影响。

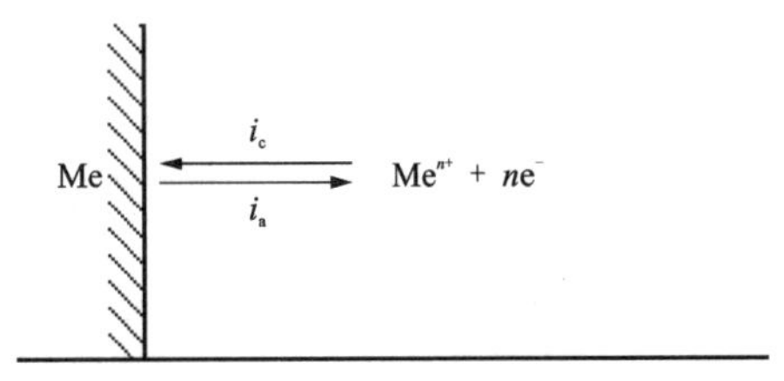

图 7-16　电极反应示意图

以金属锌(Zn)和硫酸锌($ZnSO_4$)溶液构成的锌电极为例，在电极上除有其本身的电极反应外，如：

$$Zn^{2+} + 2e^- \underset{i_a}{\overset{i_c}{\rightleftharpoons}} Zn$$

在锌电极的平衡电势附近还会有某些杂质组分在电极上进行反应，如：

$$2H^+ + 2e^- \underset{i_a^*}{\overset{i_c^*}{\rightleftharpoons}} H_2$$

在这种情况下，即使没有外加电流通过，若有 $i_a = i_c + i_c^*$，则有 $I_{外} = i_a - (i_c + i_c^*) = 0$；此时锌电极上存在净电化学反应，即有 $I' = i_a - i_c \neq 0$。这时的电极电势不能称为平衡电极电势，习惯上将这时建立的电极电势称为混合电势或稳定电势。在测量原电池的可逆电动势—平衡电动势或可逆电极电势—平衡电极电势时，应该考虑这种复杂情况，否则实验测得的并不是真正的可逆原电池电动势或可逆电极电势。

由以上讨论可见，当不通过外电流时，测出的电极电势并不一定是热力学平衡电势。在测量可逆原电池电动势或可逆电极电势时必须牢记这一点。

在实际进行的测量中，通常是将这些问题简化或忽略，但进行简化或忽略也是有条件的。根据电极过程动力学理论，对于上述锌电极，其主要电极反应为：

$$Zn^{2+} + 2e^- \rightleftharpoons Zn$$

其交换电流密度为 $i^0(Zn^{2+}/Zn)$；电极上还有副反应：

$$2H^+ + 2e^- \rightleftharpoons H_2$$

也有交换电流，该交换电流密度记为 $i^{0,*}(H^+/H_2)$。若 $i^0(Zn^{2+}/Zn) \gg i^{0,*}(H^+/H_2)$，则在相同的电势条件下有 $i_c \gg i_c^*$。因而可以忽略 i_c^* 的影响，认为 $i_c = i_a$，即杂质组分的存在并不影响热力学平衡电势的建立。这就是为什么能近似地测量得到锌电极在中性硫酸锌溶液中的平衡电势(可逆电极电势)。由此可见，若体系中同时存在多组氧化/还原电对时，在无外电流通过的情况下，电极电势主要由交换电流密度值最大的那一组氧化/还原电对所构成的电极体系所决定；或者说，所测得的电极电势可认为是交换电流密度值最大的那一电极体系的热力学平衡电极电势。

为了降低氢电极反应的交换电流密度值，在测量某些金属(如锌)电极的可逆电势时，通常采取汞齐化的措施。因为，在纯锌或不纯锌上析氢电极反应的交换电流密度可高达 10^{-4} A/cm^2，在汞齐化锌表面上一般只有 $10^{-10} \sim 10^{-12}$ A/cm^2；在水溶液中，如果不经特殊的净化处理，杂质组分引起的电解电流密度往往可达 $10^{-6} \sim 10^{-7}$ A/cm^2。因此，如果希望建立某氧化还原体系的平衡电极，则该体系的交换电流密度应满足 $i^0 > 10^{-4}$ A/cm^2。有些金属，如铜和硫酸铜构成的铜电极，在水溶液中是能够满足这个条件的，能直接测量得到铜电极的平衡电极电势。

7.4 电极过程动力学实验研究方法

从某种意义上讲，电极过程动力学实验既属于电化学范畴，也属化学动力学范畴。因为电极反应是一种伴随有电流产生的多相反应，而电流密度的大小可直接反映电极反应速率。由于电极过程动力学对于各种生产实际问题，如电解、电冶金、电镀、电源、金属腐蚀等都具

有重要的意义，因此得到人们的极大重视。

研究电极过程动力学的主要目的在于弄清影响电极反应速率的基本因素，尽可能有效地按照人们的主观愿望去影响电极反应的进行方向与速率。电极过程动力学实验主要是测量电极反应的动力学参数（n、i^0、α、β 等）和确定电极反应的历程。由于电极反应是发生在固/液界面的多相反应，因此与电极/溶液界面性质有关。电极/溶液界面性质的测量实验，如电毛细管曲线的测量和电极/溶液界面双电层电容的测量等都是电极过程动力学实验研究的重要部分。

电极过程动力学实验方法有经典方法和近代方法。槽电压-电流曲线法（伏安法）和恒电流极化曲线法属经典方法；旋转圆盘电极法、恒电势极化曲线法、暂态法、交流阻抗法、循环伏安法等则属近代方法。研究方法在其形成和发展过程中，从电极形式和数目上反映出了电极过程动力学实验方法的不同，有静止电极法和非静止电极法（滴汞电极和旋转圆盘电极）；此外还有双电极法、三电极和四电极法（如双环旋转电极）等。从电极反应本质上的快、慢来考虑，使用方法也有所不同，如经典方法只能用于慢过程研究；暂态法可用于快过程研究。

7.4.1　恒电流极化曲线测量电极过程动力学参数

恒电流法是经典的三电极法，待测电极可以是静止式的，也可以是非静止式的。恒电流极化曲线测量原理如图 7-17 所示。

对应于每一个极化电流密度（i）可以测量出其电极电势（$E_{电极,实}$）。较好的恒电流极化曲线测量应保障电流密度的最大值与最小值的比值不小于 10^3。

根据实验直接测量得到的极化电流密度（i）和其极化电极电势（$E_{电极,实}$）的数据可绘出恒电流极化曲线，如图 7-18 所示。极化曲线有许多形状，有类似于虚线所描绘的形状，也有类似于实线所描绘的形状。虚线表示单纯为浓差极化导致的极化曲线；实线起始段则表示单纯为电化学极化所形成的极化曲线。比较两条曲线可以看出，当阴极极化电流密度相同时，电化学极化程度大一些，其半波电势（$E_{电极,1/2}$）也更负一些（阴极极化时）。

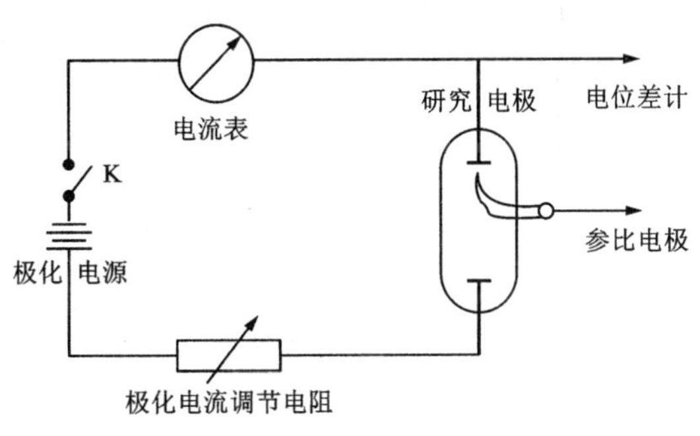

图 7-17　恒电流法测量电路示意图

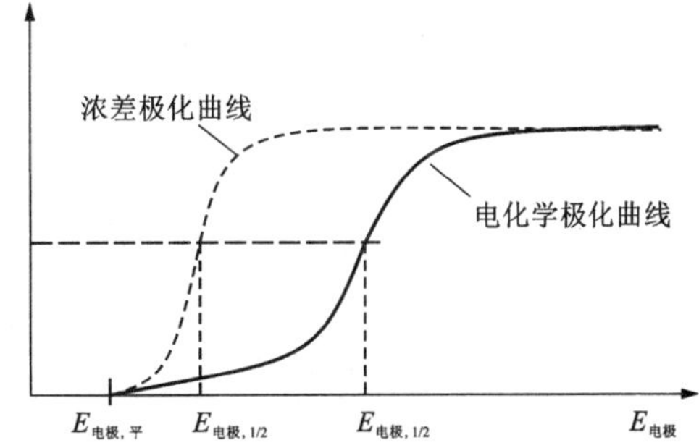

图 7-18　阴极极化曲线示意图

对于浓差极化，电极过程动力学理论可分别导出两种情况下的极化公式。

（1）反应产物生成独立相，如气泡或固相沉积层等。其极化公式为：

$$E_{电极,实} = E_{电极,平} + \frac{RT}{zF}\ln\frac{i_d - i}{i_d}$$

式中：i_d 为极限扩散电流密度。

这种极化曲线的一个特征是 $E_{电极,实}$ 与 $\ln\frac{i_d-i}{i_d}$ 之间存在线性关系，直线的斜率为 $\frac{RT}{zF}$，根据以 $E_{电极,实}$ 对 $\ln\frac{i_d-i}{i_d}$ 作图所获得的直线斜率可以求得电极反应所涉及的电子数 z。

(2)反应产物可溶，如在液相中溶解或生成汞齐等，其极化公式为：

$$E_{电极,实}=E_{电极,1/2}+\frac{RT}{zF}\ln\frac{i_d-i}{i_d}$$

这种极化曲线的特征是 $E_{电极,实}$ 与 $\ln\frac{i_d-i}{i_d}$ 之间存在直线关系。根据其斜率和截距同样可求得电子数 z 和半波电势 $E_{电极,1/2}$。

对于电化学极化，也就是电化学反应为速率控制步骤时，电极过程动力学的迟缓放电理论可导出极化公式为：

$$\eta=a+b\ln i$$

式中：$\eta=|E_{电极,实}-E_{电极,平}|$ 为量度电极极化程度的超电势。

由以上公式可知，超电势 η 与电流密度 i 的对数呈直线关系。这个公式也是塔菲尔(Tafel)经验公式的表示形式，公式中的两个常数分别表示如下。

阴极过程：$a=-\frac{RT}{zF\alpha}\ln i^0=-\frac{2.303RT}{zF\alpha}\lg i^0$，$b=\frac{RT}{zF\alpha}$。

阳极过程：$a=-\frac{RT}{zF\beta}\ln i^0=-\frac{2.303RT}{zF\beta}\lg i^0$，$b=\frac{RT}{zF\beta}$。

其中，α 和 β 分别是阴极过程和阳极过程所对应的迁移系数。在低电流密度($<10^{-2}$ A/m^2)和超电势很小的条件下，以上极化公式显然不适用了，此时的极化公式为：

$$\eta=\frac{RT}{zF}\cdot\frac{i}{i^0}$$

根据超电势 η 与电流密度 i 的实验数据，通过图解处理可得到常数 a 和 b，从而求得电极过程动力学参数 α、β 和 i^0 等。根据以下关系式求出在 $E_{电极}=E^{\ominus}_{电极,平}$ 条件下电极反应的速率常数 k：

$$i^0=zF\cdot k\cdot c_O^{1-\alpha}\cdot c_R^{\alpha}$$

式中：c_O 和 c_R 分别为电极反应的氧化态和还原态物质的浓度，mol/mL；若 i^0 的单位取为 A/cm^2，则电极反应的速率常数 k 的单位应该为 cm/s。

经典的恒电流极化曲线法(或稳态极化曲线法)测量电化学步骤的动力学参数，只有当不发生浓差极化或浓差极化的影响很容易加以校正时才适用。例如当反应物粒子浓度约为 10^{-3} mol/mL 时，在一般的电解池中由于自然对流所引起的搅拌作用可以允许通过约为 10^{-2} A/cm^2 的电流密度而不发生严重的浓差极化。此种情况若电化学极化 $\eta\geqslant100$ mV，$\alpha=0.5$，$z=1$，则可根据电化学极化公式算出 $i^0\leqslant10^{-3}$ A/cm^2；若再假设 $c_O=c_R=10^{-3}$ mol/mL，则可求得 $k\leqslant10^{-5}$ cm/s。大致可以将这些数值看作是经典测量电化学步骤动力学参数的上限。

7.4.2 旋转圆盘电极动力学测量方法

在构成电极反应的各分步步骤中，一般而言，液相中的传质步骤往往进行得比较慢，因

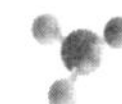

而传质步骤成为控制整个电极反应速率的限制性步骤。研究电极过程时往往由于液相中传质速率的限制，致使人们无法用经典方法观测一些快速分步步骤的动力学特征。

旋转圆盘电极实验装置如图 7-19 所示。实验装置的关键设备是旋转电极，其他部分与一般的恒电流极化曲线测量装置类似。实际使用的电极是一个底部表面朝下的圆盘状电极。整个电极绕垂直于盘面的中心轴旋转时，电极下方的流体沿中心轴上升，上升液体被旋转的电极表面抛向圆盘周边。理论上可以证明旋转圆盘电极上各点的扩散层厚度是相等的，因此旋转圆盘电极上的电流密度也是均匀的。

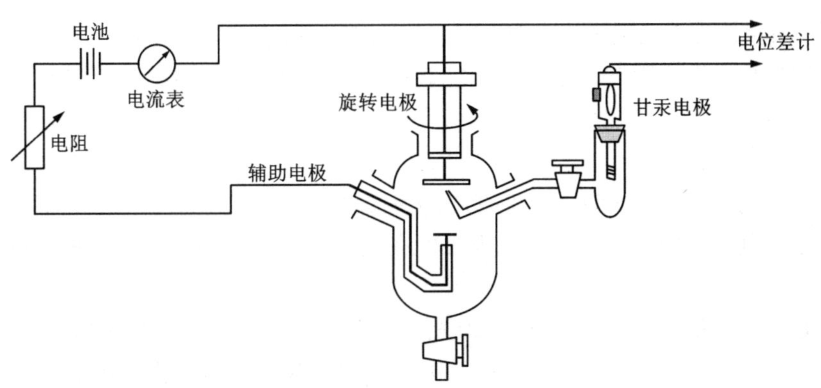

图 7-19　旋转电极法测量装置连接示意图

旋转圆盘电极的使用可将稳态扩散传质速率提高，使扩散电流密度达到 10~100 A/cm^2，比如不加搅拌时提高了约三个数量级。理论推导表明，旋转圆盘电极上的电流密度可用下式表示：

$$i = 0.62zFD^{\frac{2}{3}}\omega^{\frac{1}{2}}\nu^{-\frac{1}{6}}(c_0 - c_s) \quad \text{及} \quad i_d = 0.62zFD^{\frac{2}{3}}\omega^{\frac{1}{2}}\nu^{-\frac{1}{6}}c_0$$

式中：ν 为溶液的动力黏度系数[$\nu=\eta$(黏度)/ρ(密度)]；D 为扩散系数；ω 为电极旋转的角速度，$\omega=2\pi f$，f 为旋转电极的每秒转速；c_0 为离子初始浓度；c_s 为电极表面离子的浓度。

从上述方程可以看出，当 c_0、ω、ν 已知时，由测得的极限扩散电流密度(i_d)值，即可求出反应物粒子的扩散系数 D。此外，从关系式也可发现电流密度 i 或极限扩散电流密度 i_d 与 $\omega^{1/2}$ 成正比。因此提高电极的旋转速率可以提高极限扩散电流值。也就是说，可以借助旋转圆盘电极来提高经典测量方法测量动力学参数的测量上限。由于利用旋转圆盘电极可以在同样浓度的溶液中将电流密度约提高到 10 A/cm^2 而不发生严重的浓差极化，因而可以将 i^0(或 k)的测量上限约提高三个数量级，即可以研究 $i^0 \leqslant 1$ A/cm^2 或 $k \leqslant 10^{-2}$ cm/s 的电极过程。

在旋转圆盘电极上获取的恒电流极化曲线测量数据 i 和 $E_{电极}$(或 η)，也可以按照前面所介绍的方法进行数据处理，从而求得电极反应的动力学参数。一般而言，静止电极上能够实现的各种测量方法，在旋转圆盘电极上也是能够实现的，只是有些快速测量方法不必要采用旋转圆盘电极。虽然旋转圆盘电极与静止电极相比有独特的优点，但它毕竟也多了一些旋转速率控制和测量方面的麻烦问题。

近年来，在旋转圆盘电极基础上又发展了带环旋转圆盘电极。利用该类电极主要是为了便于研究电极反应的中间产物的电极过程。若圆盘电极上进行还原反应，生成中间产物并被液流带至环形电极上，是环形电极上预先施加只能使中间产物发生氧化的电势，则此时在环形电极上可出现氧化反应的电流。根据出现的电流情况可以判断有无中间产物以及它们的动力学特性。在有气体生成的电化学反应中，往往在圆盘中心处黏附了大量的气泡，从而影响测量结果。为了克服这种干扰，可采用圆锥形旋转电极。

7.4.3 计时电势法

利用经典方法或旋转圆盘电极方法测得的都是稳态极化曲线，即相应于每一电极电势的稳定电流值。计时电势法，还有后面要介绍的计时电流法都是暂态法。对于易发生浓差极化的电极过程，或易改变表面状态的电极过程，用经典方法或旋转圆盘电极方法测量其电化学步骤的动力学参数会受到限制。如果有可能利用暂态电流，即采用所谓的“快速方法”，将测量时间缩短到 10^{-5} 秒以下，则瞬时扩散电流密度可允许达每平方厘米几十安培。这样与旋转圆盘电极方法相比较，暂态方法就有几方面的优点：首先，运用现代电子技术将测量时间缩短到几微秒要比制造每分钟旋转几万转的机械装置容易得多；其次，稳态法不适用于研究那些反应产物能在电极表面上累积或是电极表面在反应时不断受到破坏的电极过程，而暂态法克服了这个缺点。

计时电势法的测量装置连接如图 7-20 所示。其中电解池与高电阻串联在高压(几十伏)脉冲方波电源的输出端，保障流经电解池的电流不随电极极化而变化。用示波器或能快速记录的仪器将通电流过程的电极电势随时间的变化关系记录下来，得电极电势与时间关系曲线，如图 7-21 所示。

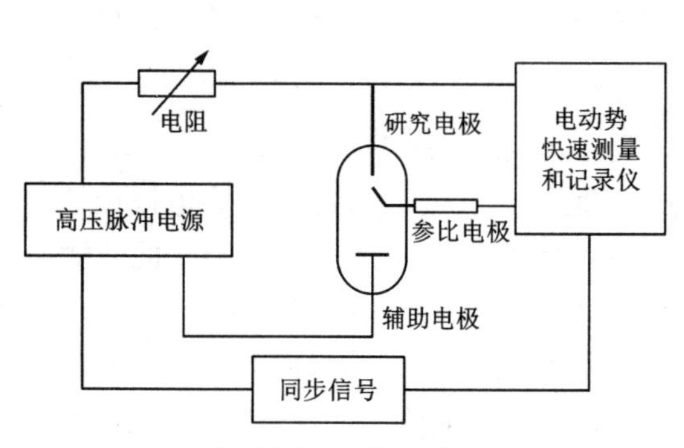

图 7-20 计时电势法测量装置连接示意图

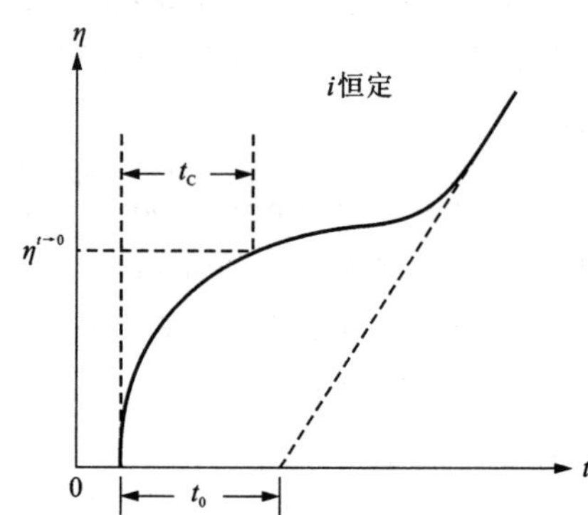

图 7-21 计时电势曲线示意图

对于计时电势法实验测量得到的数据有两种处理方法：一种是计时电势曲线外推处理后的塔菲尔公式法；另一种是暂态理论公式法。具体使用时，前者比较麻烦，后者比较简单但涉及的数理知识比较深。

将不同极化电流密度下的各条计时电势曲线分别外推，求得对应于不同极化电流密度 i_k 在时间 $t \to 0$ 时的超电势数值 $\eta_k^{t\to0}$。将时间外推到 $t \to 0$ 时，已完全消除了浓差极化的影响，即单纯地由电化学极化所决定。所以可将所得的数据(i_1，$\eta_1^{t\to0}$，i_2，$\eta_2^{t\to0}$，……i_k，$\eta_k^{t\to0}$)按塔菲尔公式进行处理，即可求得电极反应的动力学参数。

对于一般条件下的阴极过程，电极过程动力学理论可以导出暂态过程的关系式为：

$$\eta_k = -\frac{RT}{\alpha zF}\ln\frac{zFk'c_0}{i_0} - \frac{RT}{\alpha zF}\ln\left[1-\left(\frac{t}{t_0}\right)^{1/2}\right]$$

式中：t_0 为过渡时间；k'为 $E_{电极}=E_{电极,平}$时的电极反应速率常数。

由此式可以看出，若将曲线外推到 $t=0$ 处，则上式等号右边的第二项为零，即不发生浓差极化。此时 η_k 完全取决于电化学步骤的速率，因此：

$$\eta_{k(t=0)} = -\frac{RT}{\alpha zF}\ln\frac{zFk'c_0}{i_0}$$

若以 η_k 对 $\ln\left[1-\left(\frac{t}{t_0}\right)^{1/2}\right]$作图，可以得到一条直线。根据直线的斜率可以求出 αz 的值，代入上式可求得 k'。由 k'又可根据以下公式求出 $E_{电极}=E^{\ominus}_{电极,平}$时的电极反应速率常数 k：

$$k = k'\exp\left[\frac{\alpha zF}{RT}(E_{电极,平} - E^{\ominus}_{电极,平})\right]$$

计时电势法也有一定的限制，因为在电解池接通电源后必然会伴有电极双电层充电，而充电需要一定的时间 t_C。所以，计时电势法只能用于 $t \gg t_C$ 的情况。计算和实验都表明，计时电势法的测量上限约为 $k \leqslant 1$ cm/s。

7.4.4　恒电势极化曲线测量

研究金属阳极溶解及钝化通常采用两种方法：恒电流法和恒电势法。由于恒电势法能测得完整的阳极极化曲线，在金属钝化现象的研究中恒电势法比恒电流法更为有利。所以一般都采用恒电势法研究金属阳极溶解及钝化现象。金属阳极溶解的恒电势极化曲线大都具有如图 7-22 所示的曲线形式。图中 *AB* 段为活性溶解区；*BC* 段为过渡钝化区(负坡度区)；*CD* 段为稳定钝化区；*DE* 段为超钝化区。曲线上有三个重要的特征值，即临界钝化电流密度 $i_{电流}$，临界钝化电势 $E_{电流}$和维钝电流密度 $i_{维钝}$。

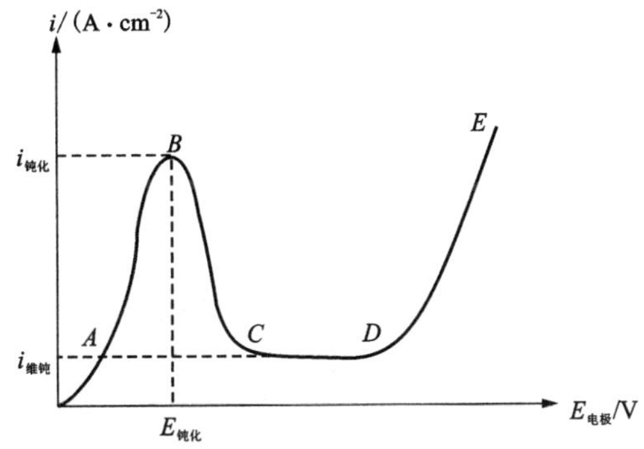

图 7-22　恒电势极化曲线示意图

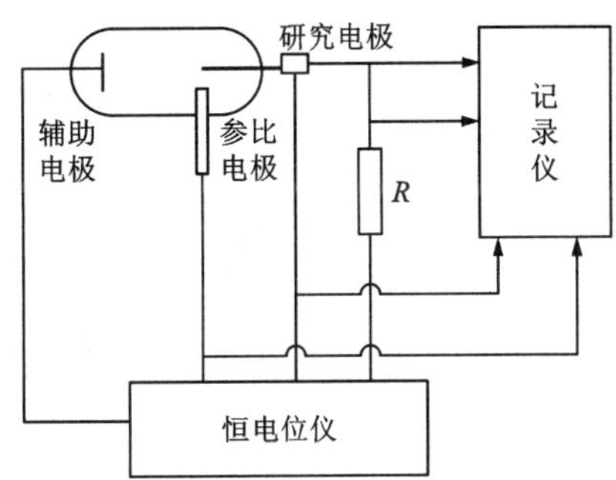

图 7-23　恒电势测量装置连接示意图

恒电势极化曲线测量是应用恒电势仪进行的，测量装置的连接如图 7-23 所示。采用恒电势法测量极化曲线时，是将研究电极的电势恒定地维持在所需要的值，然后测量对应该电势下的电流。在实际测量中常采用的恒电势测量方法分为以下两种。

1. 静态法

将电极电势较长时间地维持在某一恒定值，同时测量电流随时间的变化，直到电流值基本上达到某一稳定值时止。如此逐点地测量不同电极电势下的稳定电流值，以获得完整的极化曲线。

2. 动态法

控制电极电势以较慢的速度连续地改变(扫描)，测量对应电势下的瞬间电流值，并以此瞬时电流与对应的电极电势作图，则可获得整个恒电势极化曲线。

恒电势仪工作原理如图 7-24 所示。在极化曲线测量中，电解池为三电极(C、R、W)体系，C 为辅助电极，R 为参比电极，W 为被研究的电极。恒电势仪的作用就是能精密地控制研究电极对参比电极的电势不变，使 R 与 W 之间的电势差 E_{WR} 保持在某一预先选定的数值而恒定不变。简单言之，恒电势仪就是把电解池连接到高增益的带负反馈的直流差动放大器 A 的电路中形成的自动控制器。其基本原理是，将 E_{WR} 与预选的基准电压信号(即给定电压)V_1 在放大器 A 的输入端进行比较。如果二者不同，则有差异信号 ΔE 出现。此差异信号经过放大后被用来负反馈自动控制通过电解池的电流(I)，调节研究电极的电极电位，将差异信号减至最小，使研究电极的电极电势保持恒定，达到恒定电势的目的。这样，选择不同的给定电压值就可以得到对应的电极电位的恒定电势值。

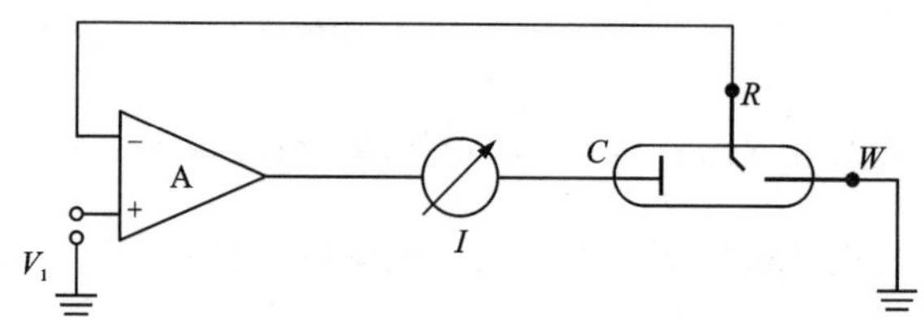

图 7-24　恒电势仪工作原理示意图

7.4.5　计时电流法

计时电流法也是一种暂态法。此法是以恒定的电势脉冲信号施加于研究电极上，然后测量通过电解池的电流与时间的关系。计时电流法的测量装置如图 7-25 所示。恒电势脉冲信号电源由恒电势仪提供，它能保持研究电极在电解过程中的电势不变。恒电势电解过程中电流随时间的变化关系用示波器或快速记录仪器记录下来，得到电流-时间关系曲线，如图 7-26 所示。

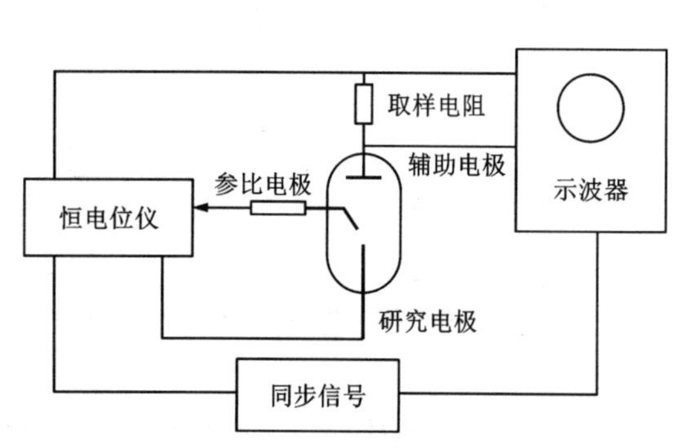

图 7-25　计时电流法测量装置连接示意图

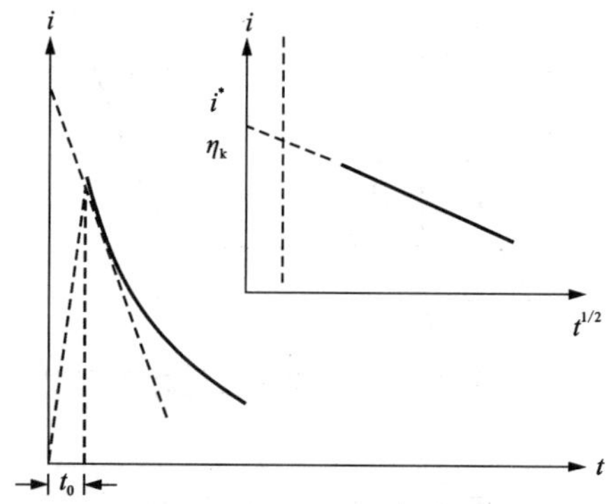

图 7-26　计时电流曲线示意图

对于一般条件下的阴极过程，由电极过程动力学理论可以导出此种暂态过程的电流密度

(i) 与时间 (t) 的关系为：$i=i_{\eta_k}^*(1-\frac{2\lambda}{\sqrt{\pi}}t^{\frac{1}{2}})$。根据此式，在电解开始后的最初一段时间内利用 i 与 $t^{1/2}$ 之间的线性关系外推求出相应于 $t\to0$ 时的电流值 $(i_{\eta_k}^*)$。如果用不同数值的恒电势脉冲加在研究电极上，并测得各相应的电流–时间关系曲线，则可以逐个地求出其相应的 $i_{\eta_k}^*$ 值。这些 $t\to0$ 时的电流值则完全消除了浓差极化的影响，单纯地由电化学极化所决定。因此可将所得到的数据组 $[\eta_1,(i_{\eta_k}^*)_1;\eta_2,(i_{\eta_k}^*)_2;\cdots\cdots;\eta_j,(i_{\eta_k}^*)_j]$ 按塔菲尔公式进行处理，求得电极反应的动力学参数。

7.4.6　交流阻抗法

对于一个电解池，如果采用的辅助电极较大，只考虑溶液电阻及研究电极的界面阻抗（以 $Z_{电解}$ 表示），则电解池的等效电路如图 7–27(a) 所示。如果电极反应速率比较大，或者说电极界面处的双电层电容 $C_{双层}$ 较小，即 $|Z_{电解}|\ll(\omega C_{双层})^{-1}$，则电解的等效电路如图 7–27(b) 所示。该等效电路是采用交流阻抗法测量电极反应动力学参数时应基本满足的条件。

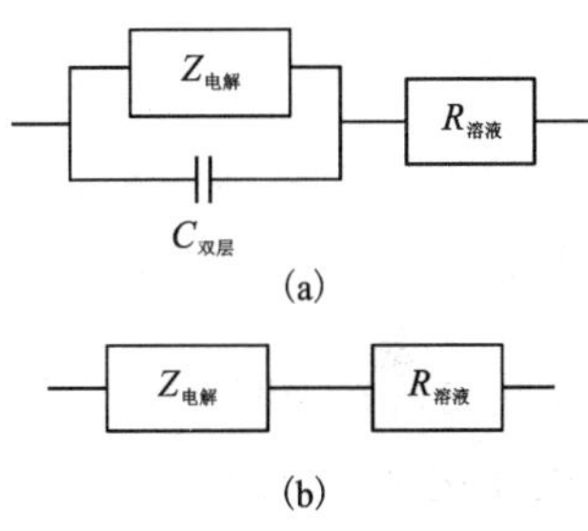

图 7–27　电解池的等效电路示意图

当溶液的总浓度较大时，因 $Z_{电解}\gg R_{溶液}$，使得电解池的总阻抗完全由研究电极的界面阻抗 $Z_{电解}$ 所决定，即实验测量得到的电解池总阻抗就是 $Z_{电解}$。若 $R_{溶液}$ 这一项的影响不能忽视，那么在一般情况下也可以由实验测得的电解池总阻抗中，扣除 $R_{溶液}$ 这一项而得到 $Z_{电解}$ 的数值。因为 $R_{溶液}$ 是可以由实验测得的。

测量研究电极的 $Z_{电解}$ 或测量电解池的总阻抗的常用设备基本上类似于测量溶液电阻所使用的交流电桥，只是要求用于交流电桥的信号源有较准确的、可调节的频率（从几赫兹到数千赫兹）。其交流信号必须是正弦波，电极电势的正弦变化部分的幅度在 10 mV 以下。测量装置如图 7–28 所示。装置中的直流电源是用于研究电极通过一定的电流，以产生极化作用。

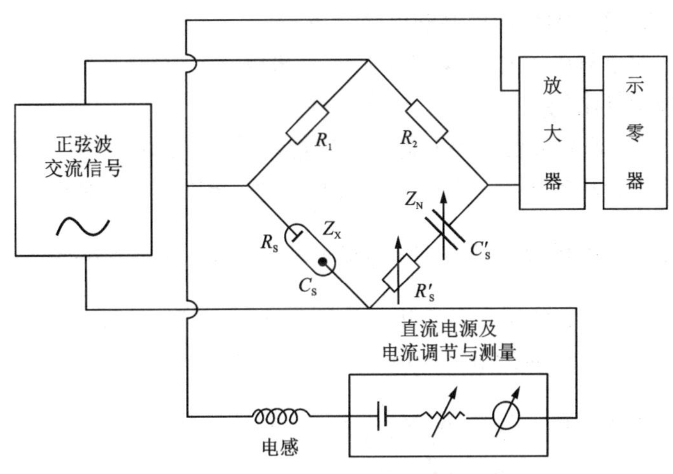

图 7–28　交流阻抗法测量装置连接示意图

测量研究电极的阻抗时，电桥参考臂中的可变电阻 R'_S 和可变电容 C'_S 为串联。电桥平衡时有：

$$\frac{Z_X}{R_1}=\frac{Z_N}{R_2}\quad 和 \quad Z_N=R'_S+\frac{1}{j\omega C'_S}$$

因而可得：

$$Z_X = \frac{R_1}{R_2}\left(R'_S + \frac{1}{j\omega C'_S}\right) = R_S + \frac{1}{j\omega C_S}$$

式中：R_S 和 C_S 分别为电解池的串联电阻和电容，它们可以根据电桥平衡时 R_1、R_2 及参考臂中 R'_S和 C'_S的数值求得。

对于控制步骤不同的电极反应，其数据处理方式也有所不同，以下分别加以讨论。

1. 扩散步骤控制的电极反应

由电极过程动力学理论导出的扩散步骤控制的电极反应的电解阻抗 $Z_{电解}$ 计算公式为：

$$|Z_{电解}| = Z_{扩散} = \frac{RT}{z^2Fc_0\sqrt{\omega D}}$$

式中：c_0 为电解质溶液的浓度；ω 为交流信号源的频率；D 为电解质的扩散系数。由扩散步骤控制的电解阻抗中的电阻部分($R_{扩散}$)与容抗部分($|Z_C|_{扩散}$)又有如下关系：

$$R_{扩散} = |Z_C|_{扩散} = \frac{|Z_{电解}|}{\sqrt{2}} \quad 和 \quad |Z_C|_{扩散} = \frac{1}{\omega C_{扩散}}$$

所以可得：

$$R_{扩散} = \frac{RT}{z^2Fc_0\sqrt{2\omega D}} \quad 和 \quad C_{扩散} = \frac{z^2Fc_0}{RT}\sqrt{\frac{2D}{\omega}}$$

这些关系式表明，在直角坐标图上，$R_{扩散}$及$|Z_C|_{扩散}$随 $\omega^{-1/2}$ 的变化是重叠的两条直线(如图 7-29 所示)。这一特性是识别电极反应速率受扩散步骤控制的标志。应用交流电桥可以从实验测量出 $R_{扩散}$和 $C_{扩散}$的数据，作出 $R_{扩散}$对 $\omega^{-1/2}$ 或$|Z_C|_{扩散}$对 $\omega^{-1/2}$ 的关系图，判别电极过程的性质。

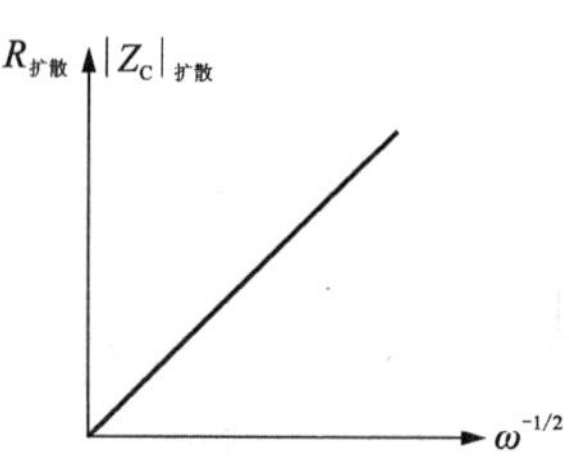

图 7-29　$R_{扩散}$(或$|Z_C|_{扩散}$)随 $\omega^{-1/2}$ 变化关系

2. 电化学步骤控制的电极反应

对于只由电化学步骤控制的电极反应，电极过程动力学理论导出的电解阻抗有如下几种情况。

(1)若电极反应为电化学步骤控制，但接近在平衡电势的条件下进行，即电极尚没有极化或极化程度不大。此时的电极超电势 $\eta \leqslant 25$ mV，则由电极过程动力学理论可导出交流阻抗法测量电极反应动力学参数的基本公式为：$Z_{电解} = R_{电} = \frac{RT}{zF}\cdot\frac{1}{i^0}$。

(2)若电极反应为电化学步骤控制，而且完全不可逆，即电极处在强阴极极化区或强阳极极化区。此时的电极超电势 $\eta > 2.303RT/zF$，则由电极过程动力学理论可导出以下关系式：

阴极极化：$Z_{电解} = R_{电} = \frac{RT}{\alpha zF}\cdot\frac{1}{i}$；阳极极化：$Z_{电解} = R_{电} = \frac{RT}{\beta zF}\cdot\frac{1}{i}$

其中，i 为电极极化电流密度。根据此式可求得迁移系数 α 或 β 的值。在电极强极化的条件下，$R_{电}$与交换电流密度 i^0 无关。

(3)电极反应为电化学步骤控制，并且部分可逆时，则情况较为复杂，在此不讨论。

3. 扩散步骤和电化学步骤同时控制的电极反应

如果电极反应同时为电化学步骤和扩散步骤控制时，则电极过程动力学理论导出的电解阻抗公式为：

$$Z_{电解} = Z_{电} + Z_{扩} = R_{电} + R_{扩} + |Z_C|_{扩}$$

当电极反应接近在平衡电势的条件下进行时，则等效电路的 $R_{总}$ 和 $C_{总}$ 分别为：

$$R_{总}=R_{电}+R_{扩}=\frac{RT}{zF}\cdot\frac{1}{i^0}+R_{扩} \text{ 和 } C_{总}=C_{扩}$$

由这些公式可知，$R_{总}$ 及 $|Z_C|_{总}$ 与 $\omega^{-1/2}$ 之间的关系为相互平行的两条直线，如图 7-30 所示。两条直线间的纵向距离为 RT/zFi^0，利用这一关系可求得 i^0 的数值。

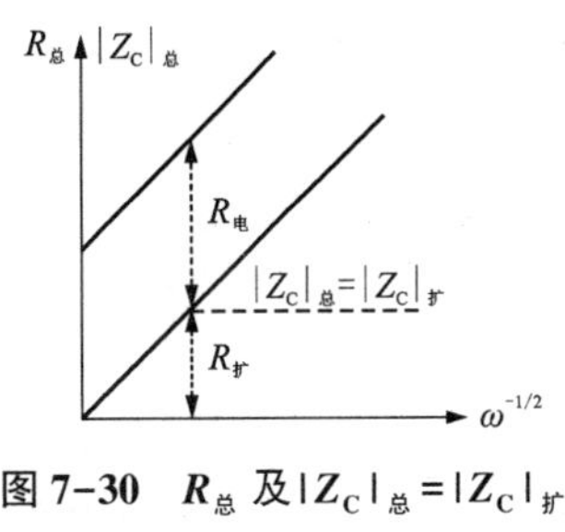

图 7-30　$R_{总}$ 及 $|Z_C|_{总}=|Z_C|_{扩}$ 与 $\omega^{-1/2}$ 关系

交流阻抗法是一种暂稳态法，比较容易建立实验装置，是很有用的快速方法。交流阻抗法的测量上限与暂态法相似，测量下限为：$k\geqslant 10^{-5}$ cm/s。因为 k 很小时，$R_{总}$ 很大，则 $|Z_{电解}|\gg(\omega C_{双层})^{-1}$ 不能满足交流阻抗法测量电极反应动力学参数的基本条件。

电化学实验

以上简要介绍了电化学实验研究涉及的实验基本原理和方法。目前电化学实验所采用的测量仪器多为综合型的，而综合型电化学测量仪器虽然具有操作简单、读数直观等优点，但也存在着因线路连接被封闭而不便于实验者观察和理解电化学实验原理的弊病。为此，本教材花了一定的篇幅介绍了电化学实验涉及的基本原理和产生误差的可能原因。其目的就是为学生理解和掌握电化学实验基本原理及设计思路提供帮助。

以下将列出几个具体的电化学实验项目，这些实验项目涉及电化学实验研究的几个主要方面，包括：电解质溶液的导电性质的研究，原电池电动势测量，电池极化和电极极化和化学电源性质的相关研究，等等。虽然这只涉及电化学实验研究中的少部分，但从教学的角度出发，通过本章实验的学习，读者可以了解和掌握电化学实验的有关测量方法、基本实验技术，学会处理实验数据的方法和原则，以及对实验数据处理结果和实验现象的分析，讨论实验误差的来源及影响实验结果的主要原因，等等。

实验十五　电解质溶液电导率的测定与应用

1. 实验目的

(1)学会用电导率仪测定强、弱电解质溶液的电导率；

(2)求算强、弱电解质的极限摩尔电导率和弱电解质(醋酸)的电离度及电离平衡常数，以及弱电解质电离平衡反应的有关热力学变量。

(3)掌握电解质溶液电导率测定原理和方法，了解电导率测定装置的类型和使用方法。

2. 实验原理

AB 型弱电解质(如醋酸)在溶液中电离达平衡时，其电离平衡常数 K_c 与电解质浓度 c 及电离度 α 之间有如下关系：

$$K_c=\frac{c\alpha^2}{1-\alpha} \tag{E15-1}$$

根据电离学说，弱电解质的电离度 α 应等于溶液在浓度为 c 时的摩尔电导率 Λ_m 和溶液在无限稀释时的摩尔电导率 Λ_m^∞ 之比，即 $\alpha=\Lambda_m/\Lambda_m^\infty$。将此式代入式(E15-1)，则得：

$$K_c=\frac{c\Lambda_m^2}{\Lambda_m^\infty(\Lambda_m^\infty-\Lambda_m)} \tag{E15-2}$$

式(E15-2)也称为奥斯特瓦尔德(W. Ostward)稀释定律。电解质的摩尔电导率 Λ_m 与其电导率 κ 有如下关系：

$$\Lambda_m=\frac{1000\kappa}{c} \tag{E15-3}$$

式中：c 为电解质溶液的浓度，mol/L。通过实验测得指定温度和某浓度下溶液的电导率 κ，利用式(E15-3)可计算出该温度和浓度下溶液的 Λ_m。

根据科尔劳施离子独立迁移定律可知，电解质溶液在无限稀释时的摩尔电导率 Λ_m^∞ 等于构成电解质的离子在无限稀释时的摩尔电导率 $\lambda_m^\infty(i)$ 之和：

$$\Lambda_m^\infty(AB)=\lambda_m^\infty(A)+\lambda_m^\infty(B) \tag{E15-4}$$

因此，某温度下电解质溶液在无限稀释时的摩尔电导率 Λ_m^∞ 可以通过以下两种方法获得：一是查阅电化学数据手册，分别得到离子 A 和 B 在无限稀释时的摩尔电导率 $\lambda_m^\infty(A)$ 和 $\lambda_m^\infty(B)$，根据式(E15-4)可以计算出电解质溶液在无限稀释时的摩尔电导率 Λ_m^∞；二是将式(E15-2)转化成如下形式：

$$c\cdot\Lambda_m=\frac{(\Lambda_m^\infty)^2\cdot K_c}{\Lambda_m}-\Lambda_m^\infty\cdot K_c \tag{E15-5}$$

通过实验测得指定温度和一系列浓度下溶液的电导率 κ，利用式(E15-3)可计算出该温度和一系列浓度下溶液的摩尔电导率 Λ_m。以 $c\cdot\Lambda_m$ 对$(\Lambda_m)^{-1}$ 作图可得到一条直线，根据该直线的斜率$[(\Lambda_m^\infty)^2K_c]$和截距$(-\Lambda_m^\infty K_c)$就可求出 Λ_m^∞ 和 K_c 值。

溶液的电导率 κ 是通过测量装入电导池中的溶液电阻 R(或电导 G)求出的。在两平行电极间的距离为 l(cm)，两电极面积均为 A_S(cm^2)的电导池中，装入的溶液的电阻(或电导 G)和电导率为：

$$R=\rho\times\frac{l}{A_S}=\frac{1}{\kappa}\times\frac{l}{A_S}\Rightarrow\kappa=\frac{1}{R}\times\frac{l}{A_S}=\frac{K_{cell}}{R}=GK_{cell} \tag{E15-6}$$

式中：ρ 为溶液的电阻率；κ 为溶液的电导率；K_{cell} 为电导池常数。

根据式(E15-6)在某一电导池中注入已知电导率的溶液，并测量其电阻(或电导 G)，即可求出该电导池的电导池常数 K_{cell} 的数值。常使用 KCl 溶液作为已知电导率的标准溶液，0.02 mol/L KCl 溶液在 25 ℃和 30 ℃时的电导率分别为 0.2765 S/m 和 0.3036 S/m。

强电解质溶液的摩尔电导率 Λ_m 与溶液浓度的关系为 $\Lambda_m=\Lambda_m^\infty-A\sqrt{c}$($A$ 为常数)。因此，通过测定强电解质溶液在不同浓度下的摩尔(电荷)电导率 Λ_m，以 Λ_m 对$\sqrt{c}$作图、外推，就可以获得该电解质溶液在无限稀释时的摩尔(电荷)电导率 Λ_m^∞。

3. 实验用仪器设备与试剂

主要实验装置：电导率仪 1 台，包括电导电极(电导池)1 支；恒温槽 1 台；实验仪器组装如图 7-31 所示。

辅助实验用品：50 mL 容量瓶 5 个，大试管 6 支，移液管若干。

实验试剂：0.020 mol/L KCl 标准溶液；5 种浓度的醋酸(HAc)溶液(分别为 0.01、0.03、

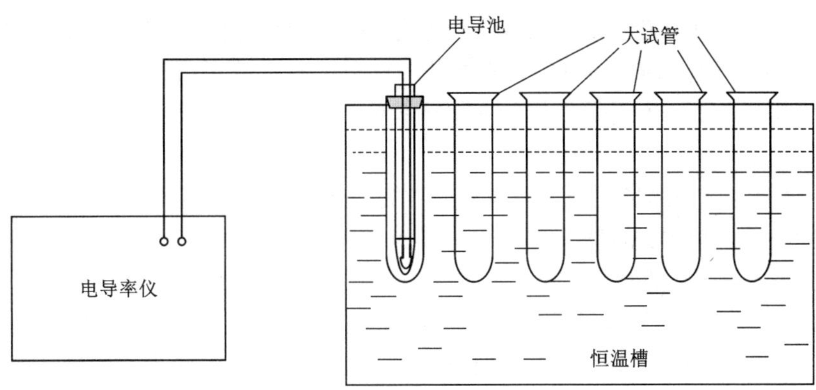

图 7-31　溶液电导率测定装置组装示意图

0.06、0.09、0.12 mol/L)，各溶液的准确浓度以当日标定值为准。

4. 实验步骤

(1)仪器预热及恒温槽温控设置。先打开电导率仪的电源开关进行仪器预热约 30 min。开启恒温槽，按照恒温槽的控温操作要求调节恒温槽温度至 25 ℃(或 30 ℃，温度控制应优于目标温度±0.2 ℃)。

(2)配制 KCl 溶液。将 5 个 50 mL 容量瓶洗净，用移液管分别吸取 5、10、15、25、40 mL 的 0.020 mol/L KCl 标准溶液置于这 5 个容量瓶。分别加蒸馏水稀释至刻度，配制出浓度分别为 0.0020、0.0040、0.0060、0.0100、0.0160 mol/L 的 KCl 溶液。

(3)试样恒温。将 6 支大试管洗净并依次编号。在 1~6 号试管内分别盛装浓度为 0.0020、0.0040、0.0060、0.0100、0.0160、0.020 mol/L 的 KCl 溶液，每支试管用软塞盖好(注意：溶液装入量要恰当，以塞入软塞后，软塞底不沾到液面为宜)。将这些大试管放入恒温槽内进行恒温，待恒温槽温度达到指定温度后再恒温约 10~15 min。

(3)电导率仪参数设置。参看所用电导率仪的使用说明书，进行温度(补偿)和电极常数的设定。以 DDS-307 型电导率仪为例加以说明。

①温度(补偿)设置一般选择 25 ℃(参看 7.1.5 的相关表述)。

②先按下电极常数键，仪器进入电极常数设置状态(如图 7-32 所示)，按△或▽键选择所需的电极常数(电极常数的显示在 10、1、0.1、0.01 之间转换)。按“确认”键，完成电极常数的设置。

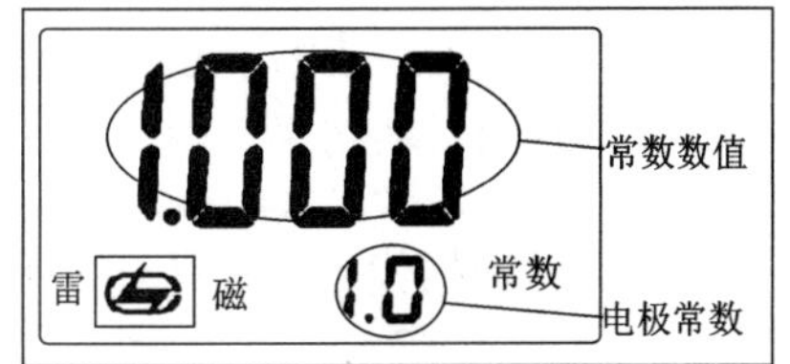

图 7-32　电极常数设置时仪器显示界面初始状态

(4)电导池常数(电极常数)校准。电极常数校准有多种方法，本实验采用标准溶液标定法进行电极常数的校准。

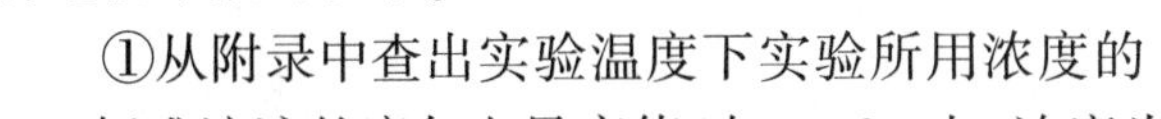

①从附录中查出实验温度下实验所用浓度的 KCl 标准溶液的摩尔电导率值(如 25 ℃时，浓度为 0.020 mol/L 的 KCl 标准溶液摩尔电导率为 0.2765 S/m)。

②将电导电极从盛有蒸馏水(用于保护电导电极)的保护套管中取出，用新鲜去离子水冲

洗电导电极。用已达到恒温要求，浓度为0.020 mol/L 的 KCl 标准溶液淋洗电导电极，再将电导电极插入浓度为0.020 mol/L 的 KCl 标准溶液的大试管中(注意：液面应超过电极 1~2 cm)。按常数调节键(△或▽)调节常数数值，直至按确定按钮后，仪器显示屏上的读数为实验温度下所用浓度的 KCl 标准溶液的电导率值。此时的常数数值即为校准后的电导池常数。

(5) KCl 溶液电导率测量。先用新鲜蒸馏水冲洗电导电极，再用待测 KCl 溶液淋洗电导电极。按由稀至浓的顺序，测量出在 25 ℃(或 30 ℃)下 1~5 号试管中 KCl 溶液的电导率。

(6) 醋酸溶液电导率的测量。整个实验需要选择 5 个温度点进行测量。

①试样恒温。将1~6 号大试管中的 KCl 溶液倾去，并洗涤干净。分别将蒸馏水和浓度为0.01、0.03、0.06、0.09、0.12 mol/L 的 HAc 溶液依次置于1~6 号大试管中，将这些大试管放入恒温槽内进行恒温约 10~15 min。

②电导率测量。试样恒温达到要求后，按由稀至浓的顺序，测量出在该温度下各试样的电导率值。

注意：测量各浓度 HAc 溶液的电导率之前，电导电极一定要先用蒸馏水冲洗，再用待测溶液淋洗。

③不同温度下电导率测量。完成第 1 个温度下的测量之后，向试管补充相应浓度的 HAc 溶液。调节恒温槽的设置温度(各温度点间温差为 3~5 ℃)，在每个温度点恒温时间为 8~10 min。完成恒温后，再按照操作②完成新温度点下各试样溶液电导率的测量。

测量完毕后，将电导电极从测量溶液中取出。先用新鲜蒸馏水冲洗电导电极，然后将其插回电极保护管(盛有蒸馏水)中，测量仪器设备(包括电导池)应复原。

5. 实验数据处理

(1) 计算 25 ℃(或 30 ℃)下 KCl 溶液在无限稀释时摩尔(电荷)电导率 Λ_m^∞。将实验所测量的不同浓度下的 KCl 溶液的电导率 κ 按式(E15-3)计算出相应浓度下溶液的摩尔电导率 Λ_m。作出 KCl 溶液的 Λ_m-$\sqrt{c}$关系图，将 Λ_m-$\sqrt{c}$曲线外推到 $c=0$。求出 KCl 溶液在无限稀释时摩尔电导率 Λ_m^∞，并将计算出的 Λ_m^∞ 值与文献值比较。

(2) 求出 KCl 溶液的摩尔电导率与浓度的关系式。根据上一实验数据处理步骤所获得的 Λ_m-$\sqrt{c}$关系图，求出线性段的直线斜率，即得到 KCl 溶液的摩尔电导率与浓度的关系式：

$$\Lambda_m = \Lambda_m^\infty - A\sqrt{c}$$

(3) 计算醋酸溶液的电离度 α 和电离平衡常数 K_c。HAc 和 H_2O 都是弱电解质，故溶液的电导是两者的共同贡献结果。因此，在计算 HAc 的摩尔电导率时应该扣除水的贡献：$\Lambda_m = \dfrac{\kappa_1 - \kappa_{H_2O}}{c_{HAc,0}}$。将实验数据代入此式计算出不同浓度下 HAc 溶液的摩尔电导率 Λ_m 值；查阅相关电化学数据表，分别得到实验温度下 H^+和 Ac^-的无限稀释时的摩尔电导率 $\lambda_m^\infty(H^+)$和 $\lambda_m^\infty(Ac^-)$，根据式(E15-4)可以计算出 HAc 溶液在无限稀释时的摩尔电导率 $\Lambda_{m,HAc}^\infty$；按式(E15-2)计算出 HAc 溶液的电离平衡常数 $K_{c,i}$，最终获得实验温度下 HAc 溶液的电离平衡常数 K_c 值，并将计算出的 K_c 值与文献值比较；根据 $\alpha = \Lambda_m/\Lambda_m^\infty$ 计算出不同浓度下的 HAc 溶液的电离度 α 值。

(4) 计算 HAc 电离反应的焓变和熵变。根据化学反应的等压方程式：

$$\ln K^{\ominus} = -\frac{\Delta_r H_m^{\ominus}}{RT} + \frac{\Delta_r S_m^{\ominus}}{R} = \frac{A}{T} + B$$

可知 $\ln K^{\ominus}$ 与 T^{-1} 呈线性关系。由 $\ln K_c - T^{-1}$ 关系线的斜率和截距可分别计算出 HAc 电离反应的焓变和熵变（对稀溶液，$K^{\ominus} \approx K_c$）。查找相应的文献值，作出误差计算。

6. 实验结果讨论

（1）比较按式（E15-2）计算 K_c 和根据式（E15-5）作图求 K_c 这两种方法的异同之处。

（2）根据实验测出的蒸馏水的电导率，定量地讨论溶剂电导率对实验结果的影响。

（3）定性或定量地讨论其他影响因素对实验结果的影响。

参考数据

表 7-3　不同温度下醋酸溶液的极限摩尔电导率　　10^{-2} S · m²/mol

t/℃	0	18	25	30	35	40
Λ_m^{∞}	2.45	3.49	3.907	4.218	4.499	4.792

表 7-4　不同温度下醋酸溶液的电离平衡常数　　10^{-5} mol/L

t/℃	0	5	10	15	20	25	30	40	50
K_c	1.657	1.700	1.729	1.745	1.753	1.754	1.750	1.703	1.633

实验十六　离子迁移数的测定

1. 实验目的

（1）加深理解离子迁移数的意义；

（2）掌握希托夫法测定离子迁移数的方法；

（3）测定 $CuSO_4$ 溶液中 Cu^{2+} 和 SO_4^{2-} 的迁移数。

2. 实验原理

当电流通过电解质溶液时，溶液中的阳、阴离子共同执行导电任务。由于各种离子的淌度不同，它们传递的电量也不同，同时阴、阳两极区的浓度变化也不同。

设以两个铜电极浸在 $CuSO_4$ 溶液中进行电解，两极间分为三个区域：阳极区、阴极区和中间区。通电前后变化情况为：阳极区 $CuSO_4$ 增加，阴极区 $CuSO_4$ 减少，中间区 $CuSO_4$ 含量不变。通过测量通电后阳极区 $CuSO_4$ 增加的物质的量及铜库仑计上沉积的铜的物质的量（1/2Cu）可计算正负离子的迁移数：

$$t_{Cu^{2+}} = \frac{\text{阳离子迁出阳极的电量}}{\text{通过电解池的电量}} = \frac{\text{阳离子迁出阳极的物质的量}}{\text{通过电解池的电量的法拉第数}}$$

用 Cu 电极电解 $CuSO_4$ 溶液时电极反应为：

$$\text{阳极：} \frac{1}{2}Cu \longrightarrow \frac{1}{2}Cu^{2+} + e^- \qquad \text{阴极：} \frac{1}{2}Cu^{2+} + e^- \longrightarrow \frac{1}{2}Cu$$

设 $n_{前}$ = 电解前阳极附近存在的 Cu^{2+} 的物质的量；$n_{后}$ = 电解后阳极附近存在的 Cu^{2+} 的物质的量；$n_{电}$ = 电解过程中阳极溶解生成的 Cu^{2+} 的物质的量；$n_{迁}$ = 电解过程中 Cu^{2+} 移向阴极的物质的量。

在阳极区，电极反应使溶液 Cu^{2+} 增加。通电过程中 Cu^{2+} 由阳极区迁出，阳极区溶液中 Cu^{2+} 减少。故对阳极区溶液中的 Cu^{2+} 来说，最后的物质的量为：$n_{后} = n_{前} + n_{电} - n_{迁}$。其中 $n_{后}$、$n_{前}$ 和 $n_{电}$ 均可由实验测出，故：

$$n_{迁} = n_{前} + n_{电} - n_{后}$$

$$t_{Cu^{2+}} = \frac{n_{迁}}{n_{电}} \qquad t_{SO_4^{2-}} = 1 - t_{Cu^{2+}}$$

3. 主要实验仪器与试剂

主要实验装置：铜库仑计 1 套，迁移管 1 套，毫安表(0~50 mA)1 个，直流稳压电源(0~50 V，1 A)1 台，电子天平 1 台。

辅助实验用品：带塞锥形瓶(250 mL)4 个，碱式滴定管 1 支，移液管(10 mL)3 支，烧杯 1 个。

主要实验试剂：0.05 mol/L $CuSO_4$ 溶液，1 mol/L HAc 溶液，10% KI 溶液，0.1 mol/L $Na_2S_2O_3$ 标准溶液，10% KCNS 溶液，用作指示剂的淀粉溶液。

辅助实验试剂：纯乙醇等。

4. 实验步骤

(1)装样。洗净迁移管，用 0.05 mol/L $CuSO_4$ 溶液荡洗迁移管两次(迁移管活塞下的尖端也要荡洗)。洗后的溶液放在原溶液中混合均匀，装入迁移管内。留下的溶液作为原始溶液供分析用。

(2)迁移数的测量。将库仑计中的阴极铜片取下(铜库仑计中有三片铜片，中间那块为阴极)，用细砂纸磨光，除去表面氧化层，用蒸馏水洗净，再蘸以乙醇并吹干。冷却后在分析天平上称其质量 g_1，再装回库仑计中。库仑计倒入适量的硫酸铜电解液(约 2/3 满)。将迁移管、库仑计和直流稳压电源等按图 7-33 接好线路(注意正负极不要接错)，经检查后开始通电，并记录时间。调节电流约为 18 mA(如果电流过大，库仑计中 Cu 沉积不牢，易脱落)。连续通电 1.5~2 h(在通电时须注意电流稳定，尽量避免波动。建议定时记录电流值，一是证明电流的稳定性；二是在作数据处理时，若遇波动也可取平均值)，通电结束后立即断开电源和电路，记录时间和平均室温，并迅速放下中间区溶液，然后分别放下阴、阳极区溶液称其质量，滴定[滴定方法如步骤(3)]。取下铜库仑计的阴极铜片，用水冲洗、蒸馏水洗净，用乙醇荡洗，吹干，冷

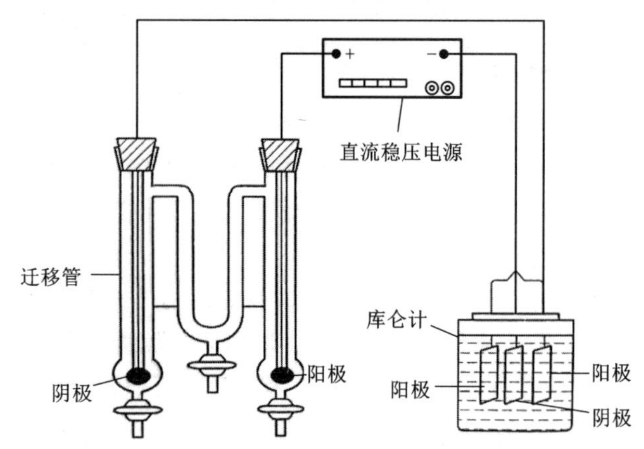

图 7-33　希托夫法测离子迁移数装置

却后称其质量 g_2。

(3)原始 $CuSO_4$ 溶液的浓度标定。在通电过程中同时标定原始 $CuSO_4$ 溶液的浓度。洗净带塞锥形瓶 4 个并干燥，分别编号并称重，准确至 0.01 g(各瓶称重后注意勿使外部沾水)。每瓶各加入 10% KI 溶液 10 mL，1 mol/L HAc 溶液 10 mL，用标准 $Na_2S_2O_3$ 溶液滴定。当滴定至溶液黄色较淡后，加入淀粉指示剂约 3 mL，此时溶液呈蓝色，继续滴定至蓝色退去，再加 10% KCNS 溶液 10 mL，振荡，溶液又变为蓝色。继续滴定至蓝色消失，记录消耗标准 $Na_2S_2O_3$ 溶液的体积 V。

(4)通电结束后 $CuSO_4$ 溶液浓度标定。中间区，以及阴、阳极区溶液称重后再按步骤(3)标定各区浓度。

注意：通电结束后必须先分析中间区溶液浓度，否则各区会部分串液。若中间区溶液浓度与原始 $CuSO_4$ 溶液浓度相差很大，实验要重做。

5. 实验数据处理

(1)每克水中所含 $CuSO_4$ 的克数的计算。从中间区溶液的分析结果计算每克水中所含 $CuSO_4$ 的克数。其计算公式为：

$$(V \times c)_{Na_2S_2O_3} \times \frac{159.6}{1000} = W_{CuSO_4}$$

$$W_{溶液} - W_{CuSO_4} = W_{水}$$

$$每克水中所含\ CuSO_4\ 的克数 = \frac{W_{CuSO_4}}{W_{水}}$$

中间区溶液在通电前后浓度不变，因此其值应为通电前 $CuSO_4$ 溶液的浓度。通过此值可以计算出通电前阳极区(或阴极区)硫酸铜溶液中所含的硫酸铜的质量，得到 $n_{前}$。

(2)$n_{电}$的计算。由库仑计上铜阴极的增重，计算析出 1/2Cu 的物质应为通入迁移管中的电量，以法拉第数表示，该量即为 Cu 阳极溶入阳极区溶液中的物质的量($n_{电}$)。其计算公式为：

$$n_{电} = \frac{g_2 - g_1}{31.77}F$$

(3)$n_{后}$的计算。由阳极区溶液的滴定结果计算出通电后阳极区所含 $CuSO_4$ 的克数，再换算为物质的量($n_{后}$)，计算出阳极区水的质量($W'_{水}$)。

(4)离子迁移数的计算。根据 $n_{迁}=n_{前}+n_{电}-n_{后}$ 计算出 $n_{迁}$ 值，进而计算出 Cu^{2+} 和 SO_4^{2-} 的迁移数并与文献值进行比较，求出相对误差。

6. 实验结果讨论

(1)通电前后若中间区溶液浓度显著改变，为什么要重做实验？

(2)通电电流大小和通电时间长短对实验结果有何影响？实验过程中是否要将电流和时间测得很准？

(3)实验设计方面，若根据阴极区数据，如何求 $n_{迁}$；如不由库仑计求 $n_{电}$，应如何由实验条件求 $n_{电}$。实验过程中对流、扩散、振动等对实验结果会有什么影响。

(4)本实验所测的迁移数是假定水是不移动的，受离子水化作用，离子迁移时是带着水分子的。由于阴、阳离子水化程度不同，在迁移过程中会引起浓度的改变。倘若考虑水的迁移对浓度的影响，算出阴、阳离子实际上迁移的数量，这种迁移数称为真实迁移数。

实验十七　原电池电动势测量及其应用

1. 实验目的

(1)理解和掌握补偿法测定电池电动势的原理;

(2)采用电位差综合测试仪测量原电池的电动势;

(3)计算电极电势及相关的热力学函数。

2. 实验原理

化学电池除可用作电源外,还可用来研究该电池化学反应的热力学性质。为了使测量在接近热力学可逆条件下进行,测量原电池电动势的仪器设计必须符合对消法(即补偿法)原理,电压表是绝不能用来测量原电池电动势的。补偿法的原理线路如图 7-34 所示。

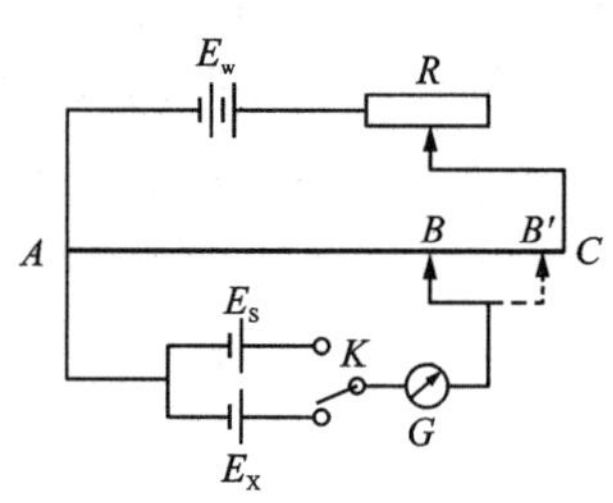

R—可变电阻;*G*—检流计;
K—双刀双闸开关;E_S—标准电池;
E_X—待测电池;E_w—工作电池;
AC—滑线电阻或精密电阻箱。

图 7-34　补偿法原理线路示意图

回路 $ACRE_wA$ 为工作回路,回路 $ABGKE_X$(或 E_S)A 为测量回路。测量时,先将开关 K 打向标准电池 E_S 端(内标或外标电池),调节滑线电阻 AC 的滑动触点至 B,使 AB 段的电势降为一定值(1.0000 V),这样在测量回路 $ABGKE_SA$ 中就有一个电流 I_S,再调节工作回路 $ACRE_wA$ 上的可变电阻 R,使工作电源 E_w 在工作回路产生的电流 I_w 与 I_S 大小相等、方向相反。此时在检流计 G 上的读数为零,即通过测量回路的净电流为零。这样就完成了以标准电池对测量回路中 AB 段的电势降校准,此时 AB 段的电阻为 R_S。然后将开关 K 打向待测电池 E_X 端,调节滑线电阻 AC 的滑动触点至 B'(此时 AB'段的电阻为 R_X),使检流计 G 上的读数为零,即通过测量回路 $ABGKE_X$A 的电流 I_X 与工作电源 E_w 在工作回路产生的电流 I_w 大小相等、方向相反。因此 AB'段的电势降就是待测电池的电动势 E_X,以数学关系式表达为:$E_X/R_X=E_S/R_S$ 或 $E_X=I_XR_X=I_SR_X$。

在无液体接界电势时,电池的电动势是两个电极(正、负)的电极电势的代数和,只要测量出由参比电极与待测电极所构成的电池的电动势,就可求得待测电极的电极电势;通过 Nernst 公式可以计算出电解质溶液中的离子活度和离子平均活度;通过电池电动势与热力学函数间的关系,可以计算电池反应的相关热力学函数,如 $\Delta_rG_m=-zEF$;通过测定有液体接界电势电池的电动势,可以计算出离子迁移数。

3. 主要实验仪器与试剂

主要实验仪器:SDC 系列数字电位差综合测试仪 1 台;恒温槽 1 台;饱和甘汞电极 1 支;Cu 电极(附电极池)1 支;Zn 电极(附电极池)1 支。

辅助实验用品:三口杯 1 个,100 mL 小烧杯 1 个;玻璃搅拌棒 1 根;金相砂纸若干片。

实验试剂:0.100 mol/L $CuSO_4$ 溶液;0.100 mol/L $ZnSO_4$ 溶液;饱和 KCl 溶液。

4. 实验步骤

(1)处理电极。将如图 7-35 所示的锌电极的金属 Zn 极片和铜电极的金属 Cu 极片用金相砂纸进行打磨、抛光,并依次用蒸馏水和相应的电解质溶液淋洗金属电极片。即 Zn 极片用 $ZnSO_4$ 溶液淋洗,Cu 极片用 $CuSO_4$ 溶液淋洗。

如果是要做精密测量，则金属极片用金相砂纸进行打磨、抛光后，要用丙酮浸泡数分钟，再用蒸馏水冲洗。锌电极以稀 H_2SO_4 溶液短时间浸洗 Zn 极片，再用蒸馏水淋洗后，放入含有饱和硝酸亚汞溶液和棉花的烧杯中。在棉花上摩擦 3~5 s，使锌电极片表面形成一层均匀的锌汞齐，再用蒸馏水淋洗。铜电极以 6 mol/L HNO_3 溶液短时间浸洗 Cu 极片，再用蒸馏水淋洗。将铜电极置于电镀烧杯中作阴极，另取一个经清洁处理的铜棒作阳极，进行电镀。电流密度控制在 10 mA/cm^2 为宜，电镀 1 h。锌电极和铜电极处理后应尽快使用。

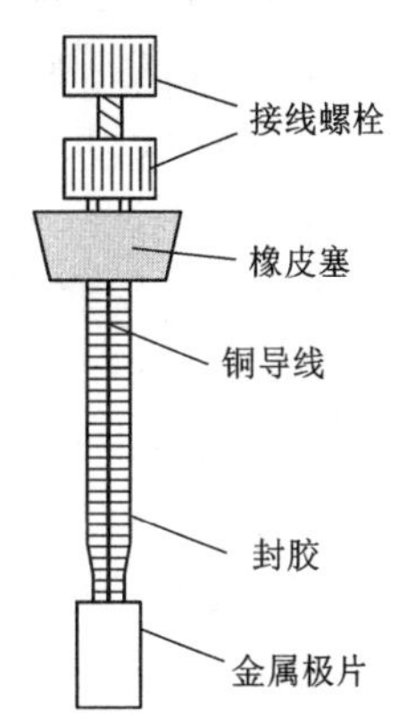

图 7-35　金属极片结构示意图

(2)组装 Cu、Zn 半电池(电极)。取干净干燥的半电极池，稍倾斜注入 0.100 mol/L 的 $ZnSO_4$ 溶液至毛细弯管最高处，插入处理好的锌电极。依此方法将处理好的铜电极插入装有 0.100 mol/L 的 $CuSO_4$ 溶液的半电极池中，制成如图 7-36 所示的半电池。注意：半电极池的毛细管内必须被电解质($ZnSO_4$ 或 $CuSO_4$)溶液完全充满，不能有任何气泡存在。

(3)待测原电池组装

①Zn-Cu 原电池。将适量饱和 KCl 溶液注入三口杯(约 2/3 满)，再将 Cu 半电池和 Zn 半电池的毛细管插入三口杯，组成消除了液接电势的 Zn-Cu 原电池(如图 7-37 所示)。

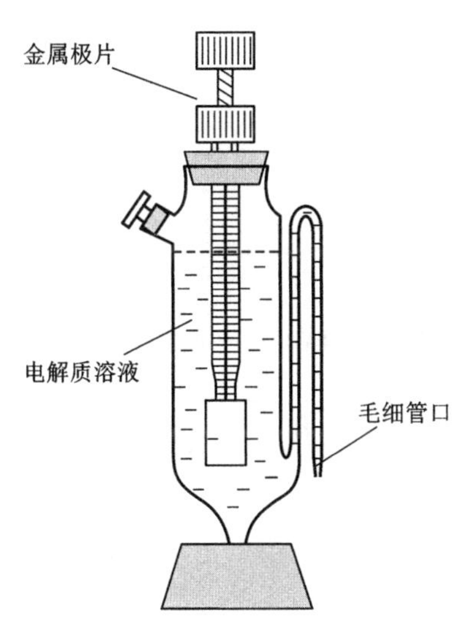

图 7-36　(Me^{n+}/Me 型)半电池构造示意图

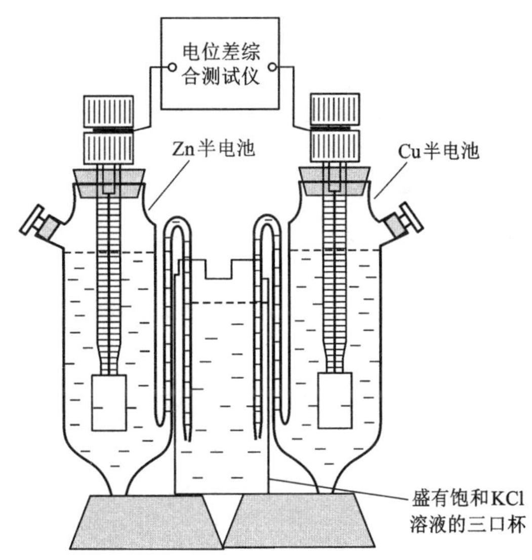

图 7-37　Zn-Cu 原电池构造示意图

②Zn-甘汞电池和 Cu-甘汞电池。在 Zn-Cu 原电池的三口瓶的另一个口中插入一支饱和甘汞电极，可以分别与 Cu 电极和 Zn 电极组成电池，用以测量 Zn^{2+}/Zn 电极电势和 Cu^{2+}/Cu 电极电势。

(4)原电池电动势测量

将组装好的原电池放入恒温槽中恒温。待体系达到恒温要求后，将电池的正、负极分别与 SDC 系列数字电位差综合测试仪的正、负极相连接，测量不同温度下，以下各电池的电动势(SDC 系列数字电位差综合测试仪的使用方法参看仪器说明书)：

① Zn|$ZnSO_4$(0.100 mol/L)||$CuSO_4$(0.100 mol/L)|Cu；

② Zn|$ZnSO_4$(0.100 mol/L)||KCl(饱和溶液)|Hg_2Cl_2(s)，Hg(l)；

③ Hg(l)，Hg_2Cl_2(s)|KCl(饱和溶液)||$CuSO_4$(0.100 mol/L)| Cu。

选择 5 个测量温度进行测量。第一个温度选择高于室温约 2 ℃，其后各温度点间温差为 3~5 ℃，每个温度点恒温时间为 10~15 min。各电池的电动势测量次数都应该在 3 次以上，每次测量都应在电动势值达到稳定后读数。在对测量精度要求不很高的情况下，电动势值在 5 分钟内的变化不超过 0.5 mV 就可以视为达到稳定了。

注意：测量各电池的电动势时，首先要清楚电池的正、负极，避免接错电极！其次应该先根据 Nernst 公式初步计算待测电池的电动势值，便于帮助实验者快速找到平衡点，以降低电极极化所造成的因电势难以稳定对测量结果的影响。最后随温度升高，KCl 在水中的溶解度增加，因此要向三口瓶中补充固体 KCl，以保证盐桥为饱和 KCl 溶液。

5. 实验数据处理

Zn-Cu 电池的正、负极电极反应和电池反应分别为：

正极反应：$$Cu^{2+}(a_{Cu^{2+}}) + 2e^- = Cu(s)$$

负极反应：$$Zn(s) = Zn^{2+}(a_{Zn^{2+}}) + 2e^-$$

电池反应：$$Zn(s) + Cu^{2+}(a_{Cu^{2+}}) = Zn^{2+}(a_{Zn^{2+}}) + Cu(s)$$

根据 Nernst 公式可得，上述电池的电动势和负、正极的电极电势分别为：

电池电动势：$$E = E^+ - E^- = E^{\ominus} - \frac{RT}{2F}\ln\frac{a_{Zn^{2+}}}{a_{Cu^{2+}}} \tag{E17-1}$$

负极电极电势：$$E^- = E_{Zn^{2+}/Zn} = E^{\ominus}_{Zn^{2+}/Zn} - \frac{RT}{2F}\ln\frac{1}{a_{Zn^{2+}}} \tag{E17-2}$$

正极电极电势：$$E^+ = E_{Cu^{2+}/Cu} = E^{\ominus}_{Cu^{2+}/Cu} - \frac{RT}{2F}\ln\frac{1}{a_{Cu^{2+}}} \tag{E17-3}$$

(1)计算 25 ℃下 Zn-Cu 电池电动势及 Zn^{2+}/Zn 电极电势和 Cu^{2+}/Cu 电极电势

①以实验测得的 Zn-Cu 电池电动势 E_{Zn-Cu} 对实验温度 T 作图，根据 $E_{Zn-Cu}-T$ 曲线读出 25 ℃下 Zn-Cu 电池电动势；或拟合出 $E_{Zn-Cu}-T$ 函数关系式，并依此关系式计算出 25 ℃下 Zn-Cu 电池电动势。

②饱和甘汞电极电势 $E_{饱和甘汞}$(记为 $E_{S.C.E}$)与温度 t/℃的关系式为：

$$E_{S.C.E} = 0.2420 - 7.4 \times 10^{-4}(t - 25) \tag{E17-4}$$

按式(E17-4)计算出不同实验温度下饱和甘汞电极电势 $E_{S.C.E}$ 值。根据实验测出的 Zn-甘汞电池(电池②)及甘汞-Cu 电池(电池③)的电动势，分别求出不同温度下 Zn^{2+}/Zn 电极电势和 Cu^{2+}/Cu 电极电势值：

$$E_{Zn^{2+}/Zn} = E_{S.C.E} - E_{Zn-甘汞} \qquad E_{Cu^{2+}/Cu} = E_{甘汞-Cu} + E_{S.C.E}$$

分别做出 $E_{Zn^{2+}/Zn}-T$ 曲线和 $E_{Cu^{2+}/Cu}-T$ 曲线，以①中的方法求出 25 ℃下 Zn^{2+}/Zn 电极电势和 Cu^{2+}/Cu 电极电势。

(2)Zn-Cu 电池反应的热力学函数计算

①根据实验数据处理(1)中得到的 Zn-Cu 电池电动势值计算 25 ℃下对应电池反应的

$\Delta_r G_m$ 值。

②根据实验数据处理(1)中得到的 Zn-Cu 电池的 $E_{Zn-Cu}-T$ 函数关系式，计算出 Zn-Cu 电池电动势温度系数$(\partial E/\partial T)_p$；或根据 $E_{Zn-Cu}-T$ 图作 25 ℃处曲线的切线，该切线的斜率为 25 ℃下 Zn-Cu 电池电动势温度系数$(\partial E/\partial T)_p$，然后计算出 25 ℃下 Zn-Cu 电池反应的 $\Delta_r S_m$ 值。

③根据以上计算结果求出 25 ℃下 Zn-Cu 电池反应的 $\Delta_r H_m$ 值。

④根据以上计算结果求出 25 ℃下 Zn-Cu 电池反应的热效应 Q 值，并求出在实验温度范围内 Zn-Cu 电池反应的 ΔC_p。

(3)电解质溶液中离子平均活度系数计算

锌电极和铜电极在 25 ℃、$p^{\ominus}$下的标准电极电势 $E^{\ominus}_{Me^{2+}/Me}$ 可以查表获得。将数据处理得到的锌电极电势和铜电极电势值分别代入式(E17-2)和式(E17-3)，近似求出 Cu^{2+}和 Zn^{2+}的离子活度 a_i；结合电解质溶液的浓度可以计算出离子活度系数 γ_i，并进一步求算出 $CuSO_4$ 和 $ZnSO_4$ 的离子平均活度系数 $\gamma_{\pm}$，并与文献值进行比较。

6. 实验结果讨论

(1)将电动势及电极电势测量结果与理论计算结果相比较，能说明什么问题?

(2)本实验能说明哪些因素会影响电解质的活度?

参考数据

表 7-4　298.15 K 下 $MeSO_4$ 溶液中离子平均活度系数 $\gamma_{\pm}$

溶液浓度 c	0.100 mol/L	0.010 mol/L	0.001 mol/L
$CuSO_4$	0.16	0.41	0.74
$ZnSO_4$	0.148	0.387	0.734

注：$E^{\ominus}_{Zn^{2+}/Zn}=-0.7628$ V；$E^{\ominus}_{Cu^{2+}/Cu}=0.3402$ V。

实验十八　分解电压测定

1. 实验目的

(1)掌握分解电压的测定方法；

(2)用 I—U 曲线测量法确定 H_2O 的分解电压；

(3)分析影响电极极化的因素。

2. 实验原理

电解时，电解槽的两极存在吸附状态的微量氧和氢成为氧电极和氢电极，从而构成一个原电池。该原电池的电动势与电解槽的外加电压的方向相反，只有当外加电压超过此电动势时，才可能使电解反应继续发生。由于极化作用的存在，必须增大外加电压，才能在电极上获得电解产物。我们将在电解池中使某电解质显著地进行电解反应所需的最小外加电压值，称为该电解质的分解电压。分解电压值对电解工艺生产条件的确定具有重要的现实意义。

分解电压测量的线路及装置如图 7-38 所示。在某电解质溶液中插入两支电极，通过线路连接外加直流电源。线路中的电压表和毫安表分别用于测量整个电解槽的电压和流经电解槽的电流。通过直流稳压电源的电压调节旋钮 a 和 b 调节加载于电解槽的外加电压。实验测量时，外加电压由小到大逐渐增加，电解槽的槽电压也随之增加，通过电解槽的电流值也随之变化。

实验时，测量同时刻的槽电压 U 和电流 I，将所测得的槽电压和电流数据作 $I-U$ 曲线，如图 7-39 所示。图中 CD 段为一直线，延长交横轴于 $E_{分}$点，该点所示的数值即为所测的分解电压；图中 E'点的槽电压值也可作为分解电压值，E'点是沿 $I-U$ 曲线的 AB 段作延长线与 $I-U$ 曲线的 CD 段的延长线的交点。

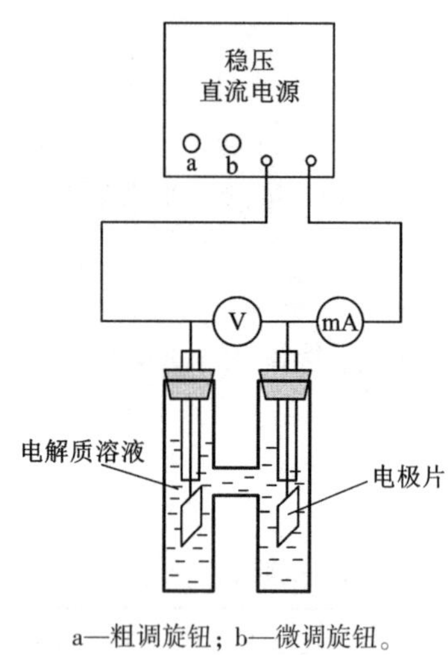

a—粗调旋钮；b—微调旋钮。

图 7-38　分解电压测量装置示意图

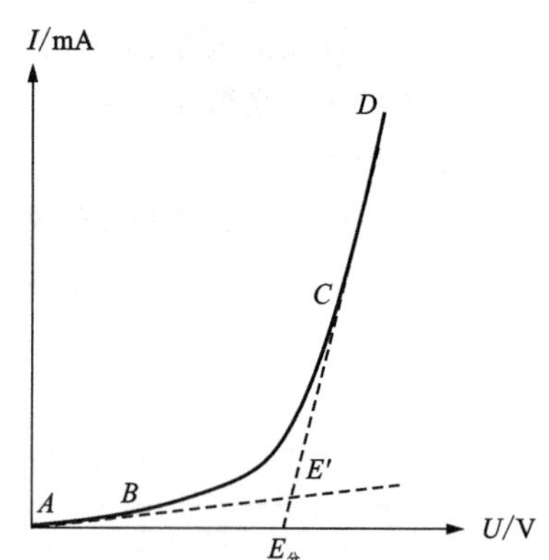

图 7-39　确定分解电压的 $I-U$ 曲线

3. 实验仪器与试剂

主要实验仪器：稳压直流电源 1 台；铂电极 2 支；不锈钢电极 1 支；电压表 1 台；电流(mA)表 1 台。

主要实验试剂：0.5 mol/L H_2SO_4 溶液；1.0 mol/L NaOH 溶液。

4. 实验步骤

(1)装样。在干净的 H 型电解槽中装入 0.5 mol/L 的 H_2SO_4 溶液。注意溶液量不宜太满，一般在 H 型管的横管上约 1 cm 即可。

(2)电路连接。将两支铂电极分别插入 H 型电解槽的两个竖管中，调节 Pt 电极的高度使 Pt 片浸没在溶液中，且在 H 型管的横管口处。按图 7-38 所示组装好分解电压测量装置，电压表量程为 3 V。

(3)预电解。开启直流稳压电源，将直流稳压电源的电压粗调旋钮 a 调至 0~3 V 的挡位；旋转直流稳压电源的电压微调旋钮 b，使电压值从 0 开始快速增加至其最大值，并观察以下现象：

①H 型电解槽中电极上是否有气泡逸出，以判断分解电压测量线路是否接通。

②电压表上的指针指示达到多少，以判断直流电源提供的最大槽电压值是否可以满足分解电压测量的要求。

③电流表的指示达到多少，以判断接电流表的正、负极是否正确，电流表的量程是否合适。

完成以上观察之后，尽快调节旋钮 b 使电压值回到 0 V，并轻轻抖动电解槽，消除电极片上附着的气泡。

(4) 测定电解电压 U 和电流 I。逐步旋转直流稳压电源的电压微调旋钮 b，使槽电压由 0 V 开始逐渐增加。槽电压为 0~1.6 V 时，每次增加 0.2 V，记录其相应槽电压下通过电解槽的电流值。1.7~3.0 V 时，每次增加 0.1 V，记录其相应槽电压下通过电解槽的电流值。

(5) 改换电极测定电解电压 U 和电流 I。将 H 型电解槽中作为阴极的 Pt 电极换成不锈钢电极，然后按步骤(2)~(4)测量电解过程的 U、I 值。

注意：不锈钢电极只能用作阴极！

(6) 改换电解质溶液测定电解电压 U 和电流 I。在干净 H 型电解槽中装入 1.0 mol/L 的 NaOH 溶液；按步骤(2)~(5)测量电解过程的 U、I 值。

5. 实验数据处理

(1) 写出各电解过程对应的电极反应和电池反应；

(2) 根据实验测出的各次电解过程的 I、U 值绘制 $I-U$ 曲线，并根据 $I-U$ 曲线确定各电解反应的分解电压值，并与相应的文献值进行比较。

6. 实验结果讨论

(1) 针对实验现象进行讨论。如 H_2SO_4 溶液和 NaOH 溶液电解时，在相同的槽电压下的电流值大小的差异解释，确定的槽电压下电流的稳定性探讨，等等。

(2) 针对实验结果进行讨论。如不同的体系，分解电压的差异可能是由什么因素引起的，等等。

实验十九　阴极极化曲线的测定

1. 实验目的

(1) 采用恒电流法测量电解 H_2SO_4 溶液时的阴极极化曲线、氢的析出电势 $E_{H_2,析}$ 和阴极超电势 $\eta_{H_2/Pt}$，以及铂电极上氢电极反应的交换电流密度 i^0；

(2) 探讨影响氢析出电势的因素和电极极化类型等电极过程问题。

2. 实验原理

对于每个电极来说，实际维持电解进行时的电势并不等于其平衡时的电极电势，使某种物质(如 H_2)在电极上开始显著析出所需的实际电势称为析出电势。电解时电极的实际电势与平衡(可逆)电势之差称为过电势(overpotential)或超电势。

析出电势可采用恒电流法进行测量，测量体系包含三个电极，其中有两支铂电极和一支参比电极，原理如图 7-17 所示。两支铂电极构成电解槽的两极，其阴极作为待研究电极，阳极作为辅助电极；参比电极与待研究电极构成原电池，形成测量回路；H_2SO_4 溶液为电解质，阳极析出氧气，阴极析出氢气。当电解槽通过的电流不同时，阴、阳极的电极电势也随之发生变化。在一定温度下，参比电极的电极电势为已知。实验中，通过测量在确定的输入电流条件下参比电极与待研究电极间的电势差就可计算出待研究电极的电极电势 $E_{阴}$，由此绘制出如图 7-40 所示的 i-$E_{阴}$ 曲线，由 i-$E_{阴}$ 曲线可以求出氢的析出电势 $E_{H_2,析}$。结合待研究电极在实验条件下的可逆电势，可以计算出相应电流密度条件下电极的超电势，绘制出如图 7-41 所示的 $\eta_{阴}$-i 曲线和 $\eta_{阴}$-lg i 曲线，并由 $\eta_{阴}$-i 曲线和 $\eta_{阴}$-lg i 曲线求出 Tafel 公式中的参数 a 和 b（参看 7.4.1），以及铂电极上氢电极反应的交换电流密度 i^0。

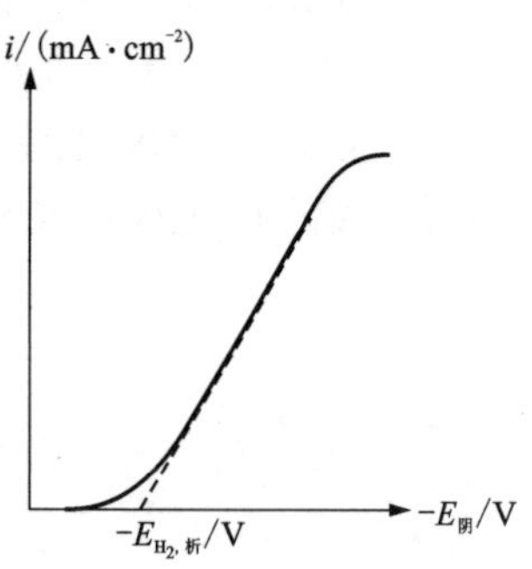

图 7-40　i-$E_{阴}$ 曲线示意图

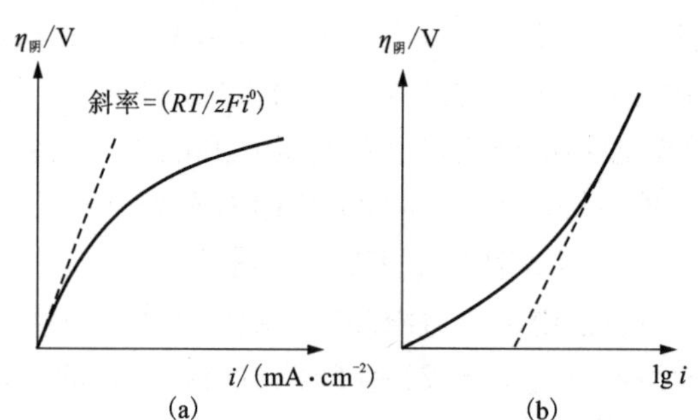

图 7-41　$\eta_{阴}$-i 曲线和 $\eta_{阴}$-lg i 曲线示意图

3. 实验仪器和试剂

主要实验仪器：恒电流极化曲线测量装置 1 套，其中包括研究电极 1 支，带鲁金毛细管的装液管，饱和甘汞电极 1 支，铂电极（作辅助电极）1 支，H 型电解槽 1 个；标准电压电流发生器 1 台；毫安表 1 台；数字酸度计 1 台。

实验试剂：0.5 mol/L 的 H_2SO_4 溶液。

4. 实验步骤

（1）电极处理与面积测量。用尺子测量出研究电极的边长。将研究电极与辅助电极一起放在 6 mol/L 的 HNO_3 中浸泡数分钟，再用去离子水清洗干净。

（2）恒电流极化曲线测量装置组装。将浓度为 0.5 mol/L 的 H_2SO_4 溶液倒入 H 型电解槽（约 2/3 高度）；把铂电极和研究电极分别插入 H 型电解槽中塞紧，注意将鲁金毛细管的尖口对准并尽量靠近研究电极；在带鲁金毛细管的装液管中灌满饱和 KCl 溶液，用带参比电极的塞子塞紧装液口，注意鲁金毛细管中不能有气泡；再将毛细管放到 H 型电解槽中；按图 7-42 所示把各电极端口线与标准电压电流发生器、毫安表和数字酸度计连接，组装好恒电流极化曲线测量装置，经指导教师检查认可之后，方可进行以下的测量操作。

（3）恒电流极化曲线数据测量

①预电解。按操作规程启动标准电压电流

阴极极化曲线的测定

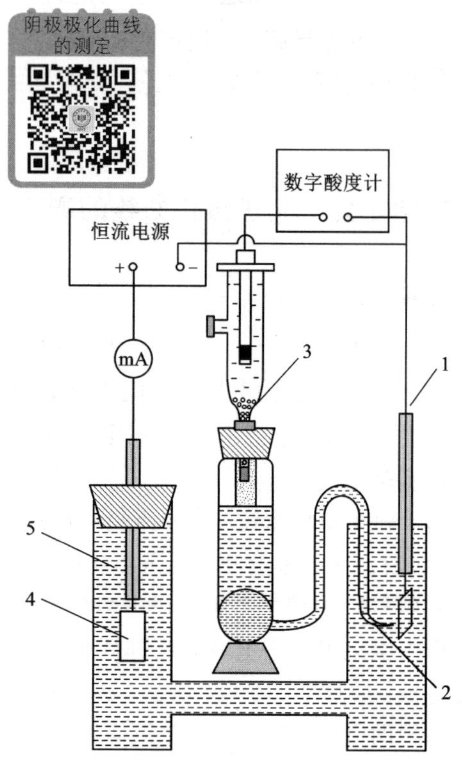

1—研究电极；2—鲁金毛细管；3—双参比饱和甘汞电极；4—铂电极；5—H_2SO_4 溶液。

图 7-42　恒电流极化曲线测量装置示意图

发生器，先将电流调至 10 mA，进行 3 分钟预电解；同时读出数字酸度计所显示的电势差值 E_x。

②数据测量。将标准电压电流发生器的电流调回至 0，然后依次调节电流值(mA)，并同时读出对应电流条件下数字酸度计所显示的电势差值 $E_x(I)$。每次测定 $E_x(I)$ 值时，如果读数在 1 min 内的变化为 1~2 mV，就可认为体系已达到稳定；电流值(mA)调节量大小可参照以下顺序：0~0.8 mA 时，每次调节增加 0.1 mA；0.8~2.0 mA 时，每次调节增加 0.4 mA；2.0~4.0 mA 时，每次调节增加 0.5 mA；4.0~6.0 mA 时，每次调节增加 1.0 mA；6.0~10.0 mA 时，每次调节增加 2.0 mA。

注意：①调整鲁金毛细管位置时要小心，鲁金毛细管的尖端要尽量对准研究电极的中央，毛细管口与研究电极间的距离约等于毛细管的外径；

②数据测定尽量连续，不能出现长时间中断电流的现象。

(4) H_2SO_4 溶液的 pH 测量。按照酸度计的操作规程测量出实验用 H_2SO_4 溶液的 pH。

5. 实验数据处理

(1) 氢电极的可逆电极电势计算。根据 Nernst 公式计算氢电极电势 E_{H^+/H_2}：

$$E_{H^+/H_2} = -\frac{2.303RT}{F} \times pH \tag{E19-1}$$

将测得的溶液 pH 代入式(E19-1)计算出氢电极的可逆电极电势。

(2) 阴极电极电势和阴极超电势计算。饱和甘汞电极与研究电极构成阴极电极电势测量体系，实验步骤(3)所测得的 $E_x(I)$ 与饱和甘汞电极的电极电势 $E_{S.C.E}$ 及阴极(研究电极)的电极电势 $E_{阴}(I)$ 的关系为：

$$E_x(I) = E_{S.C.E} - E_{阴}(I)$$

则有：

$$E_{阴}(I) = E_{S.C.E} - E_x(I) \tag{E19-2}$$

据超电势的定义，阴极超电势 $\eta = E_{阴,可逆} - E_{阴,实际}$。对本实验体系而言，$E_{阴,实际}$ 为式(E19-2)计算所得的 $E_{阴}(I)$，$E_{阴,可逆}$ 为式(E19-1)计算所得的氢电极可逆电极电势 E_{H^+/H_2}。

$$\eta = E_{H^+/H_2} - E_{阴}(I) \tag{E19-3}$$

(3) H_2 的析出电势 $E_{H_2,析}$ 的求算

①根据所测得的研究电极面积，将测得的电流 I/mA 值换算成电流密度 i/(mA·cm^{-2})值；

②作 i-$E_{阴}(I)$ 图，如图 7-40 所示。同时作直线段的延长线，延长线与横轴交点值即为实验条件下 H_2SO_4 溶液中 H_2 的析出电势 $E_{H_2,析}$ 值，与按式(E19-1)计算所得的 E_{H_2/H^+} 进行比较。

(4) 塔菲尔经验公式的确定。作 $\eta_{阴}$-lg i 图，如图 7-41(b)所示。选择中等电流密度(太低为弱极化区，不服从塔菲尔公式；太高则存在浓差极化)的线性段进行数据处理，求出该段直线的斜率和截距，即为塔菲尔公式中的 a 和 b 值。H_2 析出超电势塔菲尔经验公式的表达式为：$\eta = a + b\lg i$。

(5) 交换电流密度 i^0 的求算。由实验数据求算交换电流密度 i^0 的方法有以下两种。

①以阴极超电势 η 对电流密度 i 作 η-i 图，根据 η-i 曲线的形状判断所测电极极化的类型；选择低超电势(η<0.03 V)条件下求出低电流密度线性段的直线斜率 k。根据迟缓放电理

论得，$i \to 0$ 时有：

$$\eta = \frac{RT}{zFi^0} \cdot i = k \cdot i$$

则：

$$i^0 = \frac{RT}{zFk}$$

②根据迟缓放电理论对塔菲尔公式的推证可得 $\eta = -\frac{RT}{\alpha \cdot zF} \ln i^0 + \frac{RT}{\alpha \cdot zF} \ln i$，即

$$a = -\frac{RT}{\alpha \cdot zF} \ln i^0,\ b = \frac{2.303RT}{\alpha \cdot zF}$$

根据实验数据处理(4)中所得到的 a 和 b 值，可以得到跃迁系数 α 和交换电流密度 i^0 值。

$$\alpha = \frac{2.303RT}{b \cdot zF},\ i^0 = \exp\left(-\frac{a \cdot \alpha \cdot zF}{RT}\right) \quad 或 \quad \lg i^0 = -\frac{a}{b}$$

将根据①和②方法计算得到的交换电流密度 i^0 值与文献值($\lg i^0 = 0.9\ A/m^2$)进行比较。

6. 实验结果讨论

(1)根据实验结果探讨影响电极极化的因素。

(2)讨论恒电流极化测量方法的特点。

(3)根据实验结果探讨取 $i=0$ 时的阴极电势值作为可逆氢电极电势代入式(E19-3)计算 η 的结果。

(4)探讨塔菲尔公式中 a 和 b 在电极过程反应动力学中的意义。

第 8 章

表面化学及胶体化学实验研究方法与实验

8.1 表面化学及胶体化学实验研究的意义、范畴及特点

表面化学与胶体化学都是物理化学的重要部分。在它们的形成和发展过程中，科学家在研究自然界、生产以及人们生活时发现广泛存在着的一种物质体系——胶体，进而科学发展形成胶体化学。由于憎液胶体拥有巨大的表面积和表面能，具有许多与表面现象有密切相关的性质。因而研究胶体分散体系的行为与本质时，需进行表面化学研究，故表面化学常成为胶体化学的重要内容。表面化学需要研究更多的表面现象问题，涉及其他科学领域中与表面现象有关问题的本质。所以表面化学也就独立地成为物理化学的一个重要组成部分。

表面和胶体化学实验及其技术对表面化学和胶体化学理论的建立起了十分重要的作用。如朗缪尔(Langmuir)理论、BET 理论及吉布斯吸附等温方程式的正确性就为多方面的表面化学实验所验证。当然这些理论也是在一定的吸附平衡实验基础上建立起来的。

表面化学实验也为其他科学理论的建立提供了很好的实验基础，如化学动力学中的多相反应速度理论、多相催化理论，电极过程动力学理论中的双电层理论，材料科学中的表面结构与性质的理论，以及胶体化学中胶体稳定性理论等都需要表面化学实验作为其后盾。

表面化学中的许多数据，如吸附平衡常数、固体物质的表面积、液体的表面张力、接触角、电势等也都是通过表面化学实验来测量的。在轻工、化工、地质、选矿、冶金、材料等生产中，对于确定生产条件和评价产品质量，表面化学数据往往是非常需要的。表面化学实验对于生产也具有非常重要的指导意义。

在更深入的考察中发现，胶体化学的重要研究课题绝大部分仍然是表面化学的问题。因此本章主要介绍表面化学实验方法及其实验。

8.1.1 表面化学及胶体化学实验的研究范畴

表面化学及胶体化学的研究范畴很广，既研究平衡性质的问题，也研究动力学性质的问题，还研究结构性质的问题。所用的研究方法也很多，许多表面化学与胶体化学实验可以用前文介绍的物理化学实验方法进行。例如固体与液体或气体接触产生的热效应(吸附热、润湿热等)可用各种量热方法的量热计来进行测量。所以很难说这仅仅是属于表面化学实验的研究范畴。

表面化学实验的研究范畴就体系而言有固-气表面体系、固-液界面体系、固-固界面体系、液-气表面体系、液-液界面体系以及固-液-气多界面体系。

对于固-气表面体系，以前表面化学实验主要研究固-气吸附平衡和测量固体的比表面积，以推断固体表面的状态。对于固-气表面精细结构、外貌的观察和测量，以及原子(或分子)水平微观结构的实验研究，在电子技术时代才成为可能。虽然目前电子技术与高真空技术的发展水平很高，已能做多种项目的精密测量，但所用到的仪器设备均属表面科学的大型综合仪器，大都价格昂贵，数量有限，专业化程度高。

在液-气界面体系中，表面化学实验主要测量表面张力和进行单分子膜研究，研究单分子膜的表面压，推断表面膜的结构，等等。

对于固-液界面体系(如金属-溶液界面、矿物-溶液界面等)和液-液界面体系(如液态金属汞-溶液界面等)，表面化学实验一方面是测量吸附平衡，另一方面是研究界面双电层结构、性质和测量 ξ(Zeta)电势等。

胶体化学主要研究其他分散体系的性质，如对憎液溶胶、泡沫和乳液等的稳定性进行研究。对于亲液溶胶的研究，如高分子化合物溶液的理论和实践，则是高分子物理化学的主要研究内容。

此外，表面化学和胶体化学研究也用于一些物质鉴定和分离技术方面。例如色谱法是表面化学研究的成果，但现在它亦成为专门的仪器分析技术。

8.1.2 表面化学及胶体化学实验的特点

表面化学和胶体化学实验所获得的数据，除某些纯液体的表面物理量值有相当高的测量精密度和准确度、可达千分之几或万分之几外，其余大部分测量值的精密度并不高。主要原因是表面状态和界面状态的情况极为复杂，这是表面化学和胶体化学实验的一个重要特点。从事表面化学和胶体化学实验研究的工作者务必注意到这一事实。

在溶液表面吸附的测试研究中，即使吸附已达平衡，但由于所用方法有一定的局限性，致使表面在测量的瞬时过程遭受破坏，引起测量不准确。外因的微小影响发生在表面层上就会比在体相中显得更为严重。涉及固体界面的实验，常由于固体本身的性质、加工方法及历史性的演变所造成的不均匀性及复杂性同液体表面在静态的均匀性和光滑性无法相比，因此固体界面实验结果的重现性就更差。辩证地看，这种情况也更能吸引人研究，促进了表面物理与表面化学更多方面的发展。较早期的表面化学领域的理论已根据近代超高真空和表面净化技术知识作了修正。这也充分说明表面化学实验技术在不断地改进和发展。

8.2 固-气表面体系的实验方法

8.2.1 固-气表面体系的吸附量的测量方法

在固-气表面体系中，人们已熟知相界面上会发生气体物质的吸附现象。这一现象的研究在理论和实用上都有重要的意义。为了定量地研究吸附现象，引进了一个重要概念——吸附量。最合理表示固-气表面体系的吸附量的方法是以吸附平衡时单位面积上吸附气体的摩尔数或标准条件(0 ℃、100 kPa)下的体积数来表示。因为固体的比表面积常常是一个未知

数，所以常用吸附平衡时单位重量的固体所吸附气体的摩尔数或标准条件下的体积数来表示。吸附量 Γ 是气体温度 T、压力 p 以及气体和固体性质的函数，即

$$\Gamma = f(T, p, \text{物性})$$

建立在吸附概念基础上的测量固体表面积的方法就是测量吸附量与气体压力的关系，即测定吸附等温线。固–气吸附等温线的一般形状如图 8–1 所示。

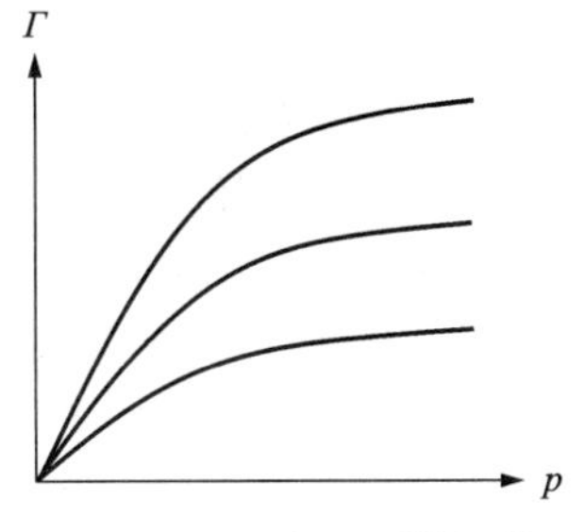

图 8–1　固–气吸附等温线

根据气体是否为流动相，吸附量测量的方法可分为静态法和动态法；根据直接测量的参量情况又可分为容量法、重量法和气相色谱法。容量法、重量法为静态法，气相色谱法和流动式的重量法为动态法。

1. 容量法

容量法是直接测量进入吸附系统中气体的总体积和吸附平衡时残留在吸附系统的死空间（管道及样品管空间）的气体体积，然后根据它们的差值来求得吸附量。容量法测量吸附量的实验装置如图 8–2 所示。实验时，在吸附系统中，向恒温器的样品管加入一定体积（$V_{总,i}$）的标准条件（0 ℃；100 kPa）下的气体。吸附平衡后，测量出吸附系统的吸附平衡压力（p_i）。

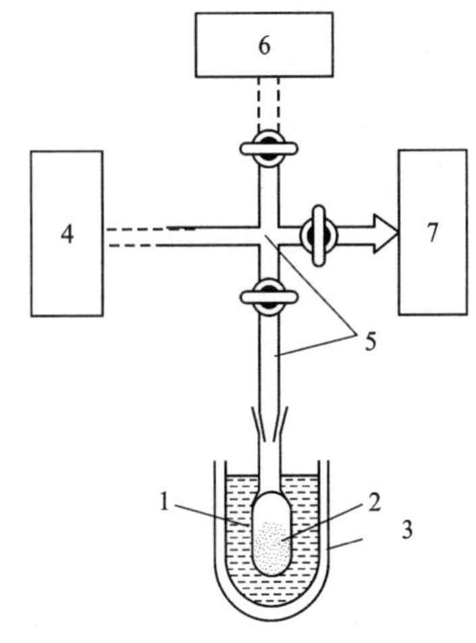

1—样品管；2—固体样；3—恒温器（如杜瓦瓶）；4—压力计；5—死空间；6—抽真空系统；7—可供给一定体积的气体源。

图 8–2　容量法吸附量测定装置示意图

将加入吸附系统中气体的总体积减去在吸附平衡压力下残留在死空间的气体死体积，就可以得到在吸附平衡压力（p_i）下真正的被固体吸附的气体体积——吸附量，即

$$V = V_{总,i} - V_{死,i}$$

在一定温度下，对应不同的吸附平衡压力就有不同的吸附量。根据一定温度下的 V_i 和 p_i 数据即可求得吸附等温线。

吸附系统的死空间值与测量吸附装置的具体结构有关。对于一定的装置而言，死空间就是定值。吸附气体的死体积（$V_{死,i}$）数值与吸附系统的死空间不同，在一定温度（如 0 ℃）下，死体积与吸附平衡压力有关。由于吸附系统的死空间是难测量的量，一般不采用计算法求死体积。即不根据死空间值、压力值及温度值应用状态方程式来计算不同吸附平衡压力下的死体积，而是根据实验直接测量吸附气体在吸附系统内于不同压力下的死体积。具体测量死体积的方法有氮气法和原本气体法。氮气法视氮气为理想气体，原本气体法则不能将原本吸附气体视为理想气体。这些方法的细节可参考有关的实验指导书。

2. 重量法

重量法是利用固体吸附气体后的重量变化来求得吸附量的一种方法。目前常用石英弹簧来称取重量。测量装置原理如图 8–3 所示。实验前标定弹簧的伸长长度与载重量的关系，即求得弹簧的工作曲线。实验时先将吸附系统抽成真空，然后导入一定量的吸附气体，供固体在一定温度（如液氮温度）下进行吸附，使固体样品重量增加。吸附平衡后，测量吸附平衡压

力和石英弹簧伸长的数值，并根据弹簧的工作曲线换算成固体所吸附气体的重量，即一定的吸附平衡压力下的吸附量。逐步地增大导入气体的量，并测量出不同吸附平衡压力下的吸附量，即可求得吸附量与吸附平衡压力的关系——吸附等温线。由于吸附重量是通过石英弹簧称量求得的，所以不需要求吸附气体的死体积，避免了容量法会出现的麻烦。

重量法测量吸附量，若压力不太大时，可直接得到吸附量；若压力很大时，则必须考虑浮力校正。重量法之所以使用石英弹簧秤，首先是因为许多气体对它不起反应，不会损害石英弹簧；其次是在一定的条件及范围内，石英弹簧的伸长与载重量之间有很好的线性关系。

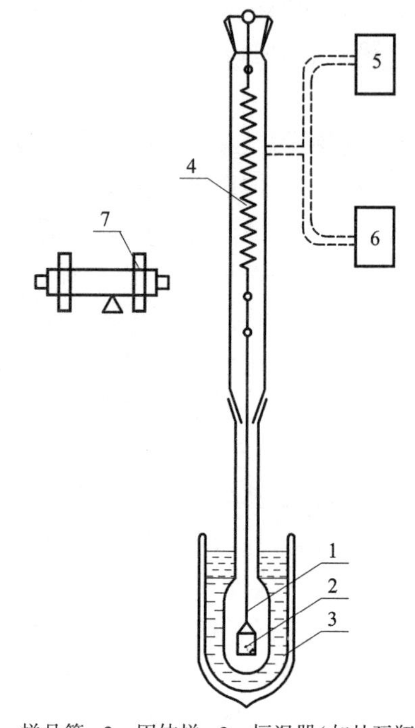

1—样品管；2—固体样；3—恒温器(如杜瓦瓶)；4—石英弹簧；5—高真空抽气设施及压力测量仪器；6—气源；7—测高仪。

图 8-3　重量法吸附量测量装置示意图

3. 气相色谱法

气相色谱法的特点是不需要高真空设备，方法简单、迅速。它是根据色谱流出曲线的脱附峰面积来求得不同吸附平衡压力(分压力 p_i)下的吸附量。色谱流出曲线的脱附峰面积与吸附气体的组成或分压力有关，色谱法吸附量测量装置如图 8-4 所示。

应用色谱法测量固体吸附剂在一定温度和压力条件下吸附气体的吸附量时，固体吸附剂作为固定相装在样品管中，相当于色谱分离柱的作用。用一不被固体吸附剂吸附的气体——某惰性气体作为载气，携带被吸附的气体。测量时，吸附气在一定的分压力(p_i)下流过色谱鉴定器的一臂，被带入维持一定温度(如液氮温度)的样品管，供固体吸附剂吸附。样品管末端接色谱鉴定器的另一臂。

吸附气(被载气携带)如果被固体吸附时，则在色谱流出曲线上会出现吸附峰；如果升高温度，被吸附的气体脱附，则在色谱流出曲线上会出现脱附峰。在不同吸附压力(p_i)条件下，固体吸附气体的吸附量不同，故色谱流出曲线也不同。吸附量大小与色谱流出曲线的脱附峰面积有关。由峰面积求算吸附量的方法有两种，即直接标定法和仪器常数法。

采用直接标定法求吸附量时，在色谱鉴定器及记录器的电路参数不变的情况下，峰面积不仅与脱附气的量有关，还与载气流速、载气成分、进样方式有关。所以在每出一个脱附峰后都必须在相同的条件下，通过连接在六通平面阀上的定量管取得一定量的吸附气体，往吸附系统中加进去，从而在色谱流出曲线上得到标定峰。标定峰的面积要尽量和未知的脱附峰的面积相近。根据峰面积求算吸附量的公式为：

$$V=\frac{S}{S_r}V_r$$

式中：S 为待测样品的脱附峰面积；S_r 为标定峰面积；V_r 为标定时所用的标准条件(0 ℃、100 kPa)下的吸附气体量(以体积表示)。

由此公式，可根据不同吸附压力条件下的色谱流出曲线的脱附峰面积求得不同吸附平衡

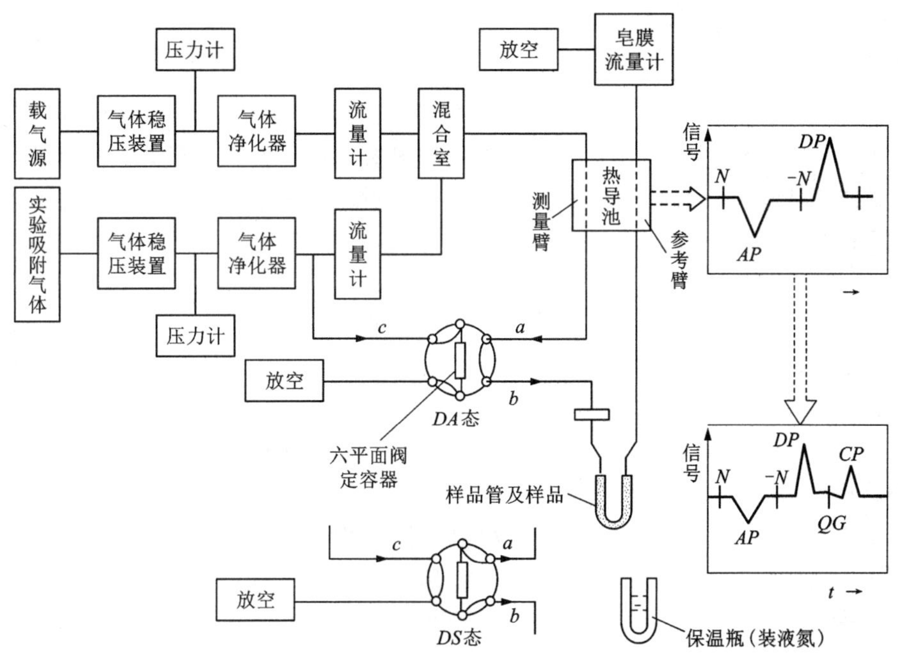

N—此处样品管套上液氮瓶；-N—此处样品管移走液氮瓶；QG—加入定量吸附气体；AP—吸附峰；DP—脱附峰；CP—标定峰；DA 态—吸附测量时六平面阀的通路状态；DS 态—标定时六平面阀的通路状态。

图 8-4　色谱法吸附量测量装置示意图

压力下的吸附量，进而求得吸附等温线。

8.2.2　固-气吸附常数及固体表面积的求法

固-气吸附在一定温度下达到平衡时，吸附量与压力的关系可用吸附等温方程式来描述。在表面化学理论中有三个常用的吸附等温方程式。

弗罗因德利希方程：$\Gamma = kp^{1/n}$。

朗缪尔(Langmuir)公式：$\Gamma = \Gamma_m \dfrac{bp}{1+bp}$ 或 $\dfrac{p}{\Gamma} = \dfrac{1}{b\Gamma_m} + \dfrac{p}{\Gamma_m}$。

BET 公式：$\dfrac{p}{\Gamma(p_s - p)} = \dfrac{C}{\Gamma_m} + \dfrac{C-1}{\Gamma_m C} \cdot \dfrac{p}{p_s}$。

上面三个吸附等温方程式中的 k、n、Γ_m、b 及 C 等都是固-气吸附参数。它们与吸附体系的性质有关，也与温度有关。其中，Γ 为吸附压力 p 时的吸附量(单位常用 mL/g，气体体积为折算成 0 ℃、100 kPa 下的值)；p_s 为吸附气体在吸附温度下的饱和蒸气压；p/p_s 为相对压力。

1. k 和 n 的求法

对于固体吸附剂进行一般性的评价时，k 和 n 具有表征吸附剂吸附性能优劣的作用。k 和 n 可以根据实验测量得到的吸附量(Γ)与吸附平衡压力(p)的数据，通过图解法或数学解析法求得。根据弗罗因德利希经验公式可得：$\lg \Gamma = \lg k + \dfrac{1}{n} \lg p$。因此若以 $\lg \Gamma$ 对 $\lg p$ 作图应得到一条直线，$\lg k$ 是直线的截距，$1/n$ 是直线的斜率，由直线的截距和斜率可求得吸附常数 k 和 n 的数值。

2. 固体表面积的求法

在朗缪尔公式和 BET 公式中，Γ_m 代表形成单分子层、表面被覆盖满时的饱和吸附量(以标准条件下的气体体积表示)。Γ_m 对于固体表面积求算具有重要的意义，因为根据 Γ_{max} 的数值可直接求得固体的比表面积 A_g 的数值。若被吸附的气体分子的截面积为 a，则根据 Γ_{max} 值计算比表面积 A_g 的公式为：

$$A_g = \frac{\Gamma_m}{22414} \times \frac{La}{W}$$

式中：L 为阿伏伽德罗常数；W 为固体吸附剂的质量，g；Γ_m 的单位为 mL，所以除以 22414 (1 mol 气体在标准条件下的毫升数)。

Γ_{max} 可以根据实验测得的吸附量 Γ 和吸附平衡压力 p 数据，或 Γ 和 p/p_s 数据通过图解法或数学解析法求得。若以前面介绍的朗缪尔公式为依据，则以 p/Γ 对 p 作图可得一直线。直线的斜率为 $1/A_{max}$，进而可求得 Γ_{max} 的数值。若以 BET 公式为依据，则以 $p/\Gamma(p_s-p)$ 对 p/p_s 作图也可得到一条直线。其斜率为 $(C-1)/C\Gamma_{max}$，截距为 $1/C\Gamma_{max}$。根据斜率和截距可联立求解得：

$$\Gamma_{max} = \frac{1}{截距 + 斜率}$$

3. 吸附等温式的应用条件

上述诸公式的使用是否恰当，当然应视公式的应用条件而定。弗伦德利希经验式只适合用于常规吸附等温线的中段。应用 BET 公式测量固体的比表面积虽然是标准方法，但在低压力及高压部分，其误差仍然较大，只适用于中间压力范围，即相对压力 0.05~0.35 为宜。朗缪尔公式也有类似的情况。这主要是因为在推导公式时都作了一些假设，如假定固体表面是均匀的，且吸附分子间没有相互作用力，但实际上固体表面是不均匀的。因此最初与表面接触的分子总是先吸附在活性最大的位置上，所放的热也比平均值大得多，故在低压力时产生了误差。压力很高时，吸附气体会在固体的毛细管内发生凝聚现象，因而使表面积测量不正确。一般来说，借助 BET 公式测量固体比表面积的误差为 5%~10%。如果实验条件不符合公式的要求，则误差更大。

8.2.3 固-气吸附的吸附热

为了进一步研究固-气吸附的本质和应用，常常需要应用吸附热数据。这些数据一般可由两种经典实验方法得到：一种是直接量热；另一种是利用吸附等温线求出吸附等量线后的图解计算法。两种方法各有其优缺点，最好能用两种方法求得数据，以便比较和互为补充。

1. 直接量热法

有关量热方法的原理和仪器在第四章已作了较详细的叙述。关键是要选取或采用适用于吸附热测量的方法。吸附剂的摩尔吸附热不算低，但固体表面处理困难和难以完全一致，因此吸附热的量热测量的精密度和准确度都比较低。在选择方法、评价实验以及使用数据时必须注意这种情况。

吸附热的量热测量常用恒温量热计(如冰量热计)和热流式量热计(如卡尔维-田氏量热

计)，一般都要自行设计和制造量热计用的吸附反应室，与之配套使用的仪器要求有较高的灵敏度。实验可测量出积分吸附热，如果使用较高灵敏度的量热计还可用于对过程吸附速率方面的研究。

2. 吸附等量线法

用经典固-气吸附研究的仪器做出不同温度下的吸附等温线，如图 8-5 所示。然后转换为如图 8-6 所示的吸附等量线，即 p-T 曲线，则可求得等量吸附热(也是积分热)。因为与克拉佩龙-克劳修斯公式相当，有如下关系式：

$$\frac{\mathrm{d}\ln(p/p^{\ominus})}{\mathrm{d}T}=\frac{Q_{\mathrm{r}}}{RT^{2}}\quad 或\quad Q_{\mathrm{r}}=\left[\frac{\partial\ln(p/p^{\ominus})}{\partial T}\right]RT^{2}$$

不定积分后得：

$$\ln\left(\frac{p}{p^{\ominus}}\right)=-\frac{Q_{\mathrm{r}}}{RT}+c$$

以 $\ln(p/p^{\ominus})$ 对 $1/T$ 作图得直线，求出直线的斜率后即可计算出一定范围内的平均吸附热 Q_{r}。用这种方法得到的吸附热能较好地反映不同温度下吸附性质变化的情况。

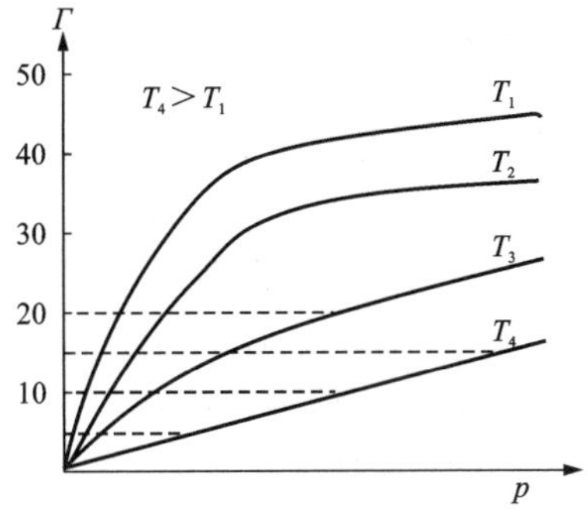

图 8-5　吸附等温线示意图

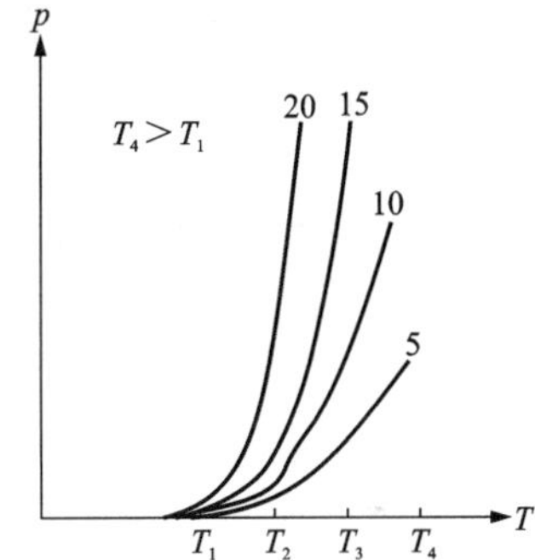

图 8-6　吸附等量线示意图

8.3　液-气表面体系的实验方法

液-气表面体系的表面现象在生产和日常生活中是常见的。为了进一步掌握其性能及规律性，人们自然地从液-气表面体系的表面效应研究起，而最先测量和了解得较清楚的是表面张力。此后测量了液-气表面的单分子膜的压力——表面压，并对膜的性质与结构进行了研究。对液-气表面体系的吸附层结构有了比较清楚的物理图像，认识了在液-气表面被吸附物质的性质和作用，即对液面上的物质聚集及结构状态有了进一步的了解。这对于一些很有应用价值的分散系，如泡沫和乳液等表面结构性质的研究是十分重要的。

由于液体，如纯水、水溶液、有机溶剂及其溶液、熔盐、金属熔体或合金熔体、液态炉渣等的表面张力数据对于生产和生活具有重要的实际意义，因此液-气表面体系的表面张力测量也就很重要。此外，液体表面张力的测量对于间接测量其他凝聚体系，如液-液和固体体系的界面能或界面张力也是不可缺少的。

8.3.1 液-气表面张力的测量

表面张力是液体表面相邻两部分间单位长度内的相互牵引力，是分子(或其他粒子)之间作用力的一种表现。表面张力过去常用的单位为达因/厘米(CGS 制)，现在的单位为牛顿/米(SI 制)。

表面张力与物质的组成及结构有关，因而也是物质的特性之一。宏观上表面张力与物质的密度、黏度以及其他性质，如光、电、磁等也有不同程度的联系。作为物质的特性，它也不可避免地与物质的温度等参变量有关，表面张力也与物质的其他表面现象和作用如吸附、黏附、润湿、铺展以及接触角等有关。

鉴于表面张力数据的重要性，不少人先后从事表面张力测量方法的研究。液体表面张力的测量方法有很多种，有静态法和动态法。典型的静态法有毛细管上升法、静滴法(包括悬滴"pendant drop"和躺滴"sessile drop"等)。动态法，如最大气泡压力法(MBP)、滴重法、环法以及吊片法等，其所测量涉及的也是对象的静止表面，即本质上仍属平衡方法。不过在临界点时发生的表面扩张是动态的，故常称动态法。它与本质上动态的方法不同，这些方法是用射流或驻波技术进行的表面张力研究，对确定表面老化、局部表面张力变化和表面层间的物料输送以及表面松弛过程的研究等起着重要的作用。不过它们一般不是作为物质特性测定的方法，故在此不作介绍。

本节所介绍的是一些常见的方法。这些方法所用的原理、公式和仪器都比较简单，其测试和计算所得表面张力值精确性有限。这些公式很难反映所有影响表面张力测定值产生误差的所有因素。前人对此作了大量的工作：如从仪器的改进到对基本公式的修正等，使一般液体表面张力所获的数据为所有表面化学实验中的最精确的数据，如毛细管实验所得的表面张力数据精确度能达万分之几；而滴重法、环法和最大气泡压力法的精确度亦高于千分之几，但这一精确度是普通水平的实验室难以达到的。如果能针对性地对仪器及公式作有效的修正，在一定范围内利用标准物质作比较的实验方法，也常能得到较可靠的结果。它对实用研究是有价值的，故本节对某些实验方法也进行了分析，旨在举一反三。

1. 静滴法

这一测量方法的原理是基于小量液体物质在一定条件下，由于其表面张力的作用会趋向成为球体，如图 8-7(a)所示。在重力场的作用下，特别是质量和体积较大的液滴附在一块垫基(片)上时，会产生如图 8-7(b)所示的显著变形。当液滴处于平衡状态时，这一液滴将具有一定的几何形状。液滴各轴向的几何尺寸与液体的表面张力以及密度等有关。用拉普拉斯(Laplace)公式描述了液滴的密度与液滴几何尺间的关系，即

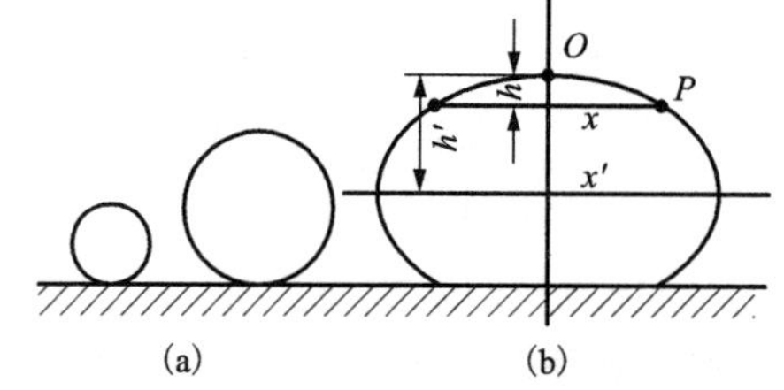

图 8-7 静滴投影示意图

$$\sigma\left(\frac{1}{r_1}+\frac{1}{r_2}\right)=\frac{2\sigma}{r}+(\rho_1-\rho_g)gh$$

式中：r_1、r_2 为液滴的主曲率半径；ρ_1、ρ_g 分别为液体和气体的密度；g 为重力加速度；h 为以液滴顶点(O)为原点，液滴表面上任意一点 P 的垂直坐标；r 为顶点(O)处的曲率半径。实际

应用时，由于液滴高度和半径等的相互关系很复杂，故需要测量出液滴的最大水平截面的半径 x' 和由此截面到液滴顶点(O)处的垂直距离 h' 的数据。经过比较复杂的数学计算后才可求得液体的表面张力。

静滴法比较适用于高温熔体表面张力的测量，常温下静滴法的测量精密度和准确度比最大气泡压力法要低一些。静滴法测量技术的关键在于获得静滴的几何图形，采用平行光投影法或 X 光透射法，结合照相术可得到较好的静滴图形。因具体计算表面张力相当复杂，不作进一步介绍。

2. 毛细管上升法

若液体能润湿毛细管管壁，则液体表面与管壁的夹角 θ 为零，即液体表面与管壁相切，整个表面成曲面。当毛细管半径不很大，且横截面为圆时，则曲面近于半球面，球面的曲率半径与毛细管半径相等。根据液体对毛细管的润湿情况，液体在毛细管内的几种曲面如图 8-8 所示。

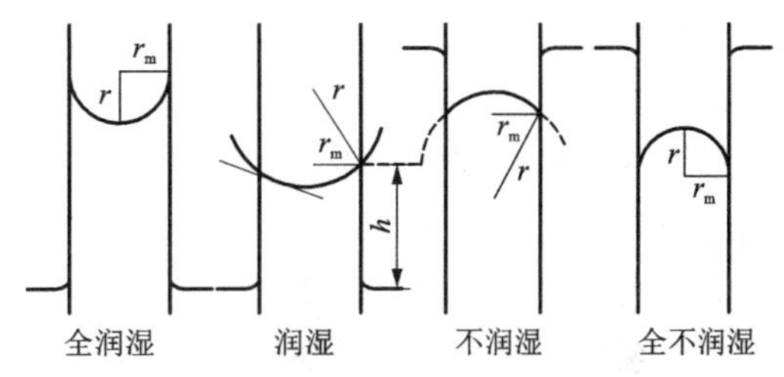

图 8-8　润湿情况示意图

将一支毛细管插入液体中，若液体润湿毛细管，则液体沿毛细管上升。升到一定高度后，毛细管内外液体会处于平衡。达到平衡时，毛细管内的曲面对液体所施加的向上的拉力与液体总向下的力相等，即

$$2\pi r\sigma\cos\theta = \pi r^2 h(\rho_1 - \rho_g)g + V(\rho_1 - \rho_g)g$$

式中：h 为毛细管内液体的高度；r 为毛细管半径；σ 为液体的表面张力；V 为弯月形部分液体的体积。

对于许多液体，$\theta=0$，如果毛细管很细，内径 ϕ 约为 0.2 mm，则 $V\to 0$，可以忽略不计。若蒸气的密度 ρ_g 也很小，则可略去。因此可得毛细管法测量液体表面张力的简化公式为：

$$\sigma = \frac{1}{2}rh\rho_1 g$$

根据该公式，实验测量出液体在毛细管内的上升高度 h 的数据后，即可求得液体的表面张力。毛细管半径 r 通常用已知表面张力的液体进行校正实验来求得。

毛细管上升法比较适用于常温下液体表面张力的测量，在满足测量条件下用精密的公式计算时，它有相当高的精确度，可超过 0.1%。

3. 最大气泡压力法

插入液体深度为 H 的毛细管末端形成气泡，如图 8-9 所示。由于有凹液面存在，所形成的气泡内外压力不等，即产生曲液面的附加压力。此附加压力与表面张力成正比，与气泡的曲率半径成反比，其关系式为：

图 8-9　毛细管末端气泡

$$\Delta p = \frac{2\sigma}{r}$$

式中：Δp 为曲液面的附加压力；σ 为液体的表面张力；r 为气泡的曲率半径。

因此要从插入液体毛细管末端鼓出气泡，毛细管内部的压力就必须高于外部压力一个附加压力的数值才能实现，即

$$p_{in} = p_{out} + H\rho_1 g + \frac{2\sigma}{r}$$

毛细管插入液体后逐渐增大毛细管内部的压力 p_{in}，此时毛细管内的曲(凹或凸)液面将由上向下移动，直至毛细管末端形成半球形气泡，然后继续长大逸出液面或破裂。在气泡形成过程中，毛细管内的曲液面的曲率半径 r 变化情况是很复杂的，具体情况则视被测液体对毛细管壁是否润湿，以及毛细管端口为刃口形或平口形等有所差异。几种基本状况如图 8-10 所示。

但不管液体对毛细管润湿或不润湿，毛细管末端的气泡为半球形时曲率半径为最小值，此时附加压力达最大值。在液体润湿毛细管时，半球形气泡的曲率半径等于毛细管的内径，即 $r \to r_m$；在液体不润湿毛细管时，半球形气泡的曲率半径等于毛细管的外径(内径 r_m+管壁厚度)。

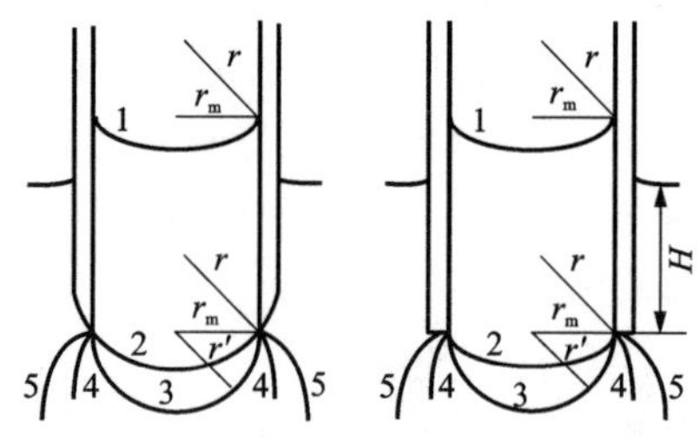

润湿：刃口形毛细管　润湿：平口形毛细管

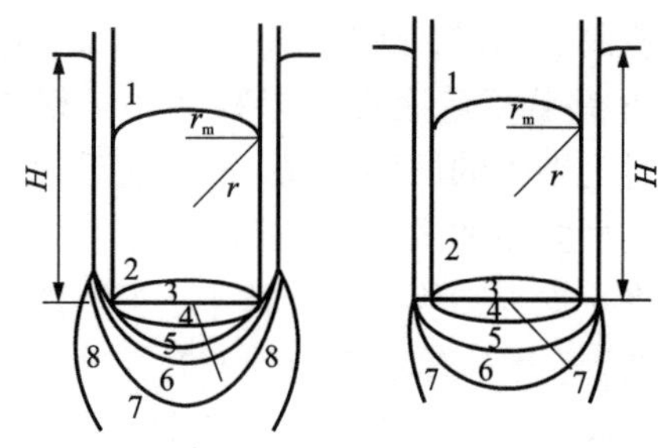

不润湿：刃口形毛细管　不润湿：平口形毛细管

图 8-10　毛细管末端气泡形成过程示意图

在最大气泡压力法的液体中，p_{in} 与 p_{out} 的压力差值可由测量装置中的精密数字压力计直接测量出。如果测量时毛细管刚好浸入液面，即 $H \to 0$，上式为：

$$\sigma = \frac{r}{2}(p_{in} - p_{out}) = K\Delta p$$

式中：K 为毛细管常数，通常用已知表面张力的标准物质来求得。

最大气泡压力法测量液体的表面张力有减压式和加压式两种装置。对于水及水溶液、有机溶剂及其溶液常用减压式装置。这种测量装置将在本章的实验部分中介绍。对于熔盐、金属或合金熔体、液态炉渣一般采用加压式装置。

应用最大气泡压力法时要注意下列几个方面的问题。

(1)气氛。选用的气体不能与液体发生化学反应，也不溶解于液体。对于常温下的表面张力测量，一般选用空气。对于高温下的表面张力测量，如金属熔体的表面张力测量，则常选用氩气，且金属熔体不能暴露于(或敞开于)空气；熔盐与炉渣的表面张力测量也可选用氮气等。液体的表面张力还与接触的气相组成有关，所以测量某些溶液或熔体的表面张力时还应控制气氛组成。

(2)毛细管材料与半径。毛细管对液体要有足够的润湿性，不受液体或气体侵蚀；用于高温表面张力测量时还要能耐高温。毛细管半径大小要能保障最大压差有 300~500 Pa，以便保障测量精密度。常温下一般液体的表面张力不大，用内径 ϕ0.2~0.3 mm 的毛细管即可；用于高温熔体表面张力测量时，内径常需用 1~2 mm 或更大一点的毛细管。

(3)压力计。测量 Δp_{max} 的关键设备是压力计，常用 U 形管压力计或精密数字压力计。对 U 形管压力计而言，所用的液体密度(ρ)要尽可能小，以便提高测量精密度。压力计所用

液体的蒸气压也要尽可能小，且不能与待测液体起反应或产生吸附。

(4)温度。测量液体表面张力时，温度要保持恒定。对于高温表面张力测量，气体要适当预热。

(5)毛细管常数 K 的测量。标准物质的表面张力与待测液体的表面张力在相同的温度下要尽可能接近。这样毛细管常数测量方面引进的系统测量误差就会更小。

注意，实验技术上还要注意毛细管的清洁；气泡产生速度不宜过快，一般控制每分钟产生一至数个气泡。对于液体能润湿毛细管的情况，毛细管插入液体的深度要尽量做到可以忽略不计。

4. 拉环法

拉环法亦称环法。拉环法测量液体表面张力是将铂丝制作成圆环，使它与液面恰好接触后，再慢慢向上提升。由于液体表面张力的作用，环口处形成一个内径为 $2R'$、外径为 $2R'+4r$ 的环形液柱筒，如图 8-11 所示。当提拉平衡时，向上的总拉力 F 与环形液柱筒的重量相等，也与环形液柱筒内外两边的表面张力之和相等，有：

$$F = mg = 2\pi R'\sigma + 2\pi(R' + 2r)\sigma$$

若令 $R=R'+r$，则上式可写成 $F=4\pi R\sigma$，所以 $\sigma=F/4\pi R$，其中 R 为铂环的平均半径。此公式为拉环法测量液体表面张力的基本公式。

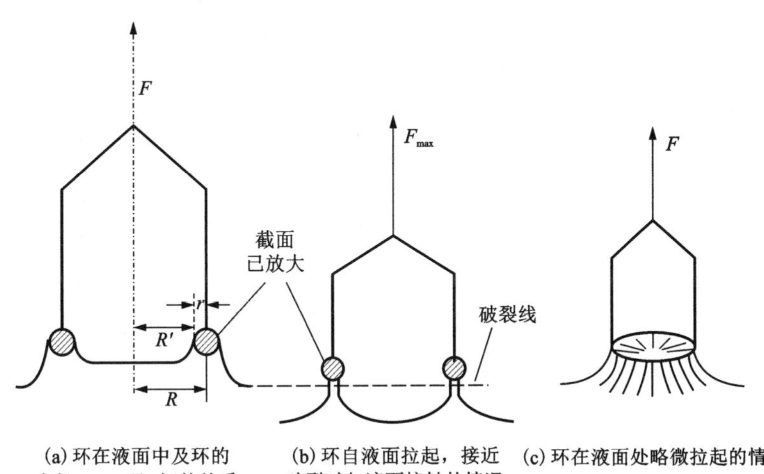

(a) 环在液面中及环的半径R、R'及r间的关系　(b) 环自液面拉起，接近破裂时与液面接触的情况　(c) 环在液面处略微拉起的情况

图 8-11　拉环法测量示意图

上述公式和毛细管法等的表面张力的测量公式相似，是一个简化公式，精密测量时须乘以一个校正因子，即

$$\sigma = \frac{P \cdot F}{4\pi R}$$

式中：P 为校正因子，它和环的半径 R、环丝的半径 r、环距平面的高度 h 以及高出液面的液体体积 V 有关；W 为总拉力。

在最大拉力状态时，校正因子 P 是 R^3/V 和 R/r 的函数，有：

$$P = f(R^3/V\ ,\ R/r)$$

当 R^3/V 一定时，P 的值只随 R/r 的值变化。因 $V=W/\rho g$（ρ 为液体的密度，g 为重力加速度），所以，由实验测得 F_{max} 后即可求得 V 值。R 及 r 值对一定的圆环而言有确定的数值，P 与 R^3/V 和 R/r 的关系也已制成用表。例如，当 R^3/V 为 0.3 时 $R/r=32$，$P=1.018$；$R/r=50$，$P=1.054$；等等。根据实验测量所得的数据由表中查出 F 值后，即可利用上式求得待测液体的表面张力 σ 值。

拉环法测量液体表面张力实验中，测量总拉力 F 用扭力天平或弹簧秤为好，便于将圆环从液面向上提拉。应用此方法时，应注意制作圆环的材料对液体要能润湿，且不与液体发生反应，圆环表面要清洁。

8.3.2 液-气表面体系表面张力数据的应用

纯液体在一定条件下有一定的表面张力，因此表面张力表征了物质的一种属性。溶液的表面张力在一定的温度下随浓度变化，这是溶质在溶液表面上的吸附不同而引起的。在指定温度和压力下，吸附量与溶液的表面张力及溶液浓度之间的关系可用著名的吉布斯(Gibbs)吸附等温式来描述，有：

$$\Gamma=-\frac{a}{RT}\cdot\frac{\mathrm{d}\sigma}{\mathrm{d}a}$$

式中：Γ 为溶质吸附量或吸附质的表面过剩量，即相应于相同量的溶剂时，表面层中单位面积上溶质的量比溶液内部多出的量。

如果浓度不大，则可用溶质的浓度 c 代替活度 a 计算，有：

$$\Gamma=-\frac{c}{RT}\cdot\frac{\mathrm{d}\sigma}{\mathrm{d}c}$$

吸附质的吸附量 Γ 可以用示踪法或切层法以及椭圆光度法等测量出来；也可用这些方法测量出表面吸附层厚度。但这些测量方法要求较高的专门技术，因而较少使用。通常先从实验测出表面张力与浓度的关系曲线（$\sigma-c$ 曲线），然后求出一定浓度时的 $\mathrm{d}\sigma/\mathrm{d}c$ 值，最后计算出吸附量 Γ 值（单位常用 mol/cm^2 或 mol/m^2），并得到 $\Gamma-c$ 曲线。一般情况下的 $\Gamma-c$ 曲线如图 8-12 所示。由图 8-12 可知，吸附量有一极限值 Γ_m 存在。在极限值 Γ_m 时增大吸附质的浓度，吸附量不再改变，即表示表面吸附已达饱和。所以 Γ_m 称为饱和吸附量。

饱和吸附量 Γ_m 是一个重要的物理量。根据它可以计算出两个重要的数值，一是被吸附溶质分子的截面积 $S_{分子}$：

$$S_{分子}=\frac{1}{\Gamma_m L}$$

式中：L 为阿伏伽德罗常数。

另一个是饱和吸附层的厚度 δ：

$$\delta=\frac{\Gamma_m M}{\rho}$$

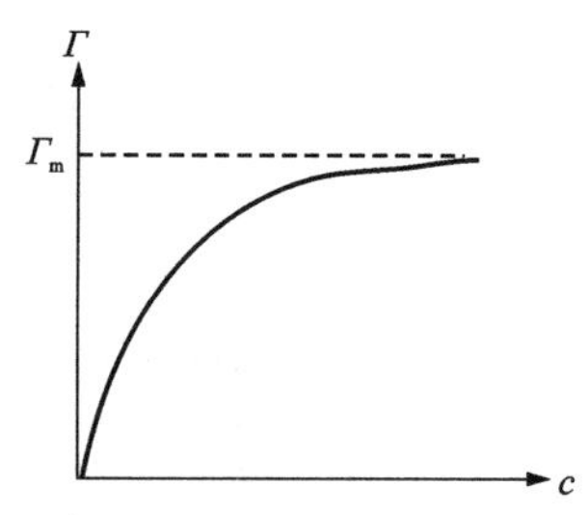

图 8-12 一般吸附曲线示意图

式中：M 为溶质的相对分子质量；ρ 为溶质的密度。

因此通过表面张力的测量实验可获得一些高级脂肪醇、酸、胺分子的大小（截面积、长度）方面的数据。此外，上述曲线形式的吸附量与浓度关系也可以用与朗缪尔吸附公式相似的经验公式表示，即

$$\Gamma = \Gamma_{m} \frac{Kc}{1 + Kc}$$

式中：K 为经验常数，与溶质的表面活性大小有关，通过表面张力测量所得到的数据(Γ、c)可以求得表征溶质分子表面活性大小的常数 K。

8.4　凝聚相间界面体系的实验方法

凝聚相间界面体系包括液-液、固-液以及固-固界面等体系，其中液体可以是纯液体、溶液或熔体等。由于液体性质及固体表面状态多种多样，因此，研究这类界面现象在实验上虽比较困难，但研究手段和方法比较多。这类界面现象与吸附有关，因此需要对其界面能的变化进行研究。

本节主要介绍接触角的测量、固-液界面体系吸附的化学法测量、固-液界面体系的动电(Zeta)电势的测量和一些重要的分散体系的实验方法。对溶胶及其他分散体系等的有关实验方法也略作了介绍。

8.4.1　接触角的测量

表(界)面能和表(界)面能变化的数据是很重要的，对于液-气界面，一般通过液体或溶液表面张力的测量来获取。对凝聚相间的界面，特别是固-液界面，不能用一般的表面张力测量方法直接测量其界面能，须用间接的方法来进行测量，如用溶解度变化测量法和润湿热的直接量热法等。由于多相接界处有接触角这一现象存在，而这一现象又与界面能及表面张力等有密切关系，因此常通过接触角的测量来研究界面能等。

接触角的测量方法有多种，有斜板法、纽曼(Neumann)法、躺滴法和挂泡法等。斜板法比较直接和简单，是一种能得到较精密结果的经典方法，但需要大的固体样品和较多的液体试样。躺滴法和挂泡法常由于液滴或气泡所形成的形状与形成过程的条件和方式有关，因而在使用上受到一定的限制。躺滴法可以在测量表面张力的同时测得接触角，因此在高温熔体性质测量中亦常应用。

1. 斜板法

本法是将一宽约几厘米的由固体样品制成的平板插入液体中，如图 8-13 所示。当平板处在如图 8-13(a)和图 8-13(b)位置时，接触角 θ 值不易直接准确测量。但如果通过调节装置调节板的位置，直到液面完全平坦地到达平板的表面，如图 8-13(c)所示，此时平板表面与液面之间的夹角即为接触角。这一角度可直接测量出。

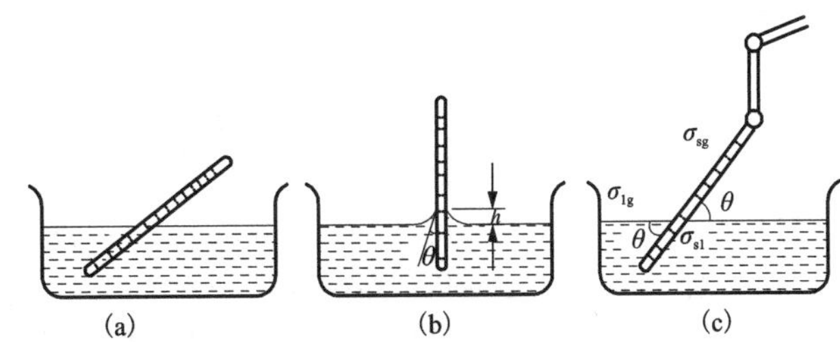

图 8-13　斜板法测量接触角示意图

2. 纽曼(Neumann)法

此法以一块平板插入液体中，如图 8-13(b)所示。若接触角 θ 为某一定值，则弯月液面将上升到足够的高度 h。此时可用下式计算接触角值，即

$$\sin \theta = 1 - \rho g h^{2}/2\sigma$$

式中：ρ 为液体的密度；g 为重力加速度；σ 为液体的表面张力；h 为弯月面上升的高度。

注意：h 值的测量要采用适当的照明方法，易于判明液面上升的顶端才能得到比较准确的结果。这种方法的测量精密度最好的情况能达到 0.1 度。

3. 躺滴法

液滴躺在固体表面，通过平行光投影所得到的图形有如图 8-14 所示的三种情况。图 8-14(b)和图 8-14(c)所示液滴的曲率接近于圆形。将投影图作切线后用量角器即可测量出接触角 θ 值。这种方法的测量精密度常受边界清晰程度的影响。也可用反射光的方法，即利用一个点光源照射到小液滴上，在暗室中从光源处观察液滴的反射光。只有在入射光与液面垂直时，在光源处才能看到反射光。据此以液滴和固体接界周边的某处为中心，如图 8-15 中的 O 点所示，使光源做圆周运动。当光源对固体表面的入射角小于接触角时，从光源处观察液滴则呈现黑暗；当光源的入射角等于接触角时就会看到反射光。逐步增大入射角，直至突然出现明亮，此时光源的入射角就是液滴在固体表面上的接触角。

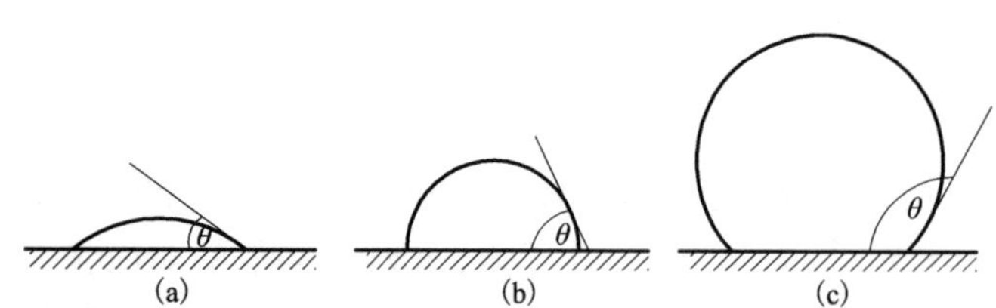

图 8-14 液滴躺在固体表面上的三种情况

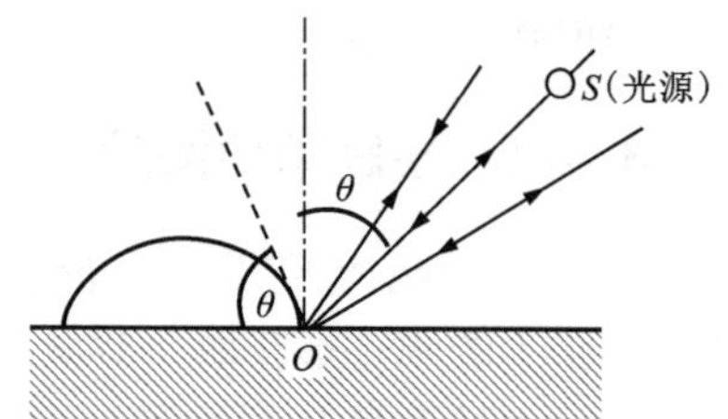

图 8-15 液滴周边处的反光情况示意图

4. 挂泡法

利用这一方法从光学投影(或照相)得到的图形如图 8-16 所示。该方法的优点是在平面固体的下部挂着的气泡(或液珠)较接近于圆球。可通过长度 l 测量来计算接触角 θ 值，有：

$$\tan\frac{\theta}{2}=\frac{l/2}{h}$$

求出 $\theta/2$ 后即可求得 θ 值。

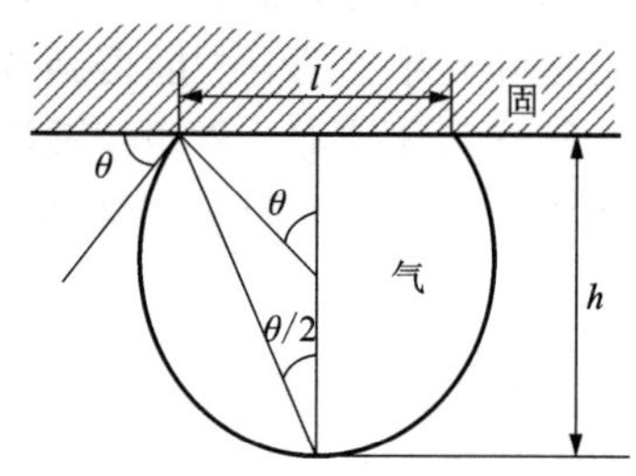

图 8-16 挂泡法测量接触角示意图

5. 接触角的影响因素

接触角的测量从方法上讲并不复杂，但测量却往往难于得到比较准确的结果。例如有人测量过水在金上的接触角，数值从 0°至 86°都有分布。接触角测量不准确的原因主要是接触角这个量受到许多不易控制的因素影响。例如接触角的滞后问题就是一个明证。接触角滞后是以前进角 θ_A 和后退角 θ_R 二者的差值($\theta_R-\theta_A$)来表示的。前进角是固/液界面扩展以取代固/气界面时所测量得的接触角；而后退角是固/液界面缩小被固/气界面取代固/气界面时所测得的接触角。接触滞后现象是由于样品制备不当，固体表面不平整、不均匀，固体表面产生吸附和被玷污，液体不流动以及测量操作不佳等所引起的。相对而言，温度变化和平衡时间对接触角的测定则不很重要。

8.4.2　固-液界面体系吸附的化学法测量

固体与液体(纯液体、溶液或熔体)相接触的界面就是固-液界面体系。在这种界面上会产生吸附现象。如固体自溶液中吸附溶质，以及电极表面自溶液中吸附离子等，这都是人们熟知的事实。对于某些固体自熔体中的吸附，固-气吸附公式也适用，但只能作为经验公式来使用。因为从理论上推导出这些公式还有困难。

化学法测量固体自溶液中的吸附比较简单。一般是将定量的吸附剂与定量的已知浓度的溶液维持在某恒定温度下充分摇混均匀，使之达到平衡后再测量溶液的浓度。从溶液浓度的改变及吸附剂的量可计算出吸附量，即

$$\Gamma = \frac{n}{W} = \frac{V(c_0 - c_{平})}{W}$$

式中：n 为被吸附溶质的摩尔(或毫摩尔)数；W 为吸附剂的质量；V 为溶液的体积；c_0、$c_{平}$分别为吸附前后溶液的浓度。

这种计算是假定溶剂未被吸附，但实际上固体在溶液中吸附溶质的同时还吸附了溶剂。因此这种吸附量只能是相对的，故称为表观吸附量。

对于稀溶液或浓度不太高的电解质溶液，常用表观吸附量的概念来处理吸附问题。通过实验，求得不同平衡浓度下的吸附量，也可以绘出类似固-气吸附等温线形式的固体在溶液中的吸附等温线。按弗伦德利希经验公式或朗缪尔吸附公式对实验数据进行处理，即可以求得吸附的诸常数和吸附剂的比表面积。

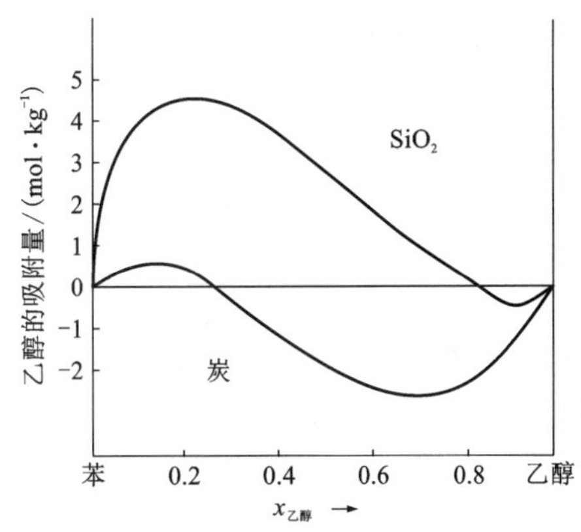

图 8-17　固体在溶液中的吸附等温线

对于两种能完全互溶的液体，根据固体在其中的吸附很难区分出溶质或溶剂。如果以摩尔分数表示浓度，在整个浓度范围内也可测量出固体在溶液中吸附某种物质的吸附等温线，如图 8-17 所示。这种吸附等温线有一些特点，即有极大点和极小点；有正吸附和负吸附。这就充分说明溶质和溶剂都会被固体吸附。

8.4.3　固-液界面体系的动电(Zeta)电势的测量

在固-液界面体系中，当固体的宏观尺寸比较大时，固-液界面是平面状界面，双电层是平行板状的。对于高分散度的固体小颗粒，如胶体粒子，其固-液界面则不能视为平面界面，应视为封闭曲面状的界面，理想情况则为球面状界面；其双电层也为球面状双电层。由于这个原因，固体小颗粒分散相质点在分散介质中，形成固-液球面状双电层而带上电荷后就像一个特大的“离子”。在外电场作用下，这种“离子”状的分散相质点在分散介质中作定向运动，这种定向运动就是电泳。如果在外电场作用下，分散相质点不运动，分散介质会通过分散相的质点层而移动，则这种现象称为电渗。若分散相质点在分散介质中迅速下降，则容器中分散介质的表面层和底层之间会产生相应的电势差，此种电势差称为沉降电势。它和电泳恰好是相反的过程。若在加压情况下使分散介质连续地渗透过分散相质点层，则质点层两边

也会产生电势差，这种电势差称为流动电势。它是电渗的逆过程。以上四种现象都与固相和液相的相对运动有关，所以统称为动电(或电动)现象。

在固-液界面体系中，分散相质点与溶液(分散介质)界面的双电层电位随离质点中心的距离变化情况如图 8-18 所示。

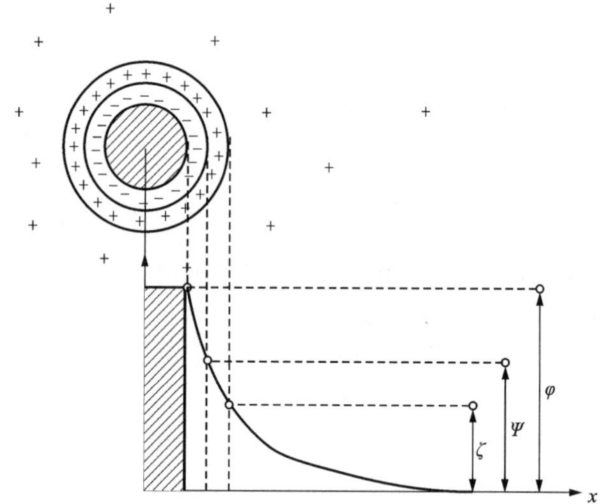

图 8-18 分散相质点/分散介质界面电势分布示意图

图 8-18 中 φ 是固-液界面体系的热力学势，即整个双电层的电势，它是相对于溶液深处的零电势而言的；φ 是固体与溶液构成的电极的电极电势；ψ 是双电层的紧密部分与扩散部分交界处的电势；ζ 是固相与液相可以发生相对运动处的电势，即连带着被束缚的溶剂化层的固相与溶液之间的电势。在稀溶液中 ψ 电势与 ζ 电势不易分清，在浓溶液中 ψ 电势与 ζ 电势有差别。由于 ζ 电势为固、液两相间的滑动面处的电势，与动电现象密切相关，所以称为动电电势，通常又称 Zeta 电势。ζ 电势只有在分散相质点于分散介质中受到外力作用而产生运动时才表现出来，但它也是固-液界面双电层电势中的一个部分。动电现象能直接反映固-液界面确实存在双电层结构，所以测量 ζ 电势可以进一步认识固-液界面的结构变化并由此推测其吸附机理。ζ 电势绝对值的大小也常作为溶胶稳定性判断的定量依据。

根据双电层概念可以导出电泳公式，如果分散相是片状的，则分散相质点的电泳速度 u (cm/s)与电位梯度 $U_{外}/l$(V/cm)有如下关系：

$$u=\frac{\varepsilon_{r}U_{外}\zeta}{4\pi\eta l}\quad 或 \quad \zeta=\frac{4\pi\eta l}{\varepsilon_{r}U_{外}}u(静电单位)$$

式中：η 为液体的黏度；ε 为液体的介电常数。如果分散相是球形的，则有：

$$u=\frac{\varepsilon_{r}U_{外}\zeta}{6\pi\eta l}\quad 或 \quad \zeta=\frac{6\pi\eta l}{\varepsilon_{r}U_{外}}u(静电单位)$$

也可以化为

$$\zeta=\frac{6\pi\eta l}{\varepsilon_{r}U_{外}}u\times 300^{2}(\mathrm{V})$$

电渗公式也与电泳公式相仿，电渗的速度 u 用通过分散相质点层流出的液体体积 V(mL)和分散相质点层内的毛细管的总截面积 A(cm^2)表示，即 $u=V/A$。电位梯度用 $U_{外}/l=IR/l=I/\kappa Al$ 表示时，则有：

$$\zeta=\frac{4\pi\eta l}{\varepsilon_{r}U_{外}}u=\frac{4\pi\eta}{\varepsilon_{r}}\times\frac{V/A}{I/\kappa A}=\frac{4\pi\eta\kappa V}{\varepsilon_{r}I}(静电单位)$$

式中：κ 为液体的电导率；I 为电渗时的电流强度。

注意：该公式中电导率包括毛细管壁的表面电导率。对毛细管易于校正，但对于一般的固体粉末层，校正项则很难计算。当分散介质的电导率较大，且粉末粒度在 50 μm 以上时，表面电导率的影响较小，一般可以忽略不计。

原则上任何一种动电现象都可用来测定 ζ 电势，但最常用的是电泳法和电渗法。电泳法用于胶体粒子的 ζ 电势测量比较方便，其他分散相质点，如矿物粉末等在一定介质中的 ζ 电势测量则用电渗法比较方便。

1. 电泳法

电泳法的实验方法有两大类，即宏观法和微观法。宏观法是观察胶体与导电液体(介质)的宏观界面在电场中的移动速度(电泳速度)；微观法是直接观察单个胶粒在电场中的移动速度(电泳速度)。对高分散度的或过浓的胶体不易观察个别胶粒子的运动，因此只能用宏观法；对分散度不甚高或很稀的粒子较大的胶体则可用微观法。

宏观电泳法测 ζ 电势的装置如图 8-19 所示。实验时测量出加到电泳仪上的电压值、两极间的距离、电泳速度及介质的介电常数和黏度，即可根据电泳公式求得一定条件下的 ζ 电势值。具体的实验见相关的实验部分。

微观电泳法测量 ζ 电势的装置如图 8-20 所示。测量时，通过显微镜观察，选择视场中的某个粒子为测量对象。利用显微镜中的读数标尺，测量出粒子在一定电场中的电泳速度，即测量出粒子在一定的时间内移动的距离，结合电场强度、黏度和介电常数等数据即可求得 ζ 电势。

关于电泳实验的研究技术有很多专著可供参考，特别在生物和天然大分子化合物的电泳研究中积累了不少宝贵的经验，还发展了如纸上电泳等的电泳实验方法。

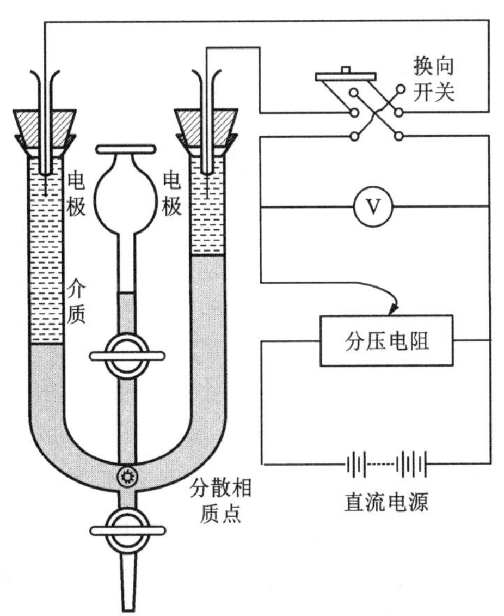

图 8-19　宏观电泳法测量 ζ 电势的装置示意图

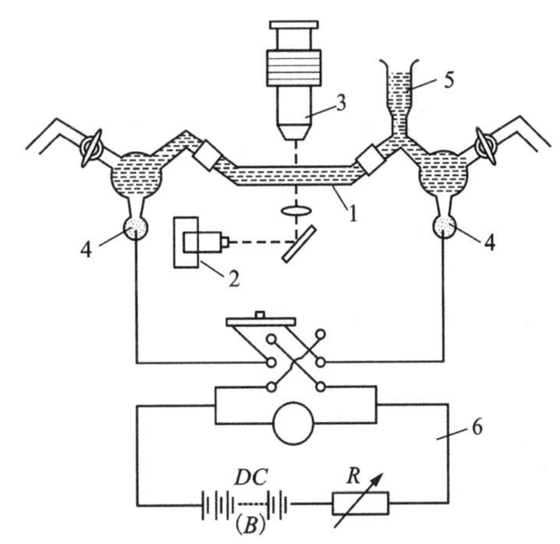

1—微电泳池；2—光源；3—读数显微镜；
4—Pt 电极；5—电解池；6—电源及控制系统。

图 8-20　微观电泳法测量 ζ 电势的装置示意图

2. 电渗法

电渗法测量 ζ 电势的实验方法：原则上是设法将要研究的分散相质点固定成为一紧密结

合层；然后在外加电场的作用下使分散介质从分散相质点层渗透过，测出单位时间内分散介质的流出量和相应的电流值；结合分散介质的特性常数(η、ε、κ)，根据电渗公式求得 ζ 电势。

固定分散相质点的方法很多，如石英砂可以烧结成多孔状态的紧密结合层，或采用分散相质点不能穿透的其他隔膜装成紧密结合层，或利用重力压紧粉状物成紧密结合层等。当然在实验时还有不少技术上或材料上的困难需要解决。电渗法测量 ζ 电势的装置如图 8-21 所示。

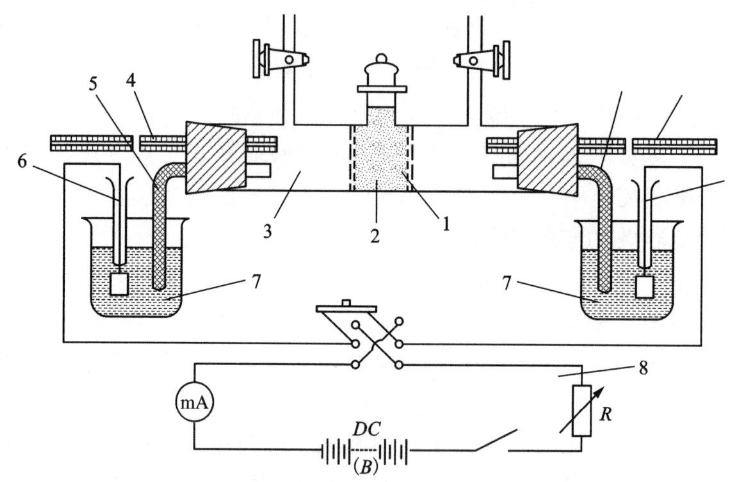

1—隔膜；2—分散相质点层；3—分散介质；4—带刻度的毛细管；
5—凝胶盐桥；6—电极；7—电解液；8—电源及控制系统。

图 8-21　电渗实验装置示意图

电渗仪结构型式繁多，比较适用的电渗仪应该方便于固定各种分散相质点成紧密结合层；方便于测量分散介质渗透流出的体积，测量时能较好地维持分散介质的电导率 κ 不变和有较低的总内阻。

8.4.4　一些重要的分散体系的实验方法

悬浊液、凝胶、胶体电解质以及泡沫等是一些重要的分散系，它们与人们的生活和生产等有密切的关系。

1. 悬浊液粒子的沉降分析法

粉料在生活和生产过程中是常见的，它们在液相介质中均匀地分散成为悬浊体。利用悬浊体的沉降分析法测量粉料在一定的粒度范围内的粒度分布是一种较为简便的方法。沉降分析实验方法有多种方式，如沉降天平法、沉降管法以及光学测量法等。

(1)沉降天平法。沉降天平法测量装置如图 8-22 所示。

该法可直接测量出不同沉降时刻(t)的沉降重量(W)，并绘出沉降曲线，即 W 对 t 的曲线。如图 8-23 所示，在沉降过程中，颗粒的半径(r)与沉降高度(h)及沉降时间(t)等有如下关系(斯托克斯关系式)：

$$r=\sqrt{\frac{9}{2}\cdot\frac{\eta}{(\rho_s-\rho_l)g}\cdot\frac{h}{t}}$$

式中：η 为沉降介质的黏度；ρ_s、ρ_l 分别为粉状料和沉降介质的密度；g 为重力加速度。

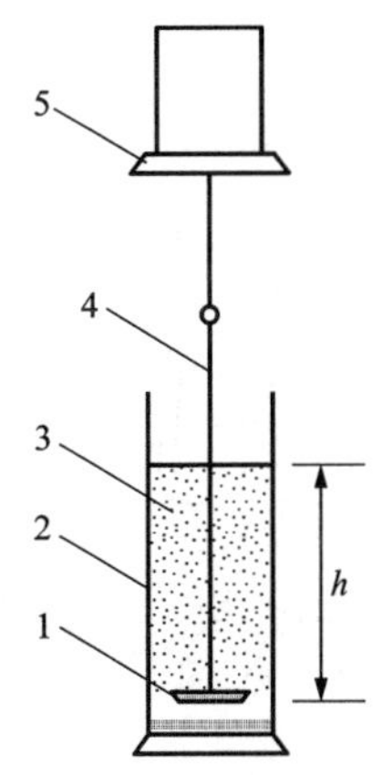

1—沉降盘；2—沉降筒；3—悬浊液；
4—吊丝（或挂盘）；5—天平。

图 8-22　沉降天平法测量体系示意图

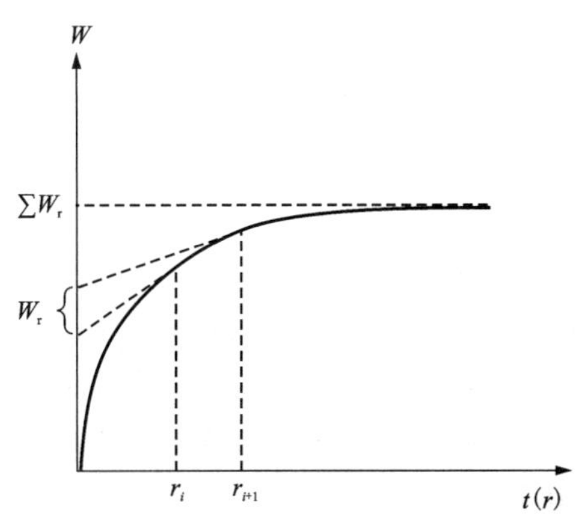

图 8-23　沉降曲线示意图

根据沉降曲线（W-t 曲线），用作切线求截距的办法可以得到平均粒径等于 $\bar{r}$ 的颗粒重量 $\overline{W}_r$，并可绘出 $\overline{W}_r$ 对 $\bar{r}$ 的关系曲线。沉降分析所测的粉状料的粒度分布函数为：

$$f(r)=\frac{1}{W_m}\frac{dW_r}{dr}$$

式中：W_m 为总沉降量，$W_m=\sum W_r$。

斯托克斯关系式的适用条件是：

①固体粒子为球形；

②固体粒子粒径远大于液态介质分子；

③固体粒子总体积远小于液态介质的总体积；

④固体粒子等速沉降，即沉降速度不宜太大。

影响沉降分析结果的主要因素有液体的对流（包括机械因素和热因素所致的）和细粒子的聚结。恒温可以减少热因素所致的对流；添加适量的分散剂可以降低细粒子的聚结，但分散剂的用量和种类需要经过实验确定，一般低于 0.1%；沉降分析所用液态介质不能与分散相颗粒发生化学反应（或使之溶解）；分散体系浓度一般控制在 1%~2%（质量分数）；同时要考虑液态沉降介质的黏度、固液的密度等因素。

此外，一般重力场中的沉降分析只适用于粒子粒径为 0.1~50 μm 的固体粒子；若粒子粒径在 0.1 μm 以下，则需要在离心机中进行沉降分析；粒子粒径大于 50 μm 时，则采用金属筛进行筛分。

（2）沉降管法。沉降管法的实验装置如图 8-24 所示。沉降管所连支管为一毛细管，内径约 ϕ2 mm，与水平面有一倾斜角度 θ。当沉降管中放入悬浊液，毛细管中只放入沉降介质时，沉降介质的密度低于悬浊液的密度，毛细管中的液面要比沉降管中的液面高。在粒子不断下沉的过程中，悬浊液的密度会不断变小，相应地毛细管中的液面会不断降低。当粒子全部沉降到图 8-24 中 b 面以下时，毛细管中的液面高度就与沉降管中的液面高度相等。因此测量沉降过程中两液面高度差随时间的变化，即能求得沉降高度 h 内的粒子沉降至 b 面以下的沉降量随时间的变化。

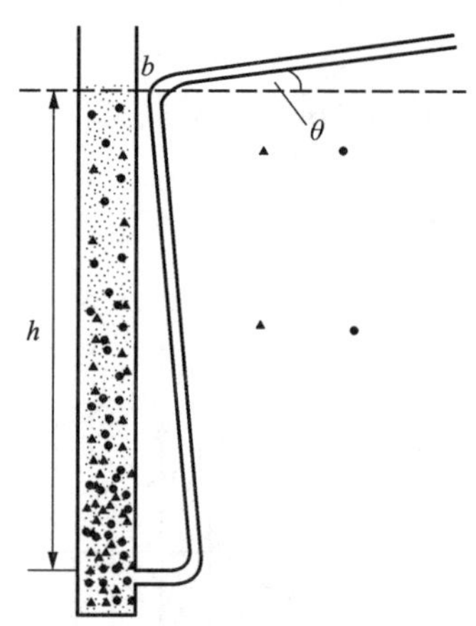

图 8-24　沉降管法测量体系示意图

设 x 为毛细管中介质柱在 t 时刻的长度，x_0 为 $t \to 0$ 时的长度，则可以证明 t 时刻的沉降量 G_r 为：

$$G_r = k(x_0 - x)$$

式中：k 与悬浊体的粒子及介质的密度（ρ_s 与 ρ_l）、沉降高度（h）、沉降高度内悬浊体的体积（V）以及毛细支管的倾斜度 θ 值等有关；但对一定的沉降体系，k 为常数。

因此以（$x_0 - x$）对时间 t 作图则可得到沉降曲线，进一步处理数据可求出所测粉料的粒度分布函数

$$f(r) = \frac{1}{x_0}\frac{\mathrm{d}x_r}{\mathrm{d}r}$$

2. 溶胶的稳定性与聚沉值测量

憎液溶胶的稳定性可以用其 ζ 电势的大小来衡量。溶胶的 ζ 电势值愈大则愈稳定。

电解质对溶胶的聚沉具有很大的作用。它的聚沉作用与其本性及浓度有关。各种电解质对某一溶胶的聚沉能力是以其聚沉值来表示的。聚沉值的测量方法是经典的化学方法，实验方法在后面的实验部分有介绍。

3. 胶体电解质的 CMC 值测量

胶体电解质是在研究表面活性物质的基础上建立起来的一种新的物质概念。胶体电解质能形成类似于胶团的缔合物，构成一种特殊的分散体系。它有别于溶液体系，也有别于溶胶体系；它强烈地受界面性质的影响。胶体电解质的胶团与其溶液中的胶体电解质分子呈平衡状态，同时胶体电解质可强烈地降低液体的表面张力。胶体电解质在生活和生产上有广泛的用途，通常使用的洗涤剂、清洁剂、润湿剂和添加剂等就是一些胶体电解质。

胶体电解质的 CMC 值是一个很重要的数据。CMC 是临界胶团浓度（critical micelle concentration）的简称，是胶体电解质产生增溶和建立胶团的起始浓度。它可以作为表面活性物质的活性量度。此值越小，则这种表面活性剂形成胶团所需的浓度越低，达到表面（或界面）饱和吸附的浓度就越低。所以改善表面（或界面）性质而起到润湿、乳化、加溶、起泡等作用所需要的浓度就越低。

胶体电解质的 CMC 值可以利用表面活性在 CMC 时的物理化学性质会发生突变这一特点来测量。实验时，测量胶体电解质体系在溶液浓度递变过程中的物理化学性质，如表面或界面张力、电导率、密度或渗透压等，根据物性对浓度的关系曲线的转折点即可确定胶体电解质的 CMC 值。

表面化学与胶体化学实验

实验二十　最大气泡压力法测定溶液表面张力

1. 实验目的

(1)掌握表面张力的性质，通过最大气泡压力法的测定，进一步了解气泡压力与半径及表面张力的关系；

(2)掌握一种测量表面张力的方法——最大气泡压力法的原理和技术；

(3)测量不同浓度的表面活性物质(正丁醇)的水溶液在一定温度下的表面张力；

(4)应用吉布斯(Gibbs)吸附方程式计算吸附量，并计算正丁醇分子的横截面积和饱和吸附分子层的厚度。

2. 实验原理

表面张力测量的方法很多，本实验采用最大气泡压力法。该法是测量气泡刚好从浸没在液体表面下的毛细管口逸出时所需要的压力。

设毛细管的半径为 r_m，且毛细管口刚好与液面相切，则气泡由毛细管中逸出时的最大附加压力为：

$$p_{max}=\frac{2\sigma}{r_m}=\rho g\Delta p_m,\ \sigma=\frac{r_m}{2}\rho g\Delta p_m$$

式中：Δp_m 为气泡压力最大值 p_{max} 所对应的压力差；ρ 为液体密度；g 为重力加速度。

对于一定的毛细管有：

$$\sigma=\frac{r_m}{2}\rho g\Delta p_m=K\Delta p_m \qquad (E20-1)$$

式(E20-1)是最大气泡压力法测量表面张力的基本关系式，其中 K 为仪器常数，其值可用已知表面张力的液体(如水)标定得出。

当物质加入某些液体后能在表面上产生吸附，极大地改变液体的表面张力。在一定温度和压强下，物质的吸附量与溶液的表面张力以及溶液的浓度有关。用热力学方法可导出它们之间的关系，即 Gibbs 吸附等温方程式：

$$\Gamma=-\frac{c}{RT}\frac{d\sigma}{dc} \qquad (E20-2)$$

式中：Γ 为吸附量，mol/m^2；σ 为表面张力，N/m；T 为绝对温度，K；c 为溶液浓度；R 为理想气体常数。

实验测量出同一温度下不同浓度的溶液的表面张力，绘出 $\sigma-c$ 曲线，如图 8-25(a)所示。

将曲线上某一浓度 c 的切线斜率($d\sigma/dc$)代入式(E20-2)，就可以求出相应于该浓度下的吸附量 Γ。具体做法是在曲线上的指定浓度点 c_i 做一切线，交纵轴于 M 点，再过 c_i 点做一条与横轴平行的直线，交纵轴于 N 点。由于存在关系式 $-c_i\times\frac{d\sigma}{dc}=\overline{MN}$，故可得：

$$\Gamma_i = \frac{\overline{MN}}{RT} \qquad \text{(E20-3)}$$

根据该法求出一系列浓度的吸附量 Γ，则可作出 Γ-c 曲线，如图 8-25(b)所示。图中 Γ_m 为饱和吸附量，这时再增大溶液的浓度，吸附量也不再增加了。

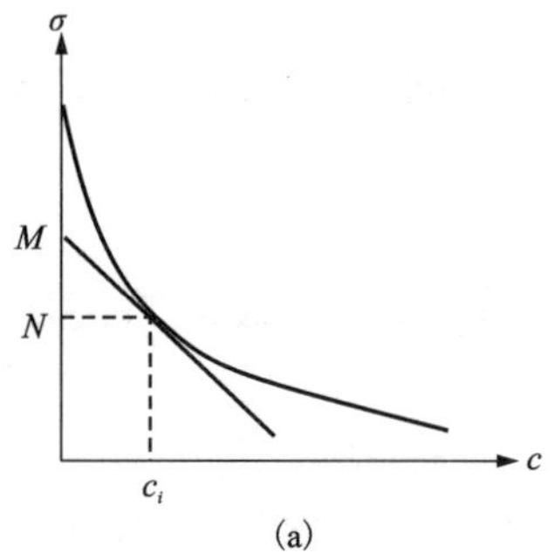

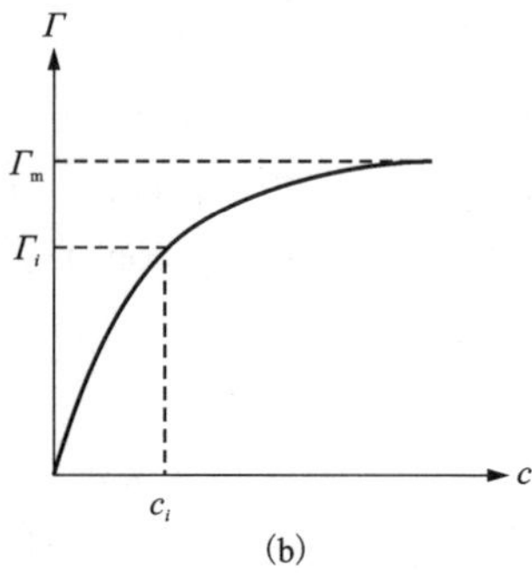

图 8-25 σ-c 曲线和 Γ-c 曲线

3. 仪器与试剂

主要实验仪器：超级恒温槽 1 台，精密数字压力计 1 台；

辅助实验用品：支管试管 1 支，毛细管 1 支，滴液漏斗 1 个，大烧杯 1 个，取样滴管若干支。

实验试剂：正丁醇溶液(0.01～0.35 mol/L) 8～10 种，蒸馏水。

4. 实验步骤

(1)恒温槽调节。将恒温槽温度调至约高于室温 3～5 ℃。

(2)清洗仪器。毛细管与支管试管是表面张力测量装置的核心部分，必须洗净至玻璃管壁上不挂水珠，使毛细管有很好的润湿性。先用洗液浸泡毛细管和支管试管，然后用自来水冲洗，最后用蒸馏水浸洗。

(3)装样及检漏。在上述已清洗好的支管试管内加入少量的蒸馏水，装好毛细管，使其尖端刚好与液面相接触，并将支管试管放入恒温槽中恒温 5～8 分钟；在滴液漏斗中加满自来水，测量系统处于与大气相通的状态时，按下压力计上的“采零”按钮。然后按图 8-26 所示将支管试管和滴液漏斗安装好测量系统；观察压力计上显示的读数，保持2～3 分钟不变化，说明系统不漏气，方可进行下一步操作。

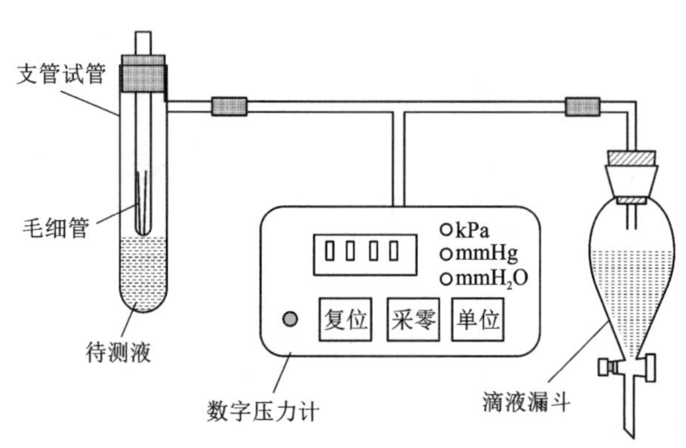

图 8-26 最大气泡压力法测量溶液表面张力装置示意图

注意：毛细管安装要垂直，尖端要刚好与液面相接触。在实验过程中要经常检查此接触面。

(4)仪器常数的测量。在滴液漏斗下放置一个大烧杯，缓慢打开滴液漏斗下部的活塞，使漏斗内的水慢慢滴下。此时系统内的压力会逐渐降低，压力计显示的压力值也随之变化(增加)，毛细管中会有气泡形成、长大，当毛细管中的气泡长大至气泡的曲率半径与毛细管的半径相等时，压力达到最大值；然后气泡便会逸出，系统压力又会回到初始状态，记下压力计上所显示的最大压力值，该压力值即为最大气泡压力 p_{max} 所对应的压力差值 Δp。

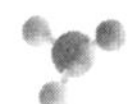

滴液漏斗放水开始时可以稍快一点，当毛细管中有气泡逸出时就要调节出水口活塞，减缓滴水速度，大约是每分钟 8～10 个气泡。出泡速度控制的原则：一是保证能来得及读数，二是保证压力读数基本稳定（读数变化只在小数点后最后一位上），连续读取 3 次压力计读数，取平均值。

（5）不同浓度下正丁醇溶液的表面张力测量。用待测溶将支管试管及毛细管等润洗后，加入适量的待测液到装液管中，按照前述步骤的操作方法进行最大压力测量。测量应从稀溶液开始，依次测量较浓的溶液。

注意：实验期间温度要维持不变，仪器常数也要恒定。

5. 数据处理

（1）仪器常数 K 的确定。先从相关手册中查出实验温度下水的表面张力值 σ_{H_2O}；将以水为测量对象所测出的最大压力差值（Δp_m）和 σ_{H_2O} 代入式（E20-1），计算出实验系统的仪器常数 K 值。

（2）不同浓度下正丁醇溶液表面张力的确定。将实验测出的不同浓度下正丁醇溶液的最大压力差值 Δp_m 和以上计算出的仪器常数 K 值代入式（E20-1），计算出不同浓度 c_i 下正丁醇溶液的表面张力 $\sigma_{醇,i}$ 值。

（3）绘制 $\sigma-c$ 曲线，计算不同浓度下溶液的吸附量 Γ。根据不同浓度溶液的 $\sigma_{醇,i}$ 值绘出 $\sigma-c$ 曲线图；选择适当的浓度间隔，在 $\sigma-c$ 曲线图上做相应浓度点处的切线，再根据式（E20-2）或式（E20-3）求出各浓度下的吸附量 Γ_i 值。

（4）绘制 $\Gamma-c$ 曲线，求出正丁醇溶液的饱和吸附量 Γ_m。根据以上所得数据绘制出 $\Gamma-c$ 曲线图，并根据 $\Gamma-c$ 曲线图确定实验温度下正丁醇溶液的饱和吸附量 Γ_m 值。

另外，在一定温度下，希思柯夫斯基经验关系式描述了溶液表面张力与浓度的关系：

$$\sigma_0 - \sigma = \alpha \ln(1 + \beta c)$$

将希思柯夫斯基经验关系与吉布斯吸附等温式相结合可得：

$$\Gamma = \Gamma_m \frac{\beta c}{1 + \beta c} \quad 或 \quad \frac{c}{\Gamma} = \frac{c}{\Gamma_m} + \frac{1}{\beta \Gamma_m} \tag{E20-4}$$

式中：$\Gamma_m = \alpha / RT$，以 c/Γ 对 c 作图得一直线，由直线的斜率也可求出溶液的饱和吸附量 Γ_m。

（5）正丁醇分子横截面积计算。设未发生表面吸附时单位表面积（1 m^2）所含溶质分子数为 N_1（按溶液本体浓度折算出来的），则溶液表面吸附达到饱和时，单位表面积（1 m^2）所含溶质分子数为 $N_1 + \Gamma_m L$，其中 L 为阿伏伽德罗常数。因表面活性物质在溶液表面为定向规则排列，所以达到饱和吸附时溶液表面完全为溶质分子覆盖，则每个分子的横截面积 S 为：

$$S = \frac{1}{N_1 + \Gamma_m L}$$

一般取 $N_1 = N^{2/3}$，N 是溶液本体中单位体积（1 m^3）内溶质分子的个数（可由溶液浓度算出）。忽略 N_1 可得近似结果 $S = \frac{1}{\Gamma_m L}$，饱和吸附层的厚度 δ 可由下式计算：

$$\delta = \frac{\Gamma_m M}{\rho}$$

式中：M 和 ρ 分别为溶质的摩尔质量和密度。

6. 实验结果讨论

(1)从 σ-c 曲线形状讨论正丁醇的表面活性；根据 c/Γ-c 直线的斜率和截距求算出希思柯夫斯基经验式中的经验常数 α 和 β，计算正丁醇的表面活性 $\Delta\sigma$。

(2)对照文献值，计算实验误差，讨论有哪些因素影响测定结果的准确性。

(3)对实验操作要点进行讨论。如气泡的逸出速度，过快或过慢会对实验结果产生什么影响；毛细管的尖端是否需要平整；选择毛细管直径大小时应注意什么；毛细管插入溶液的深浅会对实验结果产生什么影响；毛细管和支管试管的清洁程度会对实验结果产生什么影响；等等。

(4)结合表 8-1 中的数据，以活度代替浓度进行处理数据，与用浓度进行处理数据的结果进行比较、讨论。

参考数据

(1)直链醇分子的横截面积约为 $21.6\times10^{-20}\ m^2$。

(2)室温下正丁醇在水中的活度系数列于表 8-1。

表 8-1　正丁醇在水中的活度系数

正丁醇浓度 $c/(mol\cdot L^{-1})$	活度系数 γ	正丁醇浓度 $c/(mol\cdot L^{-1})$	活度系数 γ	正丁醇浓度 $c/(mol\cdot L^{-1})$	活度系数 γ
0.003	0.9971	0.040	0.9691	0.200	0.9161
0.006	0.9942	0.050	0.9638	0.250	0.9058
0.010	0.9906	0.070	0.9546	0.300	0.897
0.020	0.9823	0.100	0.9433		
0.030	0.9753	0.150	0.9276		

实验二十一　$Fe(OH)_3$ 溶胶的制备、纯化及胶体体系 Zeta 电势的测量

1. 实验目的

(1)了解制备溶胶的基本原理及方法，用水解法制备 $Fe(OH)_3$ 溶胶并将其纯化；

(2)掌握电泳法或电渗法测定胶体体系的 ζ(Zeta)电势的原理与技术；

(3)加深理解电渗、电泳是胶体中液相和固相在外电场作用下相对移动而产生的电性现象；

2. 实验原理

胶体是分散程度在 1 nm(10^{-9} 米)至 100 nm 之间的微多相体系。分散相和分散介质都可以分别属于固态、液态和气态中的任何一种状态。分散介质为液体，分散相为固态物质的胶体，通常称为溶胶，外观类似溶液。许多天然高分子物质能自动和水形成溶胶，称为高分子溶液或亲液溶胶，它属于热力学稳定体系。通常所指的溶胶是另一类属热力学上的不稳定体

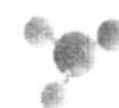

系，它们不能自动形成，习惯上称为憎液溶胶。

能稳定存在的憎液溶胶要具备动力稳定性和聚集(结)稳定性两个条件。动力稳定性是指分散相粒子很小为 1~100 nm，不会因重力作用而沉降到容器底部；聚集(结)稳定性是指粒子间不会因碰撞而聚集到一起，以致产生大颗粒使溶胶沉淀。溶胶是暂时稳定的体系；它的暂时稳定是借助分散相粒子带电而获得的。所以制备溶胶，其要点是设法将分散相物质通过分散或凝聚等方法，使它们的粒度恰好落在胶体粒子尺寸的范围，并有少量的电解质使分散相粒子带电。

从上述原则出发制备溶胶有许多具体方法；$Fe(OH)_3$ 溶胶制备是采用水解法(化学法)，即使 $FeCl_3$ 水解生成不溶解的 $Fe(OH)_3$ 微粒，并控制其颗粒大小在胶体粒度范围。

在不同的方法、途径、试剂浓度等条件下制备的溶胶，其性质是不相同的。因此，如果不严格地控制制备溶胶的条件，胶体性质测量值难以重现。因此需要对溶胶进行纯化。关于溶胶纯化的方法也有多种，如机械分离的超过滤等。本实验采用渗析法，即通过半透膜除去溶胶中多余的电解质来达到纯化的目的。半透膜是指一种带有微孔的薄膜，胶体粒子不能通过这些微孔，而溶剂分子和一般的无机离子能够通过。

胶体体系的动电现象早已为人们所发现，它产生的原因是胶粒表面由于电离或吸附粒子而带电荷。原则上，胶体的任何一种动电现象都可以用于测定溶胶的 ζ 电势，但电泳法和电渗法是其中最方便，也最常用的测定方法。在外电场作用下，若分散相胶粒对分散相介质发生相对移动，称为电泳；若分散介质对静态的分散相胶粒发生相对移动，称为电渗。实质上，两者都是带电荷的粒子在电场作用下的定向运动；不同的是，电泳研究固体粒子的运动，而电渗研究液体介质的运动。

电泳法又分为宏观电泳法和微观电泳法两类。宏观电泳法适用于颜色较深、浓度较高、分散度较高的胶体体系，可通过观察深色溶胶与另一种浅色、不含胶粒的电解质溶液(称为辅助液)之间的界面在电场中的移动速度，然后由相关计算式计算 ζ 电势；微观电泳法适用于颜色较浅、浓度较低的胶体体系。

本实验采用宏观电泳法。实验时将 $Fe(OH)_3$胶体溶液放入电泳管(U 形管)中，溶胶在两臂保持均等。然后放入无色的导电溶液，以产生明显界面。再在各管口安放一支电极，通以直流电后可看到一臂的溶胶界面上升，而另一臂的溶胶界面下降。根据界面的移动方向可立即知道胶粒所带电荷的种类。测量出电泳速度 u(m/s)、电极间的距离 l(m)、外加电压 U(V)，由物性手册查出分散介质的黏度 η[kg/(m·s)]、相对介电常数 ε_r 和分散相的特性常数 K[$V^2 \cdot s^2/(kg \cdot m)$]后，便可计算出 ζ 电势。

电泳法计算 ζ 电势的公式为：

$$\zeta = \frac{K\pi\eta}{\varepsilon_r U/l} \cdot u \tag{E21-1}$$

式中：$u=\dfrac{d}{t}$；d 为在时间 t(s)内胶体与辅助液界面移动的距离，m。

电渗与电泳是互补效应。电渗法要设法使所要研究的分散相质点固定在静电场中(通以直流电)，让能导电的分散介质向某一方向流经毛细管，测量出其流量和通过的电流。根据已知液体介质的黏度 η[kg/(m·s)]，介电常数 ε(F/m)，电导率 κ，即可算出 ζ 电势。

由于电渗实验中多孔塞的毛细管形状各异，因此用电渗法测 ζ 电势要考虑毛细管的形状因素影响。电渗的速率通常以 t 时间内渗出的分散介质体积计，即单位时间内液体由于受电场作用流过毛细管的流量 $u(\mathrm{m}^3)/t(\mathrm{s})$。设通过电渗池的电流为 $I(\mathrm{A})$，则由截面为圆形的毛细管电渗的 ζ 电势(V)表达式为：

$$\zeta = \frac{\eta u}{I\varepsilon}(\kappa + f_2\kappa_s) \tag{E21-2}$$

式中：f_2 为毛细管形状系数，等于毛细管截面的周长与截面积之比；κ 为介质的电导率，S/m；κ_s 为该表面电导率，一般较小，如水在玻璃毛细管中 $\kappa_s = 10^{-9} \sim 10^{-8}$ S/m，当分散介质的电导率足够大，且粉末粒度在 50 μm 以上时，表面电导率的影响较小，一般可以忽略不计。

因此，式(E21-2)变为：

$$\zeta = \frac{\eta u \kappa}{I\varepsilon} \tag{E21-3}$$

3. 仪器与试剂

主要实验仪器：加热电炉 1 个；电泳实验装置一套(如图 8-27 所示)；电渗实验装置一套(如图 8-28 所示)。

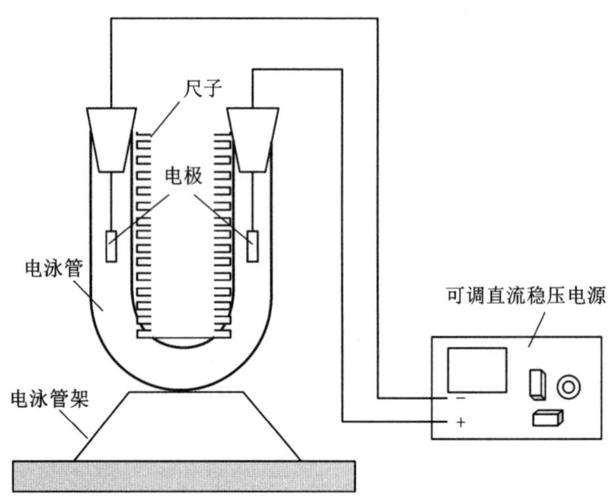

图 8-27　宏观电泳法测定 ζ 电势装置示意图

含电泳仪 1 台，带刻度的 U 形电泳管 1 套，电渗仪 1 台，带刻度电渗管 1 套，亮铂电极 4 支；小滴管 2 支；1 mL 移液管 1 支；直尺 1 把；测距铜丝 1 根，停表 1 块。

辅助实验用品：200 mL 烧杯 1 只，1000 mL 烧杯 1 只，100 mL 的量筒 1 只，5 mL 移液管 1 支，250 mL 的锥形瓶 2 个，恒温槽 1 个(公用)。

主要实验试剂：$FeCl_3$ 溶液(10%)，KCl 溶液(0. 01 mol/L)；SiO_2 粉末(80~100 目)。

辅助实验试剂：$AgNO_3$ 溶液(1%)；KCNS 溶液(1%)。

4. 实验步骤

(1)制备 $Fe(OH)_3$ 溶胶及纯化

①将盛有 400~500 mL 蒸馏水的大烧杯(1000 mL)放入恒温槽中，设置恒温温度为 60 ℃左右。

②用量筒量取 95 mL 蒸馏水倒入 250 mL 锥形瓶中。将锥形瓶放在电炉

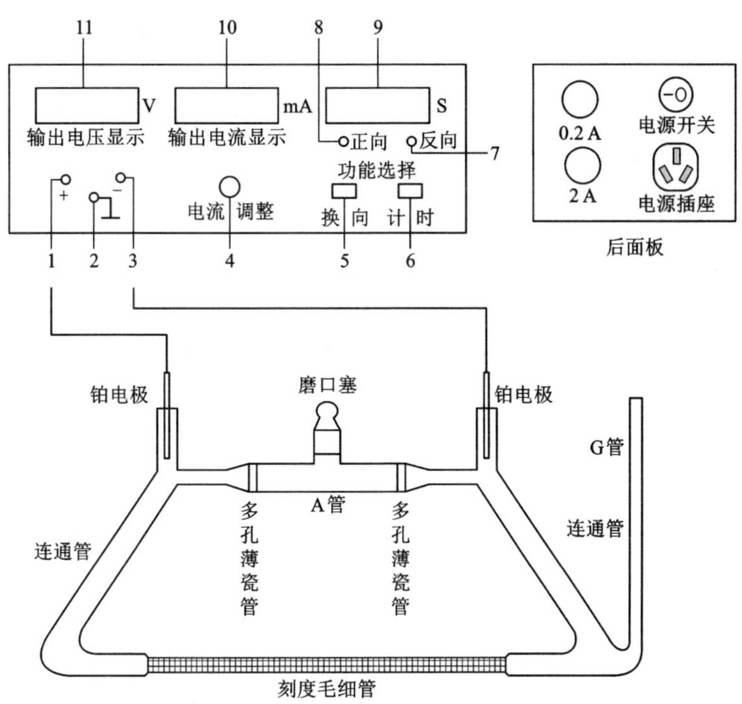

1—正极接线柱；2—接地接线柱；3—负极接线柱；4—电流调整旋钮；5—换向按钮；6—计时按钮；7—反向指示灯；8—正向指示灯；9—时间显示窗口；10—输出电流显示；11—输出电压显示。

图 8-28 电渗法实验装置示意图

上加热，用移液管移取浓度为10%的 $FeCl_3$ 溶液 5 mL，逐滴(快速)加入沸水之中，滴加完后继续煮沸 0.5～1.0 min。将锥形瓶从电炉上取下来，让其逐渐冷却，得到深红棕色的 $Fe(OH)_3$ 溶胶(透明)。

③将制得的 $Fe(OH)_3$ 溶胶灌装于半透膜袋内，并封好袋口。将其放入恒温槽中的大烧杯里，进行热渗析，且每 30 min 换一次烧杯里的水。定时取热渗水 1 mL 分别用 1%的 $AgNO_3$ 溶液及 1%的 KCNS 溶液检查其中有无 Cl^- 和 Fe^{3+} 离子，直至检测不出 Cl^- 和 Fe^{3+}，即完成溶胶热渗析纯化(一般需要 4 次)。纯化过程中应随时观察和记录发生的现象。最后将纯化好的 $Fe(OH)_3$ 溶胶移置于干净的棕色磨口瓶中进行老化，供作电泳实验的样品。

(2)电泳法测定 Zeta 电势

①装样。将 U 形电泳管洗净，小心倒入经纯化的上述 $Fe(OH)_3$ 溶胶，至溶胶液面到 U 形管一半高度即可。用小滴管汲取浓度为 0.01 mol/L 的 KCl 溶液。将小滴管的管口抵在 U 形管内壁上，小心缓慢地轻捏小滴管的胶头，使挤出的 KCl 溶液沿 U 形管内壁缓缓流下，以保证加入的 KCl 溶液与 U 形管中的 $Fe(OH)_3$ 溶胶之间形成一个清晰而呈水平的界面。KCl 溶液的灌装高度以可以淹没电极片即可(1.5~2 cm)。

②电泳。将两支亮铂电极小心地插入 U 形管中的 KCl 溶液内。记录 U 形管左右两侧 KCl 溶液与 $Fe(OH)_3$ 溶胶界面的初始刻度值。将两电极分别与直流稳压电源的正负极相连接，打开电源开关，将电泳电压设置为 40 V，并开始计时。每隔 5 min 记录一次电泳电压值，观

察电泳管两侧电极附近溶液的状况，以及两液界面的变化情况。待电泳进行到30 min时关闭电源开关，记录下此时U形管中KCl溶液与$Fe(OH)_3$溶胶界面的刻度值。用测距铜丝测出两电极间的距离。

注意：两电极间的距离不是指其水平距离，而是从一个电极沿U形管中线到另一个电极的距离。可以用测距铜丝分别沿U形管外侧管壁和内侧管壁测量，然后取平均值作为两电极间的距离，但需要测量3~4次。

③对比实验。用未经纯化的$Fe(OH)_3$溶胶，按照以上实验步骤进行电泳测量实验。

实验完毕，清理、清洁仪器装置。

*(3)电渗法测定Zeta电势

①电渗实验装置的安装。按照图8-28安装电渗实验装置。刻度毛细管上的刻度单位为毫升。刻度毛细管两端通过连通管分别与铂电极相连；A管的两端装有多孔薄瓷板，A管内装二氧化硅；在刻度毛细管的一端接有G管，通过它可以将一个测量流速用的气泡压入刻度毛细管。

②装样。清洗电渗管。将80~100目的SiO_2粉末与蒸馏水拌和成糊状物，用滴管注入A管，塞上盖子。取出铂电极，从电极管口注入蒸馏水，直至浸没电极为止，插好铂电极。用注射器从G管压入一小气泡至刻度毛细管的一端。

③测电渗时液体的流量u和电流I。在电渗管的两铂电极间接上电渗仪，如图8-28所示。打开电源开关，调节输出电流，使电渗时毛细管中气泡从一端刻度至另一端刻度行程时间约20 s，然后准确测定此时间。利用换向开关，可使两电极的极性变换，电渗方向倒向。反复测量正、反向电渗时流量u值各5次，同时读下电流值I。

改变输出电流，使毛细管中气泡的行程时间分别改为15 s、25 s。按上述方法分别测量相应的u和I值。

④测量纯水的电导率κ值。拆去电渗仪电源，用电导率仪测定电渗仪中蒸馏水的电导率κ值。电导率仪的使用方法参见节7.1.5和实验十五。

5. 数据处理

(1)根据电泳时两液界面移动的方向判断$Fe(OH)_3$溶胶所带电荷种类，并写出$Fe(OH)_3$溶胶的胶团结构式。

(2)根据电泳结束后两液界面移动的距离计算出$Fe(OH)_3$溶胶的电泳速度u。

(3)从相关手册中查出分散介质(水)在实验温度下的黏度η和相对介电常数ε_r，结合实验数据，由式(E21-1)计算出$Fe(OH)_3$溶胶的ζ(Zeta)电势。

*(4)计算各次电渗测定的u/I值，并取平均值；将u/I的平均值和κ代入式(E21-3)，计算SiO_2对水的ζ(Zeta)电势。

6. 实验结果讨论

(1)针对$Fe(OH)_3$溶胶电性进行讨论，探讨影响溶胶电性的因素。

(2)对电泳实验结果进行误差分析，探讨误差的来源。

(3)比较两次电泳实验结果，讨论影响电泳速度和ζ电势的因素；辅助液(导电电解质溶液)选择的要求和理由有哪些？通电时间的长短是否对实验有影响。

(4)针对电泳实验操作及实验现象进行定性讨论。电极下端距离界面的高度是否会有影响？实验现象及实验中出现的问题有哪些？

*(5)针对电渗实验方案的设计进行讨论。为什么毛细管 D 中气泡在单位时间内所移动过的体积就是单位时间内流过试样室 A 的液体量？

*(6)针对电渗实验操作及实验现象进行定性讨论。固体粉末样品颗粒太大，电渗测定结果重现性差的原因；连续通电使溶液发热会造成什么后果？讨论影响 ζ 电势测定的因素。

参考数据

(1)与胶粒形状相关的特性系数 K 的取值：对球形胶粒而言，$K=5.4\times10^{10}\ V^2\cdot s^2/(kg\cdot m)$；对棒状胶粒而言，$K=3.6\times10^{10}\ V^2\cdot s^2/(kg\cdot m)$，$Fe(OH)_3$ 胶粒为棒状。

(2)水的介电常数 ε_r 与温度的关系为：

$$\varepsilon_r = 80 - 0.4\times(T/K - 293) \quad 或 \quad \ln\varepsilon_r = 4.474226 - 4.54426\times10^{-3}\times(T/K - 273)$$

$$\varepsilon = \varepsilon_r\varepsilon_0,\ \varepsilon_0 = 8.854\times10^{-12}\ F/m$$

(3)部分物质粒子以水为分散介质时的电泳速度与 ζ 电势列于表 8-2。

表 8-2　几种物质粒子的电泳速度与 ζ 电势

物质	粒子粒径 $r/\mu m$	电泳速度 $u/(10^{-7}\ m\cdot s^{-1})$	ζ 电势/mV
油滴	2	25，32	−46
石英	1	30	−(32~36)
黏土	1	19.9	−48.8
胶态 Au	<0.1	40，32	−58，−32
$Fe(OH)_3$	<0.1	30	+44
胶态 Pt	<0.1	30，20	−44，−30
As_2S_3	0.05	22	−32
胶态 Pb	0.05	12	+18
H^+	—	32.9	—
K^+	—	6.8	—

实验二十二　沉降分析

1. 实验目的

(1)掌握沉降分析法的测定原理和方法；

(2)用天平称重法测定固体粉末(如 $PbSO_4$ 粉末)在静止液体中的沉降速度；

(3)根据沉降速度求算固体颗粒的粒径大小分布。

2. 实验原理

沉降分析法是利用固体颗粒在一定介质中的沉降速率来测量固体粉末粒子大小的分布状况的一种实验方法。沉降分析的具体方法和所用的仪器有多种，但基本原理则是一样的。

沉降分析法所依据的基本公式是斯托克斯公式。粒子在液体介质中，一方面受重力作用下沉；另一方面受摩擦阻力的作用。如果一个半径为 r(m)的球状粒子，密度为 ρ(kg/m^3)，在密度为 ρ_0 的液体介质中等速下沉时，下沉力和阻力相等，即

$$\frac{4}{3}\pi r^3(\rho - \rho_0)g = 6\pi\eta r u$$

式中：g 为重力加速度，m/s^2；η 为沉降介质的黏度，Pa/s；u 为沉降速度，m/s。
则

$$r = \sqrt{\frac{9}{2}\frac{\eta u}{(\rho - \rho_0)g}} = K'\sqrt{u}$$

对于一定的沉降体系而言，K'为常数，r 只与沉降速度 $u^{1/2}$ 成正比。在沉降过程中，测量出沉降速度 u 即可求出球状粒子的半径 r 值。如果不是球状粒子，则须进行校正。

实际上，差不多所有的分散体系的分散相粒子都是不均匀的，粒径有大，也有小，但大部分粒子的粒径可能处在一定的粒度范围内。为了得到分散体系的全部特征，常需测量大小不同粒子的相对含量，即做出它们的分布曲线。这种分布曲线可根据沉降曲线用图解法或其他方法处理求得。

沉降曲线是沉降经过时间 t 后的沉降质量(或者与此量成正比的其他物理量)对时间的关系曲线。如果在时间 t 内以沉降天平测量出从介质中沉降到天平秤盘上的粒子质量 W，则以 W 对 t 作图即可得到沉降曲线。若固体颗粒大小完全均匀一致(只有一种粒径)，用如图 8-22 所示的沉降分析装置进行沉降分析实验时，以不同时间(t)对落在称量盘中颗粒的质量(W_i)作图得到的沉降曲线如图 8-29 所示。其为一条通过原点的直线，直线的斜率取决于悬浊液的浓度、颗粒的粒径大小及分散介质的性质；直线的长短取决于悬浊液液面到天平秤盘的高度(h)和颗粒的沉降速率(u)。在 t_1 点处，处于液面的颗粒全部落于天平秤盘上，称量质量将不再改变。因此在 t_1 点之后为水平段，根据 t_1 和 h 值就可以计算出沉降速率 $u=h/t_1$。若悬浊液中所含颗粒的粒径有两种，为 r_1 和 r_2，且 $r_1>r_2$，所得沉降曲线如图 8-30 所示。图 8-30(a)为两种粒径粒子分别沉降的沉降曲线，在 t_1 时间内粒径为 r_1 的颗粒完成沉降，而粒径为 r_2 的颗粒完成沉降需要 t_2 时间；因为在同一沉降管中进行沉降，沉降高度相同，由 t_1、t_2 和沉降高度 h 值就可分别计算出颗粒的两种粒径 r_1 和 r_2：

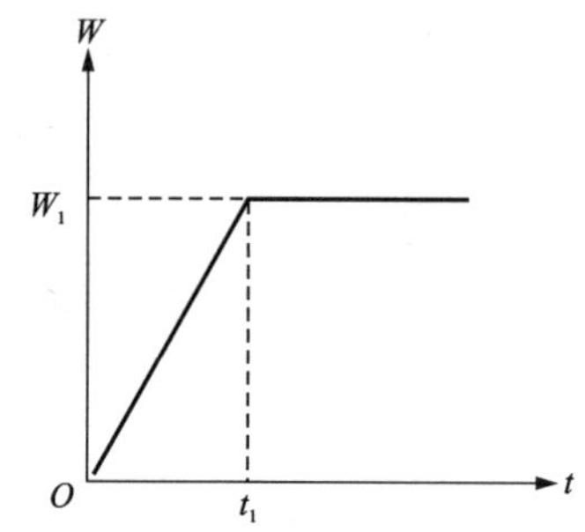

图 8-29　等粒径颗粒沉降曲线示意图

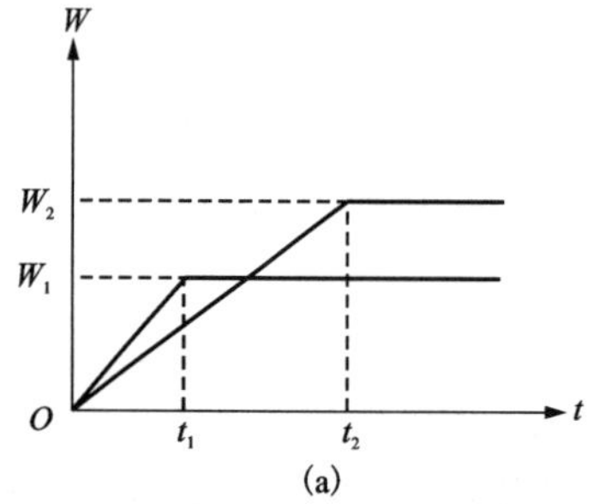

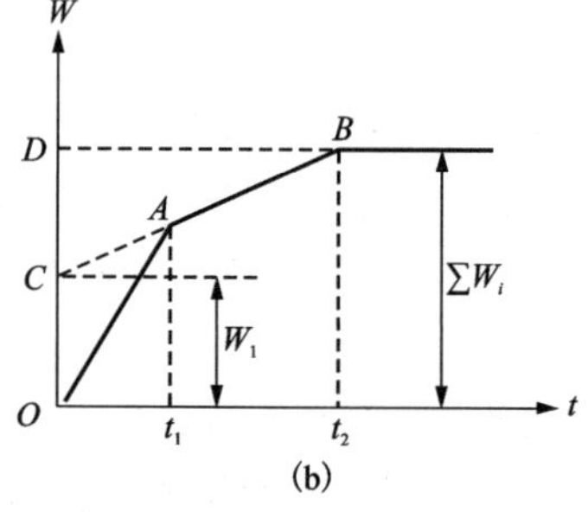

图 8-30　两种不同粒径颗粒沉降曲线示意图

$$r_i = K'\sqrt{\frac{h}{t_i}} = Kt_i^{-1/2} \tag{E22-1}$$

图 8-30(b)为两种粒径粒子在同一体系内同时沉降时的沉降曲线。在 t_1 时间内，两种粒径的颗粒同时沉降；经 t_1 时间，粒径为 r_1 的颗粒完成沉降；在 $t_1 \sim t_2$ 时间，未完成沉降粒径为 r_2 的颗粒继续沉降。因此，线段 OA 的斜率与线段 AB 的斜率不同，到 t_2 时刻粒径为 r_2 的颗粒也完成沉降，故 t_2 时刻之后又出现水平段。即将 AB 线延长与纵坐标相交于 C 点，OC 为粒径为 r_1 颗粒的相对质量 W_1，DC 则为粒径为 r_2 颗粒的相对质量。

实际上，未经过筛分的颗粒粒径分布应该是连续的，沉降曲线也应该是光滑连续的，如图 8-31 所示。在 t_1 时间内，粒径 $r>r_1[=K(h/t_1)^{1/2}]$ 的颗粒沉降完全，其量为 C_1；粒径 $r<r_1$ 的粒子继续沉降，A 点的斜率 $(\mathrm{d}W/\mathrm{d}t)_A$ 就是其沉降速率，且 $Aa=t_1\times(\mathrm{d}W/\mathrm{d}t)_1$；若 t_1 时刻称得的质量为 W_1，则粒径 $r>r_1$ 的颗粒量为：

$$C_1 = W_1 - t_1 \times (\mathrm{d}W/\mathrm{d}t)_1$$

在 t_2 时间内，粒径 $r>r_2$ 的颗粒沉降完全，其量为 C_2；粒径 $r<r_2$ 的粒子继续沉降，曲线上 B 点的斜率 $(\mathrm{d}W/\mathrm{d}t)_2$ 就是其沉降速率，且 $Bb=t_2\times(\mathrm{d}W/\mathrm{d}t)_B$；若 t_2 时刻称得的质量为 W_2，则粒径 $r>r_2$ 的颗粒量为：

$$C_2 = W_2 - t_2 \times (\mathrm{d}W/\mathrm{d}t)_2$$

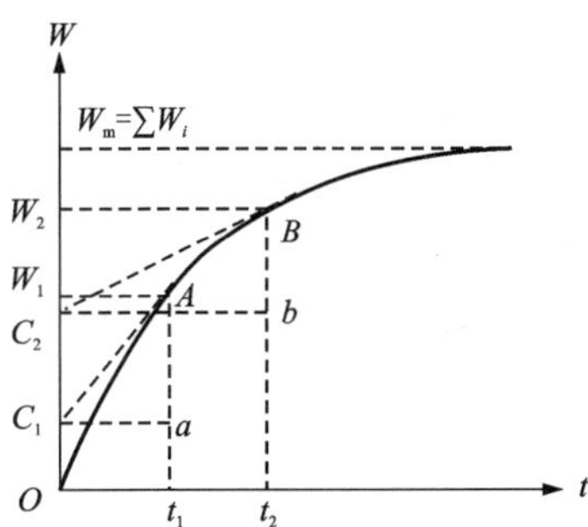

图 8-31　颗粒粒径连续分布体系的沉降曲线示意图

故粒径在 $r_1 \sim r_2$ 的颗粒量为：

$$C_1C_2 = \Delta C_1 = W_2 - W_1 - t_2 \times \left(\frac{\mathrm{d}W}{\mathrm{d}t}\right)_2 + t_1 \times \left(\frac{\mathrm{d}W}{\mathrm{d}t}\right)_1$$

如果从图 8-31 中任选一点(t_i, W_i)，该点切线与纵坐标的交点为 C_i，则：

$$C_i = W_i - t_i \times (\mathrm{d}W/\mathrm{d}t)_i$$

由粒度分布函数的定义，可得粒度分布函数 $f(r)$ 的表达式为：

$$f(r) = \frac{1}{W_m} \times \frac{\mathrm{d}C}{\mathrm{d}r} = \frac{1}{W_m} \times \lim_{\Delta r \to 0} \frac{\Delta C}{\Delta r}$$

实验时，首先测出沉降曲线。由于细小颗粒的沉降速度很慢，在有限的实验时间内难以沉降完全。因此，W_m 是通过沉降曲线外推获得。在沉降曲线上取若干个点作切线，并根据式(E22-1)计算出 t_i 时刻对应的沉降完全的粒子粒径 r_i。以$\frac{\Delta C_i}{W_m \Delta r_i}$对平均粒径 $\bar{r}=\frac{r_i+r_{i+1}}{2}$作图，就可获得如图 8-32(a)所示的粒子分布直方图。由直方图绘制出一条光滑的粒子分布曲线，如图 8-32(b)所示。

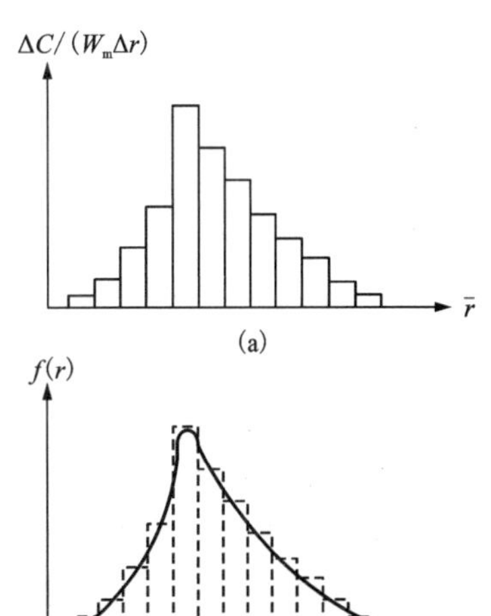

图 8-32　粒子微分分布函数示意图

3. 仪器与试剂

主要实验仪器：精密电子天平 1 台。

辅助实验用品：沉降筒 1 个；称量盘 1 个；秒表 1

块，研钵 1 个。

主要实验试剂：粉状 $PbSO_4$；5% $Pb(NO_3)_2$ 溶液；2% 动物胶（明胶）；1∶10 的氯化钠溶液。

4. 实验步骤

(1) 调整天平。先将沉降秤盘悬挂在电子天平下的挂钩上，在沉降筒中放入与实验用沉降介质密度相近的替代溶液至指定刻度处。如用 2% 的 $PbSO_4$ 悬浊液做 $PbSO_4$ 颗粒的沉降分析，则可用相对密度约为 1.03 的 NaCl 水溶液作为沉降介质的替代溶液。

熟悉天平的使用方法后，小心地把秤盘放入溶液中，调节沉降筒的位置，使秤盘底部离液面的高度约 10~15 cm。打开天平的电源开关，待天平示数稳定后进行采零处理。调好天平后，记下沉降筒的位置和沉降秤盘悬挂位置，并用直尺测出沉降秤盘至液面的高度 h；将沉降筒和沉降秤盘从天平下取出，把沉降筒内的替代溶液倒回原瓶中，并洗净沉降筒和沉降秤盘。

(2) 配制悬浊液。根据以上量取的替代溶液的体积，计算出配制约 2% $PbSO_4$（质量分数）的悬浊液应取用的 $PbSO_4$ 粉末质量。在分析天平上称取该质量的 $PbSO_4$ 固体，用研钵细细研磨，将粗粒完全研细，按下列比例将 5% $Pb(NO_3)_2$ 和 2% 动物胶加入研钵。

一般配置的悬浊液体积为 150~200 mL 时，$PbSO_4$ 的用量为 3~4 g；5% $Pb(NO_3)_2$ 溶液约 3 mL；动物胶为 3~6 mL。动物胶的用量需根据室温情况来确定，室温高取用高限，室温低取用低限。

将以上三种物质在研钵中磨混成糊状物，然后分步用水将其冲入沉降筒中直至指定的刻度处（150~200 mL）。

(3) 沉降实验。将沉降秤盘悬挂在电子天平下的挂钩上。打开电子天平电源开关，将沉降筒内的悬浊液用特制搅棒搅匀（1~2 min）。迅速将沉降筒移至电子天平下由步骤(1)所确定的位置，并将沉降秤盘放入沉降筒内。打开秒表开始记录时间 t_i 和 t_i 时刻沉降质量 W_i。

实验初始阶段沉降迅速，每隔 30 s 读取天平读数。随后沉降速率变小，两次读数时间间隔可逐渐拉长。一般在 15~20 min，增重量不超过 0.5 mg，实验即可结束。

通常读数时间间隔依次为：①0.5 min 一次，共 14 次；②1 min 一次，共 5 次；③2 min 一次，共 3 次；④3 min 一次，共 2 次；⑤5 min 一次，共 3 次。

(4) 结束实验。沉降实验完毕后，关闭天平开关。取下秤盘，与沉降筒一起清洗干净。

5. 数据处理

(1) 图解法

①计算粒径 r_i 值。查出 $PbSO_4$ 固体的密度和液态介质的密度和黏度，由式 $K=\sqrt{\frac{9}{2}\frac{\eta h}{(\rho-\rho_0)g}}$ 计算出 K 值；根据式（E22-1）计算出不同时刻 t_i 下粒子的粒径 r_i 值。

②计算平均粒径 $\bar{r}_i$。首先根据原始数据绘制沉降曲线（W-t 曲线）。若采用手工绘图，则在沉降曲线上做不同时刻 t_i 所对应点的切线，将各切线外推至与纵坐标相交，如图 8-31 所示。可以求得粒径在一定范围内（$r_i \sim r_{i+1}$）的粒子质量，即求得 ΔC_i，并计算出对应的平均粒径 $\bar{r}_i$；若采用电脑绘图，则可以获得拟合曲线的方程，根据曲线方程就很容易求出实验点处的 $(\mathrm{d}W/\mathrm{d}t)_i$ 值，从而获得过实验点处的切线方程。根据切线方程得到粒径在一定范围内（$r_i \sim r_{i+1}$）的粒子质量，即求得 ΔC_i，并计算出对应的平均粒径 $\bar{r}_i$。

③绘制粒度分布曲线。由沉降曲线求出最大沉降量 W_m；以 $\Delta C_i/(W_m\bar{r}_i)$ 对 $\bar{r}_i$ 作图，并依此得到粒度分布曲线 $f(r)-r$ 图。

(2)微分法。图解法的最大不足(特别是手工绘图)在于作切线易产生较大的误差。由图解法获得粒度分布函数也误差较大，采用微分法可以减少数据处理引入的误差。

若在图 8-31 的曲线上任选一点(t, W)，该点的切线与纵坐标的交点为 C，则：

$$C = W - t \times (\mathrm{d}W/\mathrm{d}t) \tag{E22-2}$$

粒度分布函数定义式为：

$$f(r) = \frac{1}{W_m} \times \frac{\mathrm{d}C}{\mathrm{d}r} \tag{E22-3}$$

将式(E22-3)变换一下得：

$$f(r) = \frac{1}{W_m} \times \frac{\mathrm{d}t}{\mathrm{d}r} \times \frac{\mathrm{d}C}{\mathrm{d}t} \tag{E22-4}$$

对式(E22-2)两边作微分，并代入(E22-4)得：

$$f(r) = -\frac{t}{W_m} \times \frac{\mathrm{d}t}{\mathrm{d}r} \times \frac{\mathrm{d}^2W}{\mathrm{d}t^2} \tag{E22-5}$$

沉降实验中假设颗粒为匀速沉降，沉降速度为 $u=h/t$。由式(E22-1)可知，$t=(K/r)^2$，所以有：

$$\frac{\mathrm{d}t}{\mathrm{d}r} = -\frac{2K^2}{r^3} = -\frac{2t}{r} \tag{E22-6}$$

将式(E22-6)代入式(E22-5)得：

$$f(r) = \frac{1}{W_m} \times \frac{2t^2}{r} \times \frac{\mathrm{d}^2W}{\mathrm{d}t^2} \tag{E22-7}$$

设沉降曲线服从如下函数关系式：

$$W = W_m[1 - \exp(-\alpha t^{\beta})] \tag{E22-8}$$

式中：α 和 β 为待定系数。

通过计算机对沉降分析数据(t, W)按式(E22-8)进行函数拟合，可以得到待定系数 α 和 β，最终获得沉降函数关系 $W=F(t)$。对该函数关系式求二阶导数，结果代入式(E22-7)即获得粒度分布函数 $f(r)$。以 $f(r)$ 对 r 作图即获得粒度分布曲线。这一方法用于所处理的实验样品(粒子)粒度相差不过分悬殊，即在适当的粒度范围内会得到较好的结果。

6. 实验结果讨论

(1)根据粒度分布曲线讨论固体颗粒的粒度分布状况。如粒径分布范围、主粒径、平均粒径等，说明实验结果的合理性。

(2)所得颗粒粒径是否一定是颗粒的半径？在什么条件下一定是颗粒的半径？

(3)讨论实验条件的选择对实验结果的可能影响。

参考数据

$PbSO_4$(s)在 25 ℃下的密度为 6.2×10^3 kg/m^3。

实验二十三　溶液等温吸附法测定固体的比表面积

1. 实验目的

(1)了解朗缪尔单分子层吸附理论及用溶液法测定比表面的基本原理;

(2)测定活性炭在亚甲基蓝水溶液中对亚甲基蓝的等温吸附，计算活性炭颗粒的比表面积。

2. 实验原理

比表面积很大的多孔性或高度分散的固体物质，如活性炭、分子筛和硅胶等，有很大的比表面自由能，可作为吸附剂从气相或溶液中吸附各种物质。吸附剂的比表面积是影响其吸附性能的重要因素。本实验采用溶液等温吸附法测量活性炭的比表面积。

朗缪尔等温吸附理论有三个假设：①被吸附分子之间无相互作用；②固体表面是均匀的；③吸附是单分子层的。朗缪尔认为吸附过程是动力学平衡的结果，即确定条件下，吸附质的被吸与其从吸附剂上的解吸之间可达到动态平衡，吸附速率与解吸速率相等。若以 θ 表示被吸附分子所占的面积分数(亦称覆盖度)，$v_{吸}$代表吸附速率，$v_{解}$代表解吸速率。则由假设③得：$v_{吸}=k_{吸}(1-\theta)c$，c 为吸附平衡时溶液的浓度；由假设①和②得：$v_{解}=k_{解}\theta$，达到吸附平衡时有 $v_{吸}=v_{解}$；即

$$k_{吸}(1-\theta)c = k_{解}\theta \tag{E23-1}$$

令 $b=k_{吸}/k_{解}$，$k_{吸}$和 $k_{解}$分别为吸附速率常数和解吸速率常数，故 b 是吸附平衡常数。以 Γ 代表压强为 p 时的等温吸附量，Γ_m 代表吸满单分子层的饱和吸附量(此时 $\theta=1$)，则 $\theta=\Gamma/\Gamma_m$。代入式(E23-1)，整理后得：

$$\Gamma = \frac{n}{m} = \Gamma_m \frac{bc}{1+bc} \tag{E23-2}$$

式(E23-2)即为朗缪尔吸附等温式。n 为吸附平衡时所吸附溶质的物质的量(mol)，m 为吸附剂的质量(g)。朗缪尔公式也常化为如下线性关系式：

$$\frac{c}{\Gamma} = \frac{1}{b\Gamma_m} + \frac{c}{\Gamma_m} \tag{E23-3}$$

将实验数据以 c/Γ 对 c 作图可得一直线，由直线的斜率和截距可求出 Γ_m 和 b 的值。

活性炭对亚甲基蓝的吸附在一定浓度范围内是单分子层吸附。达到饱和吸附时，亚甲基蓝分子铺满活性炭表面。已知亚甲基蓝分子的横截面积 S，可由式(E23-4)求出活性炭的比表面积 A_m。

$$A_m = SL\Gamma_m \tag{E23-4}$$

式中：L 为阿伏伽德罗常数。

吸附平衡时亚甲基蓝溶液的浓度采用分光光度计测量。根据光吸收定律可知：

$$A = Kbc$$

式中：A 为吸光度；K 为摩尔吸收系数；b 为溶液层厚度；c 为溶液浓度。

首先测定一系列已知浓度的亚甲基蓝溶液的吸光度，绘制 A-c 工作曲线。依次测定各吸附平衡时溶液的吸光度，从 A-c 工作曲线上查得对应的浓度值。

3. 仪器与试剂

主要实验仪器：恒温振荡仪 1 台，分光光度计 1 台，离心机 1 台，恒温干燥箱 1 台，电子天平 1 台；

辅助实验用品：具塞磨口瓶，吸管，移液管，干燥器，10 mL、50 mL 容量瓶若干；

主要实验试剂：亚甲基蓝溶液 A(约 1.269×10^{-3} mol/L，用于吸附)，亚甲基蓝溶液 B(约 1.269×10^{-4} mol/L，用于绘制工作曲线)，活性炭，无水乙醇。

4. 实验步骤

(1) 试样准备。取活性炭约 1 g 于磨口瓶中，置于恒温干燥箱中 200 ℃恒温 1~2 h，使活性炭活化。

(2) 亚甲基蓝溶液吸附。用移液管分别取 2.0 mL、2.5 mL、3.0 mL、3.5 mL 和 4.0 mL 亚甲基蓝溶液 A 于 5 个 10 mL 容量瓶中，用去离子水稀释至刻度，摇匀。从恒温干燥箱中取出活性炭，并立即放入干燥器，待冷却至室温后取出。用电子天平迅速称量 5 份各 0.02 g 活性炭，放入已洗净烘干的振荡瓶。倒入稀释的各亚甲基蓝溶液，迅速盖上盖子，放入振荡器中恒温振荡约 2 h。

(3) 标准溶液的吸光度测量。用移液管分别取 2.0 mL、5.0 mL、8.0 mL、10.0 mL、12.5 mL、15 mL 和 18 mL 亚甲基蓝溶液 B 于 7 个已洗净的 50 mL 容量瓶，用去离子水稀释至刻度，摇匀备用。取标准溶液 1 份，以去离子水为空白液，测定最大吸收波长 $\lambda_{\max}$。该波长即为工作波长，在此波长下，测量不同浓度的标准溶液的吸光度。

(4) 吸附平衡后溶液吸光度测量。待振荡平衡后取出振荡瓶，静置使活性炭沉淀。取上清液放入离心管内，离心分离 10 min。取澄清溶液在工作波长下测量各平衡溶液的吸光度。

5. 数据处理

(1) 绘制 A-c 工作曲线。计算 7 个标准溶液中亚甲基蓝的浓度，再根据各自的吸光度，绘制出 A-c 工作曲线。

(2) 计算吸附量 Γ。由工作曲线确定吸附平衡后各上清液的浓度，根据 $\Gamma=\dfrac{n}{m}$ 计算相应浓度对应的吸附量 Γ。

(3) 饱和吸附量 Γ_{m} 的计算。依据式(E23-3)作 c/Γ-c 图，得到一条直线，由直线的斜率即可求出饱和吸附量 Γ_{m}。

(4) 计算活性炭的比表面积 A_{m}。水溶液中的亚甲基蓝在固体表面的吸附可以有三种取向：平面吸附、侧面吸附和端基吸附。相应的投影面积为 1.35 nm^2、0.75 nm^2 和 0.395 nm^2。对于非石墨型活性炭，亚甲基蓝倾向于端基吸附。严格测量时可以先用已知比表面积的同类吸附剂进行实验，测出 1 mg 亚甲基蓝所能覆盖的吸附剂表面积，然后将此数据用于位置吸附剂的测量。活性炭的比表面积 A_{m} 按式(E23-4)求出。

6. 实验结果讨论

(1) 本实验测得的实验结果与其他方法(如 BET 法)测定的固体比表面积相比，其数值偏大还是偏小，并分析其原因。

(2) 本实验中溶液浓度、温度对实验结果有什么影响？如何判断吸附是否达到平衡？

第 9 章

结构化学实验研究方法与实验

9.1 介电常数的测量

物质的介电常数是一个宏观的电学性质，由它可测量出分子的偶极矩。物质的宏观介电性质和分子的微观极化性质之间有着密切的关系，可以通过测量介电常数等来研究物质的结构。

设在真空时某电容器的电容为 C_0，当电容器中充以某种不导电的物质作电介质时，电容器的电容为 C(增大了 ε 倍)，即 $C=\varepsilon C_0$ 或 $\varepsilon=C/C_0$，ε 称为该物质的介电常数。由于任何物质的介电常数 ε 可以用一个电容器的电容值来表示，因而测量某物质的介电常数实际可归结为电容的测量。电容的测量方法有很多，如电桥法、拍频法和谐振电路法。后两者的抗干扰性能好，精度高，为介电常数测量所通用，但测量仪器价格较昂贵。

9.1.1 电桥法

测量电容的电桥线路如图 9-1 所示，其原理和电导测量电桥相类似。电桥平衡时有：

$$C_x=\frac{C_2}{C_1}C_s$$

式中：C_x 为待测电容值；C_1 和 C_2 为标准电容值，可选择两者相等；C_s 为使电桥平衡的标准电容值。

由于 C_x 往往不是一个纯电容而必须看成是并联有电阻 R_x 的电容。因此为了使电桥真正达到平衡，还必须适当调节 R_s 的数值。电桥法适用于电导率高至 $10^{-4}\ \Omega/\text{cm}$ 的液体介电常数的测量。

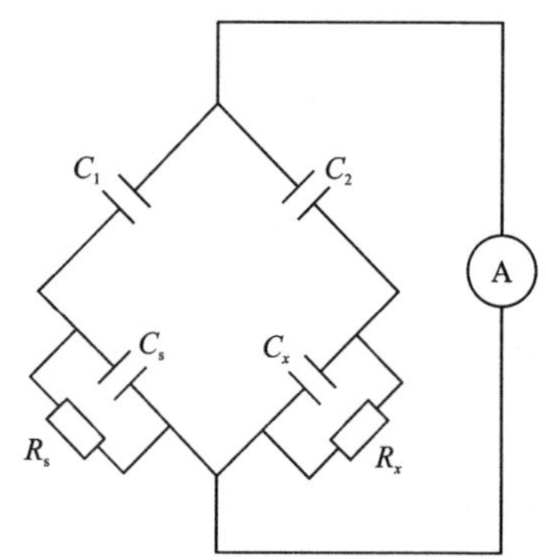

图 9-1 电容测量电桥线路示意图

用于测量物质介电常数的电容池的构型非常重要。它与整个测量系统连接起来后往往形成分布电容 C_d。即测量值为电容池的真电容 C_c 与分布电容 C_d 之和，$C_x=C_c+C_d$。如果直接将 C_x 值当作 C_c 会引进误差。扣除分布电容的方法一般是采用标准物质校正法。国产的 CC-6 型小电容测量仪附有与之相适应的电容池。

9.1.2　拍频法

对于电导率低至 $10^{-8}\ \Omega/cm$ 的液体介电常数测量大都使用拍频法。其原理与超外差式收音机的混频段相类似，如图 9-2 所示。标准高频振荡器Ⅱ为具有稳定频率 f_2 的石英标准振荡器，高频振荡器Ⅰ的振荡频率 f_1 比Ⅱ的 f_2 高 1000。使这两个振荡器进行较宽范围的偶合(混频)后就可以产生频率为 $f_1-f_2=1000$ 周的拍频。这个拍频经过检波、放大后可在仪器中显示出强度，也可用耳机鉴别。

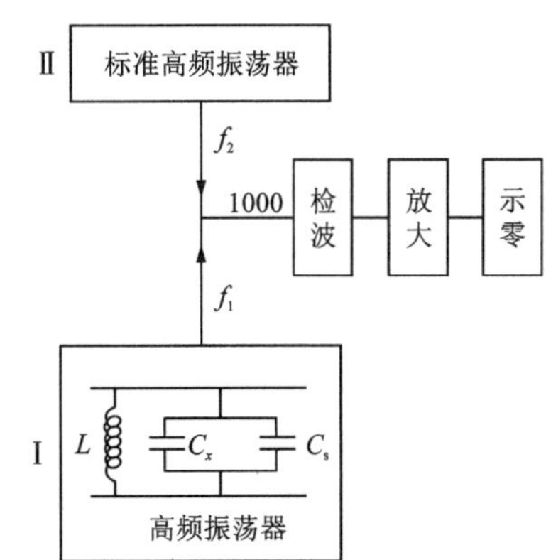

图 9-2　拍频法测量线路示意图

振荡器Ⅰ中的频率 f_1 与其电路中的电感 L 和电容 C 有如下关系：

$$f_1 = 1/4\pi\sqrt{LC}$$

测量时，当待测电容池 C_x 未接入仪器时，调节Ⅰ中的可变电容器 C_s，使耳机无声或示出强度为零，得到 C_s 的读数为 C'_s。当待测电容池 C_x 接入时，依法可得到 C_s 的读数为 C''_s。前后两次 C_s 的读数差就是待测电容池的电容值，即

$$C_x = C'_s - C''_s$$

9.1.3　谐振电路法

此法的测量电路如图 9-3 所示。它是由两个几乎独立的电路构成。初级电路中存在固定频率的振荡器。它通过电感 L_1 和由电容 C_s、C_x 及电感 L_2 组成的次级电路进行疏耦合。调节 C_s 可使电路谐振，此时次级电路中的信号强度为最大，可由伏特计显示出来。

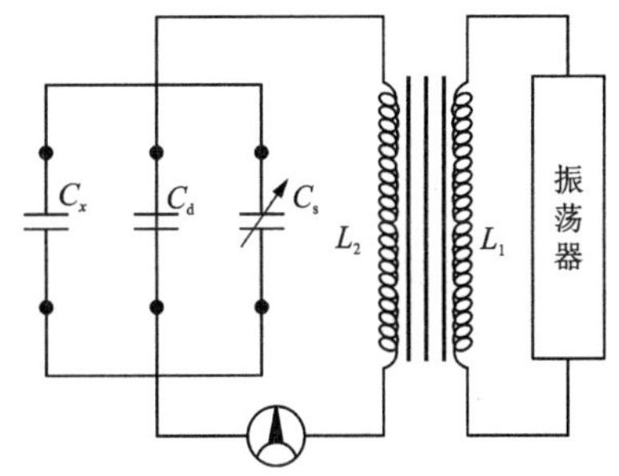

图 9-3　谐振电路法测量线路示意图

对振荡器一个给定的频率 f 来说，次级电路中的电感 L 和电容 C 与频率 f 之间有如下关系：

$$f = \frac{1}{2\pi\sqrt{LC}}$$

式中：$C=C_s+C_x+C_d$，C_s 为可变标准电容器的电容，C_x 为待测电容池的电容，C_d 为分布电容。

测量时通过调节 C_s 使电路谐振，得到谐振时的 C_s 值。在 C_x 位置处未接入电容池时，可得到谐振的 C_s 值为 C_s^0；将以空气为介质的电容池接入 C_x 位置时，可得谐振的 C_s 值为 C'_s；以待测液为介质的电容池接入 C_x 时，又可得到谐振的 C_s 值为 C''_s。故待测物质的介电常数为：

$$\varepsilon = (C_s^0 - C''_s)/(C_s^0 - C'_s)$$

准确的计算式为：

$$\varepsilon = (C_s^0 - C''_s - C_d)/(C_s^0 - C'_s - C_d)$$

其中，C_d 常通过对已知介电常数值的标准物质的测量来求得，即从关系式：

$$\varepsilon_{标} = \frac{C^0_{s,标} - C''_{s,标} - C_d}{C^0_{s,标} - C'_{s,标} - C_d}$$

可求出 C_d 值。

9.2 磁化率的测量

物质置于磁场强度为 H 的外磁场中，则该物质的内部磁场强度 B 为：

$$B = H + H'$$

式中：B 为物质的磁感应强度；H'为物质被磁化所引起的附加磁场强度。

在均匀的磁介质中，当 $H'>0$，即 H'和 H 同向的磁介质称为顺磁性物质；若 $H'<0$，即 H'和 H 反向的磁介质称为反磁物质。

物质的磁化用磁化强度 I 来描述，即有 $H'=4\pi I$。磁化强度与外磁强度的关系为：

$$I = \chi H$$

式中：χ 为物质的单位体积磁化率，是物质的一种宏观性质。

物质的磁性质也常用单位质量磁化率χ_W 或摩尔磁化率χ_M 来表示，它们的定义为：

$$\chi_W = \frac{\chi}{\rho} \qquad \chi_M = M \cdot \chi_W = \frac{M \cdot \chi}{\rho}$$

式中：ρ 为物质的密度；χ 为无量纲的量，χ_W 和χ_M 的单位分别为 cm^3/g 和 cm^3/mol。

物质的磁性质与组成该物质的分子、离子或原子的性质有关，如物质的微观性质(分子永久磁矩μ_m)可以由宏观磁性质(χ_M)求得。因此实验测量物质的磁化率对于研究某些原子或离子的电子结构具有重要的意义。

测量物质磁化率的方法很多，但没有一种方法是普遍适用的。测量的方法大致可分为感应法和受力法两种基本类型。受力法又分为法拉第(Faraday)法和古埃(Gouy)法等。

古埃法测量磁化率的装置原理如图 9-4 所示。将足够长的圆柱形试样品吊挂在古埃磁天平的一个臂上，并使其底部处于电磁铁两极的正中心，亦即磁场强度最强处。试样处在一个不均匀的磁场中，沿试样轴心向 z 处存在一磁场强度梯度 $\partial H/\partial z$，作用于试样的力 F 为：

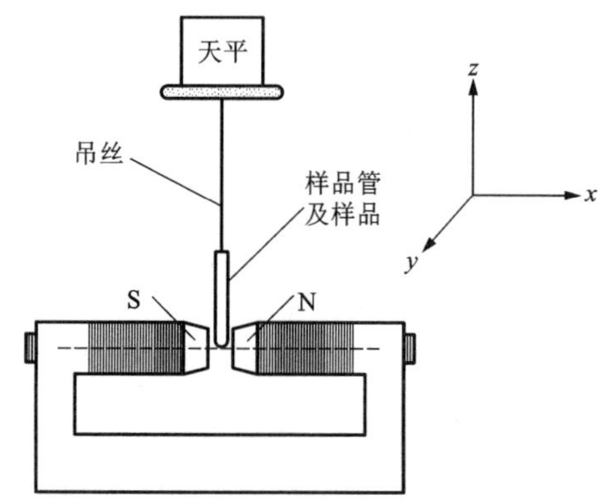

图 9-4　古埃磁天平示意图

$$F = \int_H^{H_0} (\chi - \chi_{空}) AH\left(\frac{\partial H}{\partial S}\right) dz$$

式中：A 为试样的截面积；$\chi_{空}$ 为空气的磁化率；H 为积分下限磁场中心的强度，可由实验测出；H_0 为试样顶端的磁场强度，由于试样足够长，所以 $H_0=0$。

如果假定$\chi_{空}\to 0$，则上式积分可得：

$$F = \frac{1}{2}\chi H^2 A$$

F 可以根据天平所称的空样品和装有待测试样的样品管，在有磁场和没有磁场时的重量

变化求出，即

$$F = (\Delta W_{样品+空管} - \Delta W_{空管}) \cdot g$$

式中：g 为重力加速度。

因此待测物质的磁化率为：

$$\chi = \frac{2(\Delta W_{样品+空管} - \Delta W_{空管})g}{H^2 A}$$

进一步可求出摩尔磁化率为：

$$\chi_M = \frac{2(\Delta W_{样品+空管} - \Delta W_{空管})ghM}{H^2 W}$$

式中：h 为样品的实际高度；W 为样品重量；M 为样品的相对分子质量。

结构化学实验

实验二十四　偶极矩的测定

1. 实验目的

(1)用溶液法测定乙酸乙酯的偶极矩；

(2)了解用溶液法测定偶极矩的原理和方法，了解偶极矩与分子电性质的关系。

2. 实验原理

偶极矩是表示分子中电荷分布情况的物理量。分子是由带负电的电子和带正电的原子核组成的。对于中性分子，因为正负电荷数量相等，整个分子是电中性的。由于空间构型的不同，分子的正负电荷中心可能重合，也可能不重合。正负电荷重心不重合的分子称为极性分子，它有偶极矩。

1912 年，德拜(Debye)提出用偶极矩来度量分子极性的大小，其定义为：

$$\mu = q \cdot d \tag{E24-1}$$

式中：μ 为矢量，一般规定其方向是由正电重心指向负电重心，单位为库仑米(C·m)，过去常以德拜(D)作为电偶极矩单位，1 D=3.336×10^{-30} C·m；q 为正负电荷中心所带的电荷量；d 为正负电荷中心之间的距离。

通过偶极矩的测定，可以了解分子结构中有关电子云的分布，以及分子的对称性等信息，并据此可以判别分子的几何异构体和分子的立体结构等。

极性分子具有永久偶极矩，在没有外电场存在时，由于分子的热运动、偶极矩指向各个方向的机会均等，所以偶极矩为零。

如果将极性分子置于均匀的外电场 E 中，分子会沿着电场方向作定向转动，分子骨架也会发生形变，此时称这些分子被极化了。分子极化的程度可以由摩尔极化度(P)来度量。一般极化可分为电子极化($P_{电子}$)、原子极化($P_{原子}$)和转向极化($P_{转向}$)三种。其中 $P_{转向}$ 与永久偶极矩 μ 的平方成正比，与绝对温度 T 成反比，即

$$P_{转向} = \frac{4}{3}\pi N \cdot \frac{\mu^2}{3kT} = \frac{4}{9}\pi N \cdot \frac{\mu^2}{kT} \tag{E24-2}$$

式中：N 为阿伏伽德罗常数($6.022\times10^{23}\ mol^{-1}$)；$k$ 为波兹曼常数(1.3806×10^{-23} J/K)；μ 为分子的永久偶极矩；T 为热力学温度，K。

如果外电场是交变场，极性分子的极化情况则与交变场的频率有关。当处于静电场或频率小于 $10^{10}\ s^{-1}$ 的低频电场中，极性分子所产生的摩尔极化度 P 是转向极化、电子极化、原子极化的总和：

$$P = P_{转向} + P_{电子} + P_{原子} \tag{E24-3}$$

当频率增加到 $10^{12}\sim10^{14}\ s^{-1}$ 的中频时，分子偶极矩的松弛时间大于电子的交变周期，极性分子的转向运动跟不上电场的变化，即极性分子来不及沿电场方向定向，故 $P_{转向}=0$。此时极性分子的摩尔极化度为：

$$P = P_{电子} + P_{原子} \tag{E24-4}$$

当交变电场的频率进一步增加到大于 $10^{15}\ s^{-1}$ 的高频时，极性分子的转向运动和分子骨架变形都跟不上电场频率的变化。此时极性分子的摩尔极化度为：

$$P = P_{电子} \tag{E24-5}$$

若在低频和中频的电场下，分别求出待测分子的摩尔极化度，两者相减，即可得到极性分子摩尔转向极化度 $P_{转向}$。代入式(E24-2)，即可推算出极性分子的永久偶极矩 μ。

$P_{原子}$的值为 $P_{电子}$的 5%~15%，与总摩尔极化度相比较，只占很少的一部分。在粗略测定时，可以忽略不计。实验时，由于条件的限制，一般总用高频电场来代替中频电场。对于非极性分子，因 $\mu=0$，其 $P_{转向}=0$，所以 $P=P_{电子}+P_{原子}$。

对于分子间相互作用很小的体系，根据克劳修斯－莫索第－德拜(Clausius－Mosottic－Debye)方程，可得到摩尔极化度 P 与介电常数 ε 之间的关系式：

$$P = \frac{\varepsilon - 1}{\varepsilon + 2}\cdot\frac{M}{\rho} \tag{E24-6}$$

式中：M 为被测物质的摩尔质量；ρ 为该物质的密度；ε 为介电常数，可以通过实验测定。

式(E24-6)是假定分子间相互作用很小而推得的，只适用于温度不太低的气相体系。测定气相介电常数和密度在实验上困难很大，对于某些物质甚至根本无法获得其气相状态。因此后来提出了用溶液法来解决这一难题。即把待测偶极矩的分子溶于非极性溶剂中进行。测定不同浓度溶液中溶质的摩尔极化度，外推至无限稀释。这时溶质分子所处的状态和气相时相近，可消除溶质分子间的相互作用。无限稀释溶液中溶质的摩尔极化度 P_2^∞ 可以看作式(E24-6)中的摩尔极化度 P。即

$$P = P_2^\infty = \lim_{x_2\to0} P_2 = \frac{3\alpha\varepsilon_1}{(\varepsilon_1+2)^2}\cdot\frac{M_1}{\rho_1} + \frac{\varepsilon_1 - 1}{\varepsilon_1 + 2}\cdot\frac{M_2 - \beta M_1}{\rho_1} \tag{E24-7}$$

式中：P_2^∞ 为无限稀释溶液中溶质的摩尔极化度；ε_1、ρ_1 和 M_1 分别为溶剂的介电常数、密度和摩尔质量；M_2 为溶质的摩尔质量；α、β 为常数，它们可分别通过以下两个稀溶液的近似公式求得：

$$\varepsilon_{溶} = \varepsilon_1(1 + \alpha x_2) \tag{E24-8}$$

$$\rho_{溶} = \rho_1(1 + \beta x_2) \tag{E24-9}$$

式中：$\varepsilon_{溶}$为溶液的介电常数；x_2 为溶质的摩尔分数；$\rho_{溶}$为溶液的密度。

因此，测定溶剂的介电常数 ε_1，溶剂的密度 ρ_1，以及不同浓度(x_2)下溶液的介电常数 $\varepsilon_{溶}$和溶液的密度 $\rho_{溶}$，代入式(E24-8)和式(E24-9)，即可求出 α 和 β；再代入式(E24-7)即可

求出溶质分子的摩尔极化度 P。

根据光的电磁理论，可以证明，在同一频率的高频电场作用下，透明物质的介电常数 ε 与折射率 n 的关系为：

$$\varepsilon = n^2 \tag{E24-10}$$

因为高频区的摩尔极化度即为电子的极化度，习惯上常用摩尔折射度 R_2 来表示高频区测得的极化度。此时，$P_{转向}=0$，$P_{原子}=0$。根据式(E24-6)可得：

$$R_2 = P_{电子} = \frac{n^2-1}{n^2+2}\cdot\frac{M}{\rho} \tag{E24-11}$$

在稀溶液中，存在以下近似公式：

$$n_{溶} = n_1(1+\gamma x_2) \tag{E24-12}$$

可推得无限稀释时，溶质的摩尔折射度的公式为：

$$R_2^{\infty} = \lim_{x_2\to 0} R_2 = \frac{n_1^2-1}{n_1^2+2}\cdot\frac{M_2-\beta M_1}{\rho_1} + \frac{6n_1^2 M_1\gamma}{(n_1^2+2)^2\rho_1} \tag{E24-13}$$

式中：$n_{溶}$ 为溶液的折射率；n_1 为溶剂的折射率；γ 为与式(E25-12)直线斜率有关的常数。

综上所述，可得：

$$P_{转向} = P_2^{\infty} - R_2^{\infty} = \frac{4}{9}\pi N\frac{\mu^2}{kT} \tag{E24-14}$$

式(E24-14)把物质分子的偶极矩(微观性质)和它的介电常数、折射率、密度(宏观性质)联系起来。分子的永久偶极矩可用下面简化式计算：

$$\mu = 0.0426\times 10^{-30}\sqrt{(P_2^{\infty}-R_2^{\infty})T} \tag{E24-15}$$

式中：P_2^{∞} 和 R_2^{∞} 单位为 cm^3/mol，温度 T 单位为 K。由此可见，只要通过测定介电常数、折射率、密度等物质的宏观性质，就可以求出微观性质摩尔极化度和摩尔折射度以及分子的电偶极矩。这种求极性分子偶极矩的方法为溶液法。此外测定偶极矩的方法还有很多种，如：分子束法、温度法、分子光谱法及利用微波谱的斯诺克法等。

介电常数是通过测定电容计算获得的。如前所述，介电常数与电容的关系为：

$$\varepsilon = C/C_0 \tag{E24-16}$$

式中：ε 为介电常数；C 为电容器两极板间充电介质时的电容量；C_0 为电容器两极板间处于真空时的电容量。

由小电容测量仪所测的电容 C_x 包括了样品的电容 $C_{样}$ 和整个测试系统中的分布电容 C_d 之和，即

$$C_x = C_{样} + C_d \tag{E24-17}$$

显然，$C_{样}$ 值随测量介质而异。而 C_d 对同一台仪器是一个定值，称为仪器的本底值。实验时，须先求出 C_d 值，并在各次测量值中扣除，才能得到 $C_{样}$ 值。可通过测定一个已知介电常数的物质来求出 C_d 值。

3. 仪器与试剂

主要实验仪器：精密电容测定仪 1 台，超级恒温槽，电吹风，ZWA 折光率仪，电子天平。

辅助实验用品：容量瓶(25 mL)3 只，滴管 5 支，烧杯(50 mL)3 只，比重瓶 3 只。

主要实验试剂：环己烷(AR)，乙酸乙酯(AR)。

4. 实验步骤

(1)配制溶液。以乙酸乙酯为溶质，配制摩尔分数约为 0.05、0.10 和 0.15 的乙酸乙酯-环己烷溶液各 25 mL，分别盛于容量瓶中。溶液配好后应立即塞紧，贴好标签，注明浓度。

(2)密度的测定。用比重瓶法测定溶液密度。首先取 3 个干净干燥的比重瓶分别称其质量 W_0。然后分别加蒸馏水，使蒸馏水充满整个比重瓶；恒温 15 min 后取出擦干，并称出其质量 W_1。最后将比重瓶中的蒸馏水倒出；烘干比重瓶后，分别加入以上各个溶液；恒温 15 min 后取出擦干外表并称其质量 W_2。被测液体的密度为：

$$\rho_t = \frac{W_2 - W_0}{W_1 - W_0}\rho_{t,\,H_2O} \tag{E24-18}$$

式中：$\rho_{t,\,H_2O}$ 为实验温度条件下水的密度。

(3)介电常数的测定。用电吹风将电容池样品室吹干，并将电容池与电容测定仪连接线接上。开启电容测定仪工作电源，预热 10 分钟。用调零旋钮调零后测量，即为空气的电容 $C'_{空}$。用移液管量取 6 mL 环己烷注入电容池样品室，至数显稳定后，记录下环己烷的电容 $C'_{环}$。倒掉样品，吹干至数显的数字与 $C'_{空}$ 的值相差无几，否则须再吹。

按上述方法分别测定各浓度溶液的 $C'_{溶}$，每次测 $C'_{溶}$ 后均须复测 $C'_{空}$，以检验样品室是否还有残留样品。

由环己烷介电常数与温度的关系式 $\varepsilon = 2.053 - 1.55\times10^{-3}(T-273.15)$（$T$ 单位：K）算出实验温度时环己烷的介电常数 $\varepsilon_{环}$，代入下式可求得 C_d。

$$C_d = \frac{\varepsilon_{环} C'_{空} - C'_{环}}{\varepsilon_{环} - 1} \tag{E24-19}$$

注意：测量电容时，样品不可加多，否则会腐蚀密封材料。

(4)折光率的测定。在 25±0.1 ℃条件下，用阿贝折光仪测定环己烷及所配制的三种浓度溶液的折射率。

5. 数据处理

(1)根据式(E24-19)计算 C_d，再根据式(E24-16)和(E24-17)计算出 C_0 和 $C_{溶}$，求出各溶液的 ε。依据式(E24-8)作 $\varepsilon_{溶}-x_2$ 图，由直线斜率求算 α。

(2)根据式(E24-18)计算各溶液的密度，依据式(E24-9)作 $\rho_{溶}-x_2$ 图，由直线斜率求算 β。

(3)依据式(E24-12)作 $n_{溶}-x_2$ 图，由直线斜率求算 γ。

(4)分别根据式(E24-7)和(E24-13)计算出 P_2^{∞} 及 R_2^{∞} 值。

(5)将 P_2^{∞} 和 R_2^{∞} 值代入式(E24-15)计算乙酸乙酯的偶极矩(μ)，并与文献值比较。

6. 实验结果与讨论

(1)试分析本实验中引起误差的因素，如温度对溶液电容是否有影响，操作过程中溶液的挥发性对溶液浓度的影响以及如何改进。

(2)从实验方法上讨论：溶液法测极性分子的偶极矩，因其存在溶剂效应而使得其测量值与真实值之间存在偏差。另外还有一种用温度法测量气相分子永久偶极矩的方法，比较两种不同方法的特点和各自的局限性。

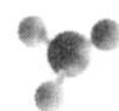

实验二十五　磁化率的测定

1. 实验目的

(1)用古埃法(Gouy)测定物质的磁化率，求算其顺磁性原子(离子)的未成对电子数；

(2)掌握古埃法测定磁化率的实验原理和技术。

2. 实验原理

磁化率是各种物质都普遍具有的属性，与物质分子电子结构有关。物质在外磁场作用下表现出以下三种磁化现象。

第一种，分子、离子中的电子都是自旋成对，分子磁矩为零。这些分子在外加磁场作用下，感应产生与外磁场方向相反的诱导磁矩，表现出“抗磁性”或“反磁性”。这类物质的磁化率χ为负值，称为逆磁化率。

第二种，分子、离子中存在非成对电子，这些非成对电子产生的磁矩会转向外磁场方向。同时这种效应大于产生抗磁性的效应，掩盖了成对电子的抗磁性，表现出顺磁性。其磁化率是正值。原子核的自旋磁矩也会产生顺磁效应，但核顺磁化率非常小，一般不予考虑。

上述的顺磁性和抗磁性均为弱磁性，其相应的磁化率都远小于 1。在磁场作用下，物质的摩尔磁化率χ_M是摩尔顺磁化率$\chi_{顺}$和摩尔逆磁化率$\chi_{逆}$之和，$\chi_M=\chi_{顺}+\chi_{逆}$。

对于顺磁性物质，$\chi_{顺}\gg|\chi_{逆}|$，可近似处理，取$\chi_M=\chi_{顺}$。对于逆磁性物质，只有$\chi_{逆}$，所以它的$\chi_M=\chi_{逆}$。

第三种，物质被磁化的强度与外磁场强度不存在正比关系，而是随着外磁场强度的增加而剧烈增加。当外磁场消失后，它们的附加磁场，并不立即随之消失，这种物质称为铁磁性物质。

在外磁场 H 作用下，物质被磁化后产生一附加磁场 H'。附加磁场 H' 与物质的磁化强度 I 有关。磁化强度 I 与外磁场强度成正比，$I=\chi H$。附加磁场 H' 与外磁场 H 的关系为：

$$H' = 4\pi I = 4\pi\chi H$$

式中：χ 为磁化率，表示单位体积内磁场强度的变化。

化学上常用质量磁化率χ_W或摩尔磁化率χ_M来表示物质的磁性质。即

$$\chi_W = \frac{\chi}{\rho} \tag{E25-1}$$

$$\chi_M = M \cdot \chi_W = \frac{M \cdot \chi}{\rho} \tag{E25-2}$$

式中：ρ、M 分别为物质的密度和摩尔质量。

磁化率是物质的宏观性质，分子磁矩是物质的微观性质。用统计力学的方法可以得到摩尔顺磁化率$\chi_{顺}$和分子永久磁矩 μ_m 间的关系——居里-郎之万定律：

$$\chi_{顺} = \frac{L\mu_m^2\mu_0}{3kT} = \frac{C}{T} \tag{E25-3}$$

式中：L 为阿伏伽德罗常数；k 为波尔兹曼常数；μ_0 为真空磁导率($4\pi\times10^{-7}$ N/A^2)；T 为绝对温度；C 为居里常数。

物质的永久磁矩 μ_m 与它所含有的未成对电子数 n 的关系为：

$$\mu_m = \mu_B \sqrt{n(n+2)} \quad (E25-4)$$

式中：μ_B 为玻尔磁子，其物理意义是单个自由电子自旋所产生的磁矩。

$$\mu_B = \frac{eh}{4\pi m_e} = 9.274 \times 10^{-24}\ J/T \quad (E25-5)$$

式中：h 为普朗克常数；m_e 为电子质量。

因此，只要实验测得χ_M，代入(E25-3)即可求出μ_m，再代入(E25-4)算出未成对电子数。这对于研究某些原子或离子的电子组态，以及判断配合物分子的配键类型是很有意义的。

古埃法测定磁化率装置如图 9-4 所示。将样品管悬挂在天平上，样品管底部处于磁场强度最大的区域(H)，管顶端位于场强最弱(甚至为零)的区域(H_0)。整个样品管处于不均匀磁场中。设圆柱形样品的截面积为 A，沿样品管长度方向上 dz 长度的体积 Adz 在非均匀磁场中受到的作用力 dF 为：

$$dF = \chi\mu_0 AH \frac{dH}{dz}dz \quad (E25-6)$$

式中：χ 为体积磁化率；H 为磁场强度；dH/dz 为磁场强度梯度。

积分上式得：

$$F = \frac{1}{2}(\chi - \chi_0)\mu_0(H^2 - H_0^2)A \quad (E25-7)$$

式中：χ_0 为样品周围介质的体积磁化率(通常是空气，χ_0 值很小)。

如果χ_0 可以忽略，且 $H_0=0$，整个样品受到的力为：

$$F = \frac{1}{2}\chi\mu_0 H^2 A \quad (E25-8)$$

在非均匀磁场中，顺磁性物质受力向下表现为增重；反磁性物质受力向上表现为减重。设 ΔW 为施加磁场前后的质量差，则：

$$F = \frac{1}{2}\chi\mu_0 H^2 A = g\Delta W \quad (E25-9)$$

由于$\chi=\chi_M\rho/M$，$\rho=W/hA$，代入上式得：

$$\chi_M = \frac{2(\Delta W_{空管+样品} - \Delta W_{空管})ghM}{\mu_0 WH^2} \quad (E25-10)$$

式中：$\Delta W_{空管+样品}$为样品管加样品后在施加磁场前后的质量差；$\Delta W_{空管}$为空样品管在施加磁场前后的质量差；g 为重力加速度；h 为样品高度；M 为样品的摩尔质量；W 为样品的质量。

磁场强度 H 可用特斯拉计测量，或用已知磁化率的标准物质进行间接测量。例如用莫尔氏盐来标定磁场强度，它的摩尔磁化率χ_M 与热力学温度 T 的关系为：

$$\chi_M = \frac{9500}{T+1} \times 4\pi M \times 10^{-9}(m^3/mol) \quad (E25-11)$$

3. 仪器与试剂

主要实验仪器：古埃磁天平(包括电磁铁，电光天平，励磁电源)1 套；特斯拉计 1 台。

辅助实验用品：玻璃样品管；样品管架 1 个；直尺 1 只；角匙 4 只；广口试剂瓶 4 只；小漏斗 4 只。

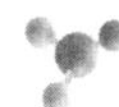

主要实验试剂：莫尔氏盐$(NH_4)_2SO_4 \cdot FeSO_4 \cdot 6H_2O$(分析纯)；$FeSO_4 \cdot 7H_2O$(分析纯)；$K_3Fe(CN)_6$(分析纯)；$K_4Fe(CN)_6 \cdot 3H_2O$(分析纯)。

4. 实验步骤

(1)用莫尔氏盐标定磁极中心磁场强度

取一支清洁干燥的空样品管悬挂在磁天平上，样品管应与磁极中心线平齐。注意样品管不要与磁极相触。

接通励磁电源，调节电流为0 A、2.0 A、4.0 A、6.0 A，然后减小电流至6.0 A、4.0 A、2.0 A。分别称量记录在上述电流产生不同磁场强度下空管质量$W_{空管}$。上述过程重复测定三次取其平均值。

取下样品管，将莫尔氏盐通过漏斗装入样品管，边装边在橡皮垫上敦实，使样品均匀填实，直至装满。继续敦实至样品高度不变为止，用直尺测量样品高度h。

按前述方法接通励磁电源，调节电流为0 A、2.0 A、4.0 A、6.0 A、4.0 A、2.0 A。称取在不同磁场强度下的$W_{空管+样品}$，测量完毕将莫尔氏盐倒回试剂瓶中。

在测量中，调节电流由小到大，再由大到小是为了抵消实验时磁场剩磁现象的影响。

(2)测定未知样品的摩尔磁化率χ_M

用同一样品管，同法分别测定$FeSO_4 \cdot 7H_2O$，$K_3Fe(CN)_6$和$K_4Fe(CN)_6 \cdot 3H_2O$的$W_{空管+样品}$。测定后的样品均要倒回试剂瓶，可重复使用。

注意：所测样品应事先研细，放在装有浓硫酸的干燥器中干燥。称量时，样品管应正好处于两磁极之间，其底部与磁极中心线齐平。悬挂样品管的悬线勿与任何物件相触。

5. 数据处理

(1)设计合理数据记录表，将所测数据列于表中。

(2)由上表数据分别计算不同条件下样品管及样品在无磁场时的质量W和在不同励磁电流下的质量变化ΔW。

(3)根据式(E25-11)计算莫尔氏盐的摩尔磁化率，并代入式(E25-10)计算各特定励磁电流相应的磁场强度值。

(4)根据式(E25-2)、式(E25-3)、式(E25-4)和式(E25-9)等计算$FeSO_4 \cdot 7H_2O$、$K_3Fe(CN)_6$和$K_4Fe(CN)_6 \cdot 3H_2O$的χ_M，μ_m和未成对电子数。

6. 实验结果与讨论

(1)根据未成对电子数讨论$FeSO_4 \cdot 7H_2O$和$K_4Fe(CN)_6 \cdot 3H_2O$中Fe^{2+}的最外层电子结构以及由此构成的配键类型。

(2)根据实验操作讨论：不同励磁电流下测得的样品摩尔磁化率是否相同？用古埃磁天平测定磁化率的精密度与哪些因素有关？

(3)根据实验方法讨论：本实验在测定χ_M时作了哪些近似处理？为什么可用莫尔氏盐来标定磁场强度？

7. 评注

(1)用测定磁矩的方法可判别化合物是共价配合物还是电价配合物。共价配合物以中央离子的空价电子轨道接受配位体的孤对电子，形成共价配键。为了尽可能多成键，往往会发生电子重排，以腾出更多空价电子轨道来容纳配位体的电子对。例如Fe^{2+}外层含有6个d电子，它可能有两种分布结构，如图9-5所示。

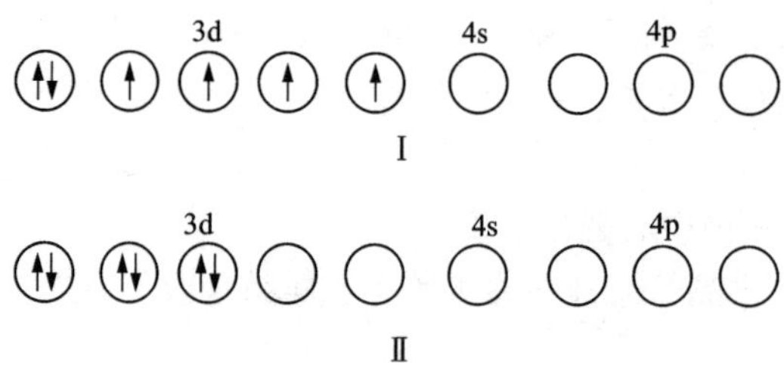

图 9-5　Fe^{2+}外层电子分布结构

图 9-5(Ⅰ)是Fe^{2+}离子在自由离子状态下外层电子结构$3d^64s^0p^0$。当它与 6 个H_2O配位体形成配离子$[Fe(H_2O)_6]^{2+}$，由于H_2O有相当大的偶极矩，与中心离子Fe^{2+}以库仑静电引力相结合而成电价配键，此配合物是电价配合物。电价配键无须中心离子腾出空轨道，只需中心离子与配位体的相对大小和中心离子所带的电荷。

图 9-5(Ⅱ)中Fe^{2+}未成对电子数为 0，$\mu_m=0$。Fe^{2+}离子外电子层结构发生了重排，形成 6 个d^2sp^3轨道。它们能接受 6 个CN^-离子的 6 个孤对电子，形成 6 个共价配键。如$[Fe(CN)_6]^{4-}$配离子，磁矩为 0，是共价配合物。测定配离子的磁矩是判别共价配键和电价配键的主要方法，但有时以共价配键或电价配键相结合的配离子含有同数的未成对电子，就不能适用。如 Zn(未成对电子数为零)，它的共价配离子如$Zn(CN)_4^{2-}$，$Zn(NH_3)_4^{2+}$等，以及电价配离子，如$Zn(H_2O)_4^{2+}$等，其磁矩均为零。所以对于Zn^{2+}来说，无法用测定磁矩的方法，来判别其配键的性质。

(2)有机化合物绝大多数分子都是由反平行自旋电子对而形成的价键。因此，这些分子的总自旋矩也等于零，它们必然是反磁性的。巴斯卡(Pascol)分析了大量有机化合物的摩尔磁化率的数据，总结得到分子的摩尔反磁化率具有加和性。此结论可用于研究有机物分子结构。

(3)从磁性测量中还能得到一系列其他资料。例如测定物质磁化率对温度和磁场强度的依赖性可以判断是顺磁性、反磁性或铁磁性的定性结果。对合金磁化率测定可以得到合金组成。

(4)本书的磁化率采用的是国际单位 SI 制，但许多书中仍使用 CGS 磁单位制，必须注意换算关系。

质量磁化率、摩尔磁化率单位制的换算关系分别为：

$$1\ m^3/kg(\text{SI 单位}) = (1/4\pi)\times 10^3\ cm^3/g(\text{CGS 电磁制})$$

$$1\ m^3/mol(\text{SI 单位}) = (1/4\pi)\times 10^6\ cm^3/mol(\text{CGS 电磁制})$$

另外，磁场强度 H(A/m)与磁感应强度 I(T)之间存在如下关系：

$$10^{-4}I = \frac{10^3}{4\pi}\mu_0 H$$

即

$$\left(\frac{1000}{4\pi}\ A/m\right)\times\mu_0 = 10^{-4}\ T$$

(5)χ_M 文献值：莫尔氏盐$(NH_4)_2SO_4\cdot FeSO_4\cdot 6H_2O$：$1.558\times10^{-7}\ m^3/mol$(293 K)

$FeSO_4\cdot 7H_2O$：$1.407\times10^{-7}\ m^3/mol$(293.5 K)

$K_4Fe(CN)_6\cdot 3H_2O$：$-2.165\times10^{-9}\ m^3/mol$(298 K)

$K_3Fe(CN)_6$：$2.878\times10^{-8}\ m^3/mol$(297 K)

附　录

附录 1　实验室安全

实验室安全问题，除化学实验室安全手册等专著有详细介绍外，化学实验用书亦常有所介绍。本书只对其与物理化学实验室关系较密切的一般问题，作简要叙述。实验室安全保障，首在防患于未然，故工作者须具有起码的实验室安全防护知识并养成良好习惯。遵守实验室规章制度则更为必要。

一、使用化学药品的安全防护

化学药品等物质导致的事故有下列几类，如对人体的伤害、产生爆炸和燃烧以及损坏设备、建筑物等。

药品对人体的损害有使人中毒、灼伤和腐蚀等。中毒严重者可立即致命。产生职业病、损害身体某方面的机能以及因此致癌等常有，暂时性的损害更多。

化学物质进入人体的途径，一般通过皮肤或伤口、口腔和呼吸管道。无色、无臭和无味的物质的有毒药品危险性更大。例如明代李时珍的《本草纲目》曾载有“砒霜、大毒也”。砒霜即 As_2S_3，其毒性远不如当今已知的剧毒药品，如氰化物和某些生物碱。只因其传统来源较易，大量混进食品中无臭无味难为人们所察觉，才成为有名的毒药。又如 CO 气体，在空气中的最高容许浓度为 30 mg/m^3，远低于附表 1 中所列出的有毒气体。但因其无色、无臭及无味，至已吸入致命量还未被人所察觉，故含有 CO 的煤气中毒事故，常有发生。反之，氨在空气中最高容许浓度与 CO 相同，SO_3 且不及其十分之一；除突发性事故能造成严重伤害外，因其气味刺激令人难以容忍，于极低浓度时已被人们察觉而能及早防范。有关有毒气体的最高容许浓度列于附表 1 中。表中有“△”号的是能察觉到的有毒气在空气中的含量。如氰化氢气体虽然很毒，使血液凝固，能迅速致命，但空气中含量只有 1.1 $\mu g/m^3$ 时，即能嗅出其所具有的苦杏仁味。人们能及时预防，则可无大害。

物理化学实验室中值得强调的是金属汞。它的蒸气压虽然在室温时很低，但汞是一种积累性毒物，进入人体后不易排出。每日如不慎在人体内吸入少量汞，日久便会中毒。例如每日只吸入 0.4~1 mg 的汞蒸气，中毒症状将会在几个月后表现出来。所以汞在空气中最高容许浓度制定得特别低。若不小心将汞泼溅于容器之外，须及时处理。凡估计有可能溅落了汞的地方，除用吸汞器尽量收集外，还须在这些地方散布硫磺粉。不允许将汞长期暴露在大气中。

对有毒的药品，在此不可能一一介绍。但实验室安全原则是，对不熟悉的药品要事先了解，并按规程使用。因为常用的绝大部分有毒药品是市售的，毒性亦有所说明。一些重要的有毒药品，都规定了致命的剂量。在此量以下进入人体不致造成中毒和损害。其中一些还有独特的治病功能。如动物的毒液和植物的有毒生物碱，虽然毫克级剂量便是足以杀人的剧毒品，但在此剂量以下为治病良药。因此，只要在操作中遵守制度，养成良好的实验工作习惯，如有毒气体实验应在通风橱中进行；对有毒和强烈腐蚀溶液移取时应针对性地穿戴防护用具，如乳胶手套、保护眼镜、口罩和防毒面具等，弃去毒品应及时稀释。要养成做完实验后认真洗净双手，不在实验室中饮食等都可以有效地避免中毒和其他伤害。

附表 1　有毒气体最高容许浓度

物质名称	最高容许的浓度/($mg \cdot m^{-3}$)	备注
一氧化碳(CO)	30	无嗅无色，易于上当
氧化氮(NO_2 计)	5	$^{\triangle}2\times10^{-1}$
氢化氰(HCN)		$^{\triangle}1.1\times10^{-3}$
氟化氢(HF)	1	能腐蚀玻璃
氯(Cl_2)	1	$^{\triangle}1.46\times10^{-2}$
氨(NH_3)	30	$^{\triangle}7\times10^{-3}$
升汞($HgCl_2$)	0.1	汞盐中毒性最大者
磷化氢(PH_3)	—	$^{\triangle}4\times10^{-1}$
五氧化二磷(P_2O_5)	1	
砷化氢(AsH_3)	0.3	很毒
三氧化二砷(As_2O_3)	0.3	多种砷盐均有剧毒
五氧化二砷(As_2O_5)	0.3	
硫化氢(H_2S)	10	$^{\triangle}8\times10^{-3}$
硫化铝(AlS)	0.5	
二氧化硫(SO_2)	15	
三氧化硫(SO_3)，硫酸	2	$^{\triangle}7\times10^{-8}$
硫化铅(PbS)	0.5	
二氧化硒(SeO_2)	0.1	
五氧化二钒(V_2O_5)	0.1~0.5	尘烟危害
金属铅(Pb 尘)	0.03~0.05	铅及铅盐都有毒，四乙铅毒性最大
金属汞(Hg 蒸气)	0.01	汞盐多有毒
铬酸盐、重铬酸盐	0.05	(全部换成 Cr_2O_3)

注：表中有“△”号者表示嗅觉能察觉到的含量，以 mg/mL^3 计。

某些药品易引起燃烧或爆炸，会造成大面积的严重事故。易燃物质引起火灾较易为人所理解，而有些爆炸产生的原因比较复杂。爆炸可分为热爆炸和支链爆炸。热爆炸与不安定的炸药相似，一些过氧化物、重氮或叠氮化物，除受热外，受震也可能引起爆炸。故运输、保存都应小心。实验时每次以量少为宜。应该注意的是，还有一些原来不属于这一类的物质，如醚类等，因储放日久，内部会自发产生不稳定的氧化物，也曾发生过受震爆炸事故。

链爆炸常产生于一般气体，例如某些气体与空气混合时，因空气中的氧为助燃剂，于一定比例范围内可因热源诱发而使混合气体爆炸。附表 2 列出了某些气体与空气混合的爆炸极限(以 20 ℃，压力为 $p^{\ominus}$时的体积百分数计算)。

附表 2　某些气体与空气相混合的爆炸极限

气体名称	爆炸高限 $V/\%$	爆炸低限 $V/\%$	气体名称	爆炸高限 $V/\%$	爆炸低限 $V/\%$
乙炔	80.0	2.5	乙烷	12.5	3.2
环氧乙烷	80.3	3.0	△乙醇	19.0	3.2
氢	74.2	4.0	△乙醛	57.0	4.0
△乙醚	36.5	1.9	甲烷	15.0	5.0
△苯	6.8	1.4	硫化氢	45.0	4.3
丙烯	11.1	2.0	△甲醇	36.5	6.7
乙烯	28.6	2.8	一氧化碳	74.2	12.5
△丙酮	12.8	2.6			

注：表中有“△”号者表示在室温下为液体。

附表 2 中的有些气体爆炸低限虽很低，如苯、烯类、炔类及环氧乙烷等不饱和烃爆炸物等，但因其带刺激气味，容易发现其过量，能及时采取预防爆炸措施，故实际上氢气最为危险。由于氢无色无臭且分子小易于往外渗泄，同时氢比重很小，上逸至不透气的屋顶高处积聚，极易为火花所引发，产生爆炸。因而经常使用氢气的地方，如以氢还原或保护实验以及大量使用外逸氢气的石英仪器吹制车间等，更须做好通风工作。一般实验室亦须通风良好，以防止气体积聚。

二、使用高压仪器设备等的安全防护

此类仪器的危险常在于使用过程中可能会产生爆炸。如有毒易燃气体的突然逸散，危害也很大。因为高压釜、储气瓶或受压玻璃仪器等，即使已按正规操作，但由于老化程度难明，或因玻璃仪器厚薄不均及烧制技术不良，都可能产生爆炸而难于事前察觉。这类仪器的安全系数规定为 50%以上，仍难避免事故的偶然发生。其中能作鉴定者都应于鉴定后使用，否则须增加安全保护措施。例如，在仪器外部罩上保护网或捆扎保护带。

用于真空实验的玻璃仪器，必须是厚壁和厚薄均匀及带圆形的。即使减压所用的玻璃仪器，所要承受的压力也较大。如 500~2000 mL 的锥形瓶所承受总压力可达 0.4~0.8 t。高压试验采用的玻璃管的直径不宜大于 20 cm，即使是高级玻璃，其管直径大致 30 cm 虽仍可使用，但最好以金属管代替。普通玻璃须加厚才能承受外界压力。此外，在拆卸减压或高真空系统的玻璃组装仪器时，必须将其冷至室温，慢慢与外界接通然后才能进行。压缩气瓶是实验常用的气源，一般要承受上百个巴以上的压力，故使用者更应小心。可燃性或有毒性气体的爆炸或漏泄，常造成较大的灾害，因此对它们的使用和识别很重要。其识别标志和承受压力范围见附表 3。

附表 3　压缩气瓶的识别和性能

<table>
<tr><th>气体名称</th><th>瓶身颜色</th><th>标字颜色</th><th>横条颜色</th><th>应承受工作压力/MPa</th><th colspan="2">备注</th></tr>
<tr><td>氧气</td><td>天蓝</td><td>黑</td><td></td><td>15.0</td><td>氧化性气体的瓶口及所连接的压力表，应防止易燃物及油腻等的玷污</td><td rowspan="7">应承受 15.0 MPa 压力的气瓶，水压力试验的压力大于 50%，至少三年检查一次</td></tr>
<tr><td>压缩空气</td><td>黑</td><td>白</td><td></td><td>15.0</td><td>广泛用作保护性气氛气体</td></tr>
<tr><td>粗氩气</td><td>黑</td><td>白</td><td>白</td><td>15.0</td><td></td></tr>
<tr><td>纯氩气</td><td>灰</td><td>绿</td><td>—</td><td>15.0</td><td></td></tr>
<tr><td>氦气</td><td>棕</td><td>白</td><td>—</td><td>15.0</td><td></td></tr>
<tr><td>氮气</td><td>黑</td><td>黄</td><td>棕</td><td>15.0</td><td></td></tr>
<tr><td>氢气</td><td>深绿</td><td>红</td><td>红</td><td>15.0</td><td>可燃性气体气门螺纹是反扣的</td></tr>
<tr><td>氨气</td><td>黄</td><td>蓝</td><td>—</td><td>3.0</td><td>NH_3 在 20 ℃时，蒸气压为 0.824 MPa，30 ℃时为 1.15 MPa</td><td rowspan="2">应承受 3.0 MPa 以下的易液化气体气瓶，水压试验的压力应大一倍；腐蚀性气体至少两年检查一次，一般压力表及减压表不通用</td></tr>
<tr><td>氯气</td><td>草绿</td><td>白</td><td>—</td><td>3.0</td><td>Cl_2 的临界点为 146 ℃，蒸气压为 9.35 MPa；20 ℃下蒸气压为 0.662 MPa</td></tr>
<tr><td>二氧化碳气</td><td>黑</td><td>黄</td><td>—</td><td>12.5</td><td colspan="2">CO_2 临界温度为 31.1 ℃，临界点，蒸气压达 7.295 MPa，20 ℃时亦达 5.7 MPa</td></tr>
<tr><td>二硫化碳气</td><td>黑</td><td>白</td><td>黄</td><td>0.6</td><td>SO_2 的临界点为 157.2 ℃，蒸气压为 7.77 MPa；20 ℃下蒸气压为 0.323 MPa</td><td></td></tr>
<tr><td>乙炔</td><td>白</td><td>红</td><td>—</td><td>—</td><td>多用于乙炔焊</td><td></td></tr>
<tr><td>石油气</td><td>灰</td><td>红</td><td>—</td><td>—</td><td>广泛用于家庭燃料和加热用燃料，数量最大</td><td></td></tr>
<tr><td>氟氯烷气</td><td>铝白</td><td>黑</td><td>—</td><td>—</td><td>一般用于冷冻机充液</td><td></td></tr>
</table>

气瓶的爆炸原因主要是筒体或螺口处受腐蚀损坏，有时先自泄漏气体亦会产生危险，除爆炸外还发生过气体阀门冲脱螺口穿透天花板的事故。因此规定气瓶要定期由有关单位检查合格后才准许装气使用。其次是气瓶受热使气体膨胀，压力超过气瓶最大负荷而爆炸。为此，气瓶应放在阴凉、干燥和远离热源地方，有太阳照射或放置炉火附近都是不允许的。此外，搬运时还要轻稳；放置时要牢固放好和旋戴好瓶帽；使用时为防气体冲出伤人，要求操

作者及其他人员站到气瓶口另一侧，更不得以头或身体正对气瓶阀门；为了防止重新灌气时发生危险，气瓶内的气体一般不应用尽。个别种类气及使用者所必须的注意事项载于附表 3 的备注项中。

其他高压仪器设备如高压釜、压气机等，一般都有详细说明书及操作规程和注意事项。使用这类仪器前，都应仔细学习这些资料。操作时更要严格遵守操作规程防止发生意外。

三、电的安全使用

对于物理化学实验室，能否做到安全用电是一个值得普遍重视的问题。因为不安全用电，除会引起人身事故和仪器设备的损毁外，还会导致燃烧或爆炸等更大面积的灾害。防止由于用电时引起事故的重要条件，是电路布置应安全和合理，插头、开关及线路完好以及使用者应按规程操作等。

电的危险性众所周知。因触电事故而致死亡或伤残者时有发生。人体是导体，其内部电阻不过千欧左右。皮肤干燥而清洁时，则两手间的电阻可高达几万欧，提高了对如市电以下较低电压触电时的防护能力，减少触电所产生的危险。反之，皮肤潮湿而又沾有电解质(身体上的汗就有 NaCl 等)则触电致危更为容易；如双手接触电路，其危险性更大。

一般当人体通过 50 Hz 交流电时，即使只有 1 mA 电流，人体便会有感觉，达 100 mA 以上便足以致命；当电压为 45 V 时亦会产生危险，故称此值为危险电压。即使直流电亦会有相似的危害。为了防止触电，用电时手应干燥，与电接触的地方应有足够的绝缘性。如遇见有人触电，应迅速切断电源而不能与之相接触。

为了防止线路和仪器设备烧毁等事故，除注意其绝缘性能是否良好外，还须考虑电路(包括插头等)是否能经得住负载。使用大功率的设备，须事先计算最大电流量，并严格按规定接好保险丝。部分常用保险丝的规格和应用范围见附表 4。在使用仪器设备过程中，应注意电流过载，并应避免因电线过细而导致发高热使之燃烧等事故。在接线操作及使用开关时，应注意避免火花产生。

附表 4　常用保险丝部分的规格和应用的范围

号码	直径/mm	熔断电流/A	最高安全工作电流/A	220 V 的电路中配用电器总功率/W
25	0.508	3	2	400
22	0.712	5	3.3	660
20	0.914	7	4.8	960
18	1.219	10	7.0	1400
16	1.626	16	11	2200

用电仪器设备的安全防护，应按说明书及所规定的操作规程执行。同时尽可能地了解仪器的历史情况，如仪器使用前是否干燥清洁，是否或放置过久致使接头氧化而接触不良，以及通路有无障碍等情况。为防潮湿短路，仪器不应放置在水容易溅落的地方。使用电动机一类设备时，注意使用过程中有时或突然受阻而造成过载。如发生这种情况应及时截断电源。

当遇上临时停电、工作已毕或离开实验室时，应将电闸断开。

附录 2　法定计量及单位表

一、SI 基本单位及导出单位

附表 5　SI 基本单位的名称和代号与定义

量	单位名称	单位符号	定义
长度	米(meter)	m	米是光在真空中 1/299 792 458 秒的时间隔内所经过的距离
质量	千克(公斤)(kilogram)	kg	千克是质量单位，等于国际千克原器的质量
时间	秒(second)	s	秒是铯-133 原子基态的两个超精细能级之间跃迁的辐射周期的 9 192 631 770 倍的持续时间
电流	安[培] Ampar	A	安培是一恒定电流，若保持在处于真空中相距 1 米的两无限长而圆截面可忽略的平行直导线内，则此两导线之间产生的力在每米长度上等于 2×10^{-7} N
热力学温度	开[尔文](Kelvin)	K	热力学温度单位开尔文是水三相点热力学温度的 1/273. 16
物质的量	摩[尔](mole)	mol	(1)摩尔是一系统的物质的量，该系统中所包含的基本单元数与 0. 012 kg 碳-12 的原子数目相等 (2)在使用摩尔时，基本单元应予指明，可以是原子、分子、离子、电子及其他粒子，或是这些粒子的特定组合
发光强度	坎[德拉](candela)	cd	坎德拉是在 101325 Pa 下，处于铂凝固温度(2024 K)的黑体的 1/60000 m^2 表面垂直方向上的光强度

注：表中单位名称，去掉方括号时为单位名称的全称，去掉方括号及其中的字即成为单位名称的简称。圆括号中的名称与它表面的名称是同义字。

附表 6　与 SI 制并用的单位表

量	单位名称	单位符号	量	单位名称	单位符号
时间	分	min	体积，容积	升	l, L
	[小]时	h	长度	天文单位距离	A
	日/天	d		秒差距	pc
平面角，(角度)	度	°	能	电子伏特	eV
	[角]分	′	无功功率	乏	var
	[角]秒	″	表观功率	伏安	VA
质量	吨	t	声压级	分贝	dB
	[统一的]原子质量单位	u	响度级	方	phon

附表 7 具有专门名称和符号的 SI 导出单位

量	单位名称	单位符号（代号）	表示式	
			用 SI 单位	用 SI 基本单位
频率	赫[兹]	Hz		s^{-1}
力，重力	牛[顿]	N		$kg \cdot m/s^2$
压力，压强，应力	帕[斯卡]	Pa	N/m^2	$kg/(m \cdot s^2)$
能[量]，功，热	焦[耳]	J	$N \cdot m$	$kg \cdot m^2/s^2$
功率，辐射通量	瓦[特]	W	J/s	$kg \cdot m^2/s^3$
电荷[量]	库[仑]	C		$A \cdot s$
电势，电压，电动势	伏[特]	V	W/A	$kg \cdot m^2/(s^3 \cdot A)$
电容	法[拉]	F	C/V	$s^4 \cdot A^2/(kg \cdot m^2)$
电阻	欧[姆]	Ω	V/A	$kg \cdot m^2/(s^3 \cdot A^2)$
电导	西[门子]	S	A/V	$s^3 \cdot A^2/(kg \cdot m^2)$
磁通量	韦[伯]	Wb	$V \cdot s$	$kg \cdot m^2/(s^2 \cdot A)$
磁感应强度，磁通量密度	特[斯拉]	T	Wb/m^2	$kg/(s^2 \cdot A)$
电感	亨[利]	H	Wb/A	$kg \cdot m^2/(s^2 \cdot A^2)$
光通量	流[明]	lm		
[光]照度	勒[克斯]	lx	lm/m^2	$cd \cdot sr/m^2$
放射性活度	贝可[勒尔]	Bq		s^{-1}
吸收剂量	戈[瑞]	Gy	J/kg	m^2/s^2
剂量当量	希[沃特]	Sv	J/kg	m^2/s^2

附表 8 用于构成十进倍数和分数单位的词头

所表示的因数	词头名称		符号	所表示的因素	词头名称		符号
	原文(法)	中文			原文(法)	中文	
10^{18}	exa	艾〔可萨〕	E	10^{-15}	atto	啊〔托〕	a
10^{15}	peta	拍〔它〕	P	10^{-15}	femto	飞〔母托〕	f
10^{12}	tera	太〔拉〕	T	10^{-12}	pico	皮〔可〕	p
10^{9}	giga	吉〔加〕	G	10^{-9}	nano	纳〔诺〕	n
10^{6}	mega	兆	M	10^{-5}	micro	微	μ
10^{3}	kilo	千	k	10^{-3}	milli	毫	m
10^{2}	hector	百	h	10^{-2}	centi	厘	c
10^{1}	deca	十	da	10^{-1}	deci	分	d

二、常用物理量单位与旧制单位的换算

1. 常数

(1)气体常数 R=8.314 472(15) J/(K·mol)=0.082057(3) L·atm/(K·mol)。

(2)法拉第常数 F=96485.3399(24) C/mol。

统一的原子质量单位(原子单位)≈1.660 538 782(83)×10^{-27} kg。

2. 常用物理量

(1)力：1 dyn=10^{-5} N，1 N=10^{5} dyn。

(2)压力：1 Pa=1 N/m^2，101325 Pa≈100 kPa=$p^{\ominus}$(1 标准大气压)。

(3)功与能：1 erg(尔格)=1×10^{-7} J(绝对焦耳)=1 dyn·cm(达因·厘米)。

1 cal(卡)=4.1840 J(焦耳)，1 eV(电子伏特)=1.602 176 487(40)×10^{-19} J(焦耳)。

(4)功率：1 kW·h(千瓦·时)=3.600×10^{6} J(绝对焦耳)=8.600×10^{5} cal(卡)。

1 hp(马力，即 horse power)=745.700 W(瓦)，1 V·A(伏·安)=1 W(瓦)。

3. 基本物理量

(1)长度：1 m(米)=100 cm(厘米)=1000 mm(毫米)。

GGS 制中，1 cm=10^{-2} m=10^{-5} km=10 mm=10^{4} μm(微米)=10^{7} nm(纳米)=10^{8} Å。

市制中，1 市尺=10 市寸=$\frac{1}{3}$ m。

英制中，1 英尺(foot，呎)=12 英寸(inch，吋)，1 inch=2.640 cm。

(2)质量：1 kg=1000 g=10^{6} mg。

市制中，1 市斤=500 g。

英制中，1 磅(pound)=463.6 g，1 盎司=28.37953 g。

附录3　实验常用参考数据表

附表 9　某些基本常数值

量	符号	值	不确定度 /10^{-6}	单位 SI	单位 C·g·s
真空中光速	c	2.997924580(1.2)	0.004	10^{8} m/s	10^{10} cm/s
电子电荷	e	1.602 176 487(40) 4.803242(14)	2.9 2.9	10^{-9} C	10^{-20} emu 10^{-10} esu
普朗克常数	h	6.626 068 96(33)	5.4	10^{-34} J·s	10^{-27} erg·s
阿伏伽德罗常数	L	6.022 141 79(30)	5.1	10^{26}/kmol	10^{23}/mol
原子质量单位	u	1.6605655(86)	5.1	10^{-27} kg	10^{-24} g
电子静止单位	m_e	9.109534(47)	5.1	10^{-31} kg	10^{-28} g
质子静止单位	m_p	1.6726485(86)	5.1	10^{-27} kg	10^{-24} g
中子静止单位	m_n	1.6749543(86)	5.1	10^{-27} kg	10^{-24} g

续附表9

量	符号	值	不确定度 $/10^{-6}$	单位 SI	单位 C·g·s
法拉第常数	F	9.64853399(24)	2.8	10^4 C/mol	10^7 C/kmol
理想气体的标准摩尔体积 ($V_0=RT_0/p_0$)	V_0	22.413996(39)	31	10^{-3} m^3/mol	10^7 cm^3/mol
气体常数	R	8.314 472(15)	31 31	J/(K·mol)	10^7 erg/(mol·K)
玻耳兹曼常数(R/L)	k	1.380 650 4(24)	32	10^{-23} J/K	10^7 erg/K
引力常数	G	6.674 08(31)	615	10^{-11} N·m^2/kg^2	10^{-8} dyn·cm^2/g^2
标准大气压	$p^{\ominus}$	1.01325		10^5 Pa 确值	
标准重力加速度	g	9.80665		m/s^2 确值	

附表 10　一些液体的蒸气压、沸点和汽化热

温度/℃	蒸气压/kPa						
	四氯化碳	乙酸乙酯	乙醇	苯	正丙醇	水	醋酸
25	18.865	—	7.866	—	2.680	3.168	—
30	19.065	15.825	10.439	—	3.680	4.242	2.746
35	23.491	—	13.826	—	4.986	5.623	—
40	28.771	24.840	18.039	24.371	6.693	7.375	4.640
45	34.997	—	23.318	29.798	8.853	9.583	—
50	42.277	37.637	29.624	36.170	11.626	12.334	7.546
55	50.569	—	37.410	43.596	15.145	15.737	—
60	60.102	55.369	47.023	52.196	19.598	19.918	11.852
65	70.781	—	59.835	62.102	24.906	24.998	—
70	82.967	79.500	72.327	73.434	31.864	31.157	18.132
75	—	—	88.139	86.366	40.130	38.543	—
80	—	—	—	—	50.129	47.343	26.971
85	—	—	—	—	62.128	57.809	—
90	—	—	—	—	76.527	70.101	39.157
95	—	—	—	—	80.927	84.513	—
100	—	—	—	—	—	101.325	55.609
正常沸点/℃ (101325 Pa)	76.75	77.15	78.5	80.1	97.4	100	118.5
汽化热/($kJ \cdot mol^{-1}$)	29.857 (76.75 ℃)	47.789 (34.6 ℃)	39.320 (78.5 ℃)	30.824 (80.1 ℃)	41.238 (97.4 ℃)	40.669(100 ℃) 41.584(80 ℃)	24.321 (118.5 ℃)

附表 11 常用气体的物理性质

气体	相对分子质量	标准状态下密度/($g \cdot L^{-1}$)	比重[①]（对空气）	标准状态下摩尔体积/L	比热/($J \cdot g^{-1}$)	黏度/(10^{-7} $Pa \cdot s$)	导热系数/($J \cdot m^{-1} \cdot s^{-1} \cdot L^{-1}$)	扩散系数[②]/($cm^2 \cdot s^{-1}$)
H_2	2.0158	0.0899	0.06595	22.43	14.18	84	0.0166	0.634
O_2	31.999	1.429	1.1053	22.39	0.9113	190	0.0238	0.178
N_2	28.013	1.251	0.9673	22.4	1.036	167	0.0226	0.202
Ar	39.943	1.784	1.3799	22.39	0.5243	209.6	0.0163	—
CO	28.010	1.250	0.9669	22.4	1.037	166	0.0209	0.202
CO_2	44.010	1.977	1.5291	22.26	0.8322	140	0.0128	0.139
H_2S	34.076	1.539	1.1906	22.14	1.060	116.6	—	0.151
SO_2	64.059	2.926	2.2635	21.89	0.6343	116	0.0085	0.103
Cl_2	70.906	3.214	2.486	22.05	0.4807	132.7	—	0.108
NH_3	17.030	0.7714	0.5967	22.08	2.189	91.8	0.0192	0.198

气体	$p^\ominus$下的沸点[③]/℃	$p^\ominus$、20 ℃下平均自由程/Å	范德华常数		在水中的溶解度/($cm^3 \cdot mL^{-1}$)水			含 5%(体积)H_2SO_4、20% Na_2SO_4 水溶液中的溶解度[⑥]
			a/($kPa \cdot mol^{-1}$)	b/($L \cdot mol^{-1}$)	0 ℃	25 ℃	50 ℃	
H_2	−252.87	1116	24.723	0.0266	0.0215	0.0175	0.0161	0.0073
O_2	−182.93	534	137.802	0.0318	0.0489	0.0293	0.0209	0.0089
N_2	−195.81	592	140.842	0.0391	0.0238	0.0147	—	0.0049
Ar	−185.58	622	136.789	0.0322	0.0524	0.0289[④]	0.0225	—
CO	−191.5	590	150.974	0.0399	0.354	0.214	0.0162	0.0039
CO_2	(−78.8)	389	363.757	0.0427	1.713	0.759	0.436	0.27
H_2S	−60.4	—	447.857	0.0428	4.670	2.282	1.392	—
SO_2	−10.0	—	625.175	0.0564	79.789	32.786	18.776[⑤]	13.6
Cl_2	−34.0	—	657.599	0.0562	4.61	2.30	1.225	—
NH_3	−33.4	—	425.565	0.0374	1299	635	—	—

注：①空气为 1；②在空气中；③$p^\ominus$定义为 101325 Pa；④为 30 ℃下的数据；⑤为 40 ℃下的数据；⑥25 ℃单位同水。

附表 12 不同温度下水的蒸气压、密度、黏度、表面张力、折射率等数据

温度/℃	蒸气压/Pa	密度/($kg \cdot m^{-3}$)	黏度/($mPa \cdot s^{-1}$)	表面张力/($mN \cdot m^{-1}$)	折光率(钠光 589.3 nm)
0	610.5	999.84	1.791	75.64	1.3339
1	656.7	999.90	1.7313	—	—
2	705.8	999.94	1.6728	—	—

续附表12

温度/℃	蒸气压/Pa	密度/($kg \cdot m^{-3}$)	黏度/($mPa \cdot s^{-1}$)	表面张力/($mN \cdot m^{-1}$)	折光率(钠光 589.3 nm)
3	757.9	999.97	1.6191	—	—
4	813.4	999.98	1.5674	—	—
5	872.3	999.97	1.5188	74.92	1.33388
6	935.0	999.95	1.4728	—	—
7	1001.6	999.1	1.4283	—	—
8	1072.6	999.85	1.3860	—	—
9	1147.8	999.78	1.3462	—	—
10	1227.8	999.70	1.3077	74.22	1.33370
11	1312.4	999.61	1.2713	74.07	1.33365
12	1402.3	999.50	1.2363	73.93	1.33359
13	1497.3	999.38	1.2028	73.78	1.33352
14	1598.1	999.25	1.1709	73.64	1.33346
15	1704.9	999.10	1.1404	73.49	1.33339
16	1817.7	998.95	1.1111	73.34	1.33331
17	1937.2	998.78	1.0828	73.19	1.33324
18	2063.4	998.60	1.0559	73.05	1.33316
19	2196.7	998.41	1.0299	72.90	1.33307
20	2337.8	998.21	1.0050	72.75	1.33299
21	2486.5	998.00	0.9810	72.59	1.33290
22	2643.4	997.77	0.9579	72.44	1.33281
23	2808.8	997.54	0.9358	72.28	1.33272
24	2983.3	997.30	0.9142	72.13	1.33263
25	3167.2	997.05	0.8937	71.97	1.33252
26	3360.9	.996.79	0.8737	71.82	1.33242
27	3564.9	996.52	0.8545	71.66	1.33231
28	3779.5	996.24	0.8360	71.50	1.33219
29	4005.3	995.99	0.8180	71.35	1.33208
30	4242.8	995.65	0.8007	71.18	1.33196
31	4492.3	995.35	0.7840	—	—
32	4754.7	995.03	0.7679	—	—
33	5030.1	994.71	0.7523	—	—
34	5319.3	994.38	0.7371	—	—

续附表12

温度/℃	蒸气压/Pa	密度/($kg \cdot m^{-3}$)	黏度/($mPa \cdot s^{-1}$)	表面张力/($mN \cdot m^{-1}$)	折光率(钠光589.3 nm)
35	5622.9	994.04	0.7225	70.38	1.33131
40	7375.9	992.22	0.6560	69.56	—
45	9583.2	—	0.5883	68.74	—
50	12334	988.04	0.5494	67.91	—
60	19916	983.22	0.4688	66.18	—
80	47343	971.81	0.3547	62.6	—
100	101325	958.36	0.2818	58.9	—

附表13　25 ℃下某些醇类水溶液的表面张力

乙醇浓度 w/%	乙醇溶液表面张力/($mN \cdot m^{-1}$)	醇类溶液浓度 w/%	表面张力/($mN \cdot m^{-1}$)		
			正丁醇水溶液	2-甲基-1-丙醇水溶液	2-甲基-2-丙醇水溶液
0.00	72.20	0	72.2	72.2	72.2
2.72	60.79	0.25	64.7	64.4	65.7
5.21	54.87	0.50	58.7	58.3	61.2
11.00	46.03	1.00	51.0	51.0	55.7
20.50	37.53	2.00	43.2	43.3	50.0
30.47	32.25	3.00	37.5	37.7	45.9
50.22	27.87	6.00	27.8	28.6	38.7
68.94	25.71	—	—	—	—
87.92	23.64	—	—	—	—
100.0	22.03	—	—	—	—

附表14　水在某些温度下的汽化热

温度/℃	汽化热/($kJ \cdot mol^{-1}$)	温度/℃	汽化热/($kJ \cdot mol^{-1}$)	温度/℃	汽化热/($kJ \cdot mol^{-1}$)
0	44.894	70	42.022	110	40.168
20	44.087	80	41.584	120	39.625
40	43.266	90	41.140	—	—
60	42.451	100	40.668	—	—

附表 15　不同温度下几种液体的密度 ρ 和黏度 η

温度/℃	苯		乙醇		氯仿	
	$\rho/(kg \cdot m^{-3})$	$\eta/(mPa \cdot s^{-1})$	$\rho/(kg \cdot m^{-3})$	$\eta/(mPa \cdot s^{-1})$	$\rho/(kg \cdot m^{-3})$	$\eta/(mPa \cdot s^{-1})$
0	—	0.912	806	1.785	1526	0.699
10	887	0.758	798	1.451	1496	0.625
15	883	0.698	794	1.345	1486	0.597
16	882	0.685	793	1.320	1484	0.591
17	882	0.677	792	1.290	1482	0.586
18	877	0.666	791	1.265	1480	0.580
19	870	0.656	790	1.238	1478	0.574
20	879	0.647	789	1.216	1.476	0.568
21	879	0.638	788	1.188	1474	0.562
22	878	0.629	787	1.165	1472	0.556
23	877	0.621	786	1.143	1471	0.551
24	876	0.611	0.786	1.123	1.469	0.545
25	875	0.601	785	1.103	1467	0.540
30	869	0.566	781	0.991	1460	0.514
40	858	0.482	722	0.823	1451	0.464
50	847	0.436	763	0.701	1433	0.424
60	—	0.395	—	0.591	—	0.389
70	836	—	754	—	1411	—

附表 16　某些液体的折光率

物质	15 ℃	18 ℃	20 ℃	25 ℃	30 ℃
水	1.334	1.33317	1.3330	1.33262	1.33192
乙醇	1.36330	1.36129	1.36048	1.35885	1.35639
氯仿	1.44858	—	1.44550	—	—
四氯化碳	1.46305	—	1.46044	—	—
丙酮	1.36157	—	1.35911	—	—
环已酮	1.4289	—	1.4265	—	—
环已烷	—	—	—	1.42388	—
苯	1.50439	—	1.50110	—	—
溴苯	1.56252	—	1.56020 1.5247	1.533	—
硝基苯	1.5547	—	1.5525	—	—

附表 17 KCl 溶液的电导率 S/m

温度/℃	$c/(mol \cdot L^{-1})$			
	1.000	0.100	0.02	0.01
0	6.541	0.715	0.1521	0.0776
5	7.414	0.822	0.1752	0.0896
10	8.319	0.933	0.1994	0.1020
15	9.252	1.048	0.2243	0.1147
16	9.441	1.072	0.2294	0.1173
17	9.631	1.095	0.2435	0.1199
18	9.822	1.119	0.2397	0.1225
19	10.014	1.143	0.2449	0.1251
20	10.207	1.167	0.2501	0.1278
21	10.400	1.191	0.2553	0.1305
22	10.594	1.215	0.2606	0.1332
23	10.789	1.239	0.2659	0.1359
24	10.984	1.264	0.2712	0.1386
25	11.180	1.288	0.2765	0.1413
26	11.377	1.313	0.2819	0.1441
27	11.574	1.337	0.2873	0.1468
28	—	1.362	0.2927	0.1496
29	—	1.387	0.2981	0.1524
30	—	1.412	0.3036	0.1552
31	—	1.437	0.3091	0.1531
32	—	1.462	0.3146	0.1609
33	—	1.488	0.3201	0.1638
34	—	1.513	0.3256	0.1667
35	—	1.539	0.3312	—
36	—	1.564	0.3368	—

注：25 ℃时，0.001 mol/L 的 KCl 电导率为 0.01469 S/m；0.0001 mol/L 的 KCl 电导率为 0.001489 S/m。

表中 c 摩尔浓度是在 18 ℃下，称取 74.56 g 的 KCl(在空气中)溶于水中，稀释至 1 L。此时溶液密度(18 ℃下)为 1.0449×10^3 kg/m^3。

附表 18　不同温度下离子在水溶液中的极限摩尔电导率 λ_∞　　10^{-4} S · m²/mol

离子	0 ℃	18 ℃	25 ℃	50 ℃
H^+	240	314	350	465
K^+	40.4	64.4	7405	115
Na^+	26	4305	50.9	82
NH_4^+	40.2	64.5	74.5	115
Ag^+	32.9	54.3	63.5	101
$\frac{1}{2}Ba^{2+}$	33	55	65	104
$\frac{1}{2}Ca^{2+}$	30	51	60	98
$\frac{1}{3}La^{3+}$	35	61	72	119
OH^-	105	172	192	284
Cl^-	41.1	65.5	75.5	116
NO_3^-	40.4	61.7	70.6	104
$C_2H_3O_2^-$	20.3	34.6	40.8	67
$\frac{1}{2}SO_4^{2-}$	41	83	80	125
$\frac{1}{2}C_2O_4^{2-}$	39	96	73	115
$\frac{1}{4}Fe(CN)_6^{4-}$	58	95	111	173

附表 19　25 ℃时一些离子在水溶液中的极限摩尔离子电导率　　10^{-4} S · m²/mol

离子	λ_∞	离子	λ_∞	离子	λ_∞	离子	λ_∞
$\frac{1}{2}Be^{2+}$	54	Li^+	38.69	ClO_3^-	64.4	HSO_4^-	52
$\frac{1}{2}Cd^{2+}$	54	$\frac{1}{2}Mg^{2+}$	53.06	ClO_4^-	67.9	I^-	76.8
$\frac{1}{3}Ce^{3+}$	70	$\frac{1}{2}Ni^{2+}$	50	CN^-	78	IO_3^-	40.5
$\frac{1}{2}Co^{2+}$	53	$\frac{1}{2}Pb^{2+}$	71	$\frac{1}{2}CO_3^{2-}$	72	IO_4^-	54.4
$\frac{1}{3}Cr^{3+}$	67	$\frac{1}{2}Sr^{2+}$	59.46	$\frac{1}{2}CrO_4^{2-}$	85	IO_5^-	71.8
$\frac{1}{2}Cu^{2+}$	55	Tl^+	76	$\frac{1}{3}Fe(CN)_6^{3-}$	101	$\frac{1}{3}PO_4^{3-}$	69.0

续附表19

离子	λ_∞	离子	λ_∞	离子	λ_∞	离子	λ_∞
$\frac{1}{2}Fe^{2+}$	54	$\frac{1}{2}Zn^{2+}$	52.8	HCO_3^-	44.5	SCN^-	66
$\frac{1}{3}Fe^{3+}$	58	Br^-	78.1	HS^-	65	$\frac{1}{2}SO_4^{2-}$	80.0
$\frac{1}{2}Hg^{2+}$	53.06	F^-	54.4	HSO_3^-	58	Ac^-	40.9

附表 20　25 ℃时一些弱酸和弱碱的电离平衡常数

物质	K(或K_1)	物质	K(或K_1)	物质	K(或K_1)
醋酸	1.754×10^{-5}	草酸	6.5×10^{-2} (K_2: 6.1×10^{-5})	氨	1.79×10^{-5}
苯甲酸	6.36×10^{-5}			乙胺	5.6×10^{-4}
酚	1.3×10^{-10}	硼酸	5.79×10^{-3}	吡啶	2.1×10^{-5}
硫化氢	9.1×10^{-2} (K_2: 1.2×10^{-15})	磷酸	7.5×10^{-3} (K_2: 6.2×10^{-3})	苯胺	4.0×10^{-10}

附表 21　25 ℃时不同浓度的水溶液中阳离子的迁移数

电解质	物质的量浓度/(mol·L^{-1})					
	0(外推)	0.01	0.02	0.05	0.1	0.2
HCl	0.8209	0.8251	0.8266	0.8292	0.8314	0.8337
LiCl	0.3364	0.3289	0.3261	0.3211	0.3166	0.3112
NaCl	0.3963	0.3918	0.3902	0.3876	0.3854	0.3621
KCl	0.4906	0.4902	0.4901	0.4899	0.4898	0.4894
KBr	0.4849	0.4833	0.4832	0.4831	0.4833	0.4887
KI	0.4892	0.4884	0.4883	0.4882	0.4883	0.4887
KNO_3	0.5072	0.5084	0.5087	0.5093	0.5103	0.5120
$1/2K_2SO_4$	0.4790	0.4829	0.4848	0.4870	0.4890	0.4910
$1/2CaCl_2$	0.4360	0.4264	0.4220	0.4140	0.4060	0.3953
$1/3LaCl_3$	—	0.4625	—	0.4482	0.4375	—
$1/2CuSO_4$	0.4074[a]	—	0.375[b]	0.375[b]	0.373[b]	0.357[b]

注：①"a"表示 25 ℃下 $1/2CuSO_4$ 阳离子的迁移数根据无限稀释时 $1/2Cu^{2+}$ 和 $1/2SO_4^{2-}$ 的极限摩尔电导率数据计算结果。

②"b"表示温度为 18 ℃时的数据。

附表 22　不同温度时甘汞电极的电极电势　　V

t/℃	0.1 mol/L	1.0 mol/L	饱和	t/℃	0.1 mol/L	1.0 mol/L	饱和
5	0.3377	0.2876	0.2568	18	0.3369	0.2845	0.2483
6	0.3376	0.2874	0.2862	19	0.3369	0.2842	0.2477
7	0.3376	0.2871	0.2555	20	0.3368	0.2840	0.2471
8	0.3375	0.2869	0.2549	21	0.3367	0.2838	0.2464
9	0.3375	0.2866	0.2542	22	0.3367	0.2835	0.2458
10	0.3374	0.2864	0.2536	23	0.3366	0.2833	0.2451
11	0.3373	0.2862	0.2529	24	0.3366	0.2830	0.2445
12	0.3373	0.2859	0.2523	25	0.3365	0.2828	0.2424
13	0.3372	0.2857	0.2516	26	0.3364	0.2826	0.2431
14	0.3372	0.2854	0.2510	27	0.3364	0.2823	0.2425
15	0.3371	0.2852	0.2503	28	0.3363	0.2821	0.2418
16	0.3370	0.2850	0.2497	29	0.3363	0.2818	0.2412
17	0.3370	0.2847	0.2490	30	0.3362	0.2816	0.2405

注：表中数值是根据下列公式计算的：

0.1 mol/L　$E_{甘汞}=0.3365-6.5\times10^{-5}(t-25)$；

1.0 mol/L　$E_{甘汞}=0.2828-2.4\times10^{-4}(t-25)$；

饱和 $E_{甘汞}=0.2438-6.5\times10^{-4}(t-25)$ 或用 $0.2420-7.4\times10^{-4}(t-25)$。

附表 23　标准电极电势(还原,25 ℃)

电极	电极反应	$E^{\ominus}$/V
Li^+, Li	$Li^+ + e^- = Li$	-3.045
K^+, K	$K^+ + e^- = K$	-2.925
Mg^{2+}, Mg	$Mg^{2+} + 2e^- = Mg$	-2.37
Zn^{2+}, Zn	$Zn^{2+} + 2e^- = Zn$	-0.763
Fe^{2+}, Fe	$Fe^{2+} + 2e^- = Fe$	-0.440
Cd^{2+}, Cd	$Cd^{2+} + 2e^- = Cd$	-0.403
Ni^{2+}, Ni	$Ni^{2+} + 2e^- = Ni$	-0.250
AgI, Ag, I^-	$AgI + e^- = Ag + I^-$	-0.152
Pb^{2+}, Pb	$Pb^{2+} + 2e^- = Pb$	-0.126
(Pt) H^+, H_2	$2H^+ + 2e^- = H_2$	0.00
(Pt) Sn^{4+}, Sn^{2+}	$Sn^{4+} + 2e^- = Sn^{2+}$	0.14
AgCl, Ag, Cl^-	$AgCl + e^- = Ag + Cl^-$	0.2222

续附表23

电极	电极反应	$E^{\ominus}$/V
Cu^{2+}, Cu	$Cu^{2+}+2e^-$ ══ Cu	0.337
OH^-, O_2	$O_2+2H_2O+4e^-$ ══ $4OH^-$	0.401
Cu^+, Cu	Cu^++e^- ══ Cu	0.521
Ag^+, Ag	Ag^++e^- ══ Ag	0.799
Cl_2, Cl^-	Cl_2+2e^- ══ $2Cl^-$	1.3595

附表 24　不同浓度的一些电解质的平均活度系数(25 ℃)

电解质	浓度/(mol·kg^{-1})										
	0.001	0.005	0.01	0.02	0.05	0.1	0.2	0.5	1.0	2.0	3.0
$CuSO_4$	0.74	0.53	0.41	—	0.20	0.16	0.104	0.062	0.0423	—	—
HCl	0.966	0.928	0.905	0.875	0.83	0.796	0.767	0.705	0.809	1.009	1.316
HNO_3	0.965	0.927	0.902	0.871	0.823	0.785	0.748	0.715	0.720	0.783	0.876
H_2SO_4	0.830	0.643	0.545	0.455	0.341	0.266	0.210	0.155	0.131	0.125	0.142
NaOH	—	—	0.899	0.860	0.818	0.766	0.72	0.693	0.679	0.70	0.77
KOH	—	0.92	0.90	0.86	0.824	0.798	0.765	0.728	0.765	0.888	1.081
NaCl	0.966	0.929	0.904	0.875	0.823	0.778	0.732	0.679	0.666	0.670	0.719
KCl	0.865	0.927	0.901	—	0.815	0.769	0.717	0.650	0.605	0.575	0.573
NH_4Cl	0.961	0.911	0.880	—	0.790	0.770	0.718	0.649	0.603	0.570	0.561
$ZnSO_4$	0.734	0.477	0.387	0.298	0.202	0.148	0.104	0.063	0.044	0.035	0.041

附表 25　用铂电极电解水的分解电压

电解质	分解电压/V	电解质	分解电压/V	电解质	分解电压/V
$NH_3\cdot H_2O$	1.74	HCl	1.34	K_2SO_4	2.20
$CdSO_4$	2.03	HNO_3	1.69	Na_2SO_4	2.21
$CuSO_4$	1.49	KNO_3	2.17	$Cd(NO_3)_2$	1.98
$NiSO_4$	2.10	NaOH	1.69	$CoSO_4$	1.91
KOH	1.68	$ZnSO_4$	2.35	$NiCl_2$	1.86
NaCl	2.31	$CdCl_2$	1.88	H_3PO_4	1.70
$ZnCl_2$	2.28	$CoCl_2$	1.78	$AgNO_3$	0.70
$Ba(NO_3)_2$	2.25	$Pb(NO_3)_2$	1.53	H_2SO_4	1.67
$Ca(NO_3)_2$	2.11	$HClO_4$	1.65	—	—

注：电解液浓度为 1 mol/L。

附表 26　某些熔融盐电解质的实际分解电压

电解质	温度/℃	分解电压/V	电解质	温度/℃	分解电压/V	电解质	温度/℃	分解电压/V
AgCl	700	0.84	$AlCl_3$	700	1.61	$BaCl_2$	700	3.62
$BeCl_2$	700	1.92	$BiCl_3$	700	0.64	$CaBr_2$	700	2.88
$CaCl_2$	700	3.38	CaF_2	1400	2.40	$CdCl_2$	600	1.27
$CoCl_2$	700	0.97	CoI_2	700	0.18	CsCl	700	3.68
CuCl	700	0.74	KCl	700	3.53	KF	1000	2.54
KI	700	2.59	KOH	300	2.35	K_3AlF_6	1100	2.12
LiCl	700	3.41	$LiAlF_6$	1100	2.30	$MgCl_2$	700	2.60
$MgCl_2$	800	2.50	$MnCl_2$	700	1.87	NaBr	700	2.98
NaCl	700	3.39	NaCl	800	3.22	NaCl	820	3.15
NaCl	840	3.06	NaI	700	2.40	NaOH	200	2.34
NaOH	300	2.27	Na_3AlF_6	1100	2.07	$Na_4P_2O_7$	1000	0.71
$NiCl_2$	700	1.03	$PbCl_2$	600	1.28	PbI_2	700	0.60
$RbCl_2$	720	3.62	$SbCl_3$	650	0.50	SbI_3	600	0.20
$SnCl_2$	620	1.10	$SrCl_2$	700	3.52	$ThCl_4$	700	2.22
TlCl	650	1.50	$ZnCl_2$	400	1.96	$ZnCl_2$	700	1.40

附表 27　某些物质粒子在液体中的 Zeta(ζ) 电势

mV

物质	介质	ζ 电势	物质	介质	ζ 电势	物质	介质	ζ 电势
萤石	水	+46	锡石	水	−23	铅	甲醇	+46
氢氧化铁	水	+44	铂	水	−30	铅	乙醇	+24
方解石	水	+23	三硫化二砷	水	−32	铋	甲醇	+21
铅	水	+18	石英	水	−32~36	锡	乙醇	+19
铋	水	+16	银	水	−34	锌	乙醇	+15
黄铁矿	水	−14	陶土	水	−37	金	乙基丙二酸酯	−33
闪锌矿	水	−17	油	水	−46	银	乙基丙二酸酯	−40
方铅矿	水	−20	亚铁氰化铁	水	−58	铂	乙基丙二酸酯	−54

附表 28 各类物质的表面张力 σ mN/m

物类	物质	温度/℃	σ	物质	温度/℃	σ	物质	温度/℃	σ
低沸点物质	氦 He	-272.1	0.356	一氧化碳	-193	9.8	氰酸	17	18.2
	氢 H_2	-253.1	2.10	氩 Ar	-183	11.86	氯 Cl_2	-40	27.3
	氘 D_2	-253.1	3.51	甲烷	-163	13.71	三氧化磷	20	29.1
	氖 Ne	-248.1	5.5	NOCl	-10	13.71	溴 Br_2	20	31.5
	二氧化碳	-25	9.13	氧 O_2	-196	16.48	过氧化氢	18.2	76.1
	氮 N_2	-198	9.41	乙烷	-93	186.63	N_2H_4	25	91.5
有机物质(室温下为液体)	全氟戊烷	20	9.89	甲苯	20	28.52	二硫化碳	20	约 32
	全氟庚烷	20	13.19	乙酸丁酯	20	25.09	油酸	20	32.5
	全氟甲基环已烷	20	15.7	四氯化碳	25	26.43	硝基甲苯	20	32.66
	已烷	20	18.4	环已烷	20	26.5	二甲亚砜	20	36.56
	庚烷	20	20.14	丁酸	25	26.51	乙二醇	20	40.9
	乙醚	25	20.14	丙酸	20	26.69	间二甲苯	20	28.9
	辛烷	20	21.62	三氯甲烷	25	26.67	邻二甲苯	20	30.1
	乙醇	20	22.39	乙酸	20	27.6	对二甲苯	20	28.37
		30	21.55	苯	20	28.88	壬烷	20	22.85
	甲醇	20	22.50		30	27.56	甲醚	20	23.7
氧化物	Al_2O_3	2050	580	La_2O_3	2320	560	PbO	900	132
	B_2O_3	900	79.5	Na_2SiO_3	1000	310	—	—	—
	FeO	1420	585	SiO_2	1400	200~260	—	—	—

续附表28

物类	物质	温度/℃	σ	物质	温度/℃	σ	物质	温度/℃	σ
金属熔体	钾 K	64	119	汞 Hg	20	486.5 (476.1)	铜 Cu	熔点	1300
	钠 Na	70	294		25	485.5		1140	1120
		100	206.4	镁 Mg	700	500 (542)	钛 Ti	1680	1588
		250	199.5	锡 Sn	700	538	镍 Ni	1470	1615
	钡 Ba	720	226	镉 Cd	320	630	金 Au	1120	1128
	镓 Ga	30	358		370	608	铁 Fe	1550	1560
	铋 Bi	300	388 (376)	锌 Zn	477	753		1530	(1700)
		583	354		590	708		熔点	1880
	锑 Sb	635	383		700	(750)	—	—	—
	铅 Pb	350	454 (442)	银 Ag	1000	923	—	—	—
		750	423		1100	87805	硫 S	445	38.97
	汞 Hg	15	487	铝 Al	700	840 (900)	硒 Se	220	105.5
盐类熔体	AgBr	熔点	121.4	KCl	熔点	98.4	$LiNO_3$	359	111.5
	AgCl	452	125.5	$KClO_3$	368	61	NaCl	803	113.8
	$BaCl_2$	熔点	171	KCNS	175	101.5	NaBr	熔点	102.8
	$Ba(NO_3)_2$	595	134.8	KCN	熔点	96.1	NaF	1010	199.5
	$BiCl_3$	382	52.0	KF	913	138.4	Na_2MoO_4	699	214.0
	$BiBr_3$	271	66	$K_2Cr_2O_7$	397	129	$NaNO_3$	308	116.6
	$CaCl_2$	熔点	152	KNO_3	414	100.7	$NaPO_3$	827	197.5
	CsCl	664	89.2	KPO_3	897	155.5	Na_2SO_4	900	194.8
	$CsNO_3$	426	91.8	K_2SO_4	1306	128.8	Na_2WO_4	710	203.3
	$CsSO_4$	1036	111.3	—	—	—	$PbCl_2$	490	138
	$InCl_2$	405	89	LiCl	614	131.8	KBr	熔点	83.5

注：括号内的数据为物质对本身蒸气的表面张力，其余为对空气的。

参考文献

[1] W H K. Experimental physical chemistry[J]. Nature, 1935, 136(3439): 495.
[2] D. P. Shoemaker 等, Experiments in physical chemistry. 4th, 1981.
[3] H · D · 克罗福德, 等. 物理化学实验. 中译本, 北京: 人民教育出版社, 1980.
[4] J · M · 怀特. 物理化学实验. 中译本, 北京: 人民教育出版社, 1981.
[5] 复旦大学等. 物理化学实验. 3 版. 北京: 高等教育出版社, 2004.
[6] 罗澄源, 等. 物理化学实验. 4 版. 北京: 高等教育出版社, 2004.
[7] 北京大学化学学院物理化学实验教学组: 物理化学实验. 4 版. 北京: 北京大学出版社, 2016.
[8] 冯师颜. 误差理论与实验数据处理[M]. 北京: 科学出版社, 1964.
[9] R · E · 贝德福, 等. 温度测量[M]. 中译本. 北京: 计量出版社, 1983.
[10] 电工仪器仪表检定与修理. 编写组. 电工仪器仪表检定与修理-上册[M]. 北京: 国防工业出版社, 1978.
[11] G · 布劳尔: 无机制备化学手册[M]. 北京: 化学工业出版社, 1959.
[12] R. A. Rapp. Physico Chemical Measuremcnt in Metals Reserch, 1970.
[13] JO'M Bockris 等: physicochemical Measurements at High Temperature, 1959.
[14] 王常珍, 等. 冶金物理化学研究方法[M]. 第 4 版. 冶金工业出版社, 2013.
[15] F. D. Rossini. Experimental Thermochemistry. Vol Ⅰ 1956.
[16] H. A. Skinner: Experimental Thermo chemistry. Vol Ⅱ 1961.
[17] Calvet E, Prat H, Skinner H A, et al. Recent progress in microcalorimetry[EB/OL]. 1963.
[18] 神户博太郎. 热分析[M]. 化学工业出版社, 1982.
[19] 查全性. 电极过程动力学导论[M]. 3 版. 北京: 科学出版社, 2002.
[20] A · W · 亚当逊. 表面物理化学[M]. 北京: 科学出版社, 1984.
[21] И · H · 普季诺娃. 胶体化学实验作业摆(中译本)[M]. 北京: 高等教育出版社, 1955.
[22] P · D · 罗希理. 科学技术的测量基础和常数[M]. 北京: 计量出版社, 1984.
[23] Weast R C. Handbook of chemistry and physics[EB/OL]. 1973.
[24] 朱元保. 电化学数据手册[M]. 长沙: 湖南科学技术出版社, 1985.
[25] E. R. Cohen, et al. Quantities, Units and Symbols in Physical Chemistry, Third Edition., RSC Publishing, 2007.
[26] Haynes W M, Lide D R, Bruno T J. CRC Handbook of Chemistry and Physics[M]. CRC Press, 2016.

图书在版编目(CIP)数据

物理化学实验 / 丁治英，李洁编著. —长沙：中南大学出版社，2023.12

ISBN 978-7-5487-5325-4

Ⅰ. ①物… Ⅱ. ①丁… ②李… Ⅲ. ①物理化学—化学实验 Ⅳ. ①064-33

中国国家版本馆 CIP 数据核字(2023)第 056466 号

物理化学实验

WULI HUAXUE SHIYAN

丁治英　李洁　编著

□**责任编辑**　史海燕
□**责任印制**　李月腾
□**出版发行**　中南大学出版社
　　社址：长沙市麓山南路　　邮编：410083
　　发行科电话：0731-88876770　　传真：0731-88710482
□**印　　装**　长沙艺铖印刷包装有限公司

□**开　　本**　787 mm×1092 mm　1/16　□**印张** 17　□**字数** 429 千字
□**互联网+图书　二维码内容**　视频 48 分钟
□**版　　次**　2023 年 12 月第 1 版　□**印次** 2023 年 12 月第 1 次印刷
□**书　　号**　ISBN 978-7-5487-5325-4
□**定　　价**　40.00 元

图书出现印装问题，请与经销商调换